献给种花人　卖花人　买花人　用花人的书

草本花卉生产技术

主　编

刘方农　彭世逞　刘联仁

编著者

代智蓉　刘方农　刘永安　刘　林　刘联仁

伍锡明　宋　玥　李　亮　陈开陆　彭世逞

摄　影

刘联仁　刘方农

金盾出版社

内 容 提 要

　　本书由西昌学院和有关单位的花卉专家共同撰写。全书共分 3 篇，第一篇是草本花卉常规栽培和设施栽培基础知识，共 7 章；第二篇为花卉的生产现状和贮运销售，共 5 章；第三篇为各论篇，共 2 章，分别记述了隶属于 70 科 120 属的 130 种草本花卉的分布、用途、形态特征、生活习性、繁殖和栽培管理技术。为方便广大读者对草本花卉进行识别、欣赏和收藏，书中共附有 100 余张草本花卉的彩色照片，书末还附有草本花卉中文名索引和草本花卉拉丁学名索引。本书收集的草本花卉较为齐全，内容翔实，图文并茂，实用范围广，既可以作为大专院校园艺、林学等相关专业师生的教学参考用书，也可以作为从事花卉生产、销售的专业技术人员培训的教材。

图书在版编目(CIP)数据

草本花卉生产技术/刘方农，彭世逞，刘联仁主编． --北京：金盾出版社，2010.8
ISBN 978-7-5082-6229-1

　Ⅰ．①草… 　Ⅱ．①刘…②彭…③刘… 　Ⅲ．①草本植物：花卉—观赏园艺
Ⅳ．①S68

中国版本图书馆 CIP 数据核字(2010)第 033269 号

金盾出版社出版、总发行

北京太平路 5 号(地铁万寿路站往南)
邮政编码：100036 　电话：68214039 　83219215
传真：68276683 　网址：www.jdcbs.cn
彩色印刷：北京印刷一厂
正文印刷：北京军迪印刷有限责任公司
装订：北京东杨庄装订厂
各地新华书店经销
开本：787×1092 1/16 　印张：23.5 　彩页：120 　字数：463 千字
2010 年 8 月第 1 版第 1 次印刷
印数：1~8 000 册 　定价：53.00 元

前　言

　　花卉,是美的象征,是健康向上的标志。花卉以它生机盎然的绿色和绚丽丰富的色彩将大自然装扮得分外美丽。爱美之心,人皆有之。花卉不仅能给人美的享受,同时也带给人们身心的健康。正如生物学家和科普作家高士其所说:"花代表了人类的许多感情:真挚的友谊,纯洁的爱情,崇高的信仰……;花体现了人类许多精神:坚韧不拔,傲然不屈,神圣贞节……;花象征了人类的许多愿望:幸福和平,自由独立,健康快乐"。

　　近年来,随着我国人民精神文明建设和物质文化生活水平的提高,愈来愈多的人用花来代表人与人之间交往的礼仪和感情,对花卉在陶冶情操、培养个人意志力、修身养性,促进人们的心理健康发展,在室内、外空气净化,生活和工作环境的绿化与强身健体等方面作用的重要性的认识不断提高,由此促进了我国花卉市场的健康发展,花卉消费逐年上升。尤其可喜的是在快节奏的现代生活中,大量的青年人加入了种草养花的行列,对花卉的喜爱程度与日俱增,种花养草不再是老人的专利。同时,随着花卉消费量和贸易额的增加,我国各地花卉专业市场购销两旺,花卉生产专业化进程加快,涌现出不少社会效益和经济效益都达到良性循环的花卉(木)生产销售公司和绿化工程公司。

　　草本花卉是花卉王国中重要的家族成员。它种类繁多,数量庞大,色彩丰富,形态各异。草本花卉对土壤条件要求不高,大量的草本花卉的适应性强,几乎不择土壤。而且草本花卉的种植成本低,花色鲜艳,花期一致,被广泛用于城市美化、家居装饰和环境布置。在街道、公园、会场装饰,阳台、居室美化中,随处可见它们美丽的身影。

　　在本书编著过程中,我们将草本花卉的繁殖、栽培技术和生产管理、贮运销售等环节相结合,紧密联系西部地区和全国的花卉生产实际,力求做到内容翔实,科学实用。

　　近10年来,本书作者先后拍摄了5 000多张各种花卉的彩色照片,从中精选100多张供本书使用,基本上做到了每种花卉都有照片供读者识别、欣赏和收藏,其中有些种类花卉的图片是第一次拍摄到和公开发表,这无疑为本书增添了特色和亮点,使其可读性、可用性和实用性都大大增强。

　　本书为集体编著,分工负责。具体由刘方农、彭世逵、刘联仁3位老师担任主编。刘方农负责第一篇第一章、第二章、第四章和12种花卉的编写,并参与附录的编制和部分照片的拍摄;彭世逵负责内容提要、前言、目录以及18种花卉和第三篇第一章至第六章概述的编写;刘联仁负责第一篇第五章,第二篇第一章至第四章和49种花卉及第三篇第七章和第八章概述的编写，参与3个附录的编制和拍摄大部分照片，同时负责全书统稿工作；刘永安负责9种花卉的编写；伍锡明负责9种花卉的编写；陈开陆负责13种花卉的编写；李亮负责第一篇第六章、第二篇第五章和14种花卉的编写；宋玥负责2种花卉的编写；代智蓉负责第一篇第三章和1种花卉的编写；刘林负责第一篇第七章的编写。

在本书的撰写和照片拍摄过程中，所有编摄人员参考了各种花卉专业杂志、专业书籍中不少新技术和新方法，同时得到了许多单位和同志的大力支持，在此一并表示感谢。由于编著者水平有限，加之时间仓促，书中可能存有错误和不当之处，敬请各位同行、专家和广大读者批评指正，以便今后予以补正。谢谢！

编 著 者

目　录

第一篇 草本花卉常规栽培和设施栽培基础知识

第一章 花卉分类

花卉种类繁多,范围极广,不仅包括有花植物,也包括苔藓植物和蕨类植物,其栽培方式也多种多样。由于分类标准的不同,花卉有多种分类方法,有的按照植物分类学的体系去分类,有的又将花卉的栽培方式、生活习性、用途、观赏部位等特征作为分类的依据。现介绍几种我国常见的分类方法。

第一节 按生活习性和形态特征分类

一、1～2 年生草本花卉

指个体在 1 年内完成或跨年度才能完成的一类草本观赏植物。一般又分为 2 类,分别为 1 年生花卉和 2 年生花卉。

二、多年生草本花卉

指个体生命周期在 3 年或 3 年以上的草本观赏植物。该类花卉的生命周期较长,是花卉中品种最丰富的类型。现在栽培的主要类型有:宿根花卉、球根花卉(包括鳞茎类、球茎类、块茎类、根茎类和块根类)、多肉多浆植物及水生花卉(包括挺水植物、浮性植物、沉水植物和漂浮植物)。

三、木本花卉

指茎木质化的多年生观赏植物。多为灌木及乔木。如梅、桃、杜鹃等。

第二节 按自然分布分类与按观赏部位分类

一、按自然分布分类

这种分类方法以花卉植物的原产地为依据,能反映出各种花卉的生态习性和需要满足的生长发育条件,可供鉴赏、栽培、莳养时作参考。可分为热带花卉、热带雨林花卉、亚热带花卉、暖温带花卉、温带花卉、亚寒带花卉、高山花卉、热带和亚热带沙生植物、温带和亚寒带沙生植物及酸性土花卉。

二、按观赏部位分类

花卉植物按具体观赏部位来分类,主要是按观赏花卉的花、叶、果、茎等某一器官来分类,是指植物的某一器官具有较高的观赏价值,成为主要的观赏部位。可分为观根类、观茎类、观叶类、观花类、观果类及观赏其他部分类。

第三节　按栽培方式分类

一、露地花卉

指在露地育苗或虽经保护地育苗的阶段,但主要的生长开花阶段仍在露地栽培的一类花卉。此类花卉主要包括:花坛草本花卉、宿根花卉以及部分球根花卉。

二、温室花卉

指主要生长发育阶段在温室内进行的一类观赏植物。它们主要原产于热带及亚热带地区。根据花卉对温室的不同要求,又可分为:冷室花卉、低温温室花卉、中温温室花卉与高温温室花卉。

第四节　按园林用途分类

一、盆栽花卉

指植株分枝较多,株形圆整美观,花朵观赏价值高的花卉。如兰花、仙客来、君子兰等。

二、花坛花卉

指用于绿地、庭院花坛内的花卉,一般具体表现是植株低矮、丛生性强、花色花期整齐一致的花卉。大多数花坛花卉是1~2年生花卉。如一品红、雏菊、美女樱等。

三、花境花卉

指用于绿地、庭院花境内的花卉,一般株形较规则,花色、花期变化较丰富的花卉。多数为多年生宿根花卉。如海棠、苏铁、紫薇等。

四、棚架花卉

指在栽培时需搭架的花卉,是具有攀缘能力或藤本花卉。如叶子花、凌霄等。

五、阳台、窗台花卉

指种植于花槽或小型花盆内的花卉,常布置于阳台或窗台上,具有直立或半蔓性相结合,观花和观叶相结合的花卉。如水仙、菊花等。

六、切　花

指用于花卉装饰,花期长、花色艳丽、花朵整齐、耐水养、花枝长的一类花卉。如月季、百合、马蹄莲等。

七、地被植物

指绿地中大面积覆盖地面种植的花卉。一般是植株低矮、丛生性强、具有较高观赏价值的花卉。如麦冬、三叶草等。

八、岩生花卉

指用假山石或岩石作栽培基质的花卉，一般是花色艳丽、花期变化丰富的花卉。如肾蕨、石竹等。

九、主题园的花卉

指具有相同科属、相同观赏特点或生境一致的能够组合种植在一起的一类花卉。如樱花、梅花、芍药等。

第五节　按经济用途分类

一、医药用

自古以来花卉就是我国中草药的一个重要组成部分。李时珍所著的《本草纲目》中就记载了近千种草花及木本花卉的性味功能及临床药效。《中国中草药汇编》一书中列的 2 200 多种药物中，以花器入药的占了 1/3，常用的中药材花卉有：牡丹、芍药、桔梗等 100 多种。

二、食品用

经多年庖厨验证，桂花、梅花、百合等数十种花卉，均可入肴。此外，花粉食品也是刚刚兴起的新潮食品之一。

三、香料用

花卉在香料工业中占有重要地位。如茉莉、栀子花、白兰、晚香玉、香叶天竺葵、代代等，都是重要的香料植物，是制作"花香型"化妆品的高级香料。

四、熏茶用

茉莉花、白兰花、珠兰花等都具有宜人的芳香，可以用来窨制花茶，因而称之为茶用香花。其中以茉莉花的用途最大，用它来熏制的茉莉花茶，约占熏茶用香花总量的 80% 以上。

五、环保用

科学试验证明，许多花木具有吸收有害气体和净化环境的作用。据有关资料介绍,对二氧化碳和氯气有较强抗性的花木,有夹竹桃、扶桑、海桐、一串红等近百种;对氟化氢有较强抗性的花木,有石竹、凤尾兰、矮牵牛等数十种。

第六节　按商品用途分类

花卉栽培生产的最终产物都变成了商品,从商品的用途来看,花卉可以分为以下多类。

一、切花生产

切花又称鲜切花,是指从活体植株上切取下的、专供插花或花艺设计的、并具有观赏价值的枝、叶、花、果等的总称。适宜作切花的植物,应具备花枝较长,花色艳丽,花形端正,果叶奇特,水养性好,病虫害少等特点。

二、盆花生产

即在花盆或花钵中栽种花木的生产方式。盆花生产分室内盆栽和露地盆栽。花卉盆栽是花卉园艺特有的一种栽培方法,盆花生产包括1~2年生花卉、球根花卉、观叶植物等多种多样,既有草本,也有木本,我国著名的兰花、菊花、杜鹃、山茶等主要还是以盆栽形式供观赏。

三、干花生产

干花插花所选用的花材,是经过脱水加工之后的自然植物材料,它们既不损失其原有的自然形态美,同时又可适当染色,插花制作后经久耐用,管理方便,并且不受光线条件的限制。干花能长期保存,无需特别的管理,这是它最大的优点。干花的缺点是不能适应潮湿的环境。

四、盆景生产

盆景是一种美化环境的陈设产品,盆中栽有小巧的花草,同时配有小石、小山和小树,构成像真实的风景一样。制作好的盆景,不仅需要有好的技术,而且还要有很好的设计构思和艺术观,盆景生产不仅品位高,而且园艺要求水平也高。

五、苗木生产

苗木是指人工培育的树木幼株,一般种植在苗圃里,苗木可以用种子繁殖,也可以用嫁接、扦插、压条、分株等方法进行繁殖。苗木生产主要指城市绿化苗木的生产,特别是随着城市化进程的加快,房地产业的发展,人居环境的改善,环保意识的增强,生活质量的提高等,苗木的需求量也在日益增加。

六、草坪生产

草坪即平坦的草地,草坪起源于畜牧业,是一类特殊的草地。草地是草本植物的泛称,它包括草原、草甸以及人工草地。

七、球根花卉生产

球根花卉的基本概念、分类和种类等在本章的第一节中已有所介绍,在此就不再重述。球根花卉中所包括的植物种类很多,不少球根花卉的观赏价值都高,价格也比较昂贵,同时也是切花生产中不可缺少的重要植物材料。

八、花卉种子和种苗的生产

许多草本花卉或木本花卉都是用种子、种球或种苗来进行生产和繁殖的,有关花卉种子、种球和种苗的生产,近年越来越受到人们的关注和重视。

九、食用花卉生产

凡是有观赏价值的奇花异草都是花卉,不少花卉除可供观赏外,还可以食用,把对花卉的欣赏和食用结合起来,做到既赏花又吃花,要做到赏花与吃花相结合,也还得有一个认识与实践相结合的过程。花卉中能被食用的种类如下:

1. 食根花卉 食根花卉中有的用整根,有的只用根皮。如人参、丹参、牛蒡子、华北楼斗菜、何首乌、刺五加等均属食根花卉。

2. 食茎花卉 具体又分为以下 5 类:

(1)食用鳞茎 以地下茎变态为鳞茎供食用的花卉,有百合、平贝母、山丹等。

(2)食用块茎 以块茎供食用的花卉有菊芋、白芨、狭瓣延胡索等。

(3)食用球茎 以球茎供食用的花卉有山慈姑等。

(4)食用根状茎 以根状茎供食用的花卉有莲、睡莲、北重楼等。

(5)食用地上茎和木本枝条 以幼嫩茎叶和枝条供食用的花卉,有石刁柏、荠菜、刺五加等。

3. 食叶花卉 以叶片供食用的花卉有映山红、枸杞、十大功劳、茶花等,以上花卉的叶片有多种食用方法。

4. 食花花卉 植物的花器器官,除供观赏外,用不同方式或经过处理后可以供人们食用。这类的花卉比较多,主要有君子兰、鸡冠花、翠菊、红花、千日红、野菊花、菊花、鸭跖草、曼陀罗等,这些花卉的花中均含有特殊的成分,不仅食之风味独特,而且对人体健康也有特殊作用。

5. 食果花卉 花卉中的一些物种或品种,它的果实是人类食用的主要部分,日常生活中常见的有樱桃、碧桃、欧李、梅、杏、石榴等。这些花卉的果实形态各异,类型多样,成熟先后不一,都可以供人们食用,生食或熟食均可。

6. 食用种子的花卉 食用种子的花卉常见的有向日葵、银杏、南瓜子、莲子、紫苏、芡实等。

7. 食用全株的花卉 地肤、秋英、石竹、益母草等一般均以全株供食用。

食用花卉除供观赏外,其食用方式也是多种多样的,主要以菜用、饮用、果用、药用、制作风味食品、提取有效成分、加工独特产品等,其用途则十分广泛。

十、药用花卉生产

我国的高等植物有3万多种。其中有近万种可以入药。不少花卉植物,既可以供观赏,也可以作药用。花卉植物中能作药用的有上千种。它们是比较常见和常用的药物来源,有些还是名贵的中药材,如牡丹、芍药、五味子、玉兰、厚朴、桔梗、映山红、金樱子、柽柳等共有150余种。

药用植物在我国的开发利用较早,不少中草药的人工栽培和应用已上千年。全国各个省、直辖市、自治区,或有的农户等,都有中药材的种植场地,栽培比较广泛,有关中草药的栽培、研究、应用、销售等,早就形成了这一行业的自生体系。药用与观赏等的综合开发利用,是近年提出。目前,这方面的前景还是十分看好的。从长远来看,一种花卉会有多种用途。因此,笔者在撰写本书时,按花卉的商品用途,各类都列举了许多的例子,其目的是让广大读者在综合使用和生产时,能从中进行分析、比较和选择,从而更加有利于各类花卉的生产和利用。

第二章　花卉栽培与环境因子

花卉植物在整个生长发育过程中,除了受遗传因子影响外,还与环境因子密切相关,不同种类的花卉对环境条件有不同的要求,在它们的长期系统发育过程中,对环境条件的变化也产生各种不同的反应和适应性。因此要科学地栽培管理,使花卉达到最佳的观赏效果,就必须充分了解和掌握各个环境因子对花卉的影响及二者之间的相互关系。

第一节　温度与花卉生长

温度是影响花卉生长的重要环境因子之一,离开适当的温度条件花卉就不能正常生长。

一、花卉对温度条件的要求

根据花卉对温度的要求,一般将花卉分为 3 类:

1. 耐寒性花卉　这类花卉能够忍受 0℃ 以下的低温,在露地越冬。这类花卉大多原产于寒带和温带以北,如三角堇、霞草等。

2. 半耐寒性花卉　这类花卉耐寒能力一般,能耐 0℃ 左右的低温,在冬季须稍加保护才能安全越冬。这类花卉产于温带的较暖处。如芍药、郁金香、风信子等。

3. 不耐寒性花卉　这类花卉耐寒性较差,一般不能露地越冬,遇霜后便会枯死,不能耐 5℃ 左右的低温。大多数原产于热带及亚热带地区,如一串红、橡皮树等。

花卉不同器官的生长对温度有不同的要求。地下部分的根系对温度的要求比地上部分低 3℃～5℃,因此,春季大多数花卉的根系要比地上部分先开始进入生长。花卉植物光合作用的最适宜温度比呼吸作用要低一些。一般花卉的光合作用在温度高于 30℃ 时,酶的活性受阻,光合作用受到抑制;而呼吸作用在温度处于 10℃～30℃ 时,每递增 10℃,呼吸强度增加 1 倍。因此在高温条件时,不利于植物营养积累,这对以观花、观果的花卉种类特别不利。此时,除高温花卉外,对其余花卉都应采取降温措施。

花卉植物在各个不同的发育阶段对温度有不同的要求,如 1 年生花卉的种子发芽需要较高温度,幼苗期要求的温度较低,以后到开花结实阶段对温度要求又逐步增高。2 年生花卉种子发芽在较低温度下进行,幼苗期要求温度更低,而开花结实则要求稍高的温度。

花卉的生长发育,还需要一定的热量积累,这种热量积累常用有效积温来表示。一般花卉植物在各个生育阶段所要求的积温是比较稳定的。如月季从现蕾到开花所需积温为 300℃～500℃,杜鹃则为 600℃～750℃。了解各种花卉对温度及有效积温的具体要求,对于引种推广和生产栽培都有重要意义。

此外,温度与种子、种球的贮藏和切花的贮藏等都有密切的关系。

二、温度周期性变化对花卉的影响

温度的周期性变化包括年周期和日周期变化两种。温度的年周期变化,对于原产于低纬度地区的热带花卉的生长发育影响不明显。原产于温带高纬度地区的花卉,一般均为春季萌芽,夏季旺盛生长,秋季生长缓慢,冬季进入休眠。但郁金香、仙客来、香雪兰等花卉是夏季转入休眠。这样的休眠是花卉为度过不良环境而形成的一种适应能力。由于温度的年周期变化,有些花卉在1年中有多次生长的现象,如代代、佛手、桂花等。花卉的生长发育随1年中温度的周期性变化而出现与之相适应的发育规律,称为物候。了解气温变化规律和花卉的物候期,对有计划地安排花事活动有重要指导意义。

温度的日周期变化对花卉也有较大影响。在昼夜温差较大的情况下,有利于花卉的营养生长和生殖生长,适当的温差能延长开花时间,使果实着色鲜艳。不同种类的花卉对昼夜温差的需要与原产地的温度条件有关。

第二节　光照与花卉的生长发育

光照是花卉赖以生存的必要条件,是花卉进行光合作用合成有机物质的能量来源,光照强度、光照长度和光的组成等3个方面,对花卉的生长发育有重要的影响。

一、光照强度对花卉的影响

光照强度常依地理位置、地势高低以及云量、雨量的不同而变化,在1年和1天中的变化也有规律性。光照强度不仅直接影响光合作用的强度,还在花卉的形态和解剖上产生一定的影响。一般根据花卉对光照强度要求的不同,将花卉分为以下几类:

1. 阳性花卉　该类花卉必须在完全的光照下生长,不耐阴,具有较高的光补偿点,否则生长不良。大多数观叶、观果的花卉种类均属阳性花卉,如露地栽培的1～2年生花卉及宿根花卉、仙人掌等多浆植物。

2. 阴性花卉　该类花卉要求在适当的荫蔽条件下才能生长良好,不能忍受强烈的直射光线。阴性花卉多生于热带雨林下、森林下层及阴坡,如蕨类植物、兰科植物、天南星科植物等都为阴性植物,许多观叶花卉也多属此类。阴性花卉光照要求不高,因此极适宜在室内陈列观赏,如文竹、万年青、竹芋等。

3. 中性花卉　这类花卉在光线较充足的环境中生长良好,但夏季阳光强烈时要适当遮荫,如扶桑、茉莉等。

二、光质对花卉的影响

一般情况下,花卉是在日光的全光谱下进行生长发育活动的,但日光中不同的光谱成分对花卉的生理活动有不同的影响。花卉在进行光合作用时,吸收可见光区(380～760纳米)的大部分,其中叶绿素吸收红、橙、黄光较多,有利于植物的生长;青、紫光能抑制植物的节间伸长而使植株矮小,有利于促进花青素等植物色素的形成;不可见光中的紫外线也有类似作用,同时还能杀菌和抑制植物病虫害的发生。红外线是转化热能的光谱,使地面增温并增加植物体的温度。

花卉在生长过程中受光质的影响很大。在高海拔地区,短波光和紫外线较强,因此,花卉具有植株矮小、节间较短、花色艳丽等特点。花青素是各种花卉的主要色素,在较强光照条件下合成较多,而在散射光下则不适宜合成,因此,室内花卉一般叶色和花色较淡,影响观赏价值。

根据不同光质对花卉生长的不同影响,在生产上常用人工改变光质的方法来改善花卉生长的环境条件。在室内可以人工模拟自然光源,如荧光灯和白炽灯相配合,或用高压汞灯。

第三节　水分与花卉生长

一、花卉对水分的要求

水是植物体的重要组成部分,也是植物生命活动的必要条件。植物生长所需的营养元素,大多数都来自含在水中的矿物质,被根毛所吸收后供给植物体的生长和发育。植物的光合作用也只有在水存在的条件下才能进行。

各类花卉对水分有不同的要求,同一花卉在不同的生长发育期,对水分的要求也有较大差异。水分过多或不足会引起花卉生长不良,这不仅影响花卉的观赏价值,甚至影响花卉的存亡。因此,要根据花卉的具体种类和生长情况来供应水分。种子萌芽期要求有足够的水分,萌发后花卉在苗期需水量不多,保持土壤湿润即可,处于营养生长旺盛期的花木,需水量最大;进入花芽分化期,需水量较少,此时采取断水等适当控制水分的措施,有利于花芽的分化,进入孕蕾和开花期,要保证水分的供给,果实与种子成熟期宜适当控制水分,土壤与空气温度应偏干;在花卉休眠期应减少或停止水分供应。

花卉所需的水分来自土壤和周围大气。空气湿度过大,易使花卉徒长,成为落花落果的主要原因,同时也造成花卉抗性下降,易感染病虫害,在花期则易影响开花和授粉受精。但喜阴的观叶植物则需要较大的空气湿度,否则观赏价值下降。土壤湿度不仅直接影响根部对水分、养分的吸收,也会影响土壤的通气状况和土壤微生物的活动,从而影响花卉地上部的生育。在一般情况下,大多数花卉植物在生长期间的最适土壤水分,大致为田间持水量的50%～80%,这种含水量有利于维持植物体内水分平衡。

在花卉栽培上,常用减少水分供应等方法,来促进花芽分化及花的发育,花在适当干旱的情况下色素形成较好。

二、花卉对水分适应的类型

按花卉对水分的需求状况,可把花卉分成2类:

1. 水生花卉　长期生长在水中或水分饱和的土壤中,体内具备发达的通气组织。水下的器官可直接吸收水分和溶解于水中的养分,这类花卉的组织器官为适应水生生活而有较大变化,不能忍受缺水的干旱条件。典型的代表为荷花、睡莲等。

2. 陆生花卉　陆生花卉又可分为旱生花卉、湿生花卉和中生花卉。

第四节　土壤与花卉生长

土壤是花卉赖以生存的物质基础。花卉生长发育所需要的水分、养分、温度和空气等都是由土壤供给的,因此土壤状况的优劣直接影响到花卉的成活、生长速度和质量。

一、土壤的组成和作用

土壤是由矿物质、有机质、土壤水分、土壤空气和土壤微生物组成,这些因素对花卉的生长发育起着重要的作用。根据科学试验证明,适合植物生长的土壤按容积计算,矿物质占38%,有机质占12%,土壤空气和土壤水分各占15%～35%,在自然条件下空气和水分的比例是经常变动的。一般花卉生长的最适合水量是土壤容积的25%,空气亦占25%。

二、土壤理化性状与花卉生育的关系

土壤是花卉生育的重要生态环境,因此土壤理化性状直接影响花卉生长发育的优劣。下面就这个问题做些简介。

1. 土壤物理性状　土壤的物理性状主要包括质地、结构和孔隙度等。土壤质地是指组成土壤的大小不同的矿物质的相对含量。通常按矿物质颗粒直径的大小,把土壤分为沙土、壤土和黏土三大类[表(1.)2.1]。

表(1.)2.1　3种类型土壤的一般特性比较

性状 类型	颗粒大小 (毫米)	间　隙	通透性	保水性	温度变化	排水性	有机质
沙　土	0.05～1.00	大	强	弱	快	快	少
壤　土	0.05～0.20	中	中	中	中	中	中
黏　土	<0.02	小	弱	强	慢	慢	多

从上表中看出,壤土含有机质较多,既有较好的通透性,又有保水、保肥能力,因此,适合大多数花木的生长和发育。若是沙土应多施有机肥,若是黏土应注意排水。

土壤结构是指土壤排列情况,其中以团粒结构的土壤最适合花木生长。土壤团粒结构是土壤肥力的象征。没有团粒结构的土壤就等于没有肥力。团粒结构就是土壤中的腐殖质把矿质土粒互相黏结成大于 0.25 毫米的小团块,这种团块叫做"团粒"。具有团粒结构的土壤,能协调土壤的理化性质,最后达到保水、保肥力强,适合花木的生长发育。

2. 土壤化学性状 土壤的化学性状主要指土壤的酸碱度、土壤有机质和矿质元素等。土壤酸碱度是指土壤溶液的酸性和碱性,通常用 pH 值这个符号来表示[表(1.)2.2]。

表(1.)2.2 土壤酸碱度列表

pH 值	土壤酸度	pH 值	土壤碱度
3	极强酸	8	轻微碱
4	强 酸	9	中等碱
5	中等酸	10	强 碱
6	轻微酸	11	极强碱
7	中 性	—	—

土壤过酸或过碱,不仅引起花卉体内蛋白质变性和酶的活性迟钝,而且还会影响矿质元素的溶解度和土壤微生物的活动,降低养分的有效性,妨碍花卉生育,甚至导致死亡。绝大多数花卉适合于 pH 值 6~7 的弱酸性至中性土壤,因为在这个范围内,花卉所需要的养分在土壤中的有效性最高,有利于花卉的吸收和利用。根据花卉对土壤酸碱性的要求,通常又将花卉分为以下 3 类:酸性花卉、中性花卉和碱性花卉。

如土壤酸性过高,可加入生石灰中和;土壤过碱的露地花卉可施用硫磺粉,使土壤变酸。土壤理化性状良好的综合标志是土壤质地疏松,吸水和排水性能良好,持水性强,通气性好,保肥力强,酸碱度适宜,有利于生物的繁殖和根系发育,从而有利于花木苗壮生长发育,最后达到花繁叶茂。

3. 人工基质 基质既是花卉生长的支架,又是提供营养物质的场所。基质可概括分为 2 大类。一类是天然基质即土壤,前面已经做了简述;另一类是人工基质。人工基质的种类也很多,常见的有以下几种:

(1)培养土 培养土是根据花卉栽培的需要,将不同的基质,如菜园土、腐叶土、河沙等按一定比例混合而成的。

(2)腐叶土 它是由阔叶树的落叶堆积腐熟而成的。最适合栽培温室花卉。

(3)针叶土 主要是由裸子植物的针叶树种的落叶堆积腐熟而成,呈酸性反应,pH3.5~4.5,适合栽种酸性花卉。

(4)蛭石 蛭石为云母状的矿物质,经加热至 100℃ 时膨胀 20 倍而成,pH 值 6.8,比重为 0.1~0.2,保水通气性良好,是扦插和无土培养的良好基质,亦可同其他基质混合使用。

（5）珍珠岩　珍珠岩是由一种灰色火山石（铝硅酸盐），加热至 1 000℃时膨胀成为具有封闭气泡状结构的团聚体，比重小、通气好，是扦插和无土栽培的好基质。

以上几种人工基质，在现代的花卉栽培中经常和其他基质混合使用。

第五节　营养与花卉生长

花卉在它的整个生命活动过程中，除需要温度、光照、水分、土壤、空气等环境因素外，还必须有足够的营养元素，以供应其一生的正常生长发育。这些营养元素一方面来源于土壤，另一方面来源于肥料。而施肥是给花木补充营养元素不可缺少的一项具体措施。

一、营养元素的种类及其作用

近代多项科学研究证明，花卉在生长、开花、结果过程中，需要碳、氢、氧、氮、磷、钾、硫、钙、镁、铁、硼、锌、铜、锰、钼和氯 16 种元素供给。根据花卉对每种元素的需要量，这 16 种元素又分为大量元素和微量元素 2 类。大量元素有碳、氢、氧、氮、磷、钾、硫、钙、镁 9 种；微量元素有铁、铜、钼、锌、锰、硼、氯 7 种。大量元素中的碳、氢、氧来自空气中的二氧化碳和水，不需要补充。其余 13 种是从土壤中吸收的，其中钙、镁、硫、铁等的需要量不大；而氮、磷、钾等的需要量较多，而土壤中或盆钵基质中的含量又少，必须通过施肥补充才能满足需要，这 3 种元素占补给营养的 90％左右，又称三要素。现将几种主要元素对花卉的生长作用简介如下：

1. 氮　促进花木的营养生长，增进叶绿素的产生，使花朵增大，种子丰富。如果补充的氮素超过花卉的生长需要，就会延迟开花，使茎徒长，并减少对病虫害的抵抗能力。1 年生花卉在幼苗期间对氮肥的需要量较少，随着生长发育和个体的长大而会逐渐增多。2 年生和宿根花卉，在春季生长初期即要求大量的氮肥。观叶花卉在它的整个生长期中，都需要较多的氮肥，以便在较长的时期中，保持美观的叶丛。对观花种类来说，只是在生殖生长阶段后，应控制使用氮肥，否则将会延迟开花期。

2. 磷　磷肥能促进种子发芽，提早开花结果；磷肥还能使茎发育坚韧，不易倒伏；增强根系的发育，增强植株对于不良环境及病虫害的抵抗能力。因此，花卉在幼苗的营养生长阶段只需要适量的磷肥即可，进入开花期后，磷肥需要量将会增多。

3. 钾　钾肥能使花卉强健，增进茎的坚韧性，使茎不易倒伏；促进叶绿素的形成和光合作用的进行，因此在冬季温室中，当光线不足时施用钾肥有补救效果；钾肥能促进根系的发育和壮大，对球根花卉如大丽花的发育有极好的作用。钾肥还可以使花色鲜艳，提高花卉的抗寒、抗旱以及抵抗病虫害的能力。过量的钾肥，会使植株生长低矮，节间缩短，叶小变黄，叶面变成褐色而皱缩，甚至可使植株在短时间内枯萎。

二、花卉的营养缺乏症

总体来说，每种元素都有其特殊的生理作用，缺一不可，而且也不能相互代替。

如碳、氢、氧、氮、硫、磷等元素是糖类、脂类、蛋白质和核酸等化合物的成分;镁是叶绿素的成分,钙是构成细胞的成分;铁、铜和锌是许多重要酶的成分;铁还是叶绿素形成的催化剂;镁、锰、钾、铜和硼是酶的催化剂或抑制剂。因此,在花卉的生长发育过程中,当缺少某种元素时,在植株的形态上就会呈现出一定的病状。如缺少氮、镁、硫、锰、铁、铜等任何一种元素时,都会使叶片变黄。缺氮和镁时老叶会先发黄。缺铁、硫、锰、铜时,则新叶先发黄。缺磷和钾时会影响开花。缺钾老叶的叶尖和叶缘会枯焦。缺锌时植株节间会缩短,有时还会有小叶病。发生营养缺素症后,可采用根外施肥的方法加以解决。不同花木发生缺素症后会有不同的表现,因此要对症灵活地进行处理和补救。

三、肥料与花卉生长发育的关系

"要让花儿发,全靠肥当家"的谚语,是养花经验之谈的结晶。多项试验研究证明,肥料是花卉的"粮食",是花卉优质高产的重要物质基础。因为花卉生长发育需要多种营养元素来建造它自己的有机体。一般地讲,新鲜花卉含有 5％～25％ 的干物质。如果把这些干物质焚烧成灰后就会发现,花木机体是由多种营养元素构成的。土壤中的多种营养元素是不足的。在日常栽培中,常用施肥的方法来解决这一问题,这就是及时满足花卉生长发育过程中对多种营养元素的需要。生产和养花的实践证明,施肥合理,养分供应及时,花木就会生长健壮。长期不施肥,或施肥不科学,或施肥不全面,花卉就会生长不良,不开花或花少,不结果或结果少,最后是降低或丧失观赏使用价值。花卉是观赏植物,因此在施肥时要先了解花卉的营养特性,以便有针对性地开展施肥工作,这样才能及时培养出优质的花卉,以满足人们美化和香化环境的需要。

第六节　空气与花卉生长

空气是花卉生命活动中的另一个主要因素。不少科学试验证明,空气对花卉生长发育的影响,主要表现在空气成分、大气污染程度和风 3 个方面。现分别简述如下。

一、空气成分在花卉生命活动中的作用

空气的成分十分复杂,含有氮、氧等多种成分。按体积计算,氮约占 78％,氧约占 21％,二氧化碳约占 0.03％。此外,还有多种其他气体、水汽、烟尘和微生物等。空气中氧气和二氧化碳在花木生命活动中起着重要作用。花木生命活动的各个时期都需要氧气进行呼吸作用,它通过呼吸作用,将光合作用制成的有机物质,转变成花木生育所需要的各种物质,以供花木生长和发育的需要。因此呼吸作用是花木生命活动中能量的来源,而氧气是植物进行呼吸作用所不可缺少的。二氧化碳是植物进行光合作用的主要原料之一,缺乏二氧化碳,花卉生育就会受阻,轻则导致生长不良,重则引起死亡。在种花过程中,适当增加空气中二氧化碳的含量,就会增加光合

作用的强度,从而增加花卉的光合作用效率;但如果增加过量,反而会抑制光合作用的进行,对花卉是会有害的。特别在堆肥和厩肥使用过多时,土壤内或温室内或温床中,二氧化碳的含量往往会达到 $1\%\sim2\%$,使根系和茎叶呼吸作用不能正常进行。为了防止这种危害,应加强室内或温室的通风换气工作;经常松土并适当提高室温,还要增加光照,以降低二氧化碳的含量。

二、有害气体对花卉的危害

随着现代工业的发展,工矿企业向大气排放的有害气体越来越多,数量也越来越大,最后造成大气严重污染,既影响了人体健康,同时对花木也产生较大的危害。近年来引起人们注意的大气污染物约有 100 多种,其中对花木的生长发育威胁最大的,有二氧化硫、氯气、氟化物、二氧化氮、一氧化碳、氨气、光化学烟雾等。在此简介以下 3 种污染物的危害。

1. 二氧化硫　用煤火炉加温的温室内,如火道或烟囱拔火不利,或使用明火,就会产生二氧化硫。二氧化硫从气孔进入叶片后,首先破坏细胞内的叶绿体,会使组织脱水并枯死。当它们在空气中的含量达到 0.002% 时,受害严重的叶脉会褪绿变成黄褐色或白色。叶片逐渐枯黄脱落,生长旺盛的叶片受害尤为严重。防止火道跑烟,最好将炉灶与温室隔开,并禁止使用明火,可以杜绝二氧化硫的产生。对二氧化硫抗性较强的有山茶、冬青、夹竹桃、晚香玉、百日草等多种花木。

2. 氨气　氨气主要由氮肥散发而出,露地花场在施氮肥后,能很快向四周和高空扩散,对花卉不会有多大影响。在保护地中大量施用有机肥或无机肥后,常会产生氨气。在温室养护阶段,如经常施用氮素肥水,或沤肥缸加盖不严,就会大大增加空气中的氨气。当含量达到 $0.1\%\sim0.6\%$ 时,叶缘开始黄枯;当含量达到 0.7% 时,细胞质壁分离现象减弱;当含量达到 4% 以后,经过 24 小时,大部分花卉就会中毒死亡。施用尿素或其他氮素肥料后盖土或浇水,可以避免氨害的发生。

3. 氯气　花卉受氯气伤害后,叶脉间将产生不规则的白色或褐色坏死斑点和斑块。初期呈水渍状,严重时变成褐色并卷缩,叶子逐渐脱落。对氯气抗性较强的花卉有一串红、矮牵牛、唐菖蒲、大丽花等。产生氯气的工矿企业,绿化美化环境时,最好选抗氯性较强的花木。

三、风对花卉的影响

风是空气流通形成的。风对花卉的影响,概括地讲,既有有益的一面,也有有害的一面。它不仅可以直接影响花卉的生育,如风折、风倒和风媒等,而且还能影响环境中的温度、湿度、二氧化碳浓度等的变化,从而间接影响花木的生长发育。要使花卉健壮地生长,就要求经常供给新鲜空气,否则其生长发育就会受到一定的不利影响。因此,家庭的室内养花,就必须经常通风换气。露地栽培花木时,要选择宽敞通风的场地,以防烟尘和大气污染,同时还要防止大风吹折花枝或吹倒整个植株。温室花卉,由于栽培地点的特定性,更要做好通风透光工作。尤其是用煤火取暖的温室,若通风换气不良,一氧化碳和二氧化硫等有害气体就会大量增加,最后引起温室中的花卉中毒。由于花卉种类的不同,中毒后的症状表现也各不一样,一般来讲花卉中毒后叶尖、叶缘或整个叶片会出现干斑,甚至整个叶片枯焦。

四、花卉对空气污染的净化和监测作用

1. 吸收大气中的有害气体 花卉是改善生态环境、净化大气的天然卫士。它能通过叶片有效地吸收大气中的有害气体,减少空气中有害气体的含量,净化空气,有利于人体健康。花卉对有害气体具有生理生化方面的抗性机理。如有些花卉的细胞质具有较大的缓冲容量,当有害物质进入细胞后,能迅速减弱其毒性。有些花卉的细胞在新陈代谢过程中,能较快地吸收和转化有害物质,避免有害气体在花木体内过多积累而使花木中毒。有些花卉还能使某些毒素在它的体内转化成无毒物质。对二氧化硫、氯气、氨气等抗性较强的主要花木,在前面的有关部分中已做了介绍。除此之外,还有许多花木具有吸收有害气体的功能,常见的这类花木有金盏菊、百日草、牵牛花、地肤、黄杨等上百种花木。正是由于上述花卉具有吸收空气中有害气体的作用,因此人们把这些花木誉为"绿色消毒器"。

2. 防止烟尘和大气污染 许多花木具有吸附粉尘、烟尘和镉、汞、铅等有毒微粒的能力,还能减少空气中的细菌数量,净化大气环境,成为天然的"净化器"和"灭菌器"。特别是草坪植物具有更强的减光能力,虽是芳草萋萋,但它是绿茵铺地,形成"黄土不露天"的一片"绿绒毯",是防止飞沙飘扬,降低空气中悬浮物的天然阻隔器,对改善城镇生态环境,防止大气污染,起着重要的作用。此外,茂密的花木枝叶和绿色草坪植物等,还具有反射和吸收声波的作用,从而减弱噪声污染,成为良好的天然"消声器"。在进行城市绿化和美化建设时,既要因地制宜,也要考虑花木的特征。从长远看,灌木和乔木要占70%左右,而草坪植物只占30%左右,这样才比较合理,而且也才能充分发挥出良好的生态效应。

3. 利用花木去监测大气的污染 大自然的许多花木中,还有不少敏感的植物哨兵,可以作为空气污染的监测器。这类例子是很多的。例如对二氧化硫敏感的花卉,有秋海棠类、美人蕉、彩叶草、天竺葵和牵牛花等;对氯气敏感的花卉,有郁金香、百日草、波斯菊、蔷薇等;对氟化氢敏感的花卉,有仙客来、唐菖蒲、杜鹃、风信子、鸢尾等;对臭氧敏感的花卉有小苍兰、藿香蓟、丁香、香石竹、菊花和牡丹等。前述花木对大气污染的反应远比人类要敏感得多。因此,人们可以利用某些花卉对某种有害气体具有敏感性的特征,去监测大气中有害气体的浓度,指示环境的污染程度,这是一种既经济又可靠的方法。

上述提到过的有害有毒气体和粉尘等,大多是从有关工矿企业排放出来的,它们不仅对花木等各类植物有害,而且对人、畜也是极为不利的。除环保部门应积极开展防烟、防尘以及污水回收处理等工作外,园林和城建部门也应选育和栽种一些抗烟尘的花木和草坪植物,为人们创造优良的生活环境。

第三章　草本花卉的繁殖技术

草本花卉的繁殖技术包括有性繁殖和无性繁殖两大类。有性繁殖包括种子繁殖(实生繁殖)和孢子繁殖。种子繁殖是通过播种培育新苗,只要能正常开花结果的1~2年生草本花卉大多采用此法。这种方法简便易行,生长健壮,繁殖量大,寿命长,适应性强,不足之处是后代容易产生变异。当然,有的变异又能培育出新的品种,如菊花、月季、朱顶红等就是因变异而产生的奇特的新品种。实生苗还广泛用作无性繁殖嫁接用的母本与砧木。无性繁殖包括嫁接、扦插、分株、压条和组织培养等。

第一节　有性繁殖

一、种子繁殖

种子繁殖的成败关键是种子的质量、适宜的环境条件与合理的管理三要素。好的种子应具有籽粒饱满、纯度高、有光泽、无病虫害等特点。为确保其优良性,从开花结实就应抓好选优、采收、贮藏等一系列选种的重要环节。

1. 采集种子

(1)选好母株　主要选品种纯正、发育健壮、生长快速、开花结实正常、无病虫害的植株作为苗种母株。选择时还须注意株行距要比一般栽培宽,并去掉周围劣质植株。对一些需保持纯种的花苗,如花甘蓝、金鱼草等应采取隔离措施,避免"飞花"杂交。

(2)适时采种　果实成熟时即应及时采收,迟了种子散失,过早又不易发芽。种子采收后应马上晒干或阴干,脱粒去杂并在低温、干燥、通风条件下贮藏。

2. 播前准备　主要是种子处理和土地整理。

(1)精选种子　种子经过一段时间的贮藏,难免会发生虫蛀、霉烂、变质,为使出苗整齐,生长健壮,应选择籽粒饱满、纯度高、无病虫害的种子。选种一般采用风选、筛选或水选,大粒种子可进行粒选。

(2)种子消毒　通常采用的消毒方法是:

①甲醛溶液消毒　播种前1~2天,用40%甲醛原液稀释成0.15%~0.2%的溶液,浸种30分钟后用湿布盖2小时,再冲洗阴干。催芽后的种子,切忌用甲醛溶液消毒,以免产生药害。

②硫酸铜溶液消毒　用0.3%~1%硫酸铜溶液浸种4~6小时后阴干播种,可防治幼苗立枯病和猝倒病。

③高锰酸钾溶液消毒　用0.5%高锰酸钾溶液浸种2小时,或用3%溶液浸种30分钟,再用湿布盖半小时,然后冲洗播用。

④硫酸亚铁溶液消毒　用0.3%硫酸亚铁溶液浸种24小时后播种,既可减轻立枯病,又能促进发芽。

(3)浸种催芽 常用的简便方法是用清水浸泡种子,使种皮变软,同时使种子吸水膨胀,有利于种子自身贮藏物质的转化而提早发芽。少数种皮坚硬的种子可用温水浸泡,水温和时间长短,根据种粒大小和种皮致密度而定。冷水浸泡一般为1~3昼夜,种皮薄的几小时即可。浸泡时,每天要换水1~2次,以保证水质。用水量一般为放入种子后含种子在内的容积量的3倍。浸种处理后要及时播种,避免霉变干枯。

(4)整理苗床 整理好床播、盆播或直播所需的苗床、盆箱和基质。要选择阳光充足、排水良好的土地作为播种苗床,翻挖2遍,除去杂草和石砾,并施入腐熟人畜粪作基肥,耙平并整成1~1.2米宽、15~20厘米高的长方形苗床,床上筛放一层绿豆粒大小的细土,以填补陷穴。干旱地区,播前苗床要浇透水,水分基本渗干后再使用。盆播用的基质以疏松肥沃的壤土和腐殖土为宜,并施入足量的复合肥料。

3. 播 种

(1)播种时间 由于大多数1~2年生草本花卉的萌芽适温为20℃~25℃,适宜在3~4月份春播。有一些萌芽适温为15℃~20℃的草本花卉,如金鱼草等,适宜在8~9月份秋播。也有适宜夏播的,如年景花在6~7月份进行播种,迟了发芽率低。温室、温床育苗可提前播种,亚热带、热带地区,全年均可播种。对于不耐久藏和需早播的种子,则随采随播。对于与节假日密切相关的时令花卉,则需根据节假日的观花需求而改变其适宜的播种时间。

(2)播种方式 一般为床播、盆播和直播。床播适用于大量用苗。盆播适宜细粒种子或量少而珍贵的种子,用瓦盆或浅木箱作播种容器。直播主要适宜须根少不耐移植的花卉,如虞美人、鸡冠花等。有的生性强健的花卉,如牵牛花、紫茉莉、凤仙花等都宜直接播种。

(3)播种方法 主要有撒播、条播和点播。

①撒播 主要用于小粒种子,如金鱼草、四季海棠等花卉的种子。其优点是用地少,便于集中管理。因种子细小,播时需掺细沙或细土才能分布均匀。撒播时宜纵横交错重复进行,手不宜过高过低,一般以距床面10~20厘米为宜。

②条播 适宜中粒种子,其优点是通风透光管理方便,有利于出苗。按10~15厘米的行距南北向开沟,沟宽15厘米左右,沟深3~7厘米,沟底要平、细、实。播时要求种子分布均匀。

③点播 适于大粒和珍稀的种子,按长宽12~20厘米挖穴,深5厘米左右,干旱地带可稍深,每穴播种1~3粒。

无论采用何种播种方式,种子一经播下就要及时盖土、盖草,或用锯木屑、薄膜覆盖并浇透水,以保湿润和避免人、畜践踏,而使出苗不整齐。盖土厚度根据种子大小和地区干湿度而定,一般大粒种子比小粒种子盖土厚,沙土比黏土厚,干旱地比湿润地厚。厚度为种子直径的2~3倍。总之,以不妨碍种子发芽出土为前提。随着种子的发芽出苗,要及时减少直至全部撤除覆盖物,并适时浇水,勤除杂草、松土和施肥。对有的一时不宜阳光照射的幼苗,可采取短期遮荫的办法。盆播的可暂时搬至阴凉处。

二、孢子繁殖

孢子繁殖是蕨类植物繁殖的主要方法之一。孢子是蕨类产生的一种具有繁殖作用的细胞,产生于叶片背面的孢子囊内。孢子囊是由叶片的表皮细胞发育而成,形体大,囊壁厚,具气孔,由多层细胞构成,能产生大量的孢子。繁殖时,首先要收集孢子,选择具有成熟孢子囊的深色成熟蕨叶,套上干净纸袋,轻轻弹入孢子。然后,将培养土可用腐叶土、河沙等配合而成,并经过消毒的基质放入清洁的小瓦盆内,土面低于盆沿1～2厘米。最后,均匀播入孢子。播后不用盖土,但必须用白纸或玻璃盖好,再把小盆置于含湿润水苔的大盆内。这样,小盆借助盆壁吸收水苔中的水分,便于孢子萌发。孢子萌发后的原叶体,如过密要进行分植。在原叶体时期一定要保持较高的湿度,使受精作用能顺利进行。室温保持在20℃～25℃,30天左右就能发芽,并逐步长出细小的扇形叶片,2～3个月后孢子体长出3～4片真叶即可上盆。

第二节 无性繁殖

一、扦插繁殖

扦插繁殖是利用植物的根、茎、叶、芽等一部分营养器官,插入土中或其他基质中,使其生根、抽梢成为一株完整、独立的新植株,从而获得与母体特征相同的种苗或砧木。这种方法周期短,成本低,材料来源广,便于大量育苗,因而被广泛采用。扦插繁殖主要采用嫩枝扦插、叶插、芽插等。

1. 嫩枝扦插(又叫软枝插) 一般在春秋季进行扦插,有的四季均可。多数1～2年生花卉嫩枝扦插后,在条件适宜时,20～30天即可成苗。温室常年都可进行扦插。在植物生长旺季,可利用一些遮荫设施扦插,也可露地扦插。插穗要选择健壮、组织老化适中、尚未老熟变硬的脆嫩部,过于柔嫩容易腐烂,过老则生根缓慢。因此,在春季最好对母株进行短截、摘心、疏蕾,促进抽梢生长。扦插时要保留1～2片叶,无叶将难以生根。叶片较大的可剪去一部分,以减少蒸腾。插穗一般5～10厘米长,切口要平而光滑,在节下0.5厘米剪切。多数可随采随插,以提高成活率。但多肉多浆类则应待插穗切口在阴凉处干燥1～2天后再插,以免感染病菌。床土以河沙为好,插时要先浇水开沟,并按一定的株距摆插沟内或扎孔插入,深度以穗长的1/3或1/2为宜。插后要遮荫,以保持较高的湿度,见图(1.)3.1。

2. 叶插 肉质叶片的花卉,如秋海棠、景天等多用此法繁殖。用花盆或浅木箱作扦插容器。只要用叶片插入沙中即可生根,如落地生根就是用叶插法进行繁殖的。虎尾兰类的长叶可切成15厘米长,直接插入含水量不太多的沙中即可,见图(1.)3.2。

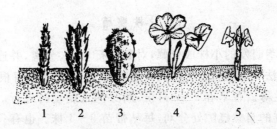

图(1.)3.1　嫩枝扦插法

1. 蟹爪兰　2. 三棱箭　3. 仙人掌　4. 天竺葵　5. 菊花

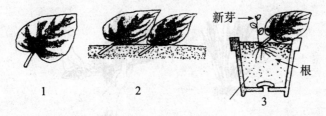

图(1.)3.2　叶插法

1. 将叶片带叶柄剪下　2. 将叶柄全部插入基质中　3. 生根发芽后上盆

3. 芽插　采用母株根茎萌发的蘖芽、老茎上的吸芽、叶腋间的腋芽、鳞茎内的鳞芽,以及块茎、球茎、根茎上切下的芽块等直接插入基质内。取芽时要注意保持芽的完整和新鲜。

(1)腋芽插　大丽菊、天竺和菊花普遍采用此法繁殖。母株腋间的芽在春秋萌发出1~2片尚未展开的卷扁嫩叶时,用快刀紧贴茎的木质部完整地切削下腋芽,随切随插,见图(1.)3.3。

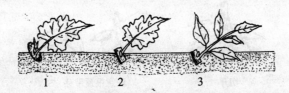

图(1.)3.3　芽插法

1. 菊花盾形带芽插　2. 菊花短枝带芽插　3. 大丽菊短枝带芽插

(2)蘖芽插　自母体根茎发出的芽叫蘖芽。将其用快刀从母体上刈下即可扦插,春、夏、秋季都可进行,适用于菊花、金边龙舌兰等。

(3)吸芽插　是利用母体老茎中部发出的吸附而生的芽进行繁殖。只要用刀刈下吸芽并剥去基部叶片即可扦插。扦插时,芽心尖端要露出土面。在无风的阴天进行,插后浇水湿透至吸芽的底部。

(4)鳞茎插　是指具有鳞茎的花卉,如百合、石蒜和水仙,利用茎上发出的球芽扦插繁殖。荷花、睡莲等具有根状茎的花卉,则可切成带几个芽的小段或小块,扦插繁殖。

二、分株繁殖

利用从母株根茎萌发的小株或分蘖,对其进行切刈、分离,并连根系分出另行栽植的繁殖方法。此法简便易活,成苗快。适用于丛生花卉和宿根花卉,如兰草、文竹、芍药、草球、珠兰等。在早春2～3月份,新芽尚未萌动时进行。宿根花卉采取整株整丛分取,从根群的自然缝隙处分刈,每丛带苗3～4株。也有只从母体四周切取部分而不整株挖起分株的。对肉质根类要注意等阴凉失水后再植,见图(1.)3.4,图(1.)3.5。

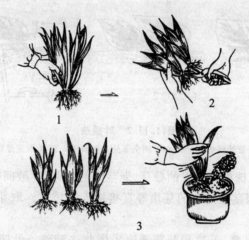

图(1.)3.4　多年生草本花卉分株繁殖
1. 掘起　2. 分开　3. 分栽

切开　　　　　　　注意根颈带芽

图(1.)3.5　大丽花分株繁殖示意

也可利用走茎和匍匐茎进行分株繁殖。走茎是植株自叶丛抽生出来的节间较长的茎,节上着生叶、花和不定根,能产生幼小植株。可把这类小植株剪刈下来繁殖新的植株。此法适用于虎耳草、吊兰和吉祥草等。匍匐茎与走茎相似,但节间较短,横走地面并在节处生长不定根及芽。匍匐茎对光照的周期较为敏感,通常在日照

12～14 小时或更长的日照,和温度大于 10℃时发生。匍匐茎产生的数量与环境关系非常密切,只要条件具备,其产生的数量就会相应增多。分刈其带叶、芽、根的茎段进行繁殖,都可育出新苗。

三、压条繁殖

压条繁殖是将植物的枝条压入土中,使其生根后与母株分离移栽的繁殖方法。此法简单易行,但速度慢,数量少。在草本花卉中仅适用于带节花卉,如美女樱等。其茎节处容易萌发不定根,在常温 15℃以上随时可以进行繁殖。将靠近地面的匍匐茎压入土中,待生根后新芽长至 5～6 厘米长时,从节间剪截栽植,见图(1.)3.6。

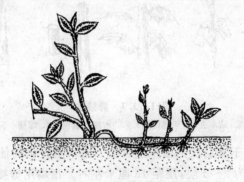

图(1.)3.6　吊竹梅压条繁殖法

四、嫁接繁殖

嫁接繁殖是用 1 株植物上的枝或芽,接到另 1 株带根的植株上,使其愈合形成一个共生的新植株的繁殖方法。用作嫁接的枝或芽叫接穗,承受接穗的植株叫砧木,也称"脚树"。通过嫁接培育出的新植株叫嫁接苗。嫁接苗能保持品种的优良特性,使其生活力和适应力都提高,还可提早开花结果,甚至在 1 株砧木上嫁接若干种不同颜色、不同品种的花卉,达到特殊的观赏效果。适宜嫁接繁殖的草本花卉有菊花和多肉多浆植物,如仙人球、仙人掌、蟹爪兰、仙人指、令箭荷花、昙花等。其方法常用劈接、腹接、平接和倒插接等。

1. 劈接　菊花除常用扦插繁殖外,培育艺菊多用此法。用白蒿、黄蒿或青蒿作砧木,培育大立菊、高接菊、盘菊、岩(吊)菊和十样锦等艺菊。操作上首先要选好砧木、接穗和用作嫁接时捆套用的木槿。木槿的粗细必须粗于砧木,以便环状剥取下的木槿皮筒能套入砧木,并可上下移动自如。这些准备工作就绪后即可切削砧木和接穗。在需要的高度横切砧木。捆套用的木槿皮筒,从木槿干上适当部位横切断,再从下面 1.5～2 厘米处环状切削取下,并立即套入砧木。接穗用选好的良种菊花嫩枝,从顶端切 3～7 厘米长,并保留枝梢嫩叶,去掉枝基较大的叶片,削成楔形切口。随即插入切好的砧木切口内,同时将木槿皮筒上拉至嫁接口套严套紧,5～7 天后即可愈合。若无木槿也可以用塑料薄膜带捆扎。腋芽萌发力强的蒿类,在适时摘心短截后,可作为培育出 3 个分枝的"三叉腿"和 10～15 个分枝的"十样锦"的砧木。劈接还常用于蟹爪兰、令箭荷花、昙花等多浆花卉。砧木有仙人树(又叫木麒麟、麒麟花)、三棱箭、量天尺、仙人掌等。嫁接时,将砧木高出盆面 15～30 厘米横切削平,在削平面中心下切 2 厘米左右。将变态茎下部两面削成楔形作接穗,并随即插入砧木切口,同时用仙人树上的长刺或细竹签、大头针固定结实,见图(1.)3.7。

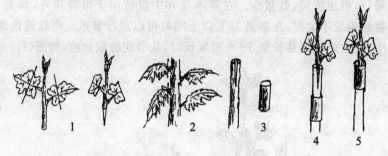

图(1.)3.7　劈接法

1. 切削接穗　2. 砧木去叶、芽,劈接口　3. 木槿皮套筒　4. 嫁接　5. 拉紧皮套筒

2. 腹接　主要用于多层次的蟹爪兰嫁接。砧木用较粗的仙人树,分层多少视砧木和需要而定。一般为 2～3 层,层距 15 厘米左右。顶端用劈接法接一穗,下部每层 2 穗。接位要适当交错,既美观又便于造型。下部用腹接法,在分层处对称削 2 个斜口,直至中柱维管束骨质壁的形成层处,按上述方法将削好的接穗插入砧木斜切口,固定即可,见图(1.)3.8。

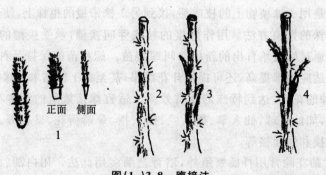

正面　侧面

图(1.)3.8　腹接法

1. 接穗切削　2. 砧木　3. 砧木切口　4. 嫁接

3. 平接　适用于仙人球或柱状类的多浆植物嫁接。方法简单,容易成活。砧木用量天尺。在砧木适当高度用利刀水平横切,再沿切面边缘作 20°～45°的斜切削,接着将接穗下部也水平横切后置于砧木切面上,当接穗与砧木的维管束部分接触后,用细线或塑料带纵斜向捆绑,使其紧密结合。除小球外的部分还需"加压",以利愈合。方法是用 2 个大小相等的螺母,用线连接好以后压在接穗的顶部,压时注意压力

要适度,见图(1.)3.9。

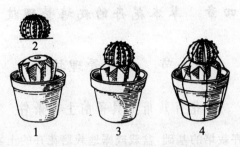

图(1.)3.9　仙人球平接法示意图
1. 砧木切削　2. 接穗切削　3. 嫁接　4. 捆绑

4. 倒插接　适宜于仙人树上接 1 厘米左右的小仙人球的嫁接方法。砧木小的接一枝,砧木大并已培育成多枝的可接数枝。先将砧木枝梢适当部位剪截,削成尖楔形,再将接穗小球下部中心轻切"一"字形或"十"字形切口,然后立即插入砧木切尖上,用刺或大头针固定结实,见图(1.)3.10。

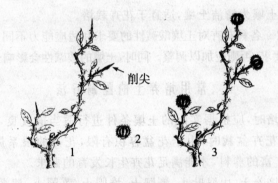

图(1.)3.10　倒插接(又称插接)
1. 砧木　2. 接穗　3. 嫁接

五、组织培养繁殖

组织培养繁殖是利用植物体的器官、组织或细胞,在适宜的人工培养基和无菌条件下培育,使其增殖、生长、分代而成新的小植株的繁殖方法。

目前,组织培养在花卉繁殖上已由科研进入少数工厂化生产的实践阶段,通过组织培养繁殖的花卉,估计已有数百种之多。随着科学技术的不断进步,组织培养繁殖技术具有广阔前景。

虽然,组织培养繁殖具有效率高、品种好、产量大,即使带病花卉也能通过其培育出无病花卉,有着其他繁殖方法无可相比的优越性,但由于成本高、操作细微严格、技术性强等,因此目前尚无法普遍采用。

第四章　草本花卉的栽培管理技术

第一节　土壤管理技术

一、花卉栽培应具备的土壤条件

良好的土壤是花卉栽培的基础,盆栽或露地栽培花卉的土壤应具备以下条件:

1. 通透性好、保水力强　土壤具有良好的团粒结构,土质疏松,通气性好,有良好的排水能力,能及时进行空气交换。降雨或浇水后土壤不易板结干涸,并能保持土壤湿润。

2. 肥力高　土壤中的营养成分是花卉所需营养的来源,花卉栽培所用的土壤要求富含有机质和无机肥料,能保证对花卉的养分供应。

3. 土壤清洁　土壤不含有毒物质,如重金属、化学药物和建筑垃圾,不含病菌、害虫、杂草等,这类土壤为清洁土壤,适宜于花卉栽培。

4. 酸碱性适宜　各种花卉对土壤酸碱性的要求和适应能力不同,因此,土壤的酸碱性必须符合花卉的要求,否则应加以调整。同时,土壤的酸碱性会影响土壤的理化性质。

二、常用培养土的配制方法

在花卉露地栽培时,应根据实际的土壤条件进行适当的改良,使土壤条件符合花卉的要求。而在花卉盆栽时,由于花盆容积有限,花卉的根系局限于花盆中,因此,盆土必须含有丰富的养料,才能满足花卉生长发育的要求。

一般盆栽用的培养土,由腐叶土,厩肥土、堆肥土、菜园土、塘泥以及石沙、砖渣、木炭、锯末等按一定比例配合而成。盆栽用土是根据花卉植物的习性,在使用时临时配成的,不同的植物种类,要求的土壤特性不同,一般常用的培养土有以下几种:

1. 播种育苗或小苗用土　腐叶土 2 份,菜园土 1 份,厩肥和沙少量混合而成。有时也可加少量速效性的肥料。

2. 一般盆栽花卉用土　腐叶土 1 份,菜园土 1 份,厩肥土 0.5 份。

3. 扦插用土　常用蛭石或锯末。

4. 多浆植物用土　沙 0.5 份,菜园土 0.5 份,腐叶土 1 份。

5. 耐阴植物用土　菜园土 2 份,厩肥土 1 份,腐叶土 0.5 份。

6. 兰花用土　腐叶土加少量沙混合而成。

第二节　水分管理技术

水分在花卉体内的含量,直接影响其生长发育的进程。水分过多,花卉会出现徒长现象,抑制花芽的分化,甚至引起烂根或浸泡死亡;水分过少,花卉则会出现萎蔫现象,无法进行正常的生命活动。由于多数花卉花繁叶茂或栽培在盆内,根系所吸收的水分往往不能满足地面上部分因蒸发所失去的水分,为了保持花卉体内的水分平衡,需要经常浇水。盆栽花卉,尤需特别注意,通常是温度愈高、日照愈强,蒸发量就愈大,浇水的次数也需愈多。花卉不同的生长期,需水量也不同,一般是生长旺盛期、开花期需水较多。不同的花卉,需要的浇水量也不相同,肉质花卉如仙人掌、昙花等,需要的浇水量最少;木本花卉中的叶片小、表面革质的,如小叶黄杨、红千层等,需水量也较少;花大叶大的木本花卉,如绣球、朱槿等需水量较多;花大叶大的草本花卉如大丽花、菊花、矮牵牛等需水量最多。一些喜生于空气湿润环境的花卉,如倒挂金钟、珠兰、兰花等,虽然消耗的水量不多,但要求周围的空气湿润,也需要经常喷雾,才能满足这类花卉对水环境的需求。

对花卉浇水的方式有多种多样,要根据栽植地的条件和花木特性选择。露地栽植的花木一般用橡胶管连接自来水龙头,直接浇灌每棵植株。盆栽花木同样可以用较细的橡胶管进行浇灌。也可用不同粗细的喷头装在橡胶管的另一头直接浇灌盆土或淋浇植株,以增加湿度。但有些花木,其叶片或花不能直接淋水,只能将水浇到盆土中。还可用喷壶将贮存在池内的水浇灌盆苗,因为贮存水的水温更适宜浇灌盆栽苗木。淋浇盆栽植株时,喷头要接近株体而不可离得太高太远,因为此时水压大,易损伤花木枝叶,甚至造成幼苗倒伏。对细小种子出苗前后的水分管理,多以泅水为主,即将盆置于水中,水深为花盆高的 $1/3 \sim 1/2$,待盆土表面潮湿时,取出即可。

第三节　施肥技术

一般花卉,均需充足的肥料,才能生长苗壮,花繁叶茂,提高观赏价值。然而施肥必须适时、适当、适量,否则会出现相反结果。因此,在花木栽培中对肥料的种类及效用、施肥方法等,都要把握好,才能使花卉叶繁花茂。

一、常用肥料的种类

1. 农家肥　农家肥中含有花木所需要的各种营养元素,以有机化合物的形式存在,营养丰富、全面,释放缓慢,肥效持久,并能改良土壤的理化性质,使土壤具有疏松和良好的团粒结构,土壤中的空气和水分比例协调,有利于根系的生长和对水、肥的吸收。农家肥是花卉最优良的肥料。农家肥的种类繁多,常见的有人粪尿、厩肥、堆肥、饼肥、骨粉、矾肥水、草木灰等。农家肥多数为迟效性肥料,常用作基肥。

2. 化肥　常用的有硫酸铵、硝酸铵、尿素、磷酸二氢钾、过磷酸钙、硝酸钾、复合肥等。化学肥料营养成分释放快、持效期短、使用方便卫生,但长期使用易使土壤板结,而且每次施用量过多时易产生肥害,因此,化肥常作追肥使用,同时应与各类农家肥配合使用,使肥效互补。

3. 腐殖酸肥料　它是以含腐殖酸较多的泥炭或草炭为原料,加入适当比例的各种无机盐制成的有机、无机混合肥料。其特点是肥效缓慢,性质柔和,呈弱酸性,适用于多种喜酸性花木。

二、施肥方法

1. 基肥　基肥是播种育苗、移栽或定植前施入土中的肥料。目的在于提高土壤肥力，全面供给株苗整个生长期所需的养分。常以厩肥、堆肥为主。如播种育苗，可将基肥均匀撒于土面，再翻入土中耙平。如移栽或定植花木，可在栽前将肥料施入穴底，覆土约 10 厘米厚，或与土混合施于穴底，再栽植花木。用于盆苗时，同样可以将基肥按一定比例与盆土混合使用。

2. 追肥　是在花木生长发育过程中补充养分不足的措施。有土壤追肥和根外追肥之分。土壤追肥以沟施或穴施的方式将肥料埋入土层，也可将肥料以液态浇灌方式施入土层。常用速效性粪尿、厩肥、单一成分或复合成分的化肥。根外追肥又叫叶面施肥，是将肥料以水溶液的形式喷洒于植株上，通过枝叶表面渗入植物体内而被吸收利用。多以单一或复合化肥为主，适用于盆栽花木。

三、施肥原则

1. 施肥必须掌握季节　一般露地定植的花木，在每年入冬前结合浇冻水施肥 1 次，或每隔 2～3 年施肥 1 次；对一些当年生枝开花的花木或喜大肥的花木，每年生长季节需施肥 1～2 次；对一些盆栽花木，也需每年生长季节隔 1～3 个月施追肥 1 次。休眠期不施肥。

2. 施肥必须适当　如苗期可多施氮肥，以促进幼苗快速苗壮生长；而对开花年龄的大苗则以施磷、钾肥或氮磷钾复合肥为主，以促进花繁色艳，籽粒饱满。

3. 施肥必须适量　要根据苗木种类、大小以及栽植地环境适量施肥，如有的花木肥多不开花或开花量少，苗木幼小时肥料过多会发生肥害；反之，有些喜肥植物在肥料少时会影响正常开花结实。对生长在贫瘠土壤条件下的植株可多施农家肥，逐渐改良土壤。

4. 施肥必须适时　除按不同种类和季节适时施肥外，还要随时观察植株状态。如叶子变黄，花蕾少而小，枝条细弱等，表明缺肥，应及时根据植物种类和季节补充不同的肥料和适宜的用量，调整营养条件，使其得到及时的营养补充。

5. 施肥要掌握"少量多次"的原则　因为化肥肥效强而快，稍一不慎就易产生肥害。

第四节　整形修剪技术

一、整　形

整形随栽培目的和植物种类不同而异，一般可分为自然式和人工式 2 种。自然式是利用植物的自然株型，稍加人工修整，使分枝布局更加合理美观，多用于株型庞大的观叶、观花类植物,如苏铁、棕榈、蒲葵、南洋杉等。人工式则是根据人们的兴趣爱好,对植株进行整形,强制植物按照人们的造型要求去生长。

整形前必须对植物的生长习性有充分的了解,枝条细小或纤弱者,宜整成拍子形、牌坊形或圆盘形,如常春藤、文竹、旱金莲等。枝条较硬者,在做弯前用刀在做弯处割伤,然后整成"S"形、云片形或各种动物造型,以及"福"、"禄"、"寿"等字样,如腊梅、扶桑等。

整形常用方法有绑扎、做弯和捏形,有时为了造型还可设立各种形状的支架或采用多株植物捆绑在一起进行造型。

二、修　剪

修剪包括摘蕾、剪茎、摘心、摘芽、剪枝、剪根、曲茎等,以观果为主的种类还有疏花、疏果。修剪是花卉管理中极为重要的工作。它的主要目的是为了集中营养,控制花枝徒长,节省养分消耗,促进花芽发育,造就多种形态,以提高花卉的观赏价值。

修剪按照进行时期的不同,可分为生长期修剪和休眠期修剪。生长期修剪是在春、夏、秋3季进行,修剪量较小,包括摘心、除芽、剥蕾、摘叶、剪枝等。以观果为主的种类还应及时疏花、疏果。休眠期修剪常在晚秋至翌年发芽前进行,也可在春、秋2季盆栽观赏植物进出温室前进行。修剪要结合植物的开花习性进行。在当年生枝条上开花的扶桑、倒挂金钟、叶子花等,应在春季修剪;而对一些在2年生枝条上开花的杜鹃、山茶花等,应在开花后短剪枝条,使其尽早形成更多的侧枝,为翌年增加开花部位做准备,对一些果实观赏价值不高的种类,开花后要及时除残花。

第五章 草本花卉的病虫害防治

第一节 主要病害及其防治方法

草本花卉上主要而又常见的病害有白粉病、立枯病、炭疽病、叶斑病、灰霉病、白绢病、锈病、黑斑病、花叶病、细菌性软腐病、腐烂病、病毒病、碎色病、根结线虫病等。现列表介绍,见表(1.)5.1。

表(1.)5.1 主要病害及其防治方法

病 名	病 原	受害花卉	危害症状	防治方法
白粉病	真菌(白粉菌)	非洲菊、百日草、菊花、美女樱、福禄考、秋海棠、大丽花、银边翠、凤仙花、红花、波斯菊、三色堇、金盏菊、金银花、八仙花、虞美人、飞燕草、扁竹蓼、月光花、景天、多种海棠	主要发生在叶片上,严重时也可危害叶柄、嫩茎及花蕾,受害部分的表面长出一层白色粉状物,即为无性世代的分生孢子,白粉状物即为本病病症,严重感病的植株,叶片和嫩梢扭曲、卷缩、萎蔫、生长停滞、发育不良、花朵变小,不仅影响观赏,而且还会使植株矮化,提早凋谢,甚至整株死亡	创造有利的生长环境,种植或放盆不能过密,少施氮肥,增施磷、钾肥,浇水不宜过多。发现病叶或病株后要及时清除,集中深埋或烧毁。发病初期喷洒25%三唑酮可湿性粉剂2 000～3 000倍液,或70%甲基硫菌灵可湿性粉剂1 000～1 200倍液,或25%多菌灵可湿性粉剂500～600倍液。甲基硫菌灵持效期长,可隔20～25天喷1次药
立枯病	真菌	仙客来、八仙花、菊花等,多种1～2年生草本花卉幼苗或刚进入成株期的小苗也容易受侵害	病菌侵染幼苗根部和茎基部,受害部位扩展,缢缩下陷呈棕褐色,发展后组织腐烂,如幼苗刚出土表现为猝倒,茎已半木质化或木质化,表现为病株直立枯死。还可成片迅速死亡,典型症状是腐烂、猝倒、立枯	合理浇水与施肥,土壤不宜过湿,氮肥不能过多,注意通风透光,坚持轮作,不使用旧床土,种植密度不宜过大。做好种子的消毒工作,用1%甲醛溶液处理土壤,可喷洒65%代森锌可湿性粉剂600倍液预防,发病初期喷洒52%多菌灵可湿性粉剂,或50%托布津可湿性粉剂500～600倍液,或75%百菌清可湿性粉剂600～800倍液。发病初期用50%代森铵可湿性粉剂300～400倍液浇灌根部也有效,用药液量为0.2～0.44克/米^2

续表(1.)5. 1

病 名	病 原	受害花卉	危害症状	防治方法
炭疽病	真菌（炭疽菌）	兰花、君子兰、菊花、仙客来、剑兰、八仙花、朱顶红、麦冬、长春花、萱草、文殊兰、虎尾兰、大丽花、龟背竹、吊兰、鸡冠花、吉祥草、一叶兰、风雨花、玉簪花、万年青、秋海棠、姜花等	发病初期叶片上出现圆形或不规则状的红褐色斑点，以后变成黑褐色的病斑，周围有黄色的晕圈，再扩展汇合成大斑块，呈灰白色，病健组织交界处有不规则的黑色带，中部稍凹陷，边缘稍隆起，斑面多具轮纹的叶斑，后期病斑萎缩，凹陷并出现许多黑色小点，严重时叶片呈黑色，并干枯脱落	加强环境卫生及养护工作。发现病株要及时拔除和烧毁，盆花适宜放置在通风透光处，氮肥不能过施或偏施，适当增施磷钾肥。及早喷药预防控制，喷洒65%代森锌可湿性粉剂800倍液进行预防。发病初期喷洒50%多菌灵可湿性粉剂800～1 000倍液，或80%炭疽福美可湿性粉剂500～800倍液，或30%氟菌唑2 000倍液，或50%托布津可湿性粉剂1 000～1 500倍液，或等量式波尔多液等，均会有良好的防治效果。隔7～10天喷药1次，连喷2～3次
叶斑病	真菌（多种病原）	紫罗兰、万年青、菊花、月见草、凤梨、瓜叶菊、香石竹、玉簪花、唐菖蒲、马蹄莲、秋海棠、康乃馨等，绝大部分2年生草本花卉。观叶花卉、球根类花卉等	发病多从中下部叶片开始，初为淡绿色水渍状小圆斑，后形成圆形或不规则的褐色或赤褐色病斑。斑点有圆形、椭圆形、菱形、不规则形，颜色有黑、褐、紫、黄、白等，斑面上出现云纹或轮纹，分界明显或不明显，黄晕有或无，病症有霉层和小黑粒，严重时整张叶片布满病斑，直至干枯脱落。有时还侵害花和花梗	搞好田间卫生，及时清除病残叶片并立即烧毁。合理施肥，增施磷、钾肥。适度浇水，盆土不宜过湿，做好棚室的通风透光工作。提高植株自身的抗逆性，做好夏冬的养护，夏季防日灼，冬季防冻害。发病初期喷洒50%多菌灵可湿性粉剂600～1 000倍液，或75%百菌清可湿性粉剂600～800倍液，或75%甲基硫菌灵可湿性粉剂800～1 000倍液，或65%代森锌可湿性粉剂600～800倍液，采用交替或混合施药的原则。采取治早、治小、治了的防治策略，隔7～10天喷1次，连续2～3次

续表(1.)5. 1

病名	病原	受害花卉	危害症状	防治方法
灰霉病	真菌（灰霉菌）	凤仙花、八仙花、仙客来、大花蕙兰、一品红、富贵竹、金边富贵竹、天竺葵、郁金香、百合、紫罗兰、万寿菊、一串红、孔雀草、瓜叶菊、矮牵牛、雏菊、长春花、玉簪花、美人蕉、水仙花、风信子、虎耳草、黛粉叶、喜林芋、金盏菊、飞燕草、瓜叶菊、倒挂金钟、象牙红、人腊红、香石竹、报春花、香雪兰、大丽花、化毛茛等	主要侵染花卉的叶片或花朵，发病初期叶片出现水渍状的黄绿色或深绿色病斑，稍有下陷，后逐渐扩大变褐腐败。花蕾受害后，除变褐色外还会枯萎。总之造成叶腐或花腐。发病后期湿度大时，发病部位产生灰色霉层、软腐或布满尘土状的霉层。这点为本病的主要特征	尽可能用新土或消毒土，及时清除病叶和病株，并要集中烧毁，注意通风透光。浇水勿过量，叶面上要避免沾水，及时排除积水，以降低湿度。合理施肥，氮肥不能施得过多。发病初期喷洒75％百菌清可湿性粉剂800倍液，或50％多菌灵可湿性粉剂800～1 000倍液，或50％甲基硫菌灵可湿性粉剂500～600倍液，或50％代森铵可湿性粉剂800～1 000倍液，也可喷1∶1∶120～160的波尔多液。喷药时要交替使用，喷药前宜先收集烧毁病部后再喷药
白绢病	真菌（白绢菌）	荷兰鸢尾、三色堇、鱼尾葵、美女樱、观赏辣椒、白掌、玉簪花、魔芋、君子兰、小苍兰、绿巨人、金鱼草、雏菊、热带兰、中国石竹、百合、百日草、万寿菊、凤仙花、朱顶红、水仙、郁金香、香石竹、茉莉、万年青、芍药、石楠、海桐、柑橘等	主要侵染叶片或茎部，发病初期引起叶腐或茎基腐，茎基部接近土壤处变成褐色并腐烂。白绢病的病征前期为白色绢丝状放射状菌丝体，后变成黄色至褐色，形成菜籽状的圆形小菌核	病原菌核在土壤中的存活力强，绝对不能在病地旧床土上育苗，盆栽时要使用新盆土。早春或深秋时，要及时清除枯枝落叶和病株，并立即烧毁。使用1％甲醛溶液处理土壤。加强栽培管理，栽植不宜过密，保持良好的通风条件，及时清除积水。喷洒65％代森锌可湿性粉剂600倍液进行预防，发病初期喷洒50％多菌灵可湿性粉剂，或50％托布津可湿性粉剂500～600倍液，或75％百菌清可湿性粉剂600～800倍液等进行防治

续表(1.)5.1

病 名	病 原	受害花卉	危害症状	防治方法
锈病	真菌（锈菌）	紫苏、美人蕉、龟背竹、鸢尾、芦荟、风信子、向日葵、萱草、香石竹、雁来红、半边莲、紫罗兰、多种菊花、石竹、禾草类、玫瑰、月季、蔷薇、佛肚竹	主要危害叶片，有的还危害花茎，花梗和花蕾，初现褪绿的黄白色小疱斑。随着病情的发展，疱斑逐渐隆起增大，颜色加深，以至疱斑破裂，散出锈粉（橙色的夏孢子堆），最后叶片枯焦，严重时叶片全是病斑，导致早期枯死	合理浇水与施肥，注意通风透光，发现病叶和病株后，要及时清除烧毁。生长期间喷药加以保护，可喷洒60%代森锌可湿性粉剂600倍液进行预防，发病初期喷洒50%多菌灵可湿性粉剂；或50%甲基硫菌灵可湿性粉剂，或75%百菌清可湿性粉剂600～800倍液。锈病发生后还可喷洒97%敌锈钠250～300倍液，或25%三唑酮可湿性粉剂1500～2500倍液。对白粉病有效的药剂对锈病也有效，可以喷用
黑斑病	真菌（黑斑菌）	百日草、鸡冠花、多种菊花、除虫菊、石竹、大丽花、月季、蔷薇、黄刺玫、杜鹃、玉兰、玫瑰、水仙、向日葵、朱顶红、君子兰、文殊兰、鸢尾、荷花、睡莲、桂花、石榴、广玉兰、夹竹桃、紫荆、榆叶梅、贴梗海棠	主要危害叶片，发病初期叶片上出现紫褐色或褐色小斑点，后逐渐扩大变成黑色圆斑或不规则的轮纹斑，使叶片干枯脱落，严重时还会使整个枝条枯死	加强庭园的清洁卫生，及时清除枯枝落叶，并立即烧毁。生长期间可喷洒60%代森锌可湿性粉剂600倍液进行保护和预防，发病初期喷洒50%多菌灵可湿性粉剂或50%甲基硫菌灵可湿性粉剂500～600倍液，也可喷75%百菌清可湿性粉剂600～800倍液，均有良好的防治效果
花叶病	病毒病	菊花、风信子、美人蕉、百合、虎眼万年青、金盏花、大丽花、香石竹、唐菖蒲、鸢尾、荷兰鸢尾、水仙、紫罗兰、郁金香、番红花、藏红花、飞燕草、银莲花、一串红、矮牵牛、百日草	叶片出现黄绿相间的花斑，有时呈多角形纹饰，叶面凹凸不平，叶片皱缩有褪绿斑，新长出的叶片多少有些畸形。植株矮化丛生，有的花穗变短	选择耐病和抗病的优良品种，严格挑选健康无病种株作繁殖材料。清洁田园与周围环境，及时拔除病株并烧毁。消灭具有传染源的刺吸式口器的蚜虫、粉虱等传毒昆虫，用茎尖进行组织培养，繁殖无毒苗。接触过病毒材料的工具和用品，要用肥皂水洗净，消毒后才能接触健株，以防人为传染。搞好土壤消毒，铲除杂草，注意通风透光，合理施肥浇水，促使花卉生长健壮，都可以减轻病毒病的危害

续表(1.)5.1

病名	病原	受害花卉	危害症状	防治方法
细菌性软腐病	细菌（多种病原）	大丽花、君子兰、百合、花叶芋、合果芋、鸢尾、马蹄莲、仙客来、风信子、桂竹香、虎尾兰、飞燕草、广东万年青、羽衣甘蓝、朱顶红、凤仙花、美人蕉、瓜叶菊、量天尺等。是花卉植物上的一种主要病害，危害鳞茎、根茎、球茎、块根、幼根、嫩茎和果实，还危害瓜类、茄果类、十字花科植物等多种植物	软腐病菌可长期在土壤中生存，主要是通过土壤、灌水和有关地下茎传播，病原细菌自根颈部侵入，向上蔓延至茎部，向下扩展到根部。细菌病害的主要症状为斑点、软腐和青枯，初期出现水渍状病斑，灰色或灰褐色，逐渐变色腐烂，严重时从茎部发展到叶基，块茎变成黏状物，有臭味再腐烂。细菌病害其表现为菌脓，菌脓干后可变为菌膜或粒状物，严重时整株死亡	花卉繁殖器官的贮藏室内必须保持干燥、通风和低温。种植前要严格挑选健全无病的繁殖种株和种球，切除病块的材料，要用农用链霉素350～700单位/毫升的药液进行消毒。生长季节要及时剪除病叶，拔除病株，连周围土壤一起挖出并妥善处理。要实行轮作和换土，盆栽时选用消毒土或新土。挖掘地下茎时，要尽量避免造成伤口。要及时施用杀虫剂防治钻心虫和其他地下害虫，以减少细菌从伤口侵染的机会。发病后及时用70%敌磺钠可湿性粉剂600～800倍液浇灌病株根际土壤。进行切花的工具，最好用0.5%高锰酸钾液进行消毒
腐烂病	生物性病原（真菌或细菌）	唐菖蒲、仙客来、仙人掌、百合、鸢尾、风信子、翠菊、凤仙花、郁金香、剑兰、合欢、苹果、海棠等	种子、种芽、种球等未出土前，就已经发生烂种、烂芽、烂球，病部水渍状腐烂，有臭味，灰褐色病斑上有黑色粒状物，引起植株矮化和根部腐烂	用种子、种球重量0.1%～0.2%的拌种双、多菌灵、代森锌等进行拌种和拌球，密封1～2天后播种。尽量避免使用旧床土，对床土消毒，用16%甲醛，按50毫升/米² 对水18～36升，均匀淋灌。加强通气透光，做好水肥管理，防止床土过湿或土温过低
病毒病	病毒（多种病原）	大丽花、百合、兰花、菊花、水仙、蒲苞花、紫罗兰、翠菊、金盏花、天人菊、马蹄莲、瓜叶菊、鸡冠花、报春花、三色堇、矮牵牛、长春花、观赏辣椒、姜花、美人蕉、风信子、秋海棠、君子兰、朱顶红、凤梨、国兰、洋兰、喜林芋、合果芋、苞叶芋、花叶万年青、竹芋、荷花、金鱼草、蕨类	为全株性病害，被害植株的症状有花叶、卷叶、皱叶、畸形、扭曲、萎缩、丛生、黄化、矮化、圆斑、环斑、枯斑等，在叶脉间散布有灰白色的条纹、圆形斑、坏死斑等	加强检疫工作，严格采用无病毒的繁殖材料，控制苗木通过调运扩大疫区范围。及时拔除病株并立即烧毁，以减少病原。先要恶化传毒昆虫的滋生场所，及时做好蚜虫、叶蝉、白粉虱等带毒昆虫的药杀、诱杀等防治工作。加强栽培管理，增强抗病能力。农事操作前后要用肥皂水洗手和洗刷工具，以减少摩擦传毒。生长季节每隔15～20天喷洒1次十二烷基磺酸钠可湿性粉剂200倍液有防效

续表(1.)5.1

病 名	病 原	受害花卉	危害症状	防治方法
碎色病	病毒(碎色病毒)	郁金香、黄花贝母、好望角万年青、麝香百合、台湾百合	感病植株形成花叶,有淡绿色或灰白色斑纹,在红色或紫色品种的花斑上出现白色或浅黄色的条纹,或大小不等的斑点,在白色或浅色花的花瓣上出现碎色症状的则不太明显。重病的植株生长不良,叶缘扭曲或呈波纹状	发现病株应及时拔除和烧毁,以减少毒源。郁金香最好不与百合属植物相邻种植,以免相互传染病毒。及时喷洒杀虫剂,以防治传毒蚜虫。将郁金香种球种植在 20 厘米的深处,可使碎色隐蔽。建立无病毒母本园,以获取无毒苗。对引进的郁金香种球,要采用茎尖培养与热处理相结合的方法脱毒
根结线虫病	线 虫	菊花、万寿菊、麦秆菊、鸢尾、风信子、四季海棠、仙客来、水仙、天竺葵、大丽花、凤仙花、金鱼草、一串红、百日红、鸡冠花等。线虫能使 1 700 多种植物受害	该线虫主要侵染植物的根部,在主根和侧根上形成许多圆形的瘤状物,有的单生,有的串生,如小米或绿豆大小。这些根瘤初为黄白色,表面光滑,以后变成褐色,表面粗糙。切开根瘤可见内部有乳白色发亮的点粒,此粒即为梨形的线虫雌虫。得病植株生长衰弱,明显矮化,叶片变小皱缩,严重时全叶枯焦早落,花朵小,数量明显少甚至全株枯死	严格检疫,防止线虫病的引入或输出,以免传播蔓延。发现病株及病残体要立即拔除和烧毁,并进行土壤消毒,用溴甲烷或甲醛稀释液喷洒消毒土壤,熏蒸杀虫。消毒处理过的土壤要经过 8～10 天才能使用。在苗圃内实行轮作,选用无毒的床土育苗,还要选用无病的种苗,对可疑植株进行隔离种植。要合理施肥与浇水,还要注意通风透光。改善生长环境,用日光暴晒法或高温干燥法处理土壤,土壤摊铺的厚度为 8～10 厘米,日光暴晒和干燥 30 天左右,可将根结线虫杀死。深翻改土,水旱轮作,搞好田园和大棚的卫生

第二节　主要害虫及其防治方法

草本花卉上主要而又常见的害虫,有短额负蝗、菜白蝶、斜纹夜蛾、小地老虎、绿盲蝽、铜绿金龟子、花蓟马、温室白粉虱、桃蚜、大青叶蝉、吹绵蚧、朱砂叶螨等。这些害虫为害的花卉、生活习性和为害症状,以及主要防治方法见表(1.)5.2。

表(1.)5.2　主要害虫及其防治方法

虫　名	受害花卉	生活习性和为害症状	防治方法
短额负蝗	一串红、鸡冠花、菊花、鱼尾菊、万寿菊、凤仙花、孔雀草、瓜叶菊、美人蕉、牵牛花、彩叶苋、雁来红、睡莲、荷花、常青藤、爬山虎、三色堇、雏菊、兰花、茉莉花、大丽花、唐菖蒲、松果菊、金盏菊	不全变态，成虫产卵于土中，以卵越冬。初孵若虫有群集叶部为害习性，仅食叶片上表皮和叶肉；二龄后开始分散活动为害，使花卉叶片产生缺刻和孔洞，严重时将叶片吃光，影响花卉的正常生长发育，降低观赏价值	清除杂草，把卵暴露晒干或冻死，以减少虫原基数。人工捕杀若虫和成虫，保护天敌雀鸟、青蛙、大寄生蝇、蜘蛛、螳螂。为害严重时，喷洒50%杀螟硫磷乳油1 000倍液，或50%辛硫磷乳油1 500倍液，或20%氰戊菊酯乳油2 000倍液，均有良好的防治效果
菜白蝶	一串红、旱金莲、羽衣甘蓝、醉蝶花、大丽花等，为害1～2年生草本花卉和宿根球根花卉等多种	各地1年发生1～8代，世代重叠突出，是全变态昆虫。以蛹越冬，成虫在白天活动。卵多产在叶片背面，幼虫咬食芽、叶、花蕾和花，使叶片成孔洞和缺刻，严重时能将叶片吃光，只剩叶柄和叶脉。苗期受害后容易造成全株死亡，春、夏季的为害最严重	及时清除花坛、大棚、苗圃等处的杂草、枯枝和残株，消灭各代蛹和越冬蛹，以减少虫源。幼虫发生时，使用Bt乳剂(每毫克含2 500国际单位)、苏云金杆菌生物制剂500～1 000倍液毒杀幼虫。其幼虫很容易被人发现，当数量不多时可人工捕杀，也可用镊子夹除。保护和利用菜白蝶的天敌白粉蝶绒茧蜂、凤蝶金小蜂、姬蜂以及多角体病毒等杀灭白粉蝶。在苗圃地、塑料大棚等处点灯或设黄色黏虫板捕杀成虫
斜纹夜蛾	大丽花、仙客来、鸡冠花、菊花、瓜叶菊、蜀葵、香石竹、荷花、睡莲、萱兰、美人蕉、百合、月季、木槿、茶花、万寿菊、蓖麻、烟草、向日葵、薄荷、辣椒等，为害的植物有290多种	1年发生3～8代，终年都可发生。6～10月份为害较严重。以蛹越冬，成虫昼伏夜出，有趋光性和趋化性，飞翔力强。卵多产在叶背，呈块状，以植株中部最多。幼虫为害时将叶片啃咬出许多缺刻和孔洞。进入暴食期后，常将叶片吃光，并进一步为害花蕾和花朵。幼虫有假死性，夜晚和早晨出来为害	利用成虫的趋光性和趋化性，在花圃和大棚处设立黑光灯和糖醋毒液(糖、醋、水的比例为3∶1∶6，再加少量敌百虫配制而成)，在夜晚诱杀成虫。在成虫羽化高峰期，结合花卉的田间管理，随时人工摘除卵块和捕杀初孵群集的幼虫。幼虫为害期，喷施5%辛硫磷乳剂1 500～2 000倍液，或20%氰戊菊酯乳剂2 000倍液，均有良好的防效

续表(1.)5.2

虫　名	受害花卉	生活习性和为害症状	防治方法
小地老虎	凤仙花、香石竹、菊花、一串红、鱼尾菊、雏菊、万寿菊、孔雀草、羽衣甘蓝、向日葵、美人蕉、仙客来、鸢尾、马蹄莲、多种草花幼苗和禾本科草坪植物以及多种木本植物的幼苗	以蛹和老熟幼虫在土中越冬，成虫有趋光性和趋化性，卵产在杂草、幼苗、落叶叶背和土缝中。幼虫长大分散后，白天潜入土中，夜晚出土活动，咬断幼苗并拖入土穴内供食用，使整株死亡，严重时甚至毁种，需要重播，有的还为害种子、球根以及花木的根部	加强田间管理，及时清除杂草，清晨检查苗地，见有断苗时，就在附近寻迹捕杀幼虫。用黑光灯或糖醋毒液诱杀成虫（糖、醋、白酒、清水的比例为 6：3：1：10，另加少量的胃毒性杀虫剂配成）。搞好土壤卫生，进行土壤消毒，及时翻土，寻找幼虫，并立即杀灭。在田间堆放杂草、菜叶、树叶等进行诱杀
绿盲蝽	菊花、大丽花、一串红、蓖麻、苜蓿、鸡冠花、美人蕉、金鱼草、孔雀草、醉蝶花、棉花、芝麻、茼蒿、田菁、向日葵、马兰、葎草、黄花草、木槿、石榴、扶桑、紫薇、桃花、山茶花、月季等，还为害多种果树、蔬菜、农作物，是园林花卉上的主要害虫之一	1年发生 3～5 代，以卵在寄主植物上越冬。成虫善飞翔，略有趋光性。成虫和若虫以口针刺吸生长点和嫩叶的汁液，几天之后，叶片出现空洞及黑斑，严重时受害叶片扭曲、卷缩，显得变态和粗老。花蕾被害时，在被害处渗出黑褐色汁液，是刺吸性害虫中为害颇为严重的一种	早春结合积肥，在苗圃及其培养地周围清除杂草，以消除此虫的发生和繁殖环境条件。绿盲蝽的捕食性天敌有蜘蛛、草蛉、小花蝽、拟猎蝽和几种寄生蜂，对这些天敌昆虫应该很好地进行保护和利用。在成、若虫发生期，喷洒 40%乐果乳油 1 500 倍液，或 50%杀螟硫磷乳油 1 500 倍液，或 20%氰戊菊酯 2 000～3 000 倍液，或 40%速胺磷乳油 2 000 倍液等，进行防治均有良效，每隔7～10 天喷 1 次，连续 2～3 次
铜绿金龟子	美人蕉、大丽花、萱草、鸢尾、草莓、石竹等，受害的园林花卉植物有 170 多种	金龟子的幼虫叫蛴螬，虫体乳白色，圆筒形，整个身体呈"C"字形蜷曲，体背隆起、多皱。1 年发生 1 代。在我国为害园林花木的蛴螬主要有 20 多种，它们分布广，食性杂，为害严重。蛴螬是长年生活于有机质较多的土壤中，为害植物的根和茎，将根部咬断，使幼苗生长发育不良，造成缺苗断垄，甚至萎蔫枯死。蛴螬的成虫金龟子为害园林花卉的花、叶、芽及果实。以成虫或老熟幼虫在土壤中越冬，成虫有假死性、趋光性和喜湿性	用黑光灯诱杀成虫。虫害不严重的花圃或家庭花卉，可利用金龟子的假死性，在夜晚、早晨或白天，人工振枝进行捕杀。搞好土壤卫生，用 2.5%敌百虫粉剂对土壤消毒，及时翻根土壤，寻找土中幼虫并立即杀死。大量发生时，要及时喷药防治，常用 50%马拉硫磷乳剂 800～1 000倍液，或 40%乐果乳油与 50%杀螟硫磷乳剂 1 000 倍液喷洒或浇灌根部，都会有良好的防治效果

续表(1.)5.2

虫　名	受害花卉	生活习性和为害症状	防治方法
花蓟马	一串红、美女樱、凤梨、马蹄莲、牵牛花、茑萝、金鱼草、晚香玉、萱草、石竹、孔雀草、鱼尾菊、玉簪花、满天星、六月雪、香石竹、矮牵牛、剑兰、大丽花、美人蕉、菊花、凤仙花、非洲菊、铁线莲、仙客来、朱顶红、吊竹梅、小苍兰、鸢尾、雏菊、万寿菊、香雪球、风雨花、郁金香、风信子、金盏菊、瓜叶菊、荷花、凌霄、茉莉、三叶草、兰花、海棠等草本花卉50多种	为小型害虫,体长约1毫米,雄虫黄色,口器锉吸式,雌虫善飞,1年发生6~12代。主要以成虫在叶鞘内侧、杂草上、土块下、枯枝落叶内越冬,卵产在嫩叶表皮下、叶脉内和花内。干旱年份发生严重,用锉吸式口器锉吸叶片和花的汁液,被害叶片上有许多灰白色的斑痕,严重时叶片扭曲、蜷缩成水饺状,降低或失去观赏价值。一般在清晨和傍晚为害,强阳光时在花内和叶背潜伏,常是2种一起混合为害,还能传播病毒病	平时和越冬时节,结合积肥,清洁苗圃和田园,铲除杂草和清除枯枝落叶,以减少虫源。用黏合剂进行人工诱杀。发生严重时,可用10%醚菊酯悬浮剂2 000倍液,或40%乐果乳油1 500倍液,或50%杀螟硫磷乳油1 000倍液,或2.5%鱼藤精乳油1 000倍液喷雾,均有良好的防治效果
温室白粉虱	瓜叶菊、灯笼花、大丽菊、旱金莲、倒挂金钟、马蹄莲、菊花、茉莉、一串红、一品红、天竺葵、洋蝴蝶、虾衣花、绣球、洋金花、甜菊、万寿菊、兰花、仙人掌类、牵牛花、常春藤、仙客来、荷苞花、非洲菊、菊花、蓖麻、月季、芍药、石榴、蔷薇、夹竹桃、夜丁香、五色梅、扶桑、佛手、木本番茄、枸杞、茶花、桂花、无花果、金橘、栀子、牡丹、杜鹃等,约有200多种园林花卉植物	小型昆虫,体长0.7~1毫米,体翅上覆有白色蜡质粉,复眼赤红色,1年发生3~9代,因地区不同而有差异。成虫产卵于嫩叶背面,每1雌虫产卵200粒左右。成虫有趋黄性,为害叶片造成褪绿、枯萎、提早落叶,还能排泄蜜露,引起煤污病的发生,严重影响切花生产和花卉的观赏价值。此虫还能传播花卉病毒病	加强养护管理,合理修剪和疏枝,保持苗圃和苗床通风透光。保护和利用天敌中华草蛉、丽蚜小蜂、瓢虫等进行防治,用黄色塑料板,涂上油、凡士林、黏胶诱粘成虫。在温室或塑料大棚内,可用8%敌敌畏乳油熏蒸,每立方米用原药1毫升,密闭窗门,经过数小时后即可杀死粉虱,然后打开门窗,通风换气。家庭养花可用中性洗衣粉1/1 000的水溶液,喷雾防治,发生严重时可用50%马拉硫磷乳油1 000~1 500倍液,或40%乐果乳油1 500~2 000倍液,或2.5%溴氰菊酯2 500倍液,进行喷洒有良效
桃　蚜	荷花、睡莲、牵牛花、大丽花、鱼尾菊、香石竹、仙客来、菊花、兰花、鸡冠花、鸢尾、荷苞花、郁金香、剑兰、海棠、金鱼草、蜀葵、夜丁香、夹竹桃、梅花等花木,还为害果树蔬菜农作	小型昆虫,1年发生10~20代。成蚜和若蚜群集在叶片、嫩茎、顶芽、花蕾、嫩果上吸取汁液为害,致使被害器官生长停滞,使叶片畸形、卷曲、皱缩、萎蔫,最后干枯脱落,甚至使整株死亡。在为害的同	盆栽花卉上零星发生蚜虫为害时,可用毛笔蘸水刷除。蚜虫对黄色有较强的趋向性,利用黄塑料板,涂上有机油或捕鼠胶进行诱杀。对蚜虫的天敌应加以人工助迁和保护。蚜虫的寄生性天敌有蚜小蜂和日光蜂,捕食性天

续表(1.)5.2

虫　名	受害花卉	生活习性和为害症状	防治方法
桃　蚜	物、牧草、中草药，据记载桃蚜的寄生植物有300多种	时，还排出大量的蜜露，进而导致煤污病的发生，除影响光合作用外，还降低观赏价值，同时还传播多种病毒病	敌有草蛉、七星瓢虫、异色瓢虫、龟纹瓢虫等。蚜虫数量发生多时，要及时喷药防治，常用的药剂有50%灭蚜松乳油1 000倍液，或50%辛硫磷乳油1 000～1 500倍液，或20%菊杀乳油2 000倍液，或50%抗蚜威可湿性粉剂2 000倍液，在初孵时期喷药效果最佳
大青叶蝉	大丽花、麦秆菊、剑兰、鸢尾、翠菊、一串红、秋菊、菊花、蜀葵、爬山虎、美人蕉、锦葵、木芙蓉、佛手、月季、樱花、芍药、禾本科的多种草坪植物，还为害多种果树、林木、农作物、蔬菜、药材及多种杂草等。大青叶蝉的分布广，食性杂，已知的寄主植物有160多个属的200余种	小型昆虫，体长7～11毫米，1年发生3代，以卵在花木的皮层内越冬。成虫和若虫都比较活泼，善于跳跃，并有斜走横行的习性，成虫和若虫都喜欢潮湿背风的环境，中午至黄昏时比较活跃。有较强的趋光性。成虫和若虫以针状口器刺吸花卉嫩芽、新叶、嫩茎和幼果等的汁液，使受害部位变白、变黄、萎缩、硬化、枯焦、畸形、生长衰弱，甚至使全株枯死。易被风吹折，也易被冻死	种植不宜过密，保持通风透光，结合花卉的栽培管理及养护，清除园圃及周围杂草，剪除带卵枝条，恶化虫子的栖息环境，有助减少虫源。利用成虫的趋光性，用黑光灯诱杀成虫，发现为害时，喷洒50%敌敌畏乳油1 000倍液，或40%乐果乳油1 500～2 000倍液，或50%杀螟硫磷乳油1 000～1 500倍液，或20%异丙威乳剂600～800倍液等，均有较好的防效
吹绵蚧	凤仙花、龟背竹、文竹、万年青、常春藤、朱顶红、牵牛花、秋海棠、仙客来、蚌壳花、吊兰、报春花、网纹草、满天星、天竺葵、仙人掌、仙人球、仙人柱、蟹爪兰、令箭荷花、剑兰、鹤望兰、龙舌兰、美人蕉、兰花、一叶兰、吉祥草、桂花、佛手、扶桑、无花果、玉兰、玫瑰、含笑、九里香、月季、六月雪、牡丹、芍药、代代、佛手等，还为害果树、林木、农作物、蔬菜、药材等多种类群，其寄主植物有250多种	小型昆虫，体长2～6毫米，1年发生2～4代，以老熟若虫在枝干上越冬，成虫和卵也可以越冬。主要以孤雌生殖方式进行繁殖，每雌虫产卵600～1 000粒。若虫孵化后常寄生在嫩叶及叶背的主脉两侧，随虫龄的增大，渐渐移至小枝为害。成虫和若虫常群集在寄主的嫩芽、叶片、枝条和果上为害，严重时布满整个枝条，致使叶片变黄，长势衰弱，枝干枯萎，甚至整株死亡。吹绵蚧分泌大量的蜜露，导致煤污病的严重发生，既影响光合作用，又能降低花卉观赏价值	搞好栽培管理，种植不宜过密，保持通风透光，搞好圃园和大棚的清洁卫生，结合修剪，将虫叶、虫枝剪除，并要立即烧毁。引进和放养澳洲瓢虫，红缘瓢虫，大红瓢虫，小红瓢虫等，也是行之有效的防治方法。当虫口密度不大时，可人工刷除雌虫及卵囊，也可用小水管冲洗，以减轻虫害。在初孵幼龄末期或刚固定吸食为害时抓紧喷药，常用40%乐果乳油1 200～1 500倍液，或25%亚胺硫磷乳剂800～1 000倍液，或2.5%溴氰菊酯乳油2 500倍液，或40%杀扑磷乳油1 500倍液。施药时要注意轮喷和混喷，并且要喷匀、喷足

续表(1.)5.2

虫　名	受害花卉	生活习性和为害症状	防治方法
朱砂叶螨	向日葵、大丽花、小丽花、报春花、一串红、非洲菊、紫罗兰、鹤望兰、常春藤、鸡冠花、万寿菊、马蹄莲、瓶子花、凤仙花、萱草、孔雀草、牵牛花、文竹、美人蕉、茑萝、唐菖蒲、绣球、茉莉、金银花、紫藤、海桐、香石竹、夜丁香、牡丹、芍药、迎春花、天竺葵、桂花、佛手、海棠、木芙蓉、木槿、樱花等,还为害果树、林木、农作物、蔬菜、药用植物、杂草等,其寄主植物有100多种	俗称红蜘蛛,体小,口器刺吸式,体壁柔软,1年发生10～20代以两性生殖为主。在高温干燥条件下,繁殖迅速,为害严重。以受精雌成螨在树皮缝、枯枝落叶或植株周围土缝中越冬,常聚生在叶背或幼嫩花蕾上吸取养分。有吐丝结网习性,粘有尘土,在网下吸取叶片汁液。叶片最初出现小斑点,以后变红、卷曲,严重时叶片下垂,干枯脱落使植株成为光杆,状如火烧过一样,严重影响花木的生长发育、开花结果以及观赏价值	种植不宜过密,保持通风透光。要结合修剪剪除虫枝并集中烧毁。冬季要捡除杂草落叶。对天敌瓢虫、植须螨、草蛉、花蝽、塔六点蓟马等,要很好保护和利用。发现螨害后,要及时用40%三氯杀螨醇乳油1 000～1 500倍液,或40%乐果乳油1 200～1 500倍液,或50%溴螨酯乳剂2 500倍液等在螨害初期喷施防治。为防产生抗药性,杀螨剂要交替轮换使用。发现盆花的个别叶片上有螨虫时,除应及时摘除叶片外,还应将螨虫杀死

第三节　有害动物及其防治方法

草本花卉上除有病虫危害外,在地表或土中还有跳虫、蚂蚁、马陆、鼠妇、蜗牛、蛞蝓、蚯蚓等有害动物为害。现将这些动物名称、为害的花卉、生活习性和为害症状,主要防治方法等,列表记述于后,见表(1.)5.3。

表(1.)5.3　有害动物及其防治方法

动物名称	受害花卉	生活习性和为害症状	防治方法
跳　虫	为害多种草木花卉的叶片	成虫腹末有弹器,能跳动,具咀嚼式或吸收式口器。性喜潮湿,生活于各种不同的环境。受害叶片表面出现不规则的凹点和孔道,使苗株生长衰弱,降低观赏价值,甚至全株枯死	搞好土壤卫生,进行土壤消毒,及时翻土,寻找幼虫并立即杀灭。用3%氯唑磷颗粒剂施入土中,或撒施在草坪植物的根际,也可用1.8%阿维菌素乳油2 000～3 000倍液喷洒土壤,防治效果也较好
蚂　蚁	食性广而复杂,有肉食性、植食性和多食性,为害多种花卉	有明显的多型现象和群居习性,繁殖快,筑巢性强,常在根际周围土中或盆钵底下筑蚁巢,由于筑巢掘穴以及各种进出活动,都直接或间接地给花木造成一定的损害	加强田间管理,增强植株的长势,及时伐除衰弱植株,用70%灭蚁灵粉,直接喷撒于有蚁群的根际土面或蚁巢、蚁道周围,或拌成饵料撒施,或用灭丁乳油100倍液喷雾与灌巢,均有良好的防效,还可用林丹、氯丹、七氯等粉剂,喷施在有蚁群活动的土面

续表(1.)5.3

动物名称	受害花卉	生活习性和为害症状	防治方法
马　陆	在我国的分布很广,能损害多种花卉和农作物,如仙客来、瓜叶菊、铁线蕨、文竹、多种海棠等	体长而稍扁,躯干有20节,1年繁殖1代,寿命在1年以上。喜阴湿,怕光,栖息潮湿耕地、石堆下或花盆下,常成群游行。食性较杂,取食腐殖质,还食害多种花卉的幼苗、嫩茎和幼叶	清扫环境,去除杂草,严重时,向阴湿处,或花盆周围,或有石堆处,喷洒50%辛硫磷乳油800倍液,均有较好的防治效果
鼠　妇	为害幼嫩草本花卉的根和茎,除能为害多种草木花卉外,还为害扶桑、紫罗兰、铁线蕨、含笑、苏铁、茶花、多肉植物	体椭圆形、灰褐色,1年1代,生活于陆上潮湿处,分布广,怕光,平时隐伏在盆钵底部排水孔内外及潮湿处,有假死性,当外物碰触时,身体能蜷缩成球,装死不动。多性、杂食,以腐殖质为主。为害幼嫩草本花卉的根和茎	除人工捕杀清除外,还可用20%氰戊菊酯乳油2 000倍液喷施,也可用25%甲萘威可湿性粉剂500倍液喷施盆底或盆架处,其防治效果良好
蜗　牛	主要为害菊花、兰花、八仙花、鸡冠花、一串红、大丽花、美人蕉、萱草、鸢尾、风信子、栀子、樱桃、月季、杜鹃、扶桑、腊梅、金橘、佛手等多种花木	为陆生软体动物。背面有背壳,呈椭圆形,螺纹5层半。身体能分泌黏液。一般生活在潮湿阴暗多腐殖质处,畏光怕热,白天躲藏,夜晚和雨天出外活动和取食。1年发生1代。卵圆球形乳白色,有光泽,成虫产卵于花卉根际土中或花盆下面的松土中	早晨清除杂草和枯枝落叶,恶化其生存环境。也可堆草诱杀。要经常检查,发现后及时进行捕杀。在大棚的阴湿处和花盆下面,均匀撒石灰粉,使其能自然触杀死亡或不能侵入。还可施用8%灭螺灵颗粒剂,或10%多聚乙醛颗粒剂防治,用药量为每平方米1.5克
蛞　蝓	为害的花卉有菊花、鸢尾、一串红、瓜叶菊、唐菖蒲、仙客来、小苍兰、洋兰、月季等多种花卉	为陆生软体动物,躯体裸露,体背无贝壳,身体能分泌黏液。1年发生1～2代。怕光怕热,常躲藏于阴暗潮湿多腐殖质的场所,白天隐藏在花盆和砖块下,夜晚出来活动,寻食和交配繁殖。有趋香、趋甜、趋腥味等习性。饥饿时相互残杀,爬行时留下一道黏液线	清洁田园,中耕松土,翻耕晒土,清沟排渍,从多方面恶化其栖息和产卵场所,以减少害源。结合栽培管理,在翻耕花圃和大棚,更换花盆时,发现蛞蝓的卵、幼体和成体后,要及时进行人工捕杀。在大棚和花盆周围以及排水沟内,撒施石灰粉,可以阻止其为害。在为害的旺盛期间,可用堆草或堆菜皮、菜叶的方法进行诱杀。为害严重时,用茶籽饼粉7～10千克,对水70～100升,浸泡1昼夜,取液滤渣后喷雾防治

续表(1.)5.3

动物名称	受害花卉	生活习性和为害症状	防治方法
蚯　蚓	主要危害菊花、兰花、鸢尾、一串红、大丽花、月季、杜鹃、仙客来、腊梅、瓜叶菊等多种花木	我国蚯蚓的种类很多,体呈长圆柱形,由许多环节组成。雌雄同体,异体受精。卵产在蚓茧中。虽然蚯蚓对改良土壤有重要作用。但是在有机质丰富的盆土中,对盆栽花木却是有害的动物 蚯蚓在盆中钻洞取食或来回潜动,既侵害花卉幼苗的根,同时由于土壤被钻疏松,植株吸收不到水分和养料,致使整株枯萎死亡。土壤翻松,种子被翻上或埋下,使种子不能发芽,或使刚发芽的幼苗翻松离土而干枯,严重影响播种和育苗	如果盆土中的蚯蚓较多,在上盆或翻盆时,可以去除绝大部分蚯蚓。也可以用氯丹、七氯、甲萘威粉剂或茶籽饼水,浇灌盆土,均有良好的防治效果。花圃地中蚯蚓多时,每667米^{2}用50％辛硫磷乳油50毫升,先用少量清水稀释,然后再拌细沙25～30千克,混拌均匀后撒施也有效

第四节　改善栽培环境条件

　　花卉病虫害的发生与发展,需要有一定的外界环境条件。因此,在花木病虫害的防治过程中,一定要注意多方面的综合因素,特别是环境条件的改善和栽培技术的提高更不能忽视。草本花卉的栽培环境和栽培技术如果都好,花卉幼苗和成株的生长就会健壮,抗病虫害的能力也会相应增强。可见从多方面改善栽培环境,不断提高栽培技术,使其不利于病虫害的生存和发展,就更适合于草本花卉在室内、大棚,或室外的生长和发育。因此,要及时中耕除草,按时浇水施肥,加强通风透光,注意环境卫生,彻底清除枯枝落叶和有病虫害的植株等,从多方面做好农业防治工作。总之,把农业防治放在首位,不断改善栽培环境条件,这对防治草本花卉或木本花卉病虫害,都是十分有利的。这也是防治病虫害的基本原则之一。在整个草本花卉的栽培管理过程中,都要把农业防治这一环抓紧、抓好、抓彻底,全面做好改善栽培环境条件的工作,为草本花卉的病虫害防治打下坚实的基础。

第五节　做好消毒工作

　　消毒是预防花卉病虫害发生的有效措施之一,主要应抓好以下3方面的工作。

一、种苗消毒

　　主要有温汤浸种和药剂消毒2种方法。温汤浸种时,水温控制在40℃以下,此举可以减轻病虫害的发生,但不能彻底消灭病虫害。比较有效的防治方法,还是用药剂消毒,常用的消毒药剂有以下 2 种。

1. 40%甲醛　将 40%甲醛稀释配成 1%～2%的溶液,把种苗或根部放在其中浸泡 20～60 分钟,处理后再用清水洗净,即可进行栽种。

2. 石灰乳　将石灰泡在 100～400 倍的清水中,搅拌成石灰浆。并及时除去小石渣,然后将种子或种球等分别放入石灰浆中,浸泡 30 分钟或 1～2 小时,取出后用清水洗净即可播种。也可用 1/5 000 高锰酸钾溶液或 1%硫酸铜溶液,浸泡半小时,或用 250 克种子拌入 10 克 50%福美双可湿性粉剂,即可杀死种子表面的病菌。

二、土壤消毒

土壤是花卉病虫害繁殖的主要场所,同时也是传播病虫害的主要媒介。因此,不论是苗床、盆花、露地等多种形式的栽培用土,在使用前都必须进行彻底的消毒。土壤消毒的方法有火烧消毒、蒸气消毒、日光消毒、40%甲醛消毒、硫磺粉消毒、石灰粉消毒等,现简介其中的 3 种消毒方法。

1. 火烧消毒　为保护苗床、花盆中的少量土壤,可将土壤放在铁板上或铁锅中加火烧灼,待土粒变干后再烧 1～2 小时,土中的病虫害即可彻底地消灭干净。在露地苗床上也可点燃许多草堆,或将一些干草平铺在地面上燃烧,不仅可以消灭表土中的虫卵、幼虫和病菌,而且再把土壤翻耕后,还能增加一些肥料。

2. 日光消毒　盆花使用的培养土,应多次翻晒,使土壤内外都充分受到阳光的照晒,以达到消毒的目的。日光中的紫外线能杀死许多的病菌,土壤让日光长期暴晒,还可以消灭土中的虫卵和幼虫。露地花圃在入冬前要深翻,让土块在日光与寒冬下暴露一冬,可以减少翌年病虫害的发生。用于盆播育苗的土壤,将其打碎过筛后,平摊在干净的混凝土地面或塑料布上暴晒,每天翻动 1 次,1～2 周后就可上盆使用。

3. 蒸汽消毒　利用蒸汽消毒土壤,其优点是消毒的时间短,温度下降至自然状态后,即可进行种植,对附近花木和植物无害,还能加速土壤团粒化,促进难溶性盐类的可溶性,使土壤的理化性质得以改善。其缺点是使用移动式锅炉投资高,耗能多,使用期短,操作麻烦。使用时需要将导管埋入土内,如使用方法掌握不当时,蒸汽消毒过度,对花木及其他植物还会产生生育障碍。因此,面积大的田地,蒸汽消毒的方法,如今已经很少使用了。

三、场地及温室消毒

花卉栽培时,对所用的场地,在使用前除清扫干净外,还要用药剂进行消毒。最简便的消毒方法是,在清扫干净的场地上,均匀撒上生石灰进行消毒。对温室或塑料大棚进行消毒时,首先是打扫室内的灰土尘埃,把室内物品理顺,将温室或大棚密闭,然后用福尔马林＋高锰酸钾熏蒸消毒。

第六节　合理使用农药

当栽种的草本花卉上有病虫害大发生时,最常用的防治方法是药剂防治。此法的优点是在短时内能大量抑制和杀死病菌与害虫,迅速消除病虫害的威胁,而且药剂防治也比较简单易行。当然,在用化学药剂防治时,如果药剂使用不当,就不仅会使草本或木本花卉出现药害,而且还会产生病虫害的抗药性和残毒污染问题。家庭居室或庭院内莳养多种花木,其目的是增进人们的身心健康。因此,在使用化学农药时就要特别慎重,能不使用农药的尽量不用,非用不可时,也只能使用无毒或低毒的农药。在室内绝对禁止使用有毒农药。若要使用,可将盆钵搬到室外,喷药后要间隔数小时或 1 天后,再移回室内。使用农药要合理,还要特别注意以下几点:

①购回的农药要妥善贮存,严格按照操作要求使用。首先要确保人身安全,其次还要防止意外中毒事故的发生,并做到不污染环境。

②科学鉴定危害花卉的病虫害的准确名称,在此基础上才能正确选用农药的种类和确定使用的浓度,最后做到“对症下药”。

③要适量用药,对各种农药的使用浓度一定要把握准确,不能过浓、过多或过低,更不得随意增加用药量,还要做到喷药均匀,以免产生药害或无效。

④要计划好不同类型和不同种类药剂的合理交替使用,以防花卉上的病虫产生抗药性,同时还要选择使用能保护天敌的药剂。

⑤喷洒农药要考虑多种花卉的生育时期,发芽和幼苗时期,农药浓度要低;生长旺盛期和落叶休眠期,农药的浓度可稍高;开花期一般不宜喷药。

⑥选择最佳用药时期和方法。晴天无风时喷药的效果最好,阴雨天和大风天,或正午太阳光强时不宜喷药;如介壳虫在若虫阶段施药的效果最佳;播种用的花木种类,应选适合浸种或拌种用的药剂;如要防治土壤带菌病害,应选适合土壤消毒的药剂。

⑦尽量选用无毒或低毒,无污染或低污染的药品。还要考虑施用的农药,对温室或大棚以及人们活动空间环境的污染程度等多方面的问题。

⑧操作人员应有自我保护意识。在操作过程中不抽烟,不喝水,不吃食物。使用剧毒农药必须戴橡皮手套、口罩和风镜,尽量减少人体暴露部位与药品的接触面,切忌迎风操作。发现有中毒现象时,就立即到就近医院就医。

⑨施药工作完毕后要立即洗手、洗脸和清洗可能被污染的部位。施药后,所使用过的器械应在规定的安全地方清洗,严防污染池塘、江河以及相关的水源和土壤。

⑩喷洒农药后,发现所喷药花卉的芽、叶、花、果等出现有异常时,要尽早尽快用清水冲洗植株,以减轻药害。

第七节　常用农药简介

农药即为农用药剂的简称。除化学肥料外,凡用于保护和提高农业、林业、畜牧业生产,以及用于环境卫生的药剂,统称为农药。按照用途具体又分为杀虫剂、杀螨剂、杀菌剂、杀线虫剂、杀鼠剂、除草剂、植物生长调节剂以及杀软体动物剂8类。除此以外,还有能提高药效的辅助剂和增效剂等。

按照农药的成分可分为无机农药、植物性农药、微生物农药和有机合成农药4类。无机农药目前应用的只有波尔多液、石硫合剂等少数几种。植物性农药有除虫菊酯、烟草、鱼藤精等;微生物农药有苏云金杆菌、白僵菌等;有机合成农药即人工合成的有机化合物农药,这类农药是当今农药的主体。

按照作用方式可分为胃毒剂、触杀剂、熏蒸剂、内吸剂、性引诱剂、拒食剂、不育剂等。

农药的使用方法有以下6种,即喷雾法、喷粉法、熏蒸法、种子处理、毒谷与毒饵、土壤处理等;此外,还有涂茎、涂干、包扎、皮下灌注等方法,以上方法均可根据各自的生产栽培实际情况选用。

为进一步做好花卉病虫害的防治工作,下面简介一些主要而又常见的农药。

一、杀 菌 剂

杀菌剂的种类较多,按作用方式可以分为保护剂、治疗剂、铲除剂和免疫剂4类。几种常用的杀菌剂如下:

1. 多菌灵 为杂环类内吸性杀菌剂。纯品为白色结晶粉末,工业品为浅棕色粉末,性状稳定,不溶于水,可溶于有机酸。是一种新型的高效、低毒、广谱性杀菌剂,具有保护和治疗作用,对人、畜毒性低,残效期长,对植物比较安全。该药可防治多种真菌性叶部、茎部和根部病害。市场上出售的常用商品有25%和50%多菌灵可湿性粉剂,还有40%多菌灵胶悬剂和50%多菌灵超微可湿性粉剂。使用50%多菌灵可湿性粉剂500~1 000倍液喷雾,可防治花卉上的黑斑病、褐斑病、灰斑病、白粉病、炭疽病、茎腐病、立枯病、叶霉病、花腐病、菌核病、煤烟病等,但不能防治锈病。用25%多菌灵可湿性粉剂500倍液灌根,能防治根腐病和茎腐病等。生产中,多菌灵不能与铜制剂和碱性药剂混用。连续长期使用该药,容易引起病菌产生抗药性。多菌灵除作喷雾用外,也可以用来拌种和浸种等之用。

2. 代森锌 为有机硫杀菌剂,淡黄色,略有臭鸡蛋味,不溶于水,但吸湿性强。吸湿后遇高温或在日光下均能分解,遇碱也会分解。它是目前我国使用较广泛的一种保护性杀菌剂,对人、畜和花卉均较安全。剂型有40%粉剂,65%和80%可湿性粉剂。用65%代森锌可湿性粉剂400~600倍液喷雾,可防治多种花木上的炭疽病、黑斑病、褐斑病、白斑病、叶霉病、霜霉病、灰霉病、缩叶病、锈病、细菌性穿孔病、疫病、轮纹病、立枯病、花腐病等多种病害,此药对白粉病的防治效果较差。本剂无内吸治疗作用,因此宜在临近发病期或发病初期时喷洒。该剂不能与碱性农药混用,也不能与含铜和汞的农药混用,否则容易产生药害。此药剂对人的黏膜有刺激作用,施药时应引起注意。由于该药剂容易吸潮,存放时要密封,并放在阴凉干燥处。

3. 三唑酮　又名粉锈宁、百理通。原药为无色、白色或淡黄色结晶，有特殊气味，微溶于水，能溶于多种有机溶剂，在酸、碱介质中均较稳定。是一种具有保护、治疗、熏蒸、铲除作用的内吸性杀菌剂，具有双向传导功能，植物各部吸收后可在体内上下传导。本品用药量低，持效期较长，为高效低毒药剂，对人、畜毒性低，对植物比较安全，对蜜蜂和害虫天敌一般无害。常用剂型为 15％ 和 25％ 可湿性粉剂，还有 20％ 乳剂和 15％ 烟雾剂。对防治白粉病、锈病和黑穗病有特效，因此是目前花卉上防治白粉病和锈病的最好药剂。使用 15％ 三唑酮可湿性粉剂 1 000～1 500 倍液喷雾，可防治月季、蔷薇、芍药、紫薇、丁香、大叶黄杨、菊花等花卉上的白粉病，和玫瑰、海棠、鸢尾、早熟禾等花卉上的锈病。此外，三唑酮还可以用来处理土壤和种子。使用三唑酮时，不要长期单一使用，以免病菌产生抗药性。三唑酮有进口的和国产的两种，必须按使用说明书使用，以免花木受药害。本品虽属低毒药剂，但贮藏、使用时仍要注意安全，不可与食物一起存放。一旦中毒，目前对三唑酮尚无解毒的药剂。

4. 甲基硫菌灵　又名甲基托布津。原药为淡黄色粉末，也是一种新型的高效、低毒、广谱、内吸的杀菌剂，具有保护和治疗作用。残效期持久，其内吸作用比多菌灵强，对牲畜低毒，常用浓度下无药害，对植物安全。市场上出售的商品，有 50％ 和 70％ 可湿性粉剂，还有 40％ 胶悬剂，用 50％ 甲基硫菌灵可湿性粉剂 600～1 000 倍液喷雾，可防治花卉上的炭疽病、白粉病、灰霉病、叶枯病、斑点病、菌核病、白斑病、白绢病、腐烂病、叶霉病、叶斑病、疮痂病、青霉病、黑星病等，也可用 50％ 甲基硫菌灵可湿性粉剂，按种子重的 0.8％～1％ 拌种，或用 1 000～2 000 倍液浸种，均可防治苗期病害。在同等剂量下，甲基硫菌灵的药效比托布津高 30％～50％。本剂不能与含铜药剂和碱性药剂混合使用。甲基硫菌灵如长期连续使用，会使病菌产生抗药性，降低防治效果。甲基硫菌灵的化学性质较稳定，可与多种农药包括石硫合剂混用，也可与其他药剂轮换使用，但不得与多菌灵轮换使用。贮藏时应密封并要放在阴凉地方。

5. 百菌清　又名四氯间苯二腈，为有机氯杀菌剂，纯品为白色结晶，无臭无味，工业品稍带刺激性臭味。不溶于水，稍溶于有机溶剂，在常温下和在紫外线照射下均稳定。耐雨水冲刷，化学性质稳定，在酸性和碱性条件下不易分解。不耐强碱。为广谱杀菌剂，主要起保护作用，对某些病害有治疗作用。残效期长，无腐蚀作用。市场上出售的商品有 75％ 可湿性粉剂和 50％ 烟雾片剂。百菌清可以阻止孢子发芽，也可以阻碍菌丝发育及孢子形成。用 75％ 百菌清可湿性粉剂 600～1 000 倍液喷雾，可防治花卉上的白粉病、霜霉病、炭疽病、锈病、叶霉病、叶斑病、疫病、灰霉病、斑枯病、轮纹病、白斑病、黑星病、黑斑病、白腐病、黑豆病等，尤其是对多菌灵产生抗病性的病害，用该药防治能收到良好的防治效果。烟霉片剂常用于温室、大棚内的烟雾熏蒸。该药对人、畜虽是低毒，但对人的皮肤、黏膜有刺激作用，使用时要做好防护工作。此药对鱼类有毒，药液不得污染鱼塘和相关的水域。本剂不能与碱性农药波尔多液和石硫合剂等混用。

6. 代森铵　为有机硫杀菌剂,工业品为淡黄色水溶液,在空气中能释放出氨气味和硫化氢气味,制剂有45%和50%水剂。具有保护和治疗作用。代森铵能渗入植物体内,杀菌力强,不污染植物,不怕雨水冲刷。在植物体内分解后,还有肥效作用。用50%代森铵水剂800～1 000倍液喷雾,可防治白粉病、霜霉病、花腐病、炭疽病、细菌性角斑病等;用250倍液浸种或200～400倍液处理土壤,可防治根腐病、猝倒病、立枯病等;用200～250倍液涂茎,可防治流胶病。该药剂的化学性质稳定,对人、畜具中等毒性,施用于花卉植株时,使用浓度应不低于1 000倍液,以防发生药害。当皮肤接触药剂后,应用清水冲洗干净。

7. 敌磺钠　又称敌克松,有机硫杀菌剂。纯品为淡黄色结晶,工业品为黄棕色无臭粉末。能溶于水和乙醇,水溶液遇直射光容易分解。在碱性溶液中稳定。对人、畜毒性较高。以保护作用为主,兼有内吸渗透和治疗作用,在植物上使用,能很快被根、茎吸收,并有一定的传导作用。在花卉方面可防治猝倒病、立枯病、霜霉病、根腐病、枯萎病、细菌性角斑病、细菌性软腐病、细菌性黄萎病等。一般用于种子处理和土壤消毒,也可用于喷雾。种子处理一般多用90%原粉,用量为种子重量的0.2%～0.5%;土壤消毒,每平方米用90%原粉5克,加20～30倍的细土施入土中;喷雾一般用70%敌磺钠可湿性粉剂500～1 000倍液。

8. 链霉素　链霉素为农用抗菌素之一。农用抗菌素是微生物的代谢产物,能抑制许多病原菌的生长和繁殖。农用抗菌素多为内吸性的,具有治疗和保护作用。农用抗菌素有一定的选择性,具有高效低毒,对环境污染少的优点。链霉素是白色无定型粉末,主要用于防治细菌性病害。常用剂型有0.1%～8.5%粉剂,15%～20%可湿性粉剂及混合剂。用这种农药防治花木病害时,具有使用浓度低,选择性强,易向植物体内渗透和转移等优点,对人畜毒性低,对植物比较安全。一般可采取喷雾、注射、涂抹、灌根等方法使用。一般喷雾、注射浓度为100～400毫克/千克,可防治君子兰软腐病等多种细菌性病害;灌根的浓度为1 000～2 000毫克/千克;用200～500毫克/千克涂抹癌肿病切除后的伤口,也有较好的防治效果。为避免病菌产生抗药性,链霉素最好和其他抗生素、杀菌剂轮换或混合使用。

9. 波尔多液　是无机铜杀菌剂,最早是在法国波尔多城使用,故名波尔多液。它是一种优良的保护性杀菌剂,有较为广泛的防治用途。一般都是现配现用。用硫酸铜、石灰和水配合而成,主要成分是碱式硫酸铜,黏着力强,喷到植物上形成一层药膜,受到植物的分泌物、空气中二氧化碳等的作用,逐步游离出铜离子,铜离子进入病菌体内,使细胞原生质凝固变形,使病菌死亡,起到防病作用。也由于碱式硫酸铜的溶解度小,可溶性铜少,因此对植物也较安全。波尔多液的杀菌力强,药效持久,一般为10～15天,最长达可1个月。它的防病范围广,一般应在细菌侵入前喷洒,可防治叶斑病、霜霉病、炭疽病等多种花卉病害,是历史悠久的一种铜素杀菌剂,为一种天蓝色的微碱性胶状悬液。

常用的杀菌剂还有硫磺粉、硫酸铜、硫酸亚铁、石硫合剂、高锰酸钾、乙磷铝、福美甲肿、灭菌丹、克菌丹、苯菌灵等，各地可根据自己的具体生产情况进行选择。

二、杀虫剂

杀虫剂的种类很多，根据药剂作用的方式，可将杀虫剂分为触杀剂、胃毒剂、内吸剂和熏蒸剂四种。此外，还有杀卵剂、不育剂、拒食剂、引诱剂、忌避剂等。现将几种常用的杀虫剂介绍如下。

1. 敌百虫　是一种高效低毒的有机磷杀虫剂，纯品为白色或淡黄色晶体，工业品为固体状，带有微酸气味，易溶于水，但在水溶液中会逐渐分解失效。也能溶于氯仿、乙醚和苯等有机溶剂，难溶于汽油。敌百虫在室温下存放相当稳定，在中性和酸性溶液中也比较稳定，但在碱性溶液中就转化为敌敌畏，并继续分解失效。敌百虫遇水分解慢，故有较强的吸湿性，在空气中能吸收水分而潮解。敌百虫是一种高效、低毒的广谱性杀虫剂，具有强烈的胃毒作用，兼有触杀作用，并有熏蒸功能，在害虫体内经过代谢可转化为毒性更高的敌敌畏。对人、畜毒性较低，对植物比较安全。常用剂型有80%和90%晶体，50%和80%可湿性粉剂、2.5%和50%粉剂以及50%和60%乳油。主要用于防治多种咀嚼式口器的害虫，对蚜虫、螨类、粉虱等刺吸式口器害虫的防治效果差。凡园林花卉植物上发生的害虫多可用它进行防治。其使用方法如下：用90%敌百虫晶体1 000～1 500倍液喷雾，可防治金龟子、象甲、鳞翅目等多种害虫；用90%敌百虫晶体50克，对水1 500～2 000毫升，拌种10～20千克，可防治蝼蛄、金针虫等地下害虫；用50%敌百虫可湿性粉剂1份（每份多少根据实际情况制定，一般为1∶50），先用少量水将其溶化，再与50份炒香的麦麸或棉籽饼等拌匀，于傍晚撒施在地表，可诱杀蝼蛄、地老虎等多种地下害虫；用90%敌百虫晶体1 000倍液浇灌苗木根部，可防治蛴螬、种蝇幼虫等地下害虫。敌百虫不仅毒性低，而且残效期短，喷药后要考虑药效和补充施药问题，同时也不会对人体健康产生影响。使用时要注意以下几点：敌百虫加水后要立即用完，不能久放，以免分解失效；敌百虫不能与波尔多液混用，必要时可与石硫合剂等碱性农药混用，但也要现配现用；敌百虫对鱼类有毒，施药后的田水不能流入河塘；敌百虫遇碱后毒性会增加，施药后不宜用肥皂洗手，应用清水冲洗即可；敌百虫的原药系酸性，对金属有腐蚀作用，用过的金属器械和其他盛药用具等，必须及时用清水冲洗干净，以免被腐蚀；本药剂的吸湿性强，平时药剂应存放在通风、避光、阴凉、干燥处。

2. 敌敌畏　也是一种广谱性有机磷杀虫剂。纯品为无色油状液体，具挥发性，微带芳香气味，工业品为黄色油状液体，稍溶于水，可在多种有机溶剂中溶解，但在沸水或碱性水中极易分解失效。它的毒性比敌百虫大10倍左右，对人、畜具有中等毒性，对花卉植物一般不会产生药害，残效期为3～7天。长期贮存不易分解失效，它的挥发性较强，瓶盖不紧会挥发损失，是一种高效、速效、广谱性杀虫、杀螨剂，具有触杀、胃毒和强烈的熏蒸作用，对咀嚼式口器和刺激式口器害虫均有良好的防治效果。由于挥发性强，对多种害虫有很强的杀伤作用，害虫着药后在几分钟或十几分钟就可死亡。常用剂型有 50％和 80％乳油。使用时用 80％敌敌畏乳油 1 000～1 500倍液喷雾,可防治金龟子、卷叶蛾、蓑蛾、凤蝶、毒蛾、刺蛾、尺蛾、枯叶蛾、蜡类、蚜虫、蓟马、粉虱、叶蝉、粉蚧和初孵的介壳虫若虫等。使用时加入适量的杀螟硫磷或甲萘威,除能延长残效期外,还能更好地发挥触杀作用。室内熏蒸还可防治蚊、蝇等卫生昆虫;喷布敌敌畏也能杀伤大量的天敌。使用时还要注意以下事项:敌敌畏对梅花、杏花、樱花、樱桃、榆叶梅、馒头柳等易产生药害,故在上述花木上不宜使用;敌敌畏可与代森锌等杀菌剂混用,但不可与波尔多液、石硫合剂等碱性农药混用,以免降低药效或分解失效;室内、温室或大棚内使用时要注意安全,熏蒸后要及时打开门窗通风换气;本剂对人体有较大毒性,因此要避免吸入过多的蒸气,也不要让药液与皮肤接触,以防中毒。如人体已接触到药液,应及时用肥皂水、清水冲洗干净。

3. 乐果　是一种高效、低毒的广谱性有机磷杀虫、杀螨剂,纯品为白色针状结晶,工业品为黄褐色油状液体,一般纯度为 90％～98％。能溶于水和多种有机溶液中,在中性和弱酸性溶液中较稳定,遇碱性或受热后溶液容易分解失效。乐果挥发时具有强烈的大蒜臭味或恶臭味,性质很不稳定,无论纯品或加工制剂,在长期贮藏过程中都会慢慢分解挥发,故不宜放在居住的室内,而应放在阴凉处。药液进入虫体后,能氧化成比原来毒性更大的氧化乐果,多年来它和敌敌畏一样,在生产中很受人们的欢迎。它的优点有:一是有较高的选择性,对昆虫毒性高,对人畜毒性低;二是无残毒,在生物体内的各种代谢产物,都要分解成无毒的水溶性化合物,而且易于排出体外;三是杀虫范围广,具有胃毒、触杀、内吸等多种作用,能毒杀多种害虫。其缺点是残效期短,一般为 1 周左右。常用剂型有 20％和 40％乳油、1.5％粉剂、60％可湿性粉剂。使用 40％乐果乳油 1 000～1 500倍液喷雾,可防治叶蝉、蚜虫、椿象、粉虱、蓟马、介壳虫、潜叶蛾、叶螨等多种刺吸式口器害虫,对咀嚼式口器害虫也有防治效果。配药时,每 1 000克乳油药液中加入约 100 克煤油,能提高杀虫效果;不过在加入煤油时要充分搅拌,使煤油完全乳化后再加水稀释。乐果对蜜蜂有高毒,花期时使用要特别慎重。乐果对蔷薇科类植物容易产生药害,故在樱花、梅花、桃花、榆叶梅、瓜类等花木上不宜使用,或应适当降低使用浓度。使用乐果时,不能与石硫合剂等碱性农药混合使用;与稻瘟净混用时,对人的毒性增大,使用时要特别注意安全。

4. 克百威　此药为氨基甲酸酯类杀虫、杀线虫剂,纯品为白色固体,微溶于水,易溶于有机溶剂,在碱性介质中不稳定。是一种广谱性农药,具有触杀、胃毒和内吸作用,可防治叶部、钻蛀性及土壤害虫,并且还能杀螨和杀线虫。对人、畜口服是剧毒。常制成颗粒剂,用作土壤施药,能由植物根部吸收送往植株各部叶片,并有向老叶尖集中的特点,能从叶片蒸腾逸失到空气中。常用 3％克百威颗粒剂深施于土中,或结合施肥一起施用,每 667 米² 施克百威 3 000～4 000克,盆花每盆施克百威 5～25 克,露地栽培的花木,一般每株施量为 50～100 克,穴施于花木苗旁 5～6 厘米深的土内,施药后浇透水,约 10 天后开始见效。该药残效期长,可达 35～55 天。此药剂能有效地防治叶蝉、蚜虫、螨类、介壳虫、线虫、军配虫、多种鳞翅目幼虫,还能杀死土壤内的蛴螬、地老虎、白蚁等多种地下害虫。使用时一定要严格遵守安全操作规程,切忌进入口、眼、鼻中。如不慎进入眼中,要用大量清水冲洗 15 分钟以上。撒施颗粒剂时手不能沾水,在天热多汗时撒施要戴上手套。不能与碱性农药和肥料混用,否则容易分解失效。也不能与敌稗、灭草灵等除草剂混用,用过克百威后的一个月内不能使用敌稗。

5. 杀螟硫磷　又称速灭松、杀螟松。是一种高效低毒的广谱性有机磷杀虫剂,工业品为黄褐色油状液体,微具特殊气味或大蒜臭味。能溶于多种有机溶剂中,不溶于水,在高温的碱性条件下极易分解失效;如遇铁、铜、锡、铝、铅等金属时会加速分解失效。常用剂型有 2% 和 5% 粉剂、15% 和 40% 可湿性粉剂及 50% 乳油,市售杀螟硫磷为 50% 的乳油。具触杀、胃毒和内吸作用,对多种咀嚼式口器或刺吸式口器或蛀食性害虫,均有较好的防治效果。对人、畜较为安全。用 50% 杀螟硫磷乳油 1 000～1 500 倍液喷雾,可防治花卉上的多种鳞翅目幼虫、夜蛾、蓑蛾、尺蛾、刺蛾、叶蝉、蚜虫、螨类、介壳虫、蓟马、粉虱等,特别对螟蛾类、卷蛾类、潜叶蛾类等害虫的防效更好。残效期较短,只有 1 周左右。使用时不能与碱性农药混用。高温时该药对十字花科植物容易产生药害,因此在十字花科花卉上应用时应特别引起注意。此药不可以贮存在铁、铜、锡、铝、铅等金属器具中,使用时也要尽量少与金属器具接触。

6. 甲萘威　又称西维因,为氨基甲酸酯类杀虫剂。纯品为白色结晶,工业品为灰色或粉红色粉末,纯度在 95% 以上。微溶于水,能溶于有机溶剂。对光、热和酸性物质比较稳定。遇碱易水解失效。对人、畜毒性低,使用时较安全。对害虫主要是触杀作用,也有一定的胃毒和熏蒸作用,兼有微弱的内吸作用,是一种广谱性杀虫剂,对咀嚼式和刺吸式口器的害虫均有效,而且对有机磷、有机氯杀虫剂有抗性的害虫防效甚好。常用剂型有 5% 粉剂、25% 和 50% 可湿性粉剂。综合多方报道,此药剂可防治 150 多种害虫,用 50% 甲萘威可湿性粉剂对水 800～1 500 倍喷雾,可防治多种鳞翅目幼虫、蚜虫、象甲、粉虱、蓟马、叶蝉、卷叶蛾、介壳虫、斑衣蜡蝉、金龟子、刺蛾、叶蜂、负泥虫、鼠妇等。使用时,若能在甲萘威中加入增效剂胡椒基丁醚,可破坏虫体内分解甲萘威等农药的酶系,能提高它的杀虫效力。若与马拉硫磷混用,可以提高马拉硫磷的杀虫药效。甲萘威对蜜蜂的毒性大,不宜在花期使用。不能与碱性农药混用。甲萘威属比较安全的药剂,但在误食后仍有中毒甚至死亡的危险,故在使用时必须遵守一般施药的操作规程。

7. 亚胺硫磷　又叫酞胺硫磷,为广谱性有机磷杀虫、杀螨剂。纯品为白色结晶,无臭味。工业品为棕黄色至棕褐色油状液体,纯度达 90%～95%,具有特殊的刺激性臭味。可溶于多种有机溶剂,难溶于水。遇碱性物质容易分解失效。亚胺硫磷对昆虫除触杀、胃毒作用外,还有一定的内渗作用,尤其对介类有特效。对人、畜毒性较低,不易从皮肤渗入体内,残效期短为 7～10 天。对鱼类毒性很低。常用剂型为 2.5% 粉剂、25% 可湿性粉剂、25% 和 40% 乳油,可用于喷雾、喷粉、泼浇、拌毒土等。

用25％亚胺硫磷乳油800～1 000倍液，或40％乳油1 000～1 500倍液喷雾，可防治叶蝉、介壳虫、蓟马、粉虱、蚜虫、卷叶螟、盲蝽、潜叶蛾、尺蠖、刺蛾、毒蛾、螨类等多种花木上的害虫。该剂不能与石硫合剂、波尔多液等碱性农药混用。施药后，要及时洗净手脚和面部，使用过程中要特别注意安全。

8. 除虫菊素　是植物性杀虫剂。除虫菊属菊科多年生草本植物，有效成分为除虫菊素Ⅰ和除虫菊素Ⅱ，以花部的含量最多，茎叶中的含量较少。除虫菊素为黄色黏稠油状液体，具有清香气味，与除虫菊干花的香味相同，可溶于各种有机溶剂，不溶于水。对阳光不稳定，在60℃以上的高温下即能自行分解失效，遇碱后也容易被分解而失去杀虫活力，施药后经分解而不致污染环境。对天敌的杀伤力很小，不易使害虫产生抗药性，对植物安全无药害，对人、畜也比较安全。除虫菊素对害虫有强烈的触杀作用。胃毒作用微弱，无熏蒸作用。杀虫广谱，速效性好，击倒力强，但不一定死亡，常有复苏现象产生，残效期短，对蚊、蝇等卫生害虫有一定的忌避作用。使用增效剂还可提高它的药效几十倍或上百倍。在农作物上应用不多，侧重应用于花卉、蔬菜和果树。常用剂型有0.7％～1％粉剂、3％乳油。用3％除虫菊素乳油，对水800～1 000倍喷雾，可以用来防治花木上的蚜虫、叶蝉、白粉虱、椿象、叶蜂、蓟马、菜青虫等，也可用于防治卫生害虫蚊、蝇、蚋、臭虫、虱子、跳蚤、蜚蠊、衣鱼等，还可用来防治贮粮害虫米象、谷象等。除虫菊素制剂不得与波尔多液、石硫合剂、松脂合剂、砷酸钙等碱性农药混用。除虫菊素制剂应贮藏在干燥、阴凉、通风的地方，还要避免高温、日晒和潮湿。也不能久存，以免失效。

9. 鱼藤精　又叫毒鱼藤、地利斯。鱼藤属豆科多年生藤本植物，原产于热带，我国的广西、广东、福建、台湾等地有分布。因鱼藤根部有剧毒，故又称毒鱼藤。杀虫的有效成分主要是鱼藤酮，除此而外还有鱼藤素、毛鱼藤酮。鱼藤酮为白色结晶，无味，不溶于水。鱼藤精是用溶剂把鱼藤根中所含的杀虫成分提炼出来做成的农药，因此它也是一种植物性的杀虫剂，药液呈棕色或棕褐色。在空气和日光中能慢慢分解失效，春天在阳光下5～6天就全部失效；夏天在阳光下2～3天就失效，因此需把它存放在阴凉干燥的地方。如在鱼藤精中加入0.4％中性皂可提高防治效果。此药常用的剂型有4％粉剂，2.5％、5％、7.5％乳油，0.2％油剂及1％软膏。鱼藤精的杀虫范围较广。具有较强的触杀和胃毒作用，还有一定的驱避作用，同时对植物又有调节和刺激生长的作用。此药虽然杀虫作用较为迟缓，但其效力较持久，能维持10天左右。对鱼的毒性大，但对人、畜的毒性较低，无残留，对植物比较安全。用2.5％鱼藤精乳油500～800倍液，或7.5％鱼藤精乳油1 000～1 500倍液喷雾，分别可以防治花木上的蚜虫、红蜘蛛、粉虱、叶蝉、天蛾、刺蛾、襄蛾、银纹衣蛾、毛虫等多种害虫，也可以用来防治卫生害虫和家畜的体外寄生虫。还可以直接使用鱼藤根500克，加入清水5 000～6 000毫升，浸泡24小时，用手揉搓2～3次后过滤，取出汁液1 500～2 000毫升，加清水50升搅匀后喷雾，如能加入少量乳化剂喷雾，其使用效果更好。该药剂不能与石硫合剂、棉油皂等混合使用，不可用热水浸泡鱼藤粉，配好的药剂不得久存,要随即施用。

10. 石硫合剂　全称为石灰硫磺合剂,又叫硫磺水,是无机硫杀菌剂。熬制好的原液为红褐色透明液体,有臭鸡蛋或硫磺气味,浓度用波美度表示,一般波美度为32～33度,呈强碱性。有腐蚀作用,易溶于水,有效成分是多硫化钙和硫化硫酸钙,遇碱易分解,这时药液表面会浮现一层硫磺膜,底部产生硫酸钙的沉淀,性质不稳定,容易被空气氧化而降低药效。多硫化钙本身具有杀菌、杀螨和杀虫作用,多硫化钙分解产生的硫磺微粒也有较强的杀菌、杀螨能力,在植物上可维持 10 天左右。硫磺变为硫化氢后,也可以杀虫和杀螨;由于石硫合剂呈碱性,能侵蚀昆虫表皮蜡质层,故对介壳虫及卵等蜡质厚的昆虫较为有效。石硫合剂浓度越大,杀虫作用越强,相应对植物的药害也更严重。药害的轻重还与温度高低有直接关系,一般说来气温在 30℃ 以上时就容易产生药害。

常见的杀虫剂还有马拉硫磷、倍硫磷、水胺硫磷、杀螟丹、杀虫双氧水、速灭威、溴氰菊酯、氰戊菊酯、机油乳剂、松脂合剂、氟乙酰胺等。

市场上常见的杀螨剂还有炔螨特、噻螨酮和螨卵酯等。

有些植物可以用来制作土农药,此种农药不仅对人体无毒害,而且也不污染环境,还具有一定的环保作用,在花卉生产上,可以用来做土农药的植物有以下多种:野蒿茎叶、茶籽饼、曼陀罗茎叶、桃树叶、蓖麻籽与叶、车前草全株、苦参根茎叶、银杏叶及树皮、苍耳茎叶及果实、金银花茎叶、桑树叶、苦楝叶花皮、臭椿叶、枫杨叶、乌桕叶、柳树叶、马碎木叶、马尾松叶、中国梧桐叶、白头翁根、夹竹桃叶等。

第六章 草本花卉的规模化生产

第一节 花卉的规模化生产

我国有"世界园林之母"的美誉,原产于我国的花卉资源丰富,栽培历史悠久,生产面积稳步增加,产值不断提高,生产新技术不断涌现,花卉的专业化生产和规模化生产模式正在形成。生产区划格局逐步形成,但在花卉生产中也还存在着生产面积大、产量低、效益差和生产技术及相关设施不配套等问题。今后我国的花卉生产,将会出现以提高花卉产量和质量、扩大新品种和提高生产技术为中心的发展趋势。

花卉规模化生产的定义为:提高花卉生产的技术与装备水平,实现优质高效生产,在产、学、研结合的基础上,需集成与之相适应的施肥、节水灌溉、低污染施药、设施环境调控等技术与装备;选育专用花卉品种,进行大规模的组织培养和工厂化育苗,形成苗期管理、安全生产等栽培技术规范;同时开发栽培、育苗基质、盆花基质及肥料;最终形成优质、高效、节能的花卉创新生产模式。

第二节 适合规模化生产的花卉

许多花卉都可以进行规模化生产。目前在生产中栽培比较多的,大体有以下几个方面的花卉:

①鲜切花 月季、菊花、百合、香石竹、非洲菊、红掌、洋桔梗、唐菖蒲、满天星、勿忘我、情人草、彩色马蹄莲、小苍兰、蛇鞭菊、花毛茛、君子兰、一串红等。

②盆栽花卉 蝴蝶兰、大花惠兰、卡特兰、仙客来、绣球花、比利时杜鹃、圣诞红、新几内亚凤仙、非洲紫罗兰、荷苞花、矮牵牛、羽衣甘蓝、彩叶草、观赏凤梨、孔雀竹芋、文殊兰、苏铁等。

③观叶及室内观赏植物 花叶兰、水塔花、红宝石喜林芋、花叶万年青、花叶芋、朱蕉、巴西铁树、蟆叶秋海棠、豹斑竹芋、金琥、厚叶莲花掌、豆瓣绿、芦荟、发财树、一品红、龟背竹、吊兰、吊竹梅、文竹、天鹅绒等。

④木本花卉 牡丹、芍药、山茶、栀子、叶子花、金边瑞香、变叶木、扶桑、金橘、樱花、桂花、倒挂金钟、贴梗海棠、印度榕、水杉、南洋杉等。

⑤食用花卉 金雀花、食用菊花、栀子花、木槿花、胡枝子、迷迭香、兰花、百合、茉莉花、玫瑰、朝天椒、石竹、玉簪花、代代、佛手、腊梅等。

除以上花木外,一些药用植物、芳香植物、仙人掌类等,都可以分别进行规模化生产。

第三节 郁金香在西昌的规模化生产情况

郁金香(*Tulipa gesneriana*,L.),又叫洋荷花、旱荷花、草麝香、郁香,属百合科、郁金香属,原产于地中海南北沿岸及中亚细亚和伊朗、土耳其,以及我国东北地区等地。同属植物约有150种,经400余年的人工栽培和育种,品种已达8 000多个。其花形、花色繁多,华贵且艳丽多姿,深受各国人民喜爱,广为世界各地栽植。主要栽培国家有荷兰、德国、英国、丹麦等,又以荷兰为世界郁金香的栽培中心,年出口鳞茎、鲜切花收入达30多亿美元,成为荷兰经济命脉之一,与风车并称为荷兰的象征。我国自改革开放以来,随着中西方经济、文化的交流、发展,不断引进国外花卉和先进技术,郁金香于此时也引入国内许多城市进行栽培,河北灵寿、甘肃临洮、四川西昌等地已有较大规模的生产。但由于气候条件的局限、病毒影响和技术力量差异,除西昌、昆明、攀枝花等城市外,其他地区均不能在春节期间露地栽植、扩繁郁金香,并使花朵绽放。在以上背景下,四川西昌也进行过较大规模的郁金香繁殖生产。现将有关郁金香生产情况简要介绍如下,以供有关方面参考借鉴。

西昌市邛海公园于1998年11月至2001年12月,连续4年引入郁金香55万个种球,并且于1999—2002年春节举办"邛海之春"郁金香花展,在1999—2002年5～6月份间共生产围径12厘米以上的一级种球11万个,围径10～11厘米的种球9.8万个,围径7～9厘米的种球27万个,围径7厘米以下的种球69万个,全部销售至北京亨克尔种球公司。同时对郁金香的生物习性、种球越夏处理和促成球变温处理等方面进行了探索,力求达到科学化、规范化和国产化。科学化,就是严格遵循郁金香生物习性;规范化,就是严格按照荷兰管理规程;国产化,就是指种球越夏,促成球的变温处理,实现真正意义上的国产化,从而使郁金香在西昌安家落户,为西昌园林花卉事业增添异彩,丰富人民文化生活,美化自然环境。

一、西昌的自然概况

西昌位于北纬27°32′～28°10′、东经101°47′～102°25′,县城海拔1 538米。处于四川盆地与云南北部高原之间,身居凉山州腹心之地,市境地势南低北高,山坝相间,河谷肥沃,是凉山州的天然粮仓。西昌四周为崇山峻岭所抱,中部广阔、富饶的安宁河谷地是四川第二大平原。它背山面水,四季常青,地理气候甚为迷人。这里气候温暖,四季宜人,夏能避暑,冬可御寒。年平均气温为17.1℃,夏无酷暑(7月份平均气温约为22.5℃),冬无严寒(1月份平均气温约为9.5℃)。全年降水量为730～1 349毫米,30年的年平均降水量为1 013毫米。降雨集中,干、雨季分明,干季为11月份至翌年4月份,降水量约为全年的10%;雨季为5～10月份,降水量约为全年的90%。这便是西昌冬暖夏凉的原因之一。这儿日照充足,年日照时数为2 431小时,仅次于太阳城拉萨。属于高原亚热带气候。被人们称为"四季无寒暑,一日有冬夏","一山有四季,十里不同天"。

西昌12月份至翌年2月份的气候,十分有利于郁金香的生长。其技术指标都可以达到,其理由为:一是12月份至翌年2月份的土温为6℃～16℃;二是水源十分方便;三是西昌冬春干燥,空气相对湿度低,能大大减少病毒发生;四是栽培地区通风良好。

二、形态特征

郁金香为多年生草本植物,鳞茎扁圆锥形或扁卵圆形,横径 2~3 厘米,高 3~4.5 厘米,外表棕褐色,外被淡黄色纤维状皮膜。茎叶光滑具白粉。叶出束生,3~5 片,长椭圆状披针形或卵状披针形,长 10~21 厘米,宽 1~6.5 厘米;基生者 2~3 枚,较宽大,茎生者 1~2 枚。花茎高 6~10 厘米,大型直立,林状,基部常为黑紫色。花莛长 35~55 厘米;花单生茎顶,直立,长 5~7.5 厘米;花被 6 片,倒卵形,鲜黄色或紫红色,具黄色条纹和斑点;雄蕊 6 枚,离生,花药长 0.7~1.3 厘米,基部着生,花丝基部宽阔;雌蕊长 1.7~2.5 厘米,花柱 3 裂至基部,反卷。花型有杯型、碗型、卵型、球型、钟型、漏斗型、百合花型等,有单瓣也有重瓣。花色有白、粉红、洋红、紫、褐、黄、橙等色,深浅不一,单色或复色。花期一般为 3~5 月份,在西昌可以提前到 2~3 月份开花,有早、中、晚之别。蒴果 3 室,室背开裂,种子多数,扁平。

国内常见的郁金香品种有:胜利型的游园会、凯芮斯、卡斯尼、吉晨。达尔文杂种型的牛津、美丽的阿普多美、阿普多美、伦敦。百合花型的西点、阿根廷。重瓣早花型的蒙特卡罗、卡尔顿。鹦鹉型的埃纳林润。

三、生物学习性

郁金香原产于伊朗和土耳其高山地带,由于地中海的气候,形成郁金香适应冬季湿冷和夏季干热的特点,其特性为夏季休眠、秋冬生根并萌发新芽但不出土,需经冬季低温后翌年 2 月上旬(气温在 5℃以上)开始伸展生长,形成茎叶,3~4 月份开花。生长开花适温为 15℃~20℃。花芽分化是在茎叶变黄时,将鳞茎从盆内掘起,放在阴冷的室外度夏的贮藏期间进行的。分化适温为 20℃~25℃,最高不得超过 28℃。郁金香属长日照花卉,性喜向阳、背风,冬季温暖湿润,夏季凉爽干燥的气候。8℃以上即可正常生长,一般可耐-14℃低温。耐寒性很强,在严寒地区如有厚雪覆盖,鳞茎就可在露地越冬,但怕酷暑。如果夏天来得早,盛夏又很炎热,则鳞茎休眠后难于度夏。要求腐殖质丰富、疏松肥沃、排水良好的微酸性沙质壤土。忌碱土和连作。

四、栽培技术

1. 栽种地的准备

第一,将园土挖深 20 厘米并运走,重新填入西昌特有的螺髻山泥炭和红沙,其比例为 3:1,并加入充分腐熟的有机肥 800 千克/667 米^2,及少量复合肥,并将土壤用细土筛筛过,再经多菌灵(ALLURE)消毒。花园土厚为 18~21 厘米。

第二,郁金香不宜连作,前 1~2 年种植过郁金香的土地,最好不再种植。种植郁金香前的 1 个月应对土地深翻暴晒,消灭病菌孢子,并除去杂草。然后选择晴朗天气,用 16%甲醛 100 倍液浇灌(深度达 10 厘米以上)土壤,消毒后用薄膜覆盖 1 周左右。揭膜之后,把土整细,准备种植。

第三,栽植在向阳排水好的沙壤土中,一般土温稳定低于12℃以下时可以考虑种植。

第四,定植前半个月左右,在床土中施入腐熟农家肥作基肥,并加入适量的克百威和多菌灵(或用0.4%甲醛浇灌后覆盖消毒),充分浇水,定植前仔细耕耙,确保土质疏松。

2. 种球准备

第一,当硬壳包着种球或根盘时,最好把硬壳去掉。注意不要伤害根盘,以利成活。

第二,去硬壳和种植前,必须将种球放入由1%～1.5%克菌丹、0.4%多菌灵、0.05%ATTERRA组成的配比液中,浸泡15分钟消毒,晾干后种植。

第三,将霉变种球,及时去除硬壳并烧毁,以免病毒交叉感染。

第四,生产种球的种植密度可以控制在12厘米×12厘米或13厘米×12厘米,根据品种不同而略有差异。一般叶片直立性强。植株矮小的品种可以适当密植。如果是商业花卉展览,种植密度可以增加至20～25厘米,栽植的行距为21～28厘米,株距为10～12厘米,栽植的深度为种球顶距土表4～5厘米。栽培后浇1次透水,以防止干燥脱水。

3. 花期调整　郁金香有耐寒不耐热的特性,一般可耐−30℃的低温,在炎热的季节就会转入休眠。平时喜湿润、冷凉气候和背风向阳的环境。在中性或微酸性土壤中生长更好。一个成熟的郁金香种球包含了3代鳞茎,或称3代种球。大种球本身是第一代种球,具有分化完全的花器官,定植后当年开花。而第二代、第三代种球为子球,它们可培育成大种球。

郁金香种球必须经过一定的低温才能开花。在原产地,冬季一般有充足的低温时间,郁金香种球能够获得足够的低温处理时间,可以在春天自然开花。一般来说,在生产上使用的郁金香球茎有5℃处理和9℃处理,处理后的种植方法主要是温室栽培和箱内促成栽培。

在12月份至翌年2月份这3个月内种植。12月份西昌地区的气温仍很高,这时可以将郁金香栽培于栽培箱中,置于约5℃冷库中,放置2～3周,待郁金香球茎已长根,芽1～2厘米长时,再将其移出冷库,置于栽植棚内生长。

栽培郁金香受气候的影响较大,郁金香对温度敏感,若出现"暖冬"的天气,往往就会使大批郁金香提前开花,花的品质也大受影响。为保证郁金香能准时开花,在生长期中应尽量保持白天温度为17℃～20℃,夜间温度为10℃～12℃,温度高时可通过遮光、通风降低温度,温度过低时可通过加温、增加光照促进生长。用控水来抑制生长,会出现"干花"现象。如持续高温,箱装的可将箱移入冷库,注意冷库温度应在8℃～10℃,而且最好在花茎抽长时移入,否则易造成花蕾发育不良。郁金香的花期还可以通过植物生长调节剂来控制。如用赤霉素浸泡郁金香球茎,可使之在温室中开花,并且可加大花的直径。

五、管理的规范化

1. 水分 种植后应浇透水,使土壤和种球能够充分紧密结合而有利于生根,出芽后应适当控水,待叶渐伸长,可在叶面喷水,增加空气相对湿度,抽花葶期和现蕾期要保证充足的水分供应,以促使花朵充分发育。开花后,要适当控水。

2. 施肥 由于基质中富含有机肥,因而生长期间不再追肥。但是如果氮不足而使叶色变淡或植株生长不够粗壮,则可施易吸收的氮肥,如尿素、硝酸铵等,量不可多,否则会造成徒长,甚至影响植株对铁的吸收而造成缺铁症(缺铁时新叶、花蕾全部黄化,但老叶正常),生长期间追施液肥效果显著,一般在现蕾至开花每隔 10 天喷浓度为 2‰~3‰ 的磷酸二氢钾液 1 次,以促花大色艳,花茎结实直立。

3. 温度 一般种植 1 个星期后,种球开始发芽。在苗前和苗期,白天应使室内温度保持在 12℃~15℃,温度过高应及时通风降温,夜间不低于 6℃,促使种球早发根,发壮根,培育壮苗。此时温度过高,会使植株茎秆弱,花质差。经过 20 多天,植株已长出 2 片叶时,应及时增温,促使花蕾及时脱离苞叶。白天室内温度应保持在 18℃~25℃,夜间应保持在 10℃ 以上。一般再经过 20 多天时间,花冠开始着色,第一枝花在 12 月下旬至 1 月上旬开放,到盛花期需 10~15 天,这时应视需花时间的不同分批放置,温度越高,开花越早。一般花冠完全着色后,应将植株放在 10℃ 的环境中待售。

4. 光照 充足的光照对郁金香的生长是必需的。光照不足,将造成植株生长不良,引起落芽,植株变弱,叶色变浅及花期缩短。但郁金香上盆后半个多月时间内,应适当遮光,以利于种球发新根。另外,在发芽时,花芽的伸长受光照的抑制,遮光后,能够促进花芽的伸长,防止前期营养生长过快,出现徒长。出苗后应增加光照,促进植株拔节,形成花蕾并促进着色。后期花蕾完全着色后,应防止阳光直射,以延长开花时间。

六、病虫害防治

郁金香病虫害的病原菌可由种球携带,也可由土壤携带而感染种球,多发生在高温高湿的环境。主要病害有茎腐病、软腐病、白疫病、灰霉病、菌腐病、爆裂病、病毒病、灰腐病、枯萎病、褐斑病、碎色病、猝倒病、盲芽等。虫害多为蚜虫、锈螨、刺足根螨、水仙球蝇、根结线虫病、根虱等。

1. 防鳞茎腐烂 栽培郁金香,时常发生鳞茎腐烂现象,主要原因是挖出的鳞茎没有晾干,并附有带病菌的泥土,贮藏期间温度高、湿度大,适宜病菌繁殖蔓延,造成鳞茎霉烂;栽培时使用带病菌(多为镰刀菌)的土壤和未经充分腐熟的肥料,遭受病菌危害,造成鳞茎腐烂;盆土为黏性土,加上浇水过多,造成盆土积水,引起鳞茎受涝腐烂;起掘球根时间过早,新的鳞茎长得不充实,也易造成腐烂。防止鳞茎腐烂的方法,要根据上述发病因素,采取相应的防治措施。

2. 菌核病 患病后鳞片上出现黄色或褐色稍隆起的圆形斑点,在内部略凹处产生菌核。病菌侵染茎部产生长椭圆形病斑,在地表处产生菌核。防治方法:一是栽种前进行土壤消毒;二是发病后立即拔除病株,并喷洒65%代森锌可湿性粉剂500倍液。

3. 病毒病　病毒病是使郁金香种质退化的主要原因之一。危害郁金香的病毒有多种,我国常见的有花叶病毒和碎色病毒2种。花叶病毒使受害叶片出现黄色条纹或微粒状斑点,花瓣上产生深色斑点,严重时叶片腐烂。为防止花叶病发生,要注意及时防治蚜虫和铲除杂草。碎色病毒使患病叶片上出现淡黄色或灰白色条纹或不规则斑点,有时形成花叶,花瓣上出现浅黄色、白色条纹或不规则斑点,在红色或紫色品种上产生碎色花。其防治方法同一般病毒病,但种植地点要远离百合。

4. 根虱　在土中食害鳞茎,钻入表皮内吸食汁液,造成植株生长衰弱、易于腐烂或诱发病害。将带虫鳞茎放在稀薄石灰水中浸泡10分钟,取出后冲洗干净即可杀死根虱。

5. 白绢病　全株枯萎,茎基缠绕白色菌素或菜籽状茶褐色小菌核,患部变褐腐败。土表可见大量白色菌素和茶褐色菌类。发现病株要及时拔除和烧毁,对病穴及其邻近植株可淋灌5%井冈霉素水剂1 000~1 600倍液,或50%田安水剂500~600倍液,或20%甲基立枯磷乳剂1 000倍液,或90%敌磺钠可湿性粉剂500倍液,每株(穴)洒满淋灌0.4~0.5升。结合翻地,每667米² 掺施100~150千克石灰粉,使土壤微碱化,可抑制白绢病菌繁育。

6. 褐斑病　受侵染的叶芽发育不良,呈畸形卷曲状,嫩芽受害后长起来的叶片即变卷曲。如环境潮湿,病组织上会产生大量灰霉状分生孢子,殃及邻近健株而使叶片感病,因此鳞茎的生长受到极大的影响。花受害后,开始出现白色或浅黄褐色病斑,随即迅速枯落,或变为褐色而干枯。花梗上会出现环带状,上面有时发生分生孢子层。该病发生的每一个阶段都极易感染花朵。病鳞茎外壳上生有菌核,或在外鳞片上出现圆形、椭圆形凹斑,中心灰黄色,边缘褐色,里边包含有1个至数个菌核。防治方法:栽种前去除染病鳞茎,并实行轮作栽培;一旦发现有呈该病症状的芽或花苞,立即除去,以控制病害发展;栽种前将鳞茎放入0.8%甲醛液中浸泡30分钟,晾干栽种,以减少残留病菌;生长期可喷洒50%异菌脲可湿性粉剂1 000倍液,或50%腐霉利可湿性粉剂2 000倍液,或50%多菌灵可湿性粉剂1 000倍液,进行防治。

7. 黑腐病　在鳞茎发病。茎盘及茎表面,有时在第二至第三鳞片上,产生初为黄褐色后呈黑色的不规则形病斑,表面粗糙。试用农用硫酸链霉素液浸泡鳞茎消毒。

8. 花叶病　叶生花叶状斑纹及褪绿条斑,有时产生坏死斑,花瓣产生深色斑点。生长发育受到抑制。症状严重时,球茎长不大,受害大。防治方法:使用健康种球,及时防治蚜虫。

9. 枯萎病　鳞茎外边的鳞片上出现暗褐色和灰色凹斑,后扩大变为中深褐色病斑。如将病鳞茎放在温暖潮湿处,上边会生出白色或粉红色的菌丝和分生孢子,使感病组织皱缩、变硬。鳞茎基部受害后,迅速发展的病斑可遍布所有鳞片,由病鳞产生的乙烯,会使健全的鳞茎产生流胶现象,影响生长。鳞茎上的叶片出现早衰,有的叶片则呈直立现象且逐渐变为特有的紫色。长出的花瘦小,变形,甚至枯萎。若在温室内,被感染植株则会提早萎黄死亡。防治方法:适当推迟栽种时间,提前挖掘鳞茎,尽可能避开高温期,以免病菌猖獗危害;健全鳞茎应分开存放于通风凉爽处(15℃以下);栽植不要过密,生长期间发现病株宜及时除去;在挖出鳞茎的48小时内,放在50%多菌灵可湿性粉剂500～1 000倍水溶液中,浸泡15～30分钟,晾干后贮藏;栽种无病鳞茎,并实行3年轮栽制。

10. 碎色花瓣病 主要症状表现在花上。同一朵花上的花瓣颜色产生深浅不同的变化,有的颜色加深,有的颜色维持正常,有的颜色变淡等。有的呈斑驳状,有的呈条纹状。受害叶片出现颜色较淡的斑或条纹,许多品种第一片叶的外侧花青色素呈现不规则的条纹。防治方法:选择无毒植株作繁殖材料;及时除去病株;喷40%乐果乳油1 000倍液,或2.5%鱼藤精乳油800倍液,防治蚜虫;切花时,对刀剪应加热消毒,或用洗剂洗净后使用。

七、种球越夏和促成球的变温处理

1. 种球越夏 收获后的郁金香种球,虽然均处于休眠状态,但内部的生命活动并未停止。这样外部不明显的生命活动,却奠定了花器官、叶片、茎和更新种球生命的基础。

(1)场地 贮存时要求通风良好,光照减弱,堆放不宜过厚。

(2)温度和湿度 开始的25～30天,温度应该保持在22℃左右,空气相对湿度在70%以下;进入8月份以后,温度降至9℃,可适当减少通风次数。

2. 促成变温处理 促成变温是郁金香种球实现真正意义国产化的必要过程,笔者对此做了一定的探索。保持空气相对湿度在70%以下,并做到通风良好,没有阳光直射。开始时温度为22℃,每2周降低2℃;降至5℃后,保持4周;然后逐周上升2℃,升至9℃后,保持不变,使之完全花芽分化,待翌年栽植时使用。

八、郁金香的花语

郁金香的花语为博爱、体贴、高雅、富贵、能干、聪颖。各色郁金香的花语和寓意分别为:

1. 红郁金香 寓意爱的宣言、喜悦、热爱,代表热烈的爱意。

2. 黑郁金香 寓意神秘,高贵,也表示忧郁的爱情。

3. 紫郁金香 寓意高贵的爱,无尽的爱,代表忠贞的爱情。

4. 白郁金香 寓意纯情、纯洁,代表纯洁清高的恋情,有时也表示失恋。

5. 粉郁金香 寓意美丽、热爱、爱惜、幸福,代表永远的爱。

6. 黄郁金香 寓意高雅、珍贵、财富、友谊,象征神圣、幸福与胜利,有时也表示没有希望的爱。

在欧美的小说、诗歌及绘画中,郁金香常被视为胜利和美好的象征,也可代表优美和雅致。

第七章 草本花卉的设施栽培

花卉栽培设施是指人为建造的适宜或保护不同类型花卉正常生长发育的各种建筑及设备。主要包括温室、塑料大棚、冷床与温床、荫棚、风障及机械化、自动化设备、各种机具和容器等。草本花卉的种类多,生物学特性各异,并且对环境要求高。只有在设施条件下,才可以满足草本花卉生长所需的独特的环境要求,才可以在不适宜于种植草本花卉的地区,在不适宜于草本花卉生长的季节进行栽培,使草本花卉栽培不再受地区、季节的限制,从而实现优质、高产的草本花卉的周年生产和均衡供应。因此,设施栽培具有以下的优点:不受季节和地区的限制,可以全年生产草本花卉;能提高花卉对不良环境条件的抵抗能力,提高草本花卉的品质;打破花卉生产和流通的地域限制;能进行大规模集约化生产,提高单位面积产量和效益。

第一节 草本花卉栽培的设施及设备

在20世纪50年代以前,我国花卉种植者主要使用风障、阳畦、地窖、土温室等简易设施,进行花卉生产。随着塑料工业的发展,出现了塑料大棚。近年来,塑料大棚又从竹木结构向竹木水泥结构、钢筋水泥、钢架结构大棚的方向发展。温室类型从简易日光温室向新型节能日光温室、现代化温室发展。温室环境条件控制由人工操作向自动化控制发展。今后,随着科学技术的进步和社会经济的发展,花卉栽培设施将不断从简单到复杂,从低级到高级来发展。

花卉栽培设施有不同的分类方法。根据温室性能可分为保温加温设施和防暑降温设施。保温设施包括各种大小拱棚、温室、温床、冷床等;防暑降温设施包括荫障、荫棚和遮阳覆盖设施等。根据用途可以分为生产用、实验用和展览用设施。根据骨架材料,可以分为竹木结构设施、混凝土结构设施、钢结构设施和混合结构设施。根据建筑形式可以分为单栋和连栋设施。

一、栽培常用的设施

1. 温 室

(1)温室介绍 又称暖房。能透光、保温(或加温),用来栽培植物的设施。在不适宜植物生长的季节,能提供生育期和增加产量,多用于低温季节喜温蔬菜、花卉、林木等植物的栽培或育苗。温室的种类多,依不同的屋架材料、采光材料、外形及加温条件等,又可分为很多种类,如玻璃温室、塑料温室;单栋温室、连栋温室[图(1.)7.1];单屋面温室[图(1.)7.2]、双屋面温室[图(1.)7.3];加温温室、不加温温室等。温室结构应密封保温,但又应便于通风降温。现代化温室中具有控制温湿度、光照等条件的设备,用电脑自动控制创造植物所需的最佳环境条件。

温室是以采光覆盖材料作为全部或部分围护结构材料,可在冬季或其他不适宜

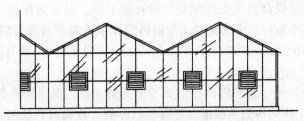

图(1.)7.1 连续屋面温室正面示意图

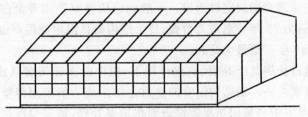

图(1.)7.2 东西向单屋面温室示意图

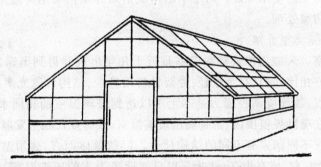

图(1.)7.3 南北向双屋面温室示意图

露地植物生长的季节供栽培植物的建筑。

（2）温室分类 根据温室的最终使用功能,可分为生产性温室、试验(教育)性温室和允许公众进入的商业性温室。蔬菜栽培温室、花卉栽培温室、养殖温室等均属于生产性温室;人工气候室、温室实验室等属于试验(教育)性温室;各种观赏温室、零售温室、商品批发温室等则属于商业性温室。

（3）温室的性能指标

①温室的透光性能 温室是采光建筑,因而透光率是评价温室透光性能的一项最基本指标。透光率是指透进温室内的光照量与室外相同面积光照量的百分比。温室透光率受温室透光覆盖材料透光性能和温室骨架阴影率的影响,而且随着不同季节太阳辐射角度的不同,温室的透光率也在随时变化。温室透光率的高低就成为作物生长和选择种植作物品种的直接影响因素。一般连栋塑料温室的透光率为50%～60%,玻璃温室的透光率为60%～70%,日光温室的透光率达70%以上。

②温室的保温性能 加温耗能是温室冬季运行的主要障碍。提高温室的保温

性能,降低能耗,是提高温室生产效益的最直接手段。温室的保温比是衡量温室保温性能的一项基本指标。温室保温比是指热阻较小的温室透光材料覆盖面积,与热阻较大的温室围护结构相同覆盖面积之和的比。保温比越大,说明温室的保温性能越好。

③温室的耐久性 温室建设必须要考虑其耐久性。温室耐久性受温室材料耐老化性能、温室主体结构的承载能力等因素的影响。透光材料的耐久性除了自身的强度外,还表现在材料透光率随着时间的延长而不断衰减,而透光率的衰减程度是影响透光材料使用寿命的决定性因素。一般钢结构温室使用寿命在 15 年以上。要求设计风、雪荷载为 25 年一遇最大荷载;竹木结构简易温室使用寿命为 5～10 年,设计风、雪荷载为 15 年一遇最大荷载。

由于温室运行长期处于高温、高湿环境下,构件的表面防腐就成为影响温室使用寿命的重要因素之一。钢结构温室的受力主体结构一般采用薄壁型钢,自身抗腐蚀能力较差,在温室中必须用热浸镀锌表面作防腐处理,镀层厚度达 150～200 微米以上,可保证 15 年的使用寿命。对于木结构或钢筋焊接桁架结构温室,必须保证每年作一次表面防腐处理。

(4)常见温室类型介绍

①塑料温室 大型连栋式塑料温室是近十几年出现并得到迅速发展的一种温室。与玻璃温室相比,它具有重量轻、骨架材料用量少、结构件遮光率小、造价低、使用寿命长等优点,其环境调控能力基本上可以达到玻璃温室的相同水平,塑料温室用户接受能力在全世界范围内,远远高出玻璃温室,成为现代温室发展的主流。

此类温室在不同国家有不同的结构尺寸。但就总体而言,通用温室跨度为 6～12 米,开间 4 米左右,檐高为 3～4 米。以自然通风为主的连栋温室,在侧窗和屋脊窗联合使用时,温室最大宽度宜限制在 50 米以内,最好在 30 米左右;而以机械通风为主的联栋温室,温室最大宽度可扩大到 60 米,但最好限制在 50 米左右。对温室的长度,从操作方便的角度来讲,最好限制在 100 米以内,但没有严格的要求。

塑料温室主体结构,一般都用热浸镀锌钢管作主体承力结构,工厂化生产,现场安装。由于塑料温室自身的重量轻,对风、雪荷载的抵抗能力弱,所以,对结构整体的稳定性要有充分考虑,一般在室内第二跨或第二开间要设置垂直斜撑,在温室的外围护结构以及屋顶上,也要考虑设置必要的空间支撑。最好有斜支撑(斜拉杆)锚固于基础,形成空间受力体系。塑料温室主体结构至少要能抗 8 级风,一般要求抗风能力达 10 级。主体结构的雪荷载承载能力,要根据建设地区实际降雪条件和温室的冬季使用情况确定。在北方使用,设计雪荷载不宜小于 0.35 千牛/米²。对于周年运行的塑料温室,还应考虑诸如设备重量、植物吊重、维修等多项荷载因素。

②玻璃温室 玻璃温室是以玻璃为透明覆盖材料的温室。

基础设计时,除满足强度的要求外,还应具有足够的稳定性和抵抗不均匀沉降的能力,与柱间支撑相连的基础还应具有足够的传递水平力的作用和空间稳定性。

温室底部应位于冻土层以下,采暖温室可根据气候和土壤情况考虑采暖对基础冻深的影响。一般基础底部应低于室外地面 0.5 米以上,基础顶面与室外地面的距离应大于 0.1 米,以防止基础外露和对栽培的不良影响。除特殊要求外,温室基础顶面与室内地面的距离宜大于 0.4 米。独立基础,通常利用钢筋混凝土。条形基础,通常采用(砖、石)砌体结构,施工也采用现场砌筑的方式进行,基础顶部常设置一钢筋混凝土圈梁,以安装埋件和增加基础强度。

钢结构主要包括温室承重结构和保证结构稳定性所设的支撑、连接件、坚固件等。我国目前玻璃温室钢结构的设计,主要参考荷兰、日本和美国等国的温室设计规范进行。但在设计中必须考虑结构强度、结构的刚度、结构的整体性和结构的耐久性等问题。

③日光温室 前坡面夜间用保温被覆盖,东、西、北 3 面为围护墙体的单坡面塑料温室,统称为日光温室。其雏形是单坡面玻璃温室,前坡面透光覆盖材料用塑料膜代替玻璃,即演化为早期的日光温室。日光温室的特点是保温好,投资低,节约能源,非常适合我国经济欠发达的农村使用。

节能型日光温室的透光率一般在 60%～80% 以上,室内外气温差可保持在 21℃～25℃ 以上。日光温室采光包括:一方面,太阳辐射是维持日光温室温度或保持热量平衡的最重要的能量来源;另一方面,太阳辐射又是作物进行光合作用的惟一光源。

日光温室的保温由保温围护结构和活动保温被两部分组成。前坡面的保温材料应使用柔性材料,以易于在日出后收起,日落时放下。对新型前屋面保温材料的研制和开发,主要侧重便于机械化作业、价格便宜、重量轻、耐老化、防水等指标的要求。

日光温室主要由围护墙体、后屋面和前屋面 3 部分组成,简称日光温室的"三要素",其中前屋面是温室的全部采光面,白天采光时段前屋面只覆盖塑料膜采光,当室外光照减弱时,及时用活动保温被覆盖塑料膜,以加强温室的保温。

2. 塑料大棚

(1)塑料大棚介绍 通常把不用砖石结构围护,只以竹、木、水泥或钢材等杆材做骨架,在表面覆盖塑料薄膜的大型保护地栽培设施称为塑料大棚。塑料大棚是花卉栽培的主要设施之一。塑料大棚具有良好的透光性,白天可使土温提高 3℃ 左右,夜间气温下降时,又因塑料大棚具有不透气性,可减少热气的散发,起到保温作用。由于塑料大棚建造简单,耐用,保温,透光,气密性能好,成本低廉,拆转方便,适于大面积生产,因而近几年来,在花卉生产中已被广泛应用,并取得了良好的经济效益。

(2)塑料大棚分类 塑料大棚按照屋顶的形状分为拱圆形塑料大棚[图(1.) 7.4]、屋脊形塑料大棚;按照耐久性分为固定式塑料大棚、简易式移动塑料棚;根据覆盖材料分为聚氯乙烯薄膜大棚、聚乙烯薄膜大棚和醋酸乙烯薄膜大棚。塑料大棚应用比较普遍,多为竹木骨架、水泥骨架、钢管骨架和钢骨架。现将我国塑料大棚的主要构型介绍如下：

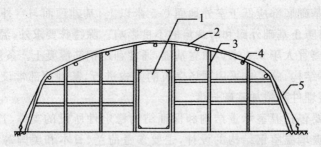

图(1.)7.4　拱圆形塑料大棚立面结构设置图
1. 门　2. 拱杆　3. 立柱　4. 拉杆　5. 压杆

①竹木结构大棚　竹木结构的大棚一般跨度为 12～14 米,矢高 2.6～2.7 米,以直径 3～6 厘米的竹竿为拱杆,拱杆间距 1～1.1 米,每一拱杆由 6 根立柱支撑,立柱为木杆或水泥预制柱。这种大棚的优点是,建筑简单,拱杆有多柱支撑,比较牢固,建筑成本低;缺点是立柱多,造成遮光严重,且作业不方便。

②悬梁吊柱竹木拱架大棚　悬梁吊柱竹木拱架大棚是在竹木大棚的基础上改进而来的。中柱由原来的 1～1.1 米一排改为 3～3.3 米一排,横向每排 4～6 根。用木杆或竹竿做纵向拉梁把立柱连接成一个整体,在拉梁上每个拱架下设一立柱,下端固定在拉梁上,上端支撑拱架,通称"吊柱"。该结构的优点是减少了部分支柱,大大改善了棚内的光环境,而且仍具有较强的抗风载雪能力,建造成本较低。

③拉筋吊柱大棚　拉筋吊柱大棚一般跨度为 12 米左右,长 40～60 米,矢高 2.2 米,肩高 1.5 米。水泥柱间距 2.5～3 米,水泥柱用 6 号钢筋纵向连接成一个整体,在拉筋上穿设 2 厘米长吊柱支撑拱杆。拱杆用直径 3 厘米左右的竹竿,间距 1 米,是一种钢竹混合结构,夜间可在棚上面盖草帘。这种结构的优点是建筑简单,用钢量少,支柱少,减少了遮光,作业也比较方便,而且夜间可用草帘覆盖保温,对调节草本花卉的花期栽培效果好。

④无柱钢架大棚　无柱钢架大棚一般跨度为 10～12 米,矢高 2.5～2.7 米,每隔 1 米设一道桁架,桁架上弦用 16 号、下弦用 14 号钢筋,拉花用 12 号钢筋焊接而成,桁架下弦外用 5 道 16 号钢筋做纵向拉梁,拉梁上用 14 号钢筋焊接两个斜向小立柱支撑在拱架上,以防拱架扭曲。此种大棚无支柱,透光性好,作业方便,有利于设施内保温,抗风载雪能力强,可由专门的厂家生产装配,以便于拆卸,与竹木大棚相比,一次性投入较大。

(3)塑料大棚性能指标　由于塑料大棚的表面覆盖物能够阻隔地面热量的散发,而使大棚内的气温升高,称为"温室效应"。有明显的增温效果。

①气温　大棚内的气温常受外界条件的影响,有着明显的季节性差异。在春季气温回升、昼夜温差大时,塑料大棚的增温效果更为明显。如早春月季、唐菖蒲、晚香玉等,在棚内生长比露地可提早 15～30 天开花,晚秋时花期又可延长 1 个月。另

外棚内气温的昼夜变化比外界强烈。在晴天或多云天气日出前,出现最低温度迟于露地,且持续时间短;日出后1～2小时气温即迅速升高,在7～10时这段时间升温最快,在不通风的情况下平均每小时上升5℃～8℃;日最高温度出现在12～13时,14～15时以后棚温开始下降,平均每小时下降3℃～5℃。夜间棚温变化情况和外界基本一致,通常比露地高3℃～6℃。阴天日变化较晴日平稳。由于白天热容量少,低温季节会出现霜害。在阴天有风夜晚,有时会发生棚温低于露地温度的状况。天气状况对棚内气温也有着重要影响。阴天光照弱,白天棚内气温受到限制,夜间由于棚内外温差减小,降温幅度也小。

②地温　棚内最高地温比最高气温出现的时间晚2小时,最低地温也比最低气温出现的时间晚2小时。棚内土温受季节、天气、棚的大小、覆盖保温状况、施肥、通风、耕作及地表覆盖等多种因素的影响。

③光照　棚内的光照状况因季节、天气、时间、覆盖方式、薄膜质量及使用情况等不同而有很大差异。高处光照强,下部光照弱,棚架越高,下层的光照强度越弱。东西延长的大棚比南北延长的大棚光照均匀。大棚结构不同,棚内光照状况差异比较大。双层棚较单层棚的受光量减少近一半。钢架大棚受光条件较好,仅比露地减少28%;竹木结构棚因立柱多,遮阳面大,受光量减少37.5%。棚架材料越粗大,棚顶结构越复杂,遮阳面积就越大。塑料薄膜的透光率最好的可达90%,一般为80%～85%,较差的仅为70%左右。由于使用过程中老化变质、灰尘和水滴的污染,会大大降低透光率。所以,在大棚生产期间要防止灰尘污染和水滴聚集,必要时要刷洗棚面。使用新型的耐老化无滴膜,会大大提高透光率,延长薄膜使用年限。

④湿度　由于薄膜气密性强,当棚内土壤水分蒸发、作物蒸腾作用加强时,水分难以散开,常使大棚内空气相对湿度很高。如果通风不畅,白天棚内空气相对湿度为80%～90%,夜间常达100%,呈饱和状态。大棚内空气相对湿度的变化规律是,棚温升高,空气相对湿度降低;晴天、通风良好,则空气相对湿度会低,阴天、雨雪天空气相对湿度显著上升。棚内空气相对湿度达到饱和时,提高棚温可使空气相对湿度下降,当棚温达5℃,每提高1℃,空气相对湿度会下降5%;当棚温为5℃～10℃,每提高1℃,空气相对湿度则下降3%～4%。空气相对湿度大是塑料大棚作物发病的主要条件,因此大棚必须及时通风、中耕和浇水,以防止出现高温多湿、低温多湿等现象。大棚内适宜的空气相对湿度为白天50%～60%,夜间为80%左右。

3. 荫　棚

(1)荫棚介绍　荫棚是用来庇荫,防止强烈阳光直射和降低温度的一种建筑设施,是花卉栽培中必不可少的。它的基本结构就是在棚架上覆盖遮阳材料,现在多用遮阳网。荫棚在花卉生产中的作用,是进行遮光栽培和育苗,以及盆花的一些栽培操作。如在夏季,光照比较强烈,对于一些阴性花卉以及生长弱势的花卉来说,必须在荫棚下栽培,否则会引起损害。在进行扦插育苗、分株或其他育苗中,也常常用来保护幼苗的生长。在盆花移盆时常用来作为过渡性的设施。如从室内移至室外,从弱光处移至强光处等情况下，都用荫棚来做过渡。过渡时间有长有短，根据花卉不同情况而定。

有相当多的花卉属于中性和阴性植物，不耐阳光直射和高温，夏季一般需要在荫棚下培养。如一些露地栽培的切花种类，设置荫棚，可获得更好的效果；一些木本花卉，如茶花、杜鹃花，在荫棚下开花良好。因此，荫棚是花卉栽培必不可少的设备，荫棚下可避免日光直射、降低温度、增加湿度、减少蒸发等特点，为夏季的花卉栽培管理创造了适宜的环境。

（2）荫棚的类型和结构　荫棚的种类和形式大致分为临时性和永久性2种。

①临时性荫棚　这种荫棚可用于放置越夏的温室花卉，用于露地繁殖床和紫苑、菊花等的切花栽培。临时性荫棚的搭建方法是在5月上旬架设，秋凉时逐渐拆除。主架由木材、竹材等构成，上面铺设苇秆或苇帘，再用细竹材夹住，用麻绳及细铁丝捆扎。荫棚一般都采用东西向延长，高2.5米，宽6～7米，每隔3米立柱一根。为了避免阳光从东面或西面照射到荫棚内，在东西两端还要设遮荫帘，将竿子斜架于末端的桩上，覆以苇秆或苇帘，或将棚顶所盖的苇帘延长下来。注意遮荫帘下缘应距地面64厘米左右，以利于通风。棚内地面要平整，最好铺些细煤渣，以利于排水，下雨时又可减少泥水溅在枝叶或花盆上。放置花盆时，要注意通风良好，管理方便，植株高矮有序，喜光者置于南北缘。在荫棚中，视跨度大小可沿东西向留1～2条通道，路旁埋设若干水缸以供浇水。

②永久性荫棚　常用于喜荫植物的栽培。外形与临时性荫棚相同，但骨架是用铁管或水泥柱构成。铁管直径为3～5厘米，其基部固定于混凝土中，棚架上覆盖苇帘、竹帘等遮荫材料。

4. 塑料中小拱棚　塑料中小拱棚是全国各地普遍应用的简易保护地设施，主要用于春提早、秋延后及防雨栽培，也可用于培育花卉的幼苗。通常把跨度在4～6米，棚高1.5～1.8米的称为中棚，可在棚内作业，并可覆盖遮荫材料。中棚有竹木结构、钢管或钢筋结构、钢竹混合结构，有设1～2排支柱的，也有无支柱的，面积多为66.7～133米^2。小拱棚的跨度一般为1.5～3米，高1米左右，单棚面积为15～45米^2。它结构简单，体型较小，负载轻，取材方便，一般由轻质材料建成，如细竹竿、毛竹片、荆条、直径6～8毫米的钢筋等能弯成弓形的材料做骨架。

拱圆形小棚是我国南方地区常见的中小拱棚的结构。该类型拱棚的棚架为半圆形，高1米左右，宽1.5～2.5米，长度依地而定。骨架用细竹竿按棚的宽度，将两头插入地下形成圆拱，拱杆间距30厘米左右，全棚拱杆插完后，绑3～4道横拉杆，使骨架成为一个牢固的整体。覆盖薄膜后可在棚顶中央留一条通风口，以供扒缝通风。因小棚多用于早春生产，宜建成东西延长。为了加强防寒保暖，棚的北面可加设风障，棚面上于夜间再加盖覆盖材料。

中小拱棚主要用作蔬菜花卉的春季早熟栽培，早春园艺作物的育苗和秋季蔬菜、花卉的延后栽培。小拱棚的热量主要来自阳光，所以棚内的气温随外界气温的变化而改变,并受薄膜特性、拱棚类型以及是否有外覆盖的影响。小拱棚的温度变化规律与大棚相似,但由于小棚的空间小,缓冲力弱,在没有外覆盖的条件下,温度变化比大棚剧烈。晴天时增温效果显著,阴雨雪天等恶劣条件下增温效果差。单层覆盖条件下,小棚的增温能力一般只有 3℃～6℃,晴天最大增温能力可达 15℃～20℃。在阴天、傍晚或夜间没有光热时,棚内最低温度仅比露地提高 1℃～3℃,遇寒潮极易产生霜冻。冬春用于生产的小棚必须加盖覆盖材料防寒,如加盖草苫的小棚,温度可提高 2℃以上,可比露地提高 4℃～8℃。小拱棚覆盖薄膜后,因土壤蒸发、植株蒸腾造成棚内高湿,一般棚内空气相对湿度可达 70%～100%,白天通风时空气相对湿度可保持在 40%～60%,比露地高 20% 左右。棚内空气相对湿度的变化与棚内温度有关。当棚温升高时,空气相对湿度降低;棚温降低时,则空气相对湿度增高;白天湿度低,夜间湿度高;晴天湿度低,阴天湿度高。小拱棚的光照情况与薄膜的种类、新旧、水滴的有无、污染情况以及拱形结构等有较大的关系,并且不同部位的光量分布也不同,小拱棚南北的透光率差,仅为 7% 左右。

5. 花卉栽培的其他设施

(1)冷床与温床　冷床与温床是花卉栽培的常用设施。不加温只利用太阳辐射热的叫冷床[图(1).7.5];除利用太阳辐射热外,还需要人为加温的叫温床。

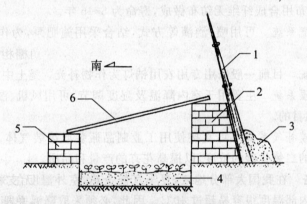

图(1.)7.5　冷床结构示意图

1. 风障　2. 北墙　3. 土堆　4. 培养土　5. 南墙　6. 覆盖物(玻璃、薄膜)

(2)冷床与温床的功能

①提前播种,提早花期　春季露地播种需在晚霜后进行,而利用冷温床则可在晚霜前 30～40 天播种,以提早花期。

②促成栽培　秋季在露地播种育苗,冬季移入冷床或温床使之在冬季开花;或在温暖地区冬季播种,使之在春季开花。

③花卉的保护越冬　在北方地区,一些 2 年生花卉不能露地越冬,可在冷床或温床中秋播并越冬,或在露地播种,幼苗于早霜前移入冷床中保护越冬。

④小苗锻炼　温室或温床育成的小苗,在移入露地前,须先于冷床中进行锻炼,

使其逐渐适应露地气候条件,然后栽于露地。

⑤扦插 在炎热的夏季,可利用冷床进行扦插,通常在 6～7 月份进行。

二、设施内常用的设备

1. 加温设备 加温设备是我国大部分地区冬季温室养花所必备的,加温成本也成为冬季花卉养护的主要支出。加温温室除了利用太阳光能外,还利用烟道、热水、蒸汽、电热等人为加温的方法来提高温室温度,使之满足花卉植物生长发育的需要。主要用于热带、亚热带花卉的越冬,一些花卉的促成栽培和催花,或用于播种育苗、扦插等。

目前,锅炉、燃煤或燃油热风机是我国用于花卉种植的主要加温方式。也有部分种植者采用空调或地热采暖,两者都以电力为能源,但由于安装地热采暖系统成本高、空调不适用大面积温室,所以应用比较少。加温温室除主体构架与日光温室相同外,一般还应配有下列系统:

(1)控制系统 可用电子计算机程序控制设备或电动及手动控制设备等。各控制系统应有单独的控制开关,并装有指示灯和故障报警信号。

(2)内、外保温及遮阳系统 可节省能源 24% 以上,提高室温 6℃～7℃,夏季遮荫降温 7℃。幕布用合成纤维无纺布做成,寿命为 5～6 年。

(3)灌溉施肥系统 可用喷、滴灌等方式,结合采用施肥泵,为作物提供精确的灌溉、施肥。

(4)补光系统 目前一般采用专用农用钠灯为作物补光。

(5)降温加湿系统 主要用于室内降温及湿度调节,可用风机、湿帘、空调、喷雾等方式达到降温目的。

(6)二氧化碳补气系统 可直接使用工业制品瓶装或罐装气体,通过计算机控制,提高温室内的二氧化碳的浓度,以提高花卉的产量和品质。

2. 降温设备 在我国大部分地区,夏季气候炎热,室外温度在 30℃ 以上。由于温室效应,温室内部温度很容易超过 40℃。因此,必须采取降温手段,以保证温室内能够进行正常生产。

目前,温室内常用的降温方法有通风降温、遮阳降温、湿帘—风机降温、微雾降温、屋顶喷淋降温、屋面喷白等。其中通风降温又可分为自然通风降温和强制通风降温。遮阳降温可分为内遮阳降温和外遮阳降温。

在温室的设计和使用中,通风和降温总是密不可分的。一般来说,温室通风主要有 3 个目的:一是排除温室内的余热,降低温度;二是排除多余水分,降低湿度;三是调整室内空气中的气体成分,排除有害气体,提高空气中二氧化碳含量。对于夏季,通风的主要目的是为了室内降温,要求具有足够的通风换气量;而对于冬季,通风的主要目的则是为了调整室内空气成分。为了保温节能,依靠冷风渗透换气,维持最低的通风量,即可满足换气要求。

(1)自然通风　一般是在温室顶部或侧墙设置窗户,依靠热压或风压进行通风,并可通过调节开窗的幅度来调节通风量。决定自然通风量大小的主要因素一般有:室内外温差、温室通风口高差、通风口面积、通风口孔口阻力、室外风速风向等。室内外温差和室外风速风向,一般是不可控制因素。因此,评价温室自然通风的性能,主要看通风口的高差和通风口面积。

采用侧墙通风,还是采用屋顶通风,或是采用屋顶与侧墙联合通风,要根据温室大小、型式及当地具体气候环境来决定。一般情况下,屋顶与侧墙联合通风的通风量是最大的。但对于温室总宽度小于30米的温室,侧墙通风在整个温室通风中占有较大的比重。对于大面积的联栋温室,一般屋面通风口面积总和远大于侧墙通风口面积,所以,屋顶通风一般占主导地位。

通风口的设置应符合空气的流动规律。屋顶通风口,应尽量设在屋面的最高处,以形成大的高差。侧墙通风口,应尽量设在低处,并尽量使侧窗与从晚春至中秋这段季节的主导风向垂直。

自然通风性能的一个重要指标,是实际通风口面积占温室建筑面积的百分比值。比值越大,通风性能越好。所以一般温室窗户开启角度应尽量大,以加大实际的进风口面积。自然通风因受外界气候影响比较大,降温效果不稳定,一般室内温度比室外温度高5℃～10℃。

(2)强制通风　强制通风是在温室一端设置侧窗,在另一端设置风机,利用风机由室内向室外排风,使室内形成负压,强迫空气通过侧窗进入温室,穿越温室由风机排出室外。强制通风的理论降温极限是室内温度等于室外温度,但在实际应用中是不可能达到的。由于机械设备和植物生理上的原因,一般温室的通风强度设置在每分钟换气0.75～1.5次,这样能控制室内外温差在5℃以内。强制通风的优点在于温室的通风换气量受外界气候影响很小。

3. 遮光设备　温室遮光可起到减弱光照和降低温度两个作用。一般遮光20％～40％,便可降温2℃～4℃。生产上多在夏季光强季节育苗初期或分苗后缓苗前进行遮光。栽培韭黄、蒜黄等蔬菜时,则需要全程遮光。遮光方法主要有3种:一是覆盖遮阳物,可覆盖草苫、苇帘、竹帘、遮阳网、普通纱网、无纺布等,一般可遮光50％～55％,降温3.5℃～5℃,这种方法应用最广泛;二是玻璃面涂白或塑料薄膜抹泥浆法,涂白材料多用石灰水,一般石灰水喷雾涂白面积为30％～50％时,能减弱室内光照20％～30％,降温4℃～6℃;三是流水降温法,在透明屋面不断流水,不仅能遮光,还能吸热,因此虽仅遮光25％,但可降温4℃左右。以上方法也可在花卉栽培上使用。遮阳系统可分为:

(1)内遮阳系统

①功能　高效的遮荫、保温、防结霜和透气性能。

②特点　内用型遮阳保温幕,它适合于各种型式的温室,可安装于不同的温室覆盖材料之下。安装方式可选用托幕线滑动系统或悬挂系统。内遮阳系统可降低

温室的热量散失。优良的透光性能使得这种幕布能同时适用于白天和夜晚的节能保温。对于夜温要求高、节能要求明显的温室，内遮阳系统是一种理想的选择。幕布由4毫米宽的聚酯塑料条红高强聚酯纱线编织组成。良好的室内气候条件避免了叶面结露，减少病害，并降低能源费用。幕布的编织结构使充足的水汽透过，防止幕下部结露。幕布是一种高度抗紫外线、防静电的产品，它能在使用许多年之后仍保持清洁、有效。

（2）外遮阳系统

①功能　遮阳降温，保持热量，保护农作物免受冰雹、暴雨的破坏。

②特点　外用型遮阳幕适于任何覆盖材料的各种温室使用。所有原材料均从国外进口，采用国际同行业公认的抗老化及收缩处理技术，克服了国产传统黑色针织网收缩大、遮阳率不准确、老化快，易脆化、酥化等缺点，是值得用户信赖的遮阳产品。炎热的夏季，遮阳网能使温室内部降低3℃～5℃；冬天，幕布还能减少温室向外的热量辐射，能防止暴雨、冰雹、落物对温室建筑及植物的侵害，能将温室霜害限制在最低程度。

4. 补光设备　补光有调节开花期的日长补光和栽培补光。日长补光是为了抑制或促进作物花芽分化，调节开花期（如草莓），一般只要求几十勒的光照度。而栽培补光主要是促进作物光合作用，加速作物生长，要求补光强度为2 000～3 000勒以上，而且要有一定的光谱组成，最好是具有太阳光的连续光谱，光照度能调节就更好。

人工补光所用电灯一般分为2类，第一类是发生完全的连续光谱的灯光，如白炽灯和弧光灯。这类灯发生的长波光较多，红橙光约占59.4%，利于增温。但由于蓝紫光较少，长期使用时植株易徒长。第二类是发出间断直线光谱的日光灯和高压气体发光灯。这类灯发生的光中短波光比例较大，蓝紫光约占16.1%，红橙光约占44.6%，升温作用较差，但植物不易徒长。两类灯如安装在一起使用，则综合效果良好。

补光时间和光照度要依蔬菜、花卉种类及补光目的而定。如用于调节开花期的日长补光，可在上午卷苫前和下午放苫后各补光4～6小时，以保证有效光照时间在12～14小时；也可每平方米用5～10瓦的日光灯或白炽灯补光。如果用于栽培补光，可在光弱时用日光灯或高压气体发光灯，或日光灯加10%～30%的白炽灯，每平方米用100～400瓦的强度，一般补光时间每天不宜超过8小时。

补光时灯泡离植株和薄膜各50厘米左右。灯的参考使用照度为：40瓦日光灯3根合在一起，可使离灯45厘米远处的光照达到3 000～3 500勒；100瓦高压水银灯，可使离灯80厘米处的光照保持在800～1 000勒。

5. 灌溉设备　温室是个相对封闭的生产设施，自然降雨不能被直接利用，温室内作物需要的水分完全依靠人工灌溉措施来保证。因此，灌溉设备是温室设备的主要组成部分，适用可靠的灌溉技术，是温室正常生产的基本保证。

（1）微灌技术在温室内广泛应用　随着科学技术的发展和人类的社会进步，特别是水资源的紧缺,已成为全球性关注的焦点,因此灌溉技术也发生了巨大的变化,尤其是在温室内的灌溉技术。由于微灌技术的明显优点、漫灌技术的致命缺点,使微灌技术在温室内得到广泛应用,将逐步取代漫灌技术。

微灌技术的主要优点为:按作物需求供水,不浪费,节水效果显著,操作简单方便,省工省水;灌溉流量小,灌溉均匀,改善了作物根系周围环境,使作物增产增收;可随灌溉系统施肥施药,并易被作物吸收,提高肥效,省肥省工;由于1次灌水量和总灌水量的减少等,室内湿度明显降低,同时灌水后的地温和室温也高于其他灌溉方式,减缓了作物病虫害的发生;由于整个系统的管道化,并通过阀门控制,因而便于实现自动控制。

当然,微灌技术也有一些缺点:主要是与地面漫灌相比,一次性投资较高;灌水器出口小,容易被水中的矿物质和有机质堵塞;作物的栽培方式受到一定的限制。

微灌技术包括滴灌、微喷灌和渗灌等,渗灌在温室内应用较少。现以滴灌和微喷灌为例,做重点介绍。

(2)微灌系统的组成 微灌系统一般由水源、首部枢纽、输配水管网、灌水器,以及流量、压力控制部件和量测仪表等组成。

①水源 河流、湖泊、水库、渠道、井、泉之水,均可作为微灌的水源,但要注意其水质应符合灌溉水的要求。

②首部枢纽 主要包括水泵、动力机、肥料和农药注入设备、过滤设备、控制阀、进排气阀、压力流量测量仪表等。其作用是从水源取水增压,并将其处理成符合微灌要求的水流,送到系统中去。微灌系统常用的水泵有潜力泵、深井泵、离心泵等,应根据水源情况适当选取。如河、湖、水库水源,宜选用潜水泵;井水水源宜选用深井泵;渠道、水池水源宜选用离心泵。水泵的流量应根据使用要求的水量选择。

动力机可选用柴油机或电动机等,在可能的条件下,最好选择使用方便、噪声较小的电动机;由于使用条件恶劣,最好选用防潮、防水性能较好的专用电动机。动力机的功率应与水泵相匹配。

在供水量需要调蓄或含沙量很大的水源,应修建蓄水池和沉淀池。主要是去除水源中大的固体颗粒,为避免沉淀池产生藻类植物,应在蓄水池或沉淀池上加盖。

过滤设备是微灌系统中的重要设备,应装在输配水管道之前,是进一步去除固体颗粒,防止系统堵塞的重要措施。过滤器有旋流水砂分离器、砂介质过滤器(有单罐反冲洗砂过滤器和双罐反冲洗砂过滤器)、筛网过滤器、叠片式过滤器,应根据水源情况和灌水器的种类与不同规格对水质的要求,适当选配。上述过滤器仅是物理处理方法,其作用是去除水中的固体颗粒,而要去除水中的化学杂质和生物杂质,则要注入某些化学药剂,采取化学处理方法。常用的有氯化处理和加酸处理,要视水源水质情况而定。

肥料和农药注入设备,有压差式施肥罐、文丘里注入器、水驱动注肥器和全自动水肥控制系统。这要根据使用要求、投资能力及系统的匹配等因素选择,并要安装在过滤设备之前。

测量仪表用于测量管道中的水流量和压力。水表一般安装在首部施肥器前,可测量总水量,根据需要也可安装在干、支管上,测量这部分水量;压力表可在过滤器和施肥装置前后各设置一个,通过压力差可判断施肥量大小和过滤器是否需要清洗。

③输水管网　输水管网的作用是把经首部枢纽处理过的水,输送分配到各灌水单元和灌水器,包括干、支、毛三级管道。微灌系统常用塑料管作为输水管道,主要有聚乙烯管(PE管)和聚氯乙烯管(PVC管)。聚乙烯管分为高压低密度聚乙烯管和低压高密度聚乙烯管。前者为半软管,管壁较厚;后者为硬管,管壁较薄。聚氯乙烯管以树脂为主要原料,抗冲击和承压能力强,刚性好,但高温性能差。

另外,在需要控制的部位,应根据需要设置不同型式的闸阀。

④灌水器　灌水器是微灌设备中最关键的部件,直接向作物施水,其作用是消减压力水的压力,将水流变成水滴、细流或喷洒水,施给作物。

根据不同的灌溉方式,微灌的灌水器分为滴头、滴灌带和微喷头等。

(3)滴灌　滴灌是微灌的一种方式,它更集中地体现了微灌技术的优点,应用更为广泛。从总的情况分析,滴灌方式更适合于成带状种植的切花、瓜类、果菜等作物,因此在这方面有广泛应用的趋势。

滴灌系统的组成与一般微灌系统相同,主要的差别在于灌水器是由滴头或滴灌带(管)组成的。

根据滴灌的供水方式、结构等不同,灌水器分为滴头和滴灌带(管)两大类。

①滴头　按其结构不同分为孔口滴头、纽扣式滴头、滴箭式滴头等,在安装时将滴头直接插在毛管上。其特点是滴头的安装间距可根据种植作物的株距任意调节出水位置,既可在工厂组装,也可在施工现场组装。按其工作原理,滴头又可分为非压力补偿滴头和压力补偿滴头。非压力补偿滴头的流量,随压力的提高而增大,制造简单,造价较低;压力补偿滴头的流量稳定,能随压力变化而自动调节出水量和自清洗,出水均匀度高,但制造复杂,造价较高。滴箭式滴头主要用于花卉等盆栽作物的灌溉。

②滴灌带(管)　滴灌带(管)是把滴头与毛管结合为一体,兼具配水和滴水功能,称为灌溉技术的第四次革命,不仅造价降低,而且安装使用方便。按其结构可分为内嵌式滴灌带(管)和薄壁滴灌带;按其工作原理,也有非压力补偿式和压力补偿式之分。

另外,还有一种薄壁塑料软管滴灌带,是在薄壁塑料软管上直接打孔滴水的简易装置,也能满足温室内灌溉滴水均匀度的基本要求,由于其对水质要求较低,抗堵塞能力强,造价低廉,因而在日光温室内被广泛应用。

(4)微喷灌　微喷灌也是微灌的一种方式,其系统组成与上没有差别,主要区别在于灌水器是由微喷头组成的。与滴头相比,微喷头的出流孔口较大,流量大,流速快,不易堵塞。微喷灌是以喷洒的方式向作物供水,水与空气接触的时间长,面积大,增加了空气相对湿度。对于多数果类蔬菜和某些花卉,对湿度敏感,特别是在低温季节,室内湿度过高会导致作物病害严重,因此微喷灌在温室内的使用受到一定的限制。微喷灌在高温季节也能起到喷水降温和调节小气候的作用。微喷灌主要用于育苗和成片状密植的叶菜类作物的灌溉。根据微喷头的构造和工作原理,分为旋转式微喷头和折射式微喷头。

①旋转式微喷头　水流从喷头嘴喷出后,集成1束向上喷射到可旋转的单向折射臂上,折射臂上的流道形状使水流按一定喷射仰角喷出,同时喷射的水舌在反作用力的作用下,使旋转轴旋转,水舌也就随折射臂快速旋转,形成圆形喷洒面。旋转式微喷头的有效湿润半径较大,喷射的强度较低。由于运动部件加工精度要求较高,且易磨损,因而造价较高,使用寿命短。

②折射式微喷头　水流出喷嘴垂直向上喷出,遇到设在上方的折射锥,将水流击散成薄水膜沿四周射出,在空气阻力作用下,形成细微水滴散落于圆形地面上。折射式微喷头也称作雾化喷头,其喷射出的水雾化程度高,水滴小,灌溉均匀度高。它结构简单,没有运动部件,工作可靠,价格便宜。

(5)微灌设备的选择原则　微灌设备是温室生产系统中的重要组成部分,直接影响着温室内作物的产量和产品品质,因此要给予足够的重视。

第一,温室内微灌设备的选择,首先要根据当地的水源、水质和种植作物的种类、栽培方式及其对灌溉的要求,参照各类设备的性能特点和技术指标,合理选配;同时要考虑整个温室的配置、生产水平、投资能力等情况,使整个温室生产系统匹配、协调。

第二,要提醒温室用户切不可以为灌溉比较简单,可以随便选配。建议由专业科技单位或温室企业,连同其他设备一样,进行系统设计,科学合理地选配灌溉设备。

三、常用的器具

1. 栽培容器

(1)素烧泥盆　又称瓦盆,由黏土烧制而成,有红色和灰色2种,底部中央留有排水孔。这种盆质地粗糙,排水、透气性好,价格低廉,是花卉生产上常用的容器。素烧泥盆通常为圆形,其规格大小不一,一般口径与高相等。

(2)陶瓷盆　这种盆是在素陶盆外加一层彩釉而制成,质地细腻,外形美观,但透气性差,对栽培花卉不利,一般多做套盆或短期观赏使用。陶瓷盆除圆形外,还有方形、菱形、六角形等式样。

(3)紫砂盆　形式多样,造型美观,透气性稍差,多用来养护室内名贵盆花及栽植树桩盆景。

(4)塑料盆　质轻而坚固耐用,形状各异,色彩多样,装饰性极强,是国外大规模花卉生产常用的容器。其排水、透气性不良,应注意培养土的物理性质,使之疏通透气。在育苗阶段常用小型软质塑料盆,底部及四周留有大孔,使植物的根可以穿出,倒盆时不必磕出，直接置于大盆中即可，利于花卉的机械化生产。另外，也有不同规格的育苗塑料盘，整齐，运输方便，非常适于花卉的商品生产。

2. 育苗容器

一是制作容器的材料有软塑料、硬塑料、纸浆、合成纤维、泥炭、黏土、特制纸、厚纸板、竹篾等。二是容器的形状有六角形、四方形、圆形、圆锥形。其中以无底的六角形最为理想，因为六角形、四方形有利于根系舒展。而早期采用的圆筒状营养杯，易造成根系在容器中盘旋成团，定植以后，根系伸展困难的现象。经过改良以后的圆筒状或圆锥状容器，其内壁表面均附有 2～6 个垂直突起的棱状结构，根系可沿棱向下伸展，根尖抵达底端排水孔口，遇空气干燥作用而得到控制。三是容器的规格相差很大，主要受苗木大小的影响。北美、北欧地区多数是用小型的，直径为 2～3 厘米，高 9～20 厘米，容积为 40～50 厘米³。在亚热带、热带、苗木较大，容器也较大，容积可达 100 厘米³。

目前用的育苗容器主要有 2 类：

①可与苗木一起栽植入土的容器：这类容器在土中可被水、植物根系分解或被微生物所分解。如日本的纸质营养杯、美国的黏土营养杯、北欧的泥炭容器、我国华南的营养砖。一是纸质营养杯（育苗蜂窝纸容器）。纸质营养杯是日本创造的，这种容器可与苗木一起栽入土中，经微生物分解而不至阻碍根系向外伸展，大多用直径 4 厘米、高 8 厘米的纸杯。纸杯以纸浆和合成纤维为原料，用不溶于水的胶粘合成无底六角形纸杯、纸筒，侧面用水溶性胶粘成，使用方便，折叠式的 250～350 个纸杯可在瞬间张开，然后将两端固定在苗床上，把营养土填满纸筒，振实、挖穴后播种。二是黏土营养杯。黏土营养杯是美国用专门的机械压制成形，表面涂蜡，在温室育苗过程中不易散碎，但造林以后在土中可吸水软化和被根系穿透。杯呈上下均一的圆筒状，内壁有两条纵向突起的棱，有利于根系的舒展和提高容器强度，杯的直径为 2.5 厘米，高 10.2 厘米，壁厚 0.3 厘米。制成的黏土杯放入 73℃～78℃ 的蜡锅中涂蜡，每个涂蜡黏土杯重 45～50 克，在温室内培养湿地松、火炬松效果很好。三是泥炭容器。在挪威、芬兰、瑞典和日本较多使用。容器用 70% 泥炭，加入 30% 具有束缚力的机械纸浆压制而成。这种容器具有很好的通透性。生长在容器中的苗木，当水分充足时，根很容易从容器壁向外伸出。不浇水容器壁干燥时，向外伸出根即会枯死，而在容器内的根会形成大量的细根，在这样反复浇水和干燥的作用下，就形成细根盘结成块状的根系团（根球）。容器规格为上部直径 8 厘米、下部 6 厘米、高 8 厘米。四是营养砖。营养砖育苗，既适于大规模生产，又可进行小面积育苗，一般可就地制砖，营养砖苗每株重达 0.5～1 千克。育苗地点应选在造林地附近有水源的地方，制作营养砖的土壤以壤土和轻黏土较好。沙土松散，不利成砖，且渗水力强，会增加灌溉次数，过黏则易板结，幼苗根系发育不好。营养砖的制法：区划苗床与步道，苗床宽 80～100 厘米，步道宽 40 厘米，圃地四周开排水沟，床面平整，先铺 0.5 厘米厚的沙子或炉灰，然后将营养土，铺在床面上，即注水搅拌成泥浆，并弄平床面，待泥浆适

当干涸后,用特制的切砖器切砖,并在砖面中央作浅播种穴。砖的大小视种子大小,苗木生长快慢以及培育时间长短而定。一般的规格为 6 厘米×6 厘米×12 厘米、7 厘米×7 厘米×15 厘米、8 厘米×8 厘米×15 厘米、10 厘米×10 厘米×20 厘米。一般上午拌浆,下午便可切砖,切砖后即可播种,每砖播催芽后的种子 1～2 粒,播后筛覆细土,厚度以不见种子为度,然后用稻草,松针或塑料覆盖。五是泥浆稻草杯。制作材料是稻草和黏土。先将黏土碾碎加水溶成泥浆,不能太稀,也不宜太浓,做杯时事先准备好一定口径的塑料杯或木棒,用湿稻草由上至下缠绕,在底部收紧,继而用泥浆均匀地涂抹在稻草上,以不见稻草为度,然后脱模成杯,晒干备用。也可将切碎的稻草与泥浆充分混拌(用黏质土和稻草为原料),用模具制成容器晾干即可使用。杯的规格为直径 6～10 厘米,高 10～15 厘米,壁厚 0.8～1 厘米,使用时,在杯内填装营养土进行播种或移苗。

②不能与苗木一起栽植入土的容器　一是聚乙烯薄膜袋,价格低廉,方法简便,效果好,国内外广泛应用。用厚度 0.03～0.04 毫米的薄膜,制成直径 5～12 厘米、高 15 厘米的薄膜袋,袋壁每隔 1.5～2 厘米穿直径 0.5 厘米的圆孔,供排水通气,在袋内装填营养土播种或移苗,栽植时把薄膜袋划破把苗木从中取出栽植。二是硬塑料杯容器。用硬塑料制成单个管状容器杯,上大下小,形状可以是四方形或圆锥形,杯内壁表面有 3～4 个垂直突起的棱状结构。育苗时把容器装填营养土后,安放在特制的育苗架上直立。四是穴盘育苗。塑料穴盘,通常由聚苯乙烯或聚氨酯泡沫塑料和黑色聚氯乙烯吸塑制成,育苗时套起来挂在架子上使用,穴孔数有 50 孔、70 孔、128 孔、200 孔、288 孔等,黑色穴盘壁光滑,利于定植时顺利脱盘。白色聚苯乙烯外托盘质轻,好运输。

四、常用的介质

1. 泥炭土　这是国外常用的营养土材料。泥炭是由保存在水线以下半腐熟的各种水生、湿生的沼泽植物的遗体变成的。藓类泥炭由水藓、灰藓或其他藓类形成,适合于容器育苗。水藓泥炭持水力强,具有较高的阳离子交换能力,有利于植物吸收营养。

2. 蛭石　属于性状稳定的惰性基质,具有良好通气、透水、持水性能;质地轻,便于搬运;经过高温消毒,没有病虫害;阳离子交换量很高,并且含有较多的钾、钙、镁等营养元素,这些养分是植物可以吸收利用的。近 20 年来,开始在扦插床上作基质使用,蛭石是天然云母岩经过加热膨胀而成,在蛭石的天然矿石中,具有很多薄层,薄层间有微量的水,当矿石经 1 000℃高温烘焙时,层间的水转化为蒸汽,膨胀后将薄层分离,成为有孔隙的海绵质颗粒,通过高温处理,对蛭石也起到了彻底的消毒作用。膨胀后的蛭石质量很轻,一般每立方米只有 100～140 千克,呈中性,有良好的缓冲性能,能吸收大量的水分,每立方米能吸水 400～500 千克。蛭石有很强的阳离子交换能力,所以能够储备养分逐步释放。

3. 珍珠岩　珍珠岩是把原岩粉碎,并经筛选后在760℃炉温下烘焙,使岩屑中含有的少量水分变成蒸汽,从而使珍珠岩变成很小的海绵状颗粒。可作扦插基质和播种覆盖材料。珍珠岩的化学性质基本呈中性,但不具缓冲作用,每立方米只有70～120千克,吸水能力强,持水量相当自身重量的3～4倍。珍珠岩与蛭石的区别是:珍珠岩没有阳离子交换能力,不含矿物养分,在容器育苗中的作用是增加培养基的通气性,可以防止营养土板结。

第二节　草本花卉设施栽培过程中的环境调控

一、环境调控需研究的问题

设施栽培是在一定的空间范围内进行的,因此生产者对环境的干预、控制和调节能力与影响,比露地栽培要大得多。管理的重点是根据作物遗传特性和生物特性对环境的要求,通过人为的调节控制,尽可能使作物与环境间协调、统一、平衡,人工创造出作物生育所需的最佳的综合环境条件,从而实现花卉、蔬菜、果树等作物设施栽培的优质、高产和高效。制定作物设施栽培的环境调节调控标准和栽培技术规范,必须研究以下几个问题:

第一,掌握作物的遗传特性和生物学特性,及其对各个环境因子的要求。作物种类繁多,同一种类又有许多品种,每一个品种在生长发育过程中又有不同的生育阶段,如发芽、出苗、营养生长、开花、结果等。上述种种对周围环境的要求均不相同,生产者必须了解。光照、温度、湿度、气体、土壤是作物生长发育必不可少的5个环境因子,每个环境因子对各种作物生育都有直接的影响,作物与环境因子之间存在着定性和定量的关系,这是从事设施农业生产所必须掌握的。

第二,应研究各种农业设施的建筑结构、设备以及环境工程技术所创造的环境状况特点,阐明形成各种环境特征的机理。摸清各个环境因子的分布规律,对设施内不同作物或同一作物不同生育阶段有何影响,为确立环境调控的理论和基本方法、改进保护设施、建立标准环境等提供科学依据。

第三,通过环境调控与栽培管理技术措施,使园艺作物与设施的小气候环境达到最和谐、最完美的统一。在摸清农业设施内的环境特征及掌握各种园艺作物生育对环境要求的基础上,生产者就有了生产管理的依据,才可能有主动权。环境调控及栽培管理技术的关键,就是千方百计使各个环境因子,尽量满足某种作物某一生育阶段,对光、温、湿、气、土的要求。作物与环境越和谐统一,其生长发育也就越加健壮,必然高产、优质、高效。

农业生产技术的改进,主要沿着两个方向进行:一是创造出适合环境条件的作物品种及其栽培技术;二是创造出使作物本身特性得以充分发挥的环境。而设施农业,就是实现后一目标的有效途径。

二、设施农业的综合环境控制

1. 综合环境管理的目的和意义　设施农业的光、温、湿、气、土5个环境因子是同时存在的,综合影响作物的生长发育。为了叙述清楚,便于理解,以上将其分别论述,但实际生产中各因子是同时起作用的,它们具有同等重要性和不可替代性,缺一不可又相辅相成,当其中某一个因子起变化时,其他因子也会受到影响随之起变化。如温室内光照充足,温度也会升高,土壤水分蒸发和植物蒸腾加速,使空气相对湿度也加大,此时若开窗通风,各个环境因子则会出现一系列的改变。生产者在进行管理时要有全局观念,不能只偏重于某一个方面。

所谓综合环境调控,就是以实现作物的增产、稳产为目标,把关系到作物生长的多种环境要素,如室温、湿度、二氧化碳浓度、气流速度、光照等,都维持在适于作物生长的水平,而且要求使用最少量的环境调节装置(通风、保温、加温、灌水、施用二氧化碳、遮光、利用太阳能等各种装置),既省工又节能,便于生产人员管理的一种环境控制方法。这种环境控制方法的前提条件是对各种环境要素的控制目标值(设定值),必须依据作物的生育状态、外界的气象条件,以及环境调节措施的成本等情况综合考虑设定。

2. 综合环境管理的方式　综合环境调控在未普及电子计算机以前,完全靠人们的头脑和经验来分析判断与操作。随着温室生产的现代化,环境控制因子复杂化,如换气装置,保温幕的开闭,二氧化碳的施用,灌溉等调控项目不断增加,又与温室栽培作物种类品种的多样化、市场状况和成本核算、经济效益等紧密相关。因此,温室的综合环境管理,仅依赖人工和传统的机械化管理难以完成。

自20世纪60年代开始,荷兰率先在温室环境管理中导入计算机技术,随着70年代微型计算机的问世,以及此后信息技术的飞速发展和价格的不断下降,计算机日益广泛地被用于温室环境综合调控和管理中。我国自20世纪90年代开始,中国农业科学院气象研究所、江苏大学、同济大学等也开始了计算机在温室环境管理中应用的软、硬件研究与开发,随着21世纪我国大型现代温室的日益发展,计算机在温室综合环境管理中的应用也日益发展和深化。虽然计算机在综合环境自动控制中功能大、效率高、可节能、省工省力,成为发展设施农业优质高效高产和可持续生产的先进实用技术,但温室综合环境管理涉及温室作物生育、外界气象条件状况和环境调控措施等复杂的相互关联因素,有的项目由计算机信息处理装置就能做出科学判断,进行合理的管理,有些必须通过电脑与人脑共同合作管理,还有的项目只能依靠人们的经验进行综合判断、决策管理,可见电脑还不能完全替代人脑完成设施农业的综合环境管理。

3. 计算机综合环控设备的调节

(1)输出原理

①开关(ON,OFF)调控:屋顶喷淋和暖风机的启动与关闭等采用ON、OFF这种最简单的反馈调节法,为防止因计测值不稳定而开关频繁,损伤装置;可在暖风机控

制系统中只对停止加温(OFF)加以设定。

②比例积分控制法:如换气窗的开闭,在调节室内温度时,换气窗从全封闭到全部开启是一个连续动作,电脑指令换气窗正转、逆转和停止,可调节换气窗成任意开启角度,比例加积分控制法是根据室温与设定温度之差来调节窗的开度大小,是一种更加精确稳定的方式。

③前馈控制法:如灌溉水调控没有适宜的感应器,技术监测不可能时,可根据经验依据辐射量和时间进行提前启动。

(2)加温装置的调控　通常有暖风机加温和热水加温2种。现在多以开关调节,在加温负荷小时,容易超调量,要缩小启动间隙(关闭的设定值提高$0.2℃\sim1℃$)。有效积分控制是一种更有效的方法,均有配套软、硬件组装设备。热水加温装置由调控锅炉进行,从而能提高精度来调节水温。

(3)换气窗调控　以比例积分法控制,外界气温低时,即使开度很小也会导致室温变化很大,宜依季节不同调整设定值,根据太阳辐射量和室内外温差指令,自动调节窗的开闭度,遇强风时,指令所有换气窗必须关闭,依风向感应器和风速也可仅关闭顶风侧的窗,仅调节下风侧的换气窗的开闭,降雨时指令换气窗关闭到雨水不侵入温室的程度。

(4)保温幕的调节　依辐射、温度和时间的不同而开闭,以保温为目的,通常根据温室热收支计算结果,做出开闭指令,但存在需确保作物一定的光照长度和湿度的矛盾,因此必须在不发生矛盾的原则下进行调节。输入设定值还要根据保温幕的材料而异,反射性不透明的铝箔材料依辐射强度来设定,透明膜则依热收支状况来设定。保温幕的调节与换气设备、加温设备调控密切相关,如不可能发生开窗而保温幕关闭的状态。又如日落后,加温装置开启前,关闭保温幕可以节省能耗,三者需配合协调调节。

(5)湿度调节　包括加湿与除湿调控。用绝对湿度作为设定值,除开启通气窗来调节外,也有利用除湿器开关控制,但除湿能力低。加湿一般采用喷雾方式,但同时造成室温下降,空气相对湿度升高,输入设定值时必须考虑温度指标,并根据绝对湿度与饱和差作为湿度设定指标。

(6)二氧化碳调节　不论是利用二氧化碳发生器还是罐装二氧化碳,均采用简单调节电磁阀开关。按太阳辐射量定时定周期开放二氧化碳气阀,还有依二氧化碳浓度测定计送气和停气,以防止换气扇开启时二氧化碳外溢浪费气源。

(7)环流风机控制　为使室内气温、二氧化碳浓度分布均匀而采用。即使换气窗全封闭时,少量送风也有防止叶面结露、促进光合与蒸腾的效果。在温室窗全封闭时或加热系统启动供暖时运转十分有效。

(8)营养液栽培及浇水的调控　水培作物营养液采用循环式供液时,控制供液水泵运转间隔时间和基质无土栽培营养液的滴灌,应根据日辐射量设定供液量和供液间歇时间,通常采用前馈启动调节。营养液的调节通常通过pH计。EC(电导率,

Electric Conductirity)计测定值,以决定加入酸、碱和营养液的量。

第三节　园艺作物的工厂化育苗

工厂化育苗是以先进的温室和工程设备,装备种苗生产车间,以现代生物技术、环境调控技术、施肥灌溉技术和信息管理技术贯穿种苗生产过程,以现代化、企业化的模式组织种苗生产和经营,通过优质种苗的供应、推广和使用园艺作物良种、节约种苗生产成本、降低种苗生产风险和劳动强度,为园艺作物的优质高产打下基础。

一、工厂化育苗的概况与特点

园艺作物的工厂化育苗在国际上是一项成熟的农业先进技术,是现代化农业、工厂化农业的重要组成部分。20世纪60年代,美国首先开始研究开发穴盘育苗技术,70年代欧美国家在各种花卉、蔬菜等的育苗方面,逐渐进入机械化、科学化的研究,由于温室业的发展,节省劳力、提高育苗质量和保证幼苗供应时间的工厂化育苗技术日趋成熟。目前发达国家的种苗业,已成为现代设施园艺产业的龙头。

20世纪80年代,我国北京、广州和台湾等地,先后引进了蔬菜工厂化育苗的设备,许多农业高等院校和科研院所开展了相关研究,对国外的工厂化育苗技术进行了全面的消化吸收,并逐步在国内推广应用。1987年和1989年,在北京郊区相继建立了2个蔬菜机械化育苗场,进行蔬菜种苗商品化生产的示范试验。20世纪90年代,我国农村的产业结构发生了根本的改变,随着农业现代化高潮的到来,工厂化农业在经济发达地区已形成雏形。随着粮食生产面积的大大减少,形成了大面积的蔬菜、花卉和果树生产基地,因此,园艺作物的工厂化育苗技术也迅速推广开来。工厂化育苗具有以下特点:

1. 节省能源与资源　工厂化育苗又称为穴盘育苗,与传统的营养钵育苗相比育苗效率高,育苗效率由100株/米^{2}提高到700～1 000株/米^2;能大幅度提高单位面积的种苗产量,节省电能2/3以上,显著降低育苗成本。

2. 提高秧苗素质　工厂化育苗能实现种苗的标准化生产,育苗基质、营养液等采用科学配方,实现肥水管理和环境控制的机械化和自动化。穴盘育苗一次成苗,幼苗根系发达并与基质紧密黏着,定植时不伤根系,容易成活,缓苗快,能严格保证种苗质量和供苗时间。

3. 提高种苗生产效率　工厂化育苗采用机械精量播种技术,大大提高了播种率,节省种子用量,提高成苗率。

4. 商品种苗适于长距离运输　成批出售,对发展集约化生产、规模化经营十分有利。

二、工厂化育苗的场地与设备

1. 工厂化育苗场地　工厂化育苗的场地由播种车间、催芽室、育苗温室和包装车间及附属用房等组成。

(1)播种车间　播种车间占地面积视育苗数量和播种机的体积而定,一般面积为 100 米^2,主要放置精量播种流水线和一部分基质、肥料、育苗车、育苗盘等,播种车间要求有足够的空间,便于播种操作,使操作人员和育苗车的出入快速顺畅,不发生拥堵。同时要求车间内的水、电、暖设备完备,不出故障。

(2)催芽室　催芽室设有加热、增湿和空气交换等自动控制和显示系统,室内温度在 20℃～35℃内可以调节,空气相对湿度保持在 85%～90%,催芽室内外、上下的温、湿度,在允许范围内相对均衡一致。

(3)育苗温室　大规模的工厂化育苗企业,要求建设现代化的联栋温室作为育苗温室。温室要求为南北走向,透明屋面为东西朝向,并保持光照均匀。

2. 工厂化育苗的主要设备

(1)穴盘精量播种设备和生产流水线　穴盘精量播种设备是工厂化育苗的核心设备。它包括以每小时 40～300 盘的播种速度完成拌料、育苗基质装盘、刮平、打洞、精量播种、覆盖和喷淋全过程的生产流水线。20 世纪 80 年代初,北京引进了我国第一套美国种苗工厂化生产的设施设备,多年来政府有关部门组织多行业的专家和研究人员进行消化吸收,积极研制自己的种苗工厂化生产设备,使之国产化。目前已进入中试阶段。穴盘精量播种技术包括种子精选、种子包衣、种子丸粒化和各类蔬菜种子的自动化播种技术。精量播种技术的应用,可节省劳动力,降低成本,提高效益。

(2)育苗环境自动控制系统　育苗环境自动控制系统主要指育苗过程中的温湿度、光照等的环境控制系统。我国多数地区园艺作物的育苗是在冬季和早春低温季节(平均温度为 5℃、极端低温在 -5℃以下)或夏季高温季节(平均温度为 30℃,极端高温在 35℃以上),外界环境不适于园艺作物幼苗的生长,温室内的环境必然受到影响。园艺作物幼苗对环境条件敏感,要求严格,所以必须通过仪器设备进行调节控制,使之满足对光、温湿度(水分)的要求,才能育出优质壮苗。

①加温系统　育苗温室内的温度控制要求冬季白天的温度,晴天达 25℃,阴雨天达 20℃,夜间温度能保持在 14℃～16℃,以配备若干台 15 万千焦/小时燃油热风炉为宜,水暖加温往往不利于出苗前后的温度升温控制。育苗床架内埋设电加热线,可以保证秧苗根部温度在 10℃～30℃的范围内任意调控,以便满足在同一温室内培育不同园艺作物秧苗的需要。

②保温系统　温室内设置遮荫保温帘,四周有侧卷帘,入冬前四周加装薄膜保温。

③降温排湿系统　育苗温室上部可设置外遮阳网,在夏季有效地阻挡部分直射光的照射,在基本满足秧苗光合作用的前提下,通过遮光降低温室内的温度。温室一侧配置大功率排风扇,高温季节育苗时可显著降低温室内的温、湿度。通过温室的天窗和侧墙的开启或关闭,也能实现对温、湿度的有效调节。在夏季高温干燥地

区,还可通过湿帘、风机设备降温加湿。

④补光系统　苗床上部配置光通量1.6万勒、光谱波长550～600纳米的高压钠灯,在自然光照不足时,开启补光系统可增加光照强度,满足各种园艺作物幼苗健壮生长的要求。

⑤控制系统　工厂化育苗的控制系统对环境的温度、光照、空气湿度和水分、营养液灌溉实行有效的监控和调节。由传感器、计算机、电源、监视和控制软件等组成,对加温、保温、降温排湿、补光和微灌系统,实施准确而有效的控制。

(3)灌溉和营养液补充设备　种苗工厂化生产必须有高精度的喷灌设备,要求供水量和喷淋时间可以调节,并能兼顾营养液的补充和喷施农药;对于灌溉控制系统,最理想的是能根据水分张力或基质含水量和温度变化,控制调节浇水时间和浇水量。应根据种苗的生长速度、生长量、叶片大小以及环境的温、湿度状况,决定育苗过程中的浇灌时间与浇灌量。苗床上部设行走式喷灌系统,保证穴盘每个孔浇入的水分(含养分)均匀。

(4)运苗车与育苗床架　运苗车包括穴盘转移车和成苗转移车。穴盘转移车将播完种的穴盘运往催芽室,车的高度及宽度应根据穴盘的尺寸、催芽室的空间和育苗数量来确定。成苗转移车采用多层结构,根据商品苗的高度确定放置架的高度,车体可设计成分体组合式,以利于不同种类园艺作物种苗的搬运和装卸。

育苗床架可选用固定床架、育苗框组合结构或移动式育苗床架。应根据温室的宽度和长度设计育苗床架,育苗床上铺设电加温线、珍珠岩填料和无纺布,以保证育苗时根部的温度。每行育苗床的电加温由独立的组合式控温仪控制;移动式苗床设计只需留一条走道,通过苗床的滚轴任意移动苗床,可扩大苗床的面积,使育苗温室的空间利用率由60%提高到80%以上。在育苗车间,育苗架的设置以经济有效地利用空间,提高单位面积的种苗产出率,便于机械化操作为目标,选材以坚固、耐用、低耗为原则。

三、工厂化育苗的管理技术

1. 工厂化育苗的生产工艺流程　工厂化育苗的生产工艺流程分为准备、播种、催芽、育苗、出室5个阶段。

2. 基质配方的选择

(1)育苗基质的基本要求　工厂化育苗的基本基质材料有珍珠岩、草炭(泥炭)、蛭石等。国际上常用草炭和蛭石各半的混合基质育苗。我国一些地区就地取材,选用轻型基质与部分菜园土混合,再加适量的复合肥配制成育苗基质。但机械化、自动化育苗的基质不能加田土。

穴盘育苗对基质的总体要求是,尽可能使幼苗在水分、氧气、温度和养分供应得到满足。影响基质理化性状的因素主要有基质的pH、基质的阳离子交换量与缓冲性能、基质的总孔隙度等。有机基质的分解程度直接关系到基质的容重、总孔隙度以及吸附性与缓冲性,分解程度越高,容量越大,总孔隙度越小,一般以中等分解程度的基质为好。不同基质的 pH 各不相同,泥炭的 pH 4～6.6,蛭石的 pH 7.7,珍珠岩的 pH 7 左右,多数蔬菜、花卉幼苗要求的 pH 为微酸至中性。阳离子交换量是物质的有机与无机胶体所吸附的可交换的阳离子总量,高位泥炭的阳离子交换量为1 400～1 600 毫摩/千克,浅位泥炭为 700～800 毫摩/千克,腐殖质为 1 500～5 000毫摩/千克,蛭石为 1 000～1 500 毫摩/千克,珍珠岩为 15 毫摩/千克,沙为 10～50 毫摩/千克。有机质含量越高,其阳离子交换量越大,基质的缓冲能力就越强,保水与保肥性能也越强。较好的基质要求有较高的阳离子交换量和较强的缓冲性能。孔隙度适中是基质水、气协调的前提,孔隙度与大小孔隙比例是控制水分的基础。风干基质的总孔隙度以 84%～95% 为好,茄果类育苗基质的总孔隙度比叶菜类育苗略高。另外,基质的导热性、水分蒸发蒸腾总量与辐射能等,均对种苗的质量产生较大的影响。

基质的营养特性也非常重要,如对基质中的氮、磷、钾含量和比例,养分元素的供应水平与强度水平等,都有一定的要求。常用基质材料中养分元素的含量见表(7.)2.1。

表(7.)2.1　常用育苗基质材料中养分元素的含量

养分种类	煤　渣	菜园土(南京)	炭化砻糠	蛭　石	珍珠岩
全氮(%)	0.183	0.106	0.540	0.011	0.005
全磷(%)	0.033	0.077	0.049	0.063	0.082
速效磷(毫克/千克)	23.0	50.0	66.0	3.0	2.5
速效钾(毫克/千克)	203.9	120.5	6 625.5	501.6	162.2
代换钙(毫克/千克)	9 247.5	3 247.0	884.5	2 560.5	694.5
代换镁(毫克/千克)	200.0	330.0	175.0	474.0	65.0
速效铜(毫克/千克)	4.00	5.78	1.36	1.96	3.50
速效锌(毫克/千克)	66.42	11.23	31.30	4.00	18.19
速效铁(毫克/千克)	14.44	28.22	4.58	9.65	5.68
速效锰(毫克/千克)	4.72	20.82	94.51	21.13	1.67
速效硼(毫克/千克)	2.03	0.43	1.29	1.06	—
代换钠(毫克/千克)	160.0	111.7	114.4	569.4	1055.3

工厂化育苗基质选材的原则:一是尽量选择当地资源丰富、价格低廉的物料;二是育苗基质不带病菌、虫卵,不含有毒物质;三是基质随幼苗置入生产田后不污染环境与食物链;四是能起到土壤的基本功能与效果;五是以有机物与无机材料复合基质为好;六是比重小,便于运输。

(2)育苗基质的合成与配制　配制育苗基质的基础物料,有草炭、蛭石、珍珠岩等。草炭被国内外认为是基质育苗最好的基质材料,我国吉林、黑龙江等地的低位泥炭储量丰富,具有很高的开发价值,有机质含量高达 37%,水解氮为 270～290 毫克/千克,pH 为 5,总孔隙度大于 80%,阳离子交换量为 700 毫摩/千克,这些指标都达到或超过国外同类产品的质量标准。蛭石是次生云母石在 760℃以上的高温下膨化制成,具有比重轻、透气性好、保水性强等特点,总孔隙度为 133.5%,pH 为 6.5,速效钾含量达 501.6 毫克/千克。

经特殊发酵处理后的有机物,如芦苇渣、麦秆、稻草、食用菌生产下脚料等,可以与珍珠岩、草炭等按体积比(1∶2∶1 或 1∶1∶1)混合制成育苗基质。

育苗基质的消毒处理十分重要,目前可以用溴甲烷处理、蒸汽消毒或加多菌灵处理等。多菌灵处理成本低,应用较普遍,每 1.5～2 米³ 基质加 50% 多菌灵可湿性粉剂 500 克拌匀消毒。在育苗基质中加入适量的生物活性肥料,有促进秧苗生长的良好效果。对于不同的园艺作物种类,应根据种子的养分含量、种苗的生长时间,配制时加入。

3. 营养液配方与管理　在育苗过程中,营养液的添加决定于基质成分和育苗时间,采用草炭、生物有机肥料和复合肥合成的专用基质,育苗期间以浇水为主,适当补充一些大量元素即可。采用草炭、蛭石、珍珠岩作为育苗基质,营养液配方和施肥量是决定种苗质量的重要因素。

(1)营养液的配方　园艺作物无土育苗的营养液配方各地介绍很多。一般在育苗过程中营养液配方以大量元素为主,微量元素由育苗基质提供。使用时要注意浓度和调节 EC 值、pH 值。

(2)营养液的管理　蔬菜、瓜果工厂化育苗的营养液管理,包括营养液的浓度、EC 值、pH 值,以及供液的时间、次数等。一般情况下,育苗期的营养液浓度,相当于成株期浓度的 50%～70%,EC 值为 0.8～1.3 毫西/厘米,之间配制时应注意当地的水质条件、温度以及幼苗的大小。灌溉水的 EC 值过高,会影响离子的溶解度;温度较高时降低营养液浓度,较低时可考虑营养液浓度的上限;子叶期和真叶发生期以浇水为主或取营养液浓度的低限,随着幼苗的生长要逐渐增加营养液的浓度;营养液的 pH 值随园艺作物种类不同而稍有变化,苗期的适应范围为 5.5～7,适宜值为 6～6.5。营养液的使用时间及次数,决定于基质的理化性质、天气状况以及幼苗的生长状态。原则上掌握晴天多用,阴雨天少用或不用;气温高多用,气温低少用;大苗多用,小苗少用。工厂化育苗的肥水运筹和自动化控制,应建立在环境(光照、温度、湿度等)与幼苗生长的相关模型的基础上。

四、种苗的经营与销售

1. 种苗商品的标准化技术　种苗商品的标准化技术,包括种苗生产过程中技术参数的标准化、工厂化生产技术操作规程的标准化和种苗商品规格、包装、运输的标准化。种苗生产过程中需要确定温度、基质和空气相对湿度、光照强度等环境控制的技术参数,不同种类蔬菜种苗的育苗周期、操作管理规程、技术规范、单位面积的种苗产率、茬口安排等技术参数,这些技术参数的标准化是实现工厂化种苗生产的保证。建立各种种苗商品标准、包装标准和运输标准,是培育国内种苗市场、面向国际种苗市场、形成规范的园艺种苗营销体系的基础。种苗企业应形成自己的品牌并进行注册,以便尽快得到社会的认同。

2. 商品种苗的包装和运输技术　种苗的包装技术包括包装材料的选择、包装设计(包括装潢、包装技术标准等)。包装材料可以根据运输要求,选择硬质塑料或瓦楞纸;包装设计应根据种苗的大小、运输距离的长短、运输条件等,确定包装规格尺寸、装潢、技术说明等。

3. 商品种苗销售的广告策划　目前我国多数地区尚未形成种苗市场,农户和园艺场等生产企业尚未形成购买种苗的习惯。因此,商品种苗销售的广告策划工作是培育种苗市场的关键。要通过各种新闻媒介宣传工厂化育苗的优势和优点,根据农业、农民、农村的特点进行广告策划,以实物、现场、效益分析等方式,把花卉、蔬菜种苗商品尽快推向市场。

4. 商品种苗供应示范和售后服务体系　选择目标用户进行商品种苗的生产示范,有利于生产者直观了解商品种苗的生产优势和使用技术,并且由此宣传优质良种、生产管理技术和市场信息,使科教兴农工作更上一个台阶。种苗生产企业和农业技术推广部门,共同建立蔬菜商品种苗供应的售后服务体系,指导农民掌握定植移栽穴盘种苗及其肥水管理要求,保证优质种苗生产出优质产品。种苗企业的销售人员应随种苗一起下乡,指导帮助生产者用好商品苗。

第二篇 花卉的生产现状与贮运销售

第一章 商品花卉的生产基地建设

第一节 我国花卉业的概况

从 20 世纪 80 年代开始,花卉业在世界范围内迅速崛起,无论是发达国家还是发展中国家,都对花卉业产生了极大的兴趣,使之成为了一种新兴的和具有活力的产业。国际花卉业的发展,特别是欧美花卉市场的经久不衰与持续发展,给我国的花卉业生产提供了广阔的市场和新的发展机遇。近年来,我国花卉业发展非常迅速,种植面积虽然没有国家有关方面的正式统计数据,但大体估计有 10 万平方千米,花木交易市场数千个,各种类型的花店数万个,年产值以 15% 左右的速度递增。从中央到地方,重点扶持了一批花卉产业和花卉生产基地,在农业结构调整和建设"两高一优"农业中,许多地方已把花卉业作为物质文明和精神文明建设的重点内容去抓。20 世纪 80~90 年代,基本上以盆花生产和园林苗木生产为主;近年来特别是 21 世纪开始后,适销对路,经济效益高的鲜切花、观叶植物和草坪等得到迅续发展。一批优质切花品种先后引入我国,最常见的有唐菖蒲、月季、菊花、香石竹、非洲菊等世界著名的五大切花及其他切花新秀和小型切花。在盆花方面,由中低档的仙客来、瓜叶菊向中高档的郁金香、百合、牡丹、比利时杜鹃等发展。不仅从国外引进了大批优良品种,而且在国内还开发了大批量生产的定点基地。我国花卉业的区域布局逐渐完善,一大批花木和种苗生产基地初见成效。此行业要求有较高的技术水平,这就使得花卉科研得到进一步的重视。在这短短的 30 年间,除生产单位外,先后就有200 多个园林花卉科研和教学单位,进行了花卉方面的攻关研究,研究内容涉及以下多个方面:新品种的引进和选育;传统名花的商品化研究;商品盆景标准化、规模化技术研究与推广;无土栽培;生物技术;无毒种苗繁育;野生花卉资源开发与利用等。同样,在花木生产不断扩大的过程中,广大花农、花工的栽培技术和管理水平也得到了进一步提高。

第二节 花卉业发展的方针政策和措施

一、方针政策

早在 1996 年,国务院八部委联合下发的《全国花卉业"九五"计划》中,就明确提出了花卉业发展的指导思想是:应进一步强调以市场为导向,以科技为动力,以质量为核心,以效益为目标。具体内容是继续坚持"稳步、调整、提高、增效"的方针。

21 世纪初期,我国花卉业的发展目标是:

①加强育种和新品种的引进工作,提高优质种球、种苗生产的供应能力,基本做到主要品种的生产常用种能自给。

②世界五大切花和其他切花新秀的生产。要求品种配套齐全,品质有明显提高,在大城市内努力做到均衡上市,能够周年供应。

③进一步重视各类观花、观果、观叶等盆栽花木的生产,要增加品种,提高质量,保障四季都能供给。

④继续提高商品盆景的质量,努力向商品性和艺术性并重的方向发展,不断开拓国内和国际市场。

⑤积极开发、合理利用野生花卉资源,培育具有国际竞争能力的名特优新品种。

⑥为满足和丰富城镇绿化、美化、香化和环保等方面的需求,要大力发展观赏、绿化用的苗木、草坪、攀缘草花和宿根花卉。

⑦大力发展具有中国特色的干花系列制品,不断提高干花的工艺水平和造型艺术水平,积极向国外市场推销。

⑧稳步发展药用、食用、香用和工业用等方面的花卉生产,不断拓宽应用范围,提高经济效益,保证花卉原料的正常供给。

⑨进一步重视花肥、花药、工具、基质等方面配套产品的生产,要求做到种类齐全、供应方便、保证质量、价格合理。

⑩不断提高花木的流通质量,要重视和解决流通过程中的损耗,逐步建立低温流通的综合保险体系。

二、花卉的区域布局

"十一五"期间,国家继续与地方配合,有重点、有步骤、有计划地建设和完善一批专业化水平高、管理手段先进、产品质量达到国家级或接近国际标准的示范骨干生产基地,具体是:

第一,在四川、上海、辽宁、陕西、甘肃等地,建设种球、种苗繁育中心,为全国的生产、科研和教学等单位,提供优质的种球、种苗。

第二,在北京、云南、山东、福建、湖北等地,建立名特优新花卉生产基地,生产高质量的特色花卉,以供全国各地引种需要。

第三,在江苏、浙江、广东等地,建立商品盆景出口基地,生产符合国内外市场需求的中小型盆景。

凡是国家级的花卉生产基地,要求起点高,规模大,集生产、科研、开发于一体,按产业化要求,形成产、供、销一体化的经营模式。

三、花卉市场规划

为了促进花卉业的大流通,大联合,实现"南花北调、北花南运、东西互换",今后

要进一步建成和完善多层次的销售网点,形成全国网络化的流通体系,具体做到:

第一,在北京、广州、昆明、成都、深圳等地,各建立一个设备比较完善,又是多功能的花卉交易中心。在此基础上,还可以在东北、华北、西北和华东地区各建设一个花卉交易中心。

第二,在全国主要花卉消费城市及周边县城,建立规模适度的综合花卉批发市场。

第三,在花卉生产的传统产区和集中产区,分别建立苗木、切花、盆花、盆景等专业市场,也可在同一地区建立门类比较齐全的综合市场。

花卉是高效农业、创汇农业和优化农业组合的重要方面,同时也是都市菜篮子工程和环保绿化工程的一项重要内容。由于花卉业的经济效益高,市场需求不断扩大,群众自发从事花卉业的积极性日益高涨。但由于缺乏宏观调控和宣传引导,致使一些地方对这项新兴产业的特点和发展趋势了解不够,过于乐观,急于求成。因此,今后还应有针对性地加强调控和宣传引导工作。具体应从以下3方面入手:一是宣传花卉业既是高效益产业,也是高风险产业,必须根据市场的需求和变化,适时、适度、适地发展,不能盲目上新项目。二是要把花卉和其他园艺作物进行比较,使大家知道花卉业不仅要有更高的投入,而且还要有专业技术。如果继续在低水平上重复扩大生产,将无法适应国内外市场的需求,最后会亏本和倒闭。三是要引导花卉业的科研、生产和市场3要素协调发展,各类产品,尤其是配套产品的生产不仅要跟上,同时还经常要有名特优新产品源源不断地供应市场。

第三节　我国发展花卉业的优势

发展花卉业可以直接增加农民的收入。花卉业的大力发展和市场的拓宽,也必然影响和带动轻工、化工、食品、医药、机械以及交通运输等相关行业的发展。随着人们物质生活水平的提高,发展花卉业可以更好地促进精神文明的建设。因此,抓好花卉业的稳步向前发展是非常必要的。还应该看到,我国的花卉生产不仅具有很大的潜力,而且还有许多得天独厚的优势。

一、生态资源优势

我国幅员辽阔,纵跨北纬40多个纬度,具有热带、亚热带、暖温带、温带等多个气候带,再加上地形、地势、光照、降雨等自然资源的多种组合和多变,这就形成了多种农业生态类型,适合各种类型的花木生长发育。可以说,世界上几乎所有的花卉都可以在我国栽培。因此,无论从人口还是植物资源来看,我国都有条件成为世界上最大的花卉生产国和消费国。发展花木生产,可以充分利用天然条件,能适时、适地地进行栽培与护养,最后以较小的投入就能够获得较高的收益。例如,我国云南省昆明市和四川省的西昌地区,四季如春,号称"天然温室",其优越的自然条件是国内不少省、市和许多国家都可望而不可及的。云南省昆明市和其相关的城市,早已逐步得到开发和利用,如世界园艺博览会选在昆明举办就是很好的证明。而四川省西昌地区的花木业也已初具规模。

二、种质资源优势

我国是园林植物资源和野生花卉资源最为丰富的国家,花卉栽培历史悠久,风土条件多种多样,曾向西方国家及邻国提供过多种美丽的花卉和种质资源,是世界园林古国和大国,在世界上享有"世界园林之母"和"花卉世家"的称誉。这类例子是很多的,如具有重要观赏价值的杜鹃花,全世界有900余种,我国就有600多种,占全世界的2/3;又如山茶花,全世界山茶属有220多种,而我国就有195种,占全世界总数的89%,世界上的山茶花品种有3万多个,有观赏价值的仅1 000多个,而我国的山茶花品种就有800多个,尤其是云南的山茶花,不仅种类多,而且有名品种也不少。在栽培的名花中,各类品种也不少,梅花有300多个品种,牡丹花有600多个品种,荷花有200多个品种,菊花有3 000多个品种。总之,我国是多种名花的故乡,目前号称"花之都"的美国加利福尼亚州,70%的花木起初来源是我国。又如世界花卉出口之冠的荷兰,也有40%的花木原产自我国。由中国外流的花木,对世界园林、花卉育种、科学研究和美化环境等都做出过巨大的贡献。有丰富的花卉资源,这是值得我们自豪的。但是,如何将种质资源优势变成商品优势,再取得市场上的竞争优势,却是我国广大花木生产者和科技工作者需要继续努力的方向。

三、市场资源优势

改革开放30多年来,我国花卉业虽有很大发展,但若与世界发达国家相比,我国花卉的消费水平仍然是很低的。以鲜花消费为例,据有关的统计资料表明,荷兰每年人均消费鲜花达150枝,法国为80枝,美国为30枝,而我国城镇人口人均仅3~5枝,再加上农村人口,全国算起来也人均1枝左右。在今后的5~10年,我国要加快城市化进程和精神文明建设,再加上消费习惯的改变,预计花卉的消费需求将会持续增长,因此,国内的花卉销售前景十分看好。如果每人每年只增加消费1枝鲜花,全国就会增加十几亿枝,人均消费若达到10枝,全年就是100多亿枝,这不仅是一个庞大的数字,而且也进一步说明,我国是一个潜在的巨大的花卉市场。随着国力的增强和国民收入的增加,我国花卉市场的资源优势将会很快突现出来。

四、劳动力资源优势

在今后的5~20年,我国人口也还会有一定的增加。在总人口中,农村人口占60%~70%。随着现代化农业的逐步发展,今后的农业是要向科学技术要效益,向管理要效益,向结构要效益。随着经济的发展,农业结构需要进一步调整和优化,这样我国农村劳动力资源将会越来越丰富,剩余劳动力也必然会越来越多。农民和部分城镇下岗人员,将会利用调整农作物结构和劳动力结构后去发展花木业,既不需要租地,又能充分合理地利用部分剩余劳动力,还能大大地降低种花成本。若与发达国家相比较,我国的劳动力成本还是比较低的,再加上劳动力资源丰富,这也是我们发展花卉业的有利条件之一,因此应该很好地利用。

五、花文化资源优势

早在古代,上自皇亲国戚,下至庶民百姓,爱花赏花在我国就已蔚然成风。这种风俗代代相传。直至如今,我国民众的赏花水平和栽花技艺均是世界一流的。我国人民爱花、赏花、育花、种花的历史,早于欧洲各国千年以上。我国是世界上许多名花的故乡,桃花种植有 4 000 年的历史,荷花在 2 800 年前就由野生种引为人工栽培。以上事例说明,我国花文化的历史源远流长。在 5 000 年的文化书斋中,有关谈花、赏花、咏花、论花的书籍就有上百种。如 1602 年袁宏道所写的《瓶史》,1621 年王家晋所著的《群芳谱》。这两部书均是我国的花卉古典名著。有一些专门著作,有的在 1 000 多年以前就已经写成。到 20 世纪末,我国选定和命名了市花的大中城市就有 200 个左右,涉及 50 多种花木。各地以花为名,每年要举办各种各样的花卉节日,比较有名和大型的有桃花节、梅花节、牡丹花节、桂花节、荷花节、茶花节、月季花节等。有的中小城市,结合自身的花卉资源优势,也要定期或不定期地举办多种名目不同的花卉节、展销会、研讨赏评会等。这一切活动,不仅营造了花文化的社会气氛,而且也进一步促进了花文化的不断向前发展。

在 17 世纪初及其以前漫长的历史年代,我国花卉业在全球一直处于领先水平。遗憾的是,在近 300 年来,我国花卉园艺也随国力的衰退而停滞不前,有的还逐渐落后了。若与发达国家相比,不仅拉大了差距,而且花卉产业要成大气候,至少要推迟半个世纪。但是,在这种被动的情况下,也不要放弃实现中华花卉产业复兴的美好愿望,只要真正做到"看清形势,摸清家底,扬长避短,迎头赶上",我国完全有可能实现中国花卉业跨世纪的发展。可以相信在 50 年之后,实现我国花卉业的复兴和现代化的宏伟目标,从"园林之母"转变为"花卉王国",用 50 年的时间,走完西方国家用二三百年才走完的路程,是完全可能的。

第四节　抓好花卉生产基地的建设

城乡花卉业的发展,要在当地花卉协会和城市建设等有关部门的指导和支持下,有计划、有选择、有重点地抓好花卉生产基地的建设。通过基地建设,搞好试点示范,使群众学有榜样,干有方向。要认识到,花卉业本身带有社会效益和经济效益双重性。如果单从经济效益而言,投资花卉业虽然有很好的经济效益,却又有一定的市场风险,并不保证一定能赚钱。关键在于投资者对投资项目前景的把握,种植管理是否科学,经营销售是否把握良机等。总之,投资者应既要从宏观着想,了解当前花卉市场的需求,选择有发展前景的项目;又要从微观入手,结合本地的自然和社会等实际情况,选择优良品种进行投资。在进行花卉生产基地建设时,以下几点必须引起足够的注意。

一、花卉生产基地的选择

　　花卉生产基地最好选在交通方便、水源充足、坐北朝南、空气流通的地方，也要远离有严重污染的工厂和煤窑等处。小环境内还要考虑光照、灌溉、排涝、土壤酸碱度等。如果土壤偏酸，而又无法改造，则宜种植忌酸性的花木。地表肥力好的地方，可种耐肥的桂花、黄杨、银杏、苏铁等花木；气温高的地方适宜种植耐热花卉，气温低的地方宜种耐寒花卉；干旱的地方可种松树类，潮湿的地方可种柏树类；光照充足的地方，应种喜阳的苏铁、桂花、茶花和含笑等花木，光照较差的地方，可种耐阴的兰花、橡皮树、君子兰、鹅掌柴等花卉。特别是种植不耐寒的热带花卉，更要提早考虑防寒设施。在选好的生产基地内，还要因地形、地势、光照、气温、降水等条件的不同，而科学地选择和种植。

二、突出自己的地方特色

　　当今社会不少人喜欢花大色艳的花卉，这种心情是可以理解的。这些年也从国外引进了不少花卉品种，其中以观花、观叶的热带和亚热带植物为主，它占去了相当大的市场份额。随着时间的推移，特别是 2008 年 1～2 月份，全国许多地方遭受 50 年一遇的大雪袭击，不少热带和亚热带花卉都受雨雪冷冻危害，其中不少花卉品种的缺陷和不足也逐步暴露出来，经过这场雨雪冷冻袭击后，人们的消费观念和种植经营思路也发生改变。我国十大传统名花，在我国种植已有 1 000～3 000 年，现在仍有许多人喜欢，今后还将继续受到欢迎。由此可以说明，这些传统名花更具有生命力，同时更深层次地表明，其主要决定因素在于花木的自身。种植传统花卉具有明显的稳定性和持久性。如今，对传统花卉也必须用现代科学技术去增加数量和品种，全力开发新品种，重点培育优良品种，提高产品质量，适当减少成本和降低售价，以满足消费市场的需求。我国花卉出口量最大的有牡丹、国兰、青枫等多个品种，这些花卉之所以赢得外国人的喜欢，就因为它们各有自己的特色。广西桂林除了山清水秀外，还有成片的桂花，能给游客留下深刻的印象。江苏是园林大省，盆景出口占了整个花卉出口总量的一半以上，其原因是他们把花卉种植和园林艺术结合起来，充分展示自己的特色。由此说明，在进行花木基地建设时，要结合当地和自身实际，创造自己的品种和品牌，具有自己的特色，才会有很好的竞争力和销售市场。

三、投资要有远见

　　花卉价格由花卉的数量多少、生长快慢、消费水平以及市场调节等因素决定。俗话说："物以稀为贵"，越是稀有的东西价格也越高。现在市场上的花卉价格有低、中、高 3 个档次。低档次的花卉是生长繁殖快、数量多、较普及的品种；高档次的花卉是生长繁殖慢、数量少、成型难的品种。目前花卉的市场价格，除了抢购、翻炒等人为因素的影响外,高档次的花卉通常是"有价格而没有市场",低档次的花卉是"有市场而没有价格",此现象是由当前的消费水平所决定的,只是暂时现象。随着人们生活水平的提高和消费观念的改变,在5~10年后,对花卉的观赏价值将会提出更高的要求,那时可能中档次或高档次的花卉将会畅销,花卉的销售价格也会逐步上升。目前的最佳投资方式,应该是立足中档,放眼高档,附带低档,协调发展,从各个方面满足不同阶层消费者的需求。

四、长短相结合

各种花卉的生产周期是不同的,草本花卉在几个月或1~2年就能上市,可以作为短期项目去经营。这类花卉常见的有菊花、月季、玫瑰、海棠、绣球、郁金香、鹤望兰、唐菖蒲、瓜叶菊、七彩凤仙、非洲菊和百合等。此类花卉的经济效益好,花期还可以人工调控。能根据时令和市场需求发展生产,也能迅速形成规模,投资少,见效快,这是一种比较理想的投资方式。而木本花卉的生长繁殖较慢,生长周期又长,不容易成型,若有一定的经济实力,可适当投资一些长期项目。比如可种植桂花、梅花、茶花、牡丹、杜鹃花等传统名花。种植此类名花,虽然没有立竿见影的经济效益,但相对来说比较稳定,同时风险也比较小,还能逐步形成规模。从以上情况看出,最佳的投资方式是把短期项目和长期项目结合起来,以短养长,采用滚动方式持续发展,由小规模批量生产,逐步转变为大规模、大批量生产,这种投资方式容易获得成功,而且也容易创出品牌和效益,最后做到人无我有,人有我优,人优我强,这样,才能立于不败之地。

五、培育优良品种和新品种

改革开放以来,尤其是近20年来,我国花卉业的发展不仅快,而且已取得了显著的成就。但也还存在一些问题。如还是小农式的生产方式,规模化的生产还不多;花卉品种落后,档次低;栽培手段落后,生产成本高;生产经销人员素质不高,缺乏花卉基础科学知识和科学种植技术;安排不周,切花、盆花和观赏苗木的种植结构不太合理等。因此,要想让花卉业再上一个台阶,较大的花卉生产基地就必须重视优良品种和新品种的培育与新奇花卉的引进工作。目前市场上的花卉品种繁多,不少品种是形好,色艳,但无香味;大部分花卉芬芳浓郁,但又因色形较差而观赏价值不高。所以常有人说,好看的花不香,香花又不好看,真正形、色、味俱佳的品种并不多,这是由花卉自身因素决定的。除了目前看到的一些品种外,若要得到新优品种或形、色、味俱佳的品种,需要借助高科技,依靠科技力量,从几种名花中提出优良基因,把它集中到一种花木上。在科技发展日新月异的年代里,此种想法是可行的。就目前实际情况而言,还是要依靠人工寻找、发现、培育或引进,选择一些形色、形味、色味两佳的品种,而且生长条件要求不高,便于管理,抗病、抗寒能力强,适应性广,四季常青,运输方便,虽然一时不能找到和选育出十全十美的品种,但至少也要找到一些较有优势的品种。如新近有名的矮兰、叶艺兰、叶艺君子兰、黑牡丹、香月季等,在市场上很抢手,就因它们是新品种,有自身的优势。在培育优良品种和新品种的过程中,生产基地建设投资者和具体选育人员,要求观察思维比较敏感,比别人早发现优良花卉,投入生产又迅速及时。除此以外,花卉生产基地或有关单位还要搞专业化生产,建设有规模、高档次的鲜切花生产基地;建设面向全国,或本省、本地的种球、种苗生产基地,形成一个集鲜切花生产、科研、教学为一体的培训基地。

六、展望未来

我国素有"世界园林之母"的美称,许多外国友人非常重视和欣赏中国的园林建设。"上有天堂,下有苏杭",这是对中国园林建设最好和最高的评价。我国园林何止苏杭呢?现在的北京、沈阳、上海、西安、武汉、广州、深圳、成都、昆明及西昌等城市,也先后采用人工与自然相结合的方式,建立了多处自然园林美景,同样吸引了不少国内外游客前去观光欣赏。现在和今后相当长的一段时间内,我国城市建设的目标之一是建设园林城市,这当然要科学规划,统筹安排,做到人与自然和谐相处,其中很重要的一项内容就是城市的自然环境建设。根据目前和今后发展趋势来看,能绿化、美化、净化和香化城市环境的园林花卉和草木的发展前景是广阔的。绿化类的主要花木品种有松树、银杏、香樟、榕树、枫树、女贞、柳树等;美化类的花木品种有梅花、茶花、桃花、紫薇、樱花、海棠以及多种草本盆花;净化类的花木有大丽花、向日葵、君子兰、兰花、米兰、黄杨、棕树、鹅掌柴、月季等;香化类的主要花木品种有桂花、栀子花、九里香、茉莉花、广玉兰、含笑、海桐等。除了园林花木外,还有很多市场销售的花木品种,就是城市室内和阳台等处使用的花卉了。此类花卉的生产周期短,更新换代快,市场份额大,能在短时间内获得成功。它的品种特多,木本、草本均有。当前比较流行和时尚的有杜鹃、牡丹、芍药、菊花、君子兰、国兰、郁金香、仙客来、瓜叶菊、洋兰、矮牵牛、非洲菊、万寿菊等,除此之外,还有多种亚热带和热带的观叶植物。此类花卉的销售行情不错,前景十分看好!

过去我国花卉业处在低水平、低效益的个体经营状态。现在已有很大进步。大部分能利用塑料大棚进行栽培。有一少部分还引进了高科技,采用电脑控肥、控水和控温,用计算机代替人工管理,既省了土地、肥料、农药和工时,也降低了生产成本,提高了产品的竞争能力和经济效益,有的还采用了组织培养技术,能以最快的生产方式,迅速形成规模化生产,在较短时间内大量投入生产,抢先占领市场,最后获得了很好的效益。其关键就是利用科技力量来指导生产和发展经济。

从整体上看,我国花卉业生产还处在初级的种植阶段,生产设备落后,产品质量差,经济效益低。就总体而言,我国的花卉生产面积不需要再扩大,关键是要提高产品质量,提高科技含量,提高经济效益。随着时代的发展,要逐步走适度规模的集约化生产道路,花卉生产要温室化、工厂化和专业化。今后我国要在集约化生产上下功夫,在中心大城市的郊区,逐步建立现代化和专业化的花卉生产基地,主要生产高档次的花卉,以满足党政机关、人民团体、部队、学校、医院、宾馆、饭店、车站、机场、码头、城乡居民以及出口的需要;在中小城市的郊区,分别建立现代化的生产基地和一般保护地及露地种植基地相结合的花卉生产基地,也可以发展专业性的花圃,以满足不同层次人们对各种各样花卉的需求。在一些地理条件优越、气候条件适宜地区,建立一批专业性的花卉生产基地,其中包括优质种球、种苗生产基地、鲜切花生产基地、盆栽花卉生产基地、各类盆景生产基地等,通过各种途径发展优势产品。目前,国内在这方面已初见成效的生产基地,有昆明鲜切花生产基地、上海香石竹生产基地、沈阳唐菖蒲种球生产基地等。

　　总的来说,花卉是有生命的并具有观赏价值的草本和木本植物,既是鲜活植物,又有观赏价值。花卉产业是一项以鲜活植物为素材的系统工程,故从选定生产基地、确定栽植种类和品种、掌握生产技术、生产经营管理、病虫害防治、产品包装贮运与销售、生产经销信息的收集和发布等,都是一环扣一环,前后联系都非常紧密,既有连续性,又有综合性和独特性。因此,应当循序渐进,统筹全局,在整个生产过程中,一定要避免因某一环节考虑不周而导致全局失败或减少收入,并且还要瞻前顾后,用科学态度从事生产和各种产品的经营销售工作。

第二章　我国各省花卉行业的生产现状

从 1978 年起,我国的花卉业从无到有,从小到大,生产规模快速持续发展;品种结构日趋合理完善;国内市场占有率稳步提高;出口花卉的品种和数量快速增加;科技水平和设施装备水平都有较大的提升,并形成了以花卉企业为主导,以广大花农为主体的发展新格局。自改革开放以后,花卉产业已经发展成为我国农业经济和生物资源开发创新产业中的一个最具活力的新兴产业,若与其他优势产业相比,花卉产业在全国更具独特的发展空间,因为它投资小,见效快,就业多,收益高。为便于各地发展,现将我国各省、直辖市、自治区的自然、地理、气候和花卉行业的现状,逐一加以介绍。

第一节　华北地区

华北地区包括北京、天津、河北、河南、山东、山西、内蒙古 7 个省、直辖市、自治区。

一、北 京 市

北京市是中华人民共和国的首都,是中央直辖市。北京位于华北平原的西北端,管辖 18 个区、县。属暖温带的大陆性季风气候,通常是 4 月初开春,6 月初入夏,9 月初入秋,10 月底秋去冬来,冬季长达 5～6 个月。全年降水量约 460 毫米,雨量集中在 6～9 月份,7～8 月份有暴雨。年平均气温为 10℃～12℃。北京市是用花量最大的城市之一,它的花圃和苗圃主要集中在大兴和丰台两地,辅助花卉市场在玉泉营和莱太等地。主体市场、辅助市场与分散在郊区各地的小型花卉市场相结合,促进整个北京及其周边地区的花卉市场更加繁荣。由于以上的气候原因,北京市的花坛草花,主要用于"十一"国庆节和"五一"国际劳动节,2009 年国庆节时,为庆祝建国 60 周年,北京市用 220 万盆鲜花来装饰天安门广场和有关的街景地区。而元旦、春节供应就以盆花为主,北京年生产盆花在 10 000 万盆以上。除此以外,每年还要从华东和华南地区,引进不少大型常绿的会场背景观叶树种。花坛布景以红、黄色为主,常用的草花为百日草、一串红、大丽花、万寿菊、新几内亚凤仙等,常规鲜切花和盆花的价格不贵,而新、优、奇、特盆花的价格就要高些。

二、天 津 市

天津是我国 4 个中央直辖市之一,位于华北平原东北部。多数地方是海拔 2～5 米的平原,为首都北京的出海口。管辖 18 个区、县。属暖温带大陆性的季风气候,年平均气温在 11℃以上,年降水量为 500～600 毫米。由于地形和气候与北京相近,再加上两市相距又不远,天津花坛用花与盆花,大体与北京相似,经常相互影响和交流。天津的树木有白蜡、泡桐、杨树、柳树、槐树、椿树、侧柏、核桃、板栗、柿子等;积水洼地还生长有芦苇、菖蒲、菱角、莲藕,这些植物除作用材、绿化外,有的也是很好的观赏植物。天津每年生产的仙客来优质盆花在 40 万盆左右。

三、河北省

河北省地处华北平原北部和渤海之滨,兼跨内蒙古高原,位于黄河下游以北,故而得名。地势是西北高,东南低,由西北向东南倾斜。西北丘陵、山地、盆地的海拔为 1 200～1 600 米,东南的河北平原海拔在 50 米以下。全省管辖 36 个市辖区、22个县级市、114 个县和自治县。属暖温带半湿润、半干旱的大陆性季风气候,冬寒、夏雨、春旱普遍,全省各地的年平均气温为 4℃～12℃,无霜期长达 6～7 个月,年平均降水量为 550～770 毫米。植物资源丰富。坝上植被为草原类型,水果药用植物也不少。目前种植花卉面积超过 1.3 万公顷。以室内草花和盆花较多。

四、河南省

河南省位于黄河中下游,因大部分地区在黄河之南,故称河南。地势是西高东低,山地、丘陵、盆地、平原均有,其中盆地、平原较多。全省管辖 50 个市辖区、21 个县级市、88 个县。属暖温带和亚热带季风气候,全年平均气温为 12℃～16℃,冬冷夏热,四季分明,无霜期为 6～8 个月。年均降水量为 500～900 毫米,春末有干热风,夏季多暴雨。河南的森林覆盖率为 16.4%,速生树种、油料树种、化工树种、药用植物以及瓜果等都比较丰富,发展园林花卉生产有潜力,目前以草花和盆花为主,其主要品种是万寿菊、一串红等。

五、山东省

山东省地处我国东部沿海,黄河下游的黄海与渤海之滨。山东的地势中部为隆起的山地,北部和西北部为平坦的黄河冲积平原,是华北平原的一部分,东部和南部为平缓起伏的丘陵地区。全省管辖 49 个市辖区、31 个县级市、60 个县。属暖温带半湿润季风气候,降水集中,雨热同季,年平均气温为 11℃～14℃,全年无霜期有 6～7个月,年均降水量为 550～950 毫米。由东南向西北递减。山东不仅是一个农业大省,而且也是一个花卉生产大省。全省的花卉种植面积已达 1 万公顷,年产值超过 13 亿元。其中鲜切花有 200 公顷,盆花 4 000 万盆,盆景 400 万盆,其中山东万红每年生产的比利时杜鹃均在 30 万～40 万盆以上。特别是济南、青岛、威海、烟台、曲阜、泰山风景区等地,花卉业的发展是比较快的。菏泽的牡丹特别有名,素有“牡丹之乡”的美称。山东花卉生产,能从以往传统的生产模式,向现代化的生产模式转变,这与人们种植概念的转变,使现代化的管理与思维方式紧密结合有关。如山东大王镇农贸有限公司,组织当地农民技术骨干,分别到日本、荷兰、以色列等国,考察学习设施农业、花卉生产自动化育苗、产品销售等方面的经验。通过考察学习,掌握和吸收了国外的先进生产技术和成功的管理经验,从而促进了自己的花卉产业不断向前发展。

六、山西省

山西省地处华北太行山以西地区,为黄土高原的东缘地带,地势较华北平原要高 1 000 米左右。全省管辖 23 个市辖区、11 个县级市、85 个县。属大陆性季风气候,年平均气温为 4℃~14℃,降水少,年均降水量为 400~650 毫米,地表水资源严重不足,无霜期只有 4~7 个月。山西的高等植物有 3 000 多种,珍稀濒危植物也不少。由于地势和气候原因,山西的花卉产业仍是有发展潜力的,目前仍以草花、盆花为主,一些常绿大型的会场背景观叶植物,大都是从华东和华南地区引进的。今后只能根据当地的自然条件和市场需求,巧妙、科学地安排和发展山西的花卉产业。

七、内蒙古自治区

内蒙古自治区位于我国北部边疆的内蒙古高原,海拔 1 000 米左右。全区管辖 21 个市辖区、11 个县级市、17 个县和 52 个旗。自治区东部为温带半湿润气候,西部为内陆干旱气候,温差较大,年平均气温为 0℃~8℃,无霜期为 3~7 个月,年均降水量为 50~450 毫米,自东向西逐渐递减。内蒙古是我国天然野生花卉品种的资源库之一,也是我国目前干花材料的生产地。当地虽然自然气候条件较差,但其花卉面积仍然有 300 多公顷,建有以土温室和塑料大棚为主的保护地 66.7 公顷。每年要从亚热带和热带地区引进一些盆花或大型常绿的观叶植物。

第二节 东北地区

东北地区包括辽宁、吉林、黑龙江 3 省,现分别加以介绍。

一、辽宁省

辽宁省地处我国东北南部的沿海地区,辽东半岛被誉为东北的"金三角"地带。全省地势大致为北高南低,山地、丘陵分列东西。全省管辖 56 个市辖区、17 个县级市、27 个县和自治县。森林覆盖率为 28.7%,东部山区以次生林为主,西部山区属华北植被区系。属温带大陆性季风气候。冬季长达 6 个月,比关内要长 1 个月左右。全年平均气温为 4℃~10℃,无霜期为 5~6 个月。年均降水量为 400~1 100 毫米。辽宁是我国东北三省中水热条件较好,垦殖程度较高,农业比较发达的一个省份。沈阳的花卉行业发展较早、较快,辽宁省的凌源市已成为球根花卉生产的中心之一。不少市县都有花市和花店,基本能满足人们日常的生活需要。

二、吉林省

吉林省位于我国东北地区中部,全省管辖 19 个市辖区、20 个县级市、21 个县和自治县。本省地势为东南高,西北低。东南部的长白山山高林密,一般海拔均在1 000米以上,素有"长白林海"之称。中西部为松辽平原,海拔在200米以下。属温带大陆性季风气候,四季分明,雨热同季,气候温凉,冬长夏短,1月份的平均气温在－18℃左右,大部分地区的年平均气温为－3℃~7℃,无霜期只有4个半月。年降水量为550~910毫米。本省在生长季节的水热高,光照充足,动植物和草地资源丰富,是我国八大牧区之一,农业较发达。花卉产业以季节性的草花为主,向日葵既是油料作物,同时也是有名的草花,在吉林的中西部地区集中生产。长白山的人参也可以培植成观赏花卉。一些野生花卉资源尚未得到开发和利用。

三、黑龙江省

黑龙江省地处我国的东北隅。全省管辖65个市辖区、19个县级市、46个县和自治县。本省山地、平原面积大体各占一半,东南部为山地,中部被小兴安岭斜贯,以西为海拔150~200米的松嫩平原,以东为海拔50米以下的三江平原低地。属温带和寒温带季风气候。冬季漫长而寒冷,夏季短促而日照充分,年平均气温为－4℃~7℃,无霜期只有3~5个月,年均降水量为400~700毫米。森林覆盖率为41.9%,是我国最大的木材生产基地之一。松花江、嫩江、黑龙江等三江流域有大片的沃土荒原,是有名的"北大荒",现已是国家商品粮的主要生产基地之一。黑龙江流域是世界著名的三大黑土带之一。珍贵树种有红豆杉、红松等。珍贵药用植物有人参、黄芪、刺五加等。观赏树木以松科、杉科为主,花卉只有季节性的草花和盆花以及野生花卉。季节性的野生花卉开发,具有一定发展潜力。

第三节　西北地区

西北地区包括陕西、甘肃、青海、宁夏、新疆5省、自治区,现分别加以介绍。

一、陕西省

陕西省位于黄河中游地区,由陕北黄土高原、关中冲积平原和陕南秦巴山地三大部分组成。全省管辖24个市辖区、3个县级市、80个县。秦岭以北气候干燥,大陆性气候特征明显,秦岭以南为亚热带湿润季风气候。年平均气温为7℃~16℃,无霜期为5~6个月。年均降水量为800~1 000毫米,大体趋势是北少南多。农林产业较发达。西安是历史名城,园林花卉的历史悠久,基础比较雄厚。现在陕西的花卉生产以园林单位、大专院校、科研机构、私营苗圃为主,生产规模不大,品种比较繁杂,高质量的草花产品不多。其中鲜切花只是少部分苗圃在生产,市场上所用的鲜切花、盆花、盆景以及大型的常绿观叶背景花木,主要来自成都、昆明、广州、上海、杭州等地。

二、甘肃省

甘肃省位于我国西北地区,河西走廊长达1 200多千米,自古以来的丝绸之路即通过此处。全省大部分地区的海拔都在 1 000 米以上。全省管辖 17 个市辖区、4 个县级市、58 个县、7 个自治县。各地气温和降水量的差异较大,年平均气温为 0℃～14℃,无霜期为 4～7 个月,年均降水量为 40～800 毫米。该省的自然条件有利于农业的多种经营。野生植物达 4 000 种以上,近年来,甘肃省的花卉生产发展较快,以百合、剑兰、郁金香等球根类的种球和种苗繁育较快、较多,以食用鲜百合生产和鲜切花生产为主,百合生产面积约有 1 000 公顷,鲜切花生产约有 334 公顷。生产的鲜切花除供应本地市场消费外,6～8 月份还要销往北京、上海和广州等地。生产的食用百合,80% 是销往上海、广州、香港和东南亚地区,在本地及其附近地区的销售量较少。盆花生产基地主要在兰州,数量不多,主要种类有鸡冠花、一串红、孔雀草、万寿菊等,这些大众化花卉多用于城市绿化和美化。质量较好的有仙客来、矮牵牛、新几内亚凤仙等,主要供城镇职工和居民家庭消费。在兰州、天水、酒泉、玉门等地也建立有花卉市场。目前有产销单位 150 多家,主要以"公司＋基地＋农户"的方式开展产、供、销业务。

三、青海省

青海省位于我国西部,地处青藏高原的东北部,一般海拔在 3 000 米以上,长江、黄河、澜沧江等大河均发源于此。全省管辖 4 个市辖区、2 个县级市、30 个县、7 个自治县。地广人稀,为大陆性高原气候,具有气温较低、温差大、日照长、降水少等特点,年平均气温为 −5.6℃～8.6℃,无霜期为 3～6 个月,年均降水量为 15～750 毫米。农区与牧区的面积比为 1∶9,农牧产值并重。青海湖是我国最大的高原咸水湖。植被多种多样,药用植物有 100 多种,其中不少为珍贵的野生花卉。由于气候的原因,本省除丰富的野生草原花卉外,鲜切花和盆花都是季节性的,有的还是从外地引进的。

四、宁夏回族自治区

宁夏回族自治区位于我国西北黄河中游地区,是我国面积较小的省区之一,全区管辖 18 个市辖区、2 个县级市、11 个县。全区地势是南高北低,南部为黄土高原和六盘山山地,北部为宁夏平原,海拔为 1 000～1 200 米,属温带大陆性半干旱气候。气候温差较大,全区年平均气温为 5℃～10℃,全年无霜期为 4～6 个月,年均降水量为 200～400 毫米,春旱较重,且多风沙。夏季有暴雨。宁夏是我国少林省区之一,森林覆盖率为 2.2%。宁夏平原是渠道密布和稻田遍布,素有"塞上江南"的美称,现为我国重要的商品粮生产基地之一。宁夏的枸杞子、甘草、贡枣、麻黄、黄花菜、莲藕、向日葵等,不仅是有名的中药材,而且也是享誉全国的著名观赏花卉。除此以外,草原上的丰富野生花卉资源尚待人们去开发利用。

五、新疆维吾尔自治区

新疆维吾尔自治区位于我国西北边疆地区,也是我国土地面积最大的省区。全区管辖 11 个市辖区、20 个县级市、62 个县、6 个自治县。新疆深居亚洲内陆，西跨帕米尔高原，北有阿尔泰山，南有昆仑山和阿尔金山。天山横贯中部，南北分别为准噶尔盆地和塔里木盆地。新疆有我国最大的塔克拉玛干沙漠和最低的吐鲁番盆地。属温带大陆性干旱气候，南疆较干旱。全区年均降水量为 145 毫米左右。年平均气温为 10℃～13℃。吐鲁番在海平面以下 154 米，夏季有 30～40 天的最高气温在 40℃以上，极端最高气温达 48.9℃，自古就有"火洲"之称。森林覆盖率只有 1.08％，天然药物资源丰富，可利用的天然草地占全国草地面积的 1/4。新疆盛产棉花、小麦、玉米、水稻、蚕茧、葡萄、瓜果等。由于生活水平的提高和旅游事业的发展，近年新疆草花的用量增加，鲜切花、盆花的消费也成一种时尚。盆花生产过去以园林单位为主，现在许多企业和个体花农也已加入。花卉种类主要是万寿菊、一串红、鸡冠花等，草花市场较大。鲜切花主要来自成都、昆明、上海、广州等地，以城镇广大职工和居民家庭消费为主。新疆一些地方的野生花卉植物资源比较丰富，特别是胡杨，具有惊人的抗干旱、御风沙、耐盐碱的能力，既是沙漠英雄树，同时也是美丽壮观的观赏树，可以有计划地进行开发利用。

第四节　西南地区

西南地区包括四川、重庆、云南、贵州、西藏等省、直辖市、自治区，现分别加以介绍。

一、四川省

四川省位于我国西南腹地、长江上游。西北高，主要是川西高原，海拔平均在 3 000 米以上；东南低，主要是四川盆地和成都平原，海拔在 750 米以下。四川盆地是我国有名的四大盆地之一，雨量充沛。全省管辖 43 个市辖区、14 个县级市、120 个县、4 个自治县。四川盆地的年平均气温为 16℃～18℃，冬暖夏热，年均降水量为 1 000～1 400 毫米，全年无霜期为 8～10 个月。属亚热带常绿阔叶林地带，地被类型多样，尤其是针叶林特多，居全国之冠。还有珍贵的水杉、银杉等，生物资源比较丰富。四川自古水利农业发达，号称"天府之国"，还有听不够的康定情歌，看不完的民族风情，数不尽的风景名胜。多年来，各风景名胜区对园林花卉不仅重视，而且还做得很有成就。四川的花卉产业以成都市发展最快，现已有 3 个专业花卉市场，即市中心地区的青石桥花卉市场，西郊的西部花卉市场，北门的北门花卉市场。草本花卉消费，主要服务于市政工程、机关、学校、医院、宾馆、酒店、军营、住宅小区等。花卉品种主要是万寿菊、三色堇、一串红、叶牡丹、彩叶草、重瓣非洲凤仙等。鲜切花则以成都锦江区三圣手最为出名。每年成都龙泉驿的桃花节，成都、温江、郫县的兰花展，都吸引国内外不少游客前往参观采购。成都也是我国西南地区花卉产业南来北往、东西互交的集散地之一。随着旅游餐饮业的发展，四川各地的花卉业也逐渐兴旺发达，特别是西昌市发展更快。

西昌位于四川西南，地处安宁河谷平原，县城海拔 1 599 米。全年平均气温为

17℃,1月份的月平均气温为9.5℃,7月份的月平均气温为22.6℃。年均降水量为691.2～1 471.1毫米,5～10月份为雨季,其余月份为旱季。30年的年平均积温为4 053.6℃,年平均空气相对湿度为61%。全年日照时间为2 431.4小时,无霜期长达280多天,属亚热带气候。总体来讲,西昌是晴空万里,明月皎洁,土地肥沃,气候暖和,雨量充沛,冬无严寒,夏无酷暑,四季如春,有“小春地”的美称。和云南昆明一样,是我国的“天然温室”地区,我国和国外的许多城市都望尘莫及。在昆明和成都的影响下,西昌花卉业起步于20世纪70年代末。改革开放30年来的发展较快,最初是以农民为主,起步较高,一开始就建钢架结构的大棚温室,现在已有一定规模的花圃、苗圃、营销花木公司10多家,较大的花卉市场2个,市内花店几十家。市场上销售的草花、鲜切花、盆花、盆景、木本花卉、大型背景观叶植物等有100多种。主要常见的有百日草、千日红、大波斯菊、万寿菊、雏菊、向日葵、蛇鞭菊、菊芋、马蹄莲、大丽花、大牵牛、矮牵牛、彩叶草、羽衣甘蓝、驱蚊香草、天竺葵、百合、鸡冠花、藿香蓟、中国兰、虎头兰、大花蕙兰、蝴蝶兰、凤仙花、令箭荷花、昙花、量天尺、芦荟、仙人掌、仙人球、金琥、莲花掌、红掌、勿忘我、仙客来、倒挂金钟、富贵竹等。以上花卉除主要在本地销售外,还有一部分是过境或反季节销往成都、西安、重庆、北京、上海、昆明、广西、广东等地。2000年6月,国家林业局和中国花卉协会,授予四川省西昌市“中国花木之乡”的美称,自此之后,西昌市的花卉产业更是稳步在向前发展。

二、重庆市

重庆市位于我国中西部结合地带,长江、嘉陵江汇合处,是由大江托起的山地。全市管辖19个市辖区、17个县、4个自治县,是我国辖区最大、人口最多的一个直辖市。总体东部是山地,海拔多在1 500米以上;西部低,是四川盆地东缘,海拔为300～400米的丘陵地带。属亚热带季风性湿润气候,冬季温暖,夏季酷热,年平均气温为27℃～29℃,极端最高气温达43.8℃,与武汉、南京同为长江沿岸的“三大火炉”城市之一。冬春多雾,有“雾都”之称。年均降水量为1 000～1 400毫米,全年无霜期为8～10个月。重庆是生物物种最丰富的地区之一,仅缙云山一处的亚热带树种就达1 700多种,还有活化石水杉、银杏等多种珍稀植物,为重庆的一座绿色宝库。重庆的药用植物资源也极其丰富,上述植物中有相当一部分也是野生花卉的观赏植物,有的已被栽培利用。重庆直辖市的花卉产业起步较快,目前以集团消费为主,品种多为彩叶苏、变色草、新几内亚凤仙等,品种正在不断增加、丰富。市、区、县都有花市与花店。城市职工与居民以及公务员等,对鲜切花、盆花的消费量也在逐渐增加。

三、云南省

云南省简称“滇”,位于祖国西南边陲。全省管辖12个市辖区、9个县级市、79个县、29个自治县。云南地处云贵高原,山地高原约占全省面积的94%,平坝约占6%。滇东高原海拔约2 000米,滇西为横断山脉高山峡谷区,海拔在1 000～1 500

米。属亚热带高原型季风气候,滇东高原是四季如春,滇南河谷地带是全年无霜,滇西北是高山,气候较寒冷,梅里雪山是终年积雪。云南是干湿季分明,5～10月份为雨季,年均降水量为600～2 000毫米。由于地形气候的复杂多样,云南有上千种鸟兽,上万种高等植物,被称为“动植物王国”。在这种地形、气候、生物复杂多样的环境条件下,云南不仅有利于农业的发展,而且对园林花卉产业的开发也很有利。云南的园林花卉产业起步于20世纪70年代。当时省政府把园林花卉产业,作为生物资源产业开发的重点项目优先安排。其生产基地,起初主要集中在昆明城南的呈贡和城北的崇明,以后扩散到省内经济发展较快的地市级城市,其中以呈贡斗南乡的花卉市场比较有名。此花市于1999年建立,占地约10公顷,建立有交易场地、冷藏保鲜、信息广告、公共服务、技术咨询等多项配套系统,是一个具有一流服务功能的交易流通市场。斗南花卉市场,每月交易的鲜切花常超过100万枝,其品种主要以玫瑰、百合、郁金香、康乃馨、满天星、非洲菊等为主,较受青睐的品种还有仙客来、比利时杜鹃、重瓣天竺葵等。市场上的花木品种常在不断增加和变化之中。斗南花农有勇于进取、勇于创新、自力更生的精神,他们采用简易的生产设施,原始的种植方式,带动了云南的花卉生产,起步时还奔赴各地开办花店,以零星的批发方式,建立起了云南的花卉消费市场。随着生产技术的不断进步,市场营销体系的不断完善,花卉产业的生产逐步向规模化、专业化、高投入、高技术等方面发展,再加斗南花农能及时更新观念,开始使用联体钢架温室,重视栽培技术,安装消毒系统,向专业种苗公司购苗,使花卉产品产生了质的飞跃,有的已打入了国际花卉市场。

除以上鲜切花外,兰花也占有比较重的份额,尤其是蝴蝶兰,目前在花卉产业中一枝独秀,有4家企业专门从事蝴蝶兰生产,年生产60万枝能开花的蝴蝶兰,还有大苗100万株、中苗200万株、小苗3 100万株,其产品除销往北京、上海、香港、台湾外,目前云南的蝴蝶兰已批量进入美国市场。自1995年以来,云南花卉业的产值年均增长30%左右,鲜切花生产的规模及产量均居全国第一。

从2005年起,以出口为导向的云南花卉骨干企业群正逐渐形成,云南的花卉企业已达350多家,绝大部分以农民为主,花农已达15 000余户,种植鲜切花面积达49 870 667米^2,生产鲜切花80亿枝,种苗生产能力达1.5亿株,80%的鲜切花是销往国内70多个大中城市,国内市场的占有率在50%以上。目前云南花卉出口的主要品种,不仅有传统的康乃馨、满天星、情人草等,而且还有高档次的玫瑰、百合、蝴蝶兰等多种鲜切花。康乃馨、玫瑰、百合、黄樱等鲜切花,不仅在俄罗斯市场上有一定的销售规模,而且在澳大利亚、加拿大等国也受到欢迎。云南的鲜切花还销往日本、韩国、中东等国和地区,2007年创汇1 540多万美元。高档盆花的出口更是迅速增加。云南发展花卉产业的一些做法,是值得国内其他省市借鉴和参考的。

四、贵州省

贵州省地处我国大西南云贵高原东部。全省管辖10个市辖区、9个县级市、56

个县、11 个自治县、2 个特区。省内地势是西高东低,山脉众多,山高谷深,可概括为高原山地、丘陵和盆地 3 种基本类型。贵州的气候温暖湿润,属亚热带季风湿润气候,冬暖夏凉,气候宜人,大部分地区的年平均温度为 14℃～16℃,年均降水量为1 100～1 400 毫米,阴天多,日照少,雨季明显。全年无霜期为 8～10 个月。生物资源丰富,森林覆盖率达 30.8％。是中国四大中药材产区之一。珍稀植物有 70 多种,国家一级保护植物有杪椤、珙桐、银杉、秃杉等。野生花卉资源也丰富。贵州草花消费以贵阳、遵义为主,主要品种有孔雀草、花毛茛、叶牡丹等,贵州花卉生产、销售以贵阳阳明路的各花市和市内许多花店为主,省内各区、市、县均有花市和花店。贵州花卉生产基地,以贵阳郊区的水口寺、红岩村、龙筒堡、阳关、花溪等处为主,鲜切花、盆花、盆景、观赏树木等均有。贵阳花卉市场,在城北的小关、城东万东桥下、城南油炸街、城中心公园南路等处,各有 20～60 户不等的卖花人家。

五、西藏自治区

　　西藏自治区位于祖国西南边陲,青藏高原西南部,平均海拔在 4 000 米以上,有世界屋脊之称,是青藏高原的主体部分。大体由藏北高原、藏南谷地、横断山脉一部分 3 种类型组成,中尼边境上的珠穆朗玛峰海拔 8 844.43 米,是世界上第一高峰。全自治区管辖 1 个市辖区、1 个县级市、71 个县。由于西藏高原复杂多样的地形地貌,这就形成了它的低温、干燥、多风、缺氧、日照充足、区域差异和垂直变化都十分显著的高原气候特点,年均降水量是东西低地在 5 000 毫米以上,逐步向西北递减到只有 50 毫米。5～9 月份的雨量非常集中,干季和雨季非常分明,全年无霜期为 4～5 个月。西藏是我国最大的林区之一,保持着原始森林的完整性。常见成林树种主要是松、杉、柏类,还有特有树种长叶松和白皮松。雅鲁藏布江是西藏第一大河,也是世界上海拔最高的大河。雅鲁藏布江沿岸及其他比较暖和地区的野生花卉资源十分丰富,有待人们去开发利用。位于拉萨西郊的罗布林卡,藏语意思为宝贝林园,园内林木葱郁,花卉繁茂,宫殿造型别致,亭台池树曲折,为西藏最富有特色的著名园林。地处世界屋脊的西藏,被世人视为最神秘的地方,成为中外旅游者魂牵梦绕的净土,佛教徒心中永远的朝拜圣地。

第五节　华中地区

　　华中地区包括湖北、湖南、江西、安徽 4 省,现分别加以介绍。

一、湖北省

　　湖北省位于我国中部、长江中游的洞庭湖以北,故称湖北。全省管辖 1 个林区、38 个市辖区、29 个县级市、37 个县、2 个自治县。地形地貌多样,山地、岗地、丘陵、平原、湖区兼有。西部大巴山脉神农架的最高峰是神农顶,海拔约 3 105 米,也被誉为"华中第一峰"。全省地势是三面高起,中部低平,南面敞开,北有缺口为不完整盆地,中南部为江汉平原,海拔多在 35 米以下。淡水湖泊众多,素有"千湖之省"之称。湖北地处亚热带和季风区内,大部分地区为亚热带季风性湿润气候,全年平均气温为 15℃～17℃,年均降水量为 800～1 600 毫米,冬冷夏热、雨热同季,无霜期为 7～10 个月。湖北的森林覆盖率为 26%,"绿色宝库"神农架林区,是我国中部惟一的原始森林地区。鄂西地区有被誉为"活化石"的水杉、珙桐、银杏等国家一级保护植物。省内的野生花卉资源也不少,尚待人们去开发利用。湖北的花卉生产发展比较缓慢。主要是以武汉为中心。江汉平原沿线城市的花卉生产发展较快,宜昌、荆州、仙桃等地也越来越好。2000 年时武汉的草花种植面积只有 20 公顷,近年有增加,生产设施也在不断改善,盆花生产每年是 20 万盆以上。草花栽培以百日草、千日红、万寿菊、鸡冠花、一串红、三色堇、杂交石竹、矮牵牛、非洲凤仙等为好。近几年来省内不少区、县的花卉生产逐步在发展,花市、花店也一批一批地建起。

二、湖南省

湖南省位于我国东南腹地,长江中游,因大部分地区在洞庭湖以南,故名湖南。全省管辖 34 个市辖区、16 个县级市、65 个县、7 个自治县。地形地貌多样,山地、丘陵、盆地、平原、湖区均有,东、南、西 3 面为山地,中部大多为丘陵,北部地势低平,主要为洞庭湖平原,海拔大部在 50 米以下。属中亚热带湿润季风气候,日照充足,四季分明,年平均气温为 16℃～18℃,春季细雨连绵,夏季气候炎热,秋季天高云淡、冬季多西北风,屡见冰雪,全年无霜期为 9～10 个月。年均降水量为 1 200～1 700 毫米,雨量充沛,是我国雨水较多的省份之一。由于气候温和,土地肥沃,全省森林覆盖率为 52.8%,野生经济植物比较丰富,珍稀植物除水杉、银杏、珙桐外,还有银杉、水松、白豆杉、金钱松、杜仲、香果树、钟萼木、金钱槭、喜树、银鹊树等,许多用材林、经济林、药用植物等,本身就是有名的花卉观赏植物。改革开放 30 年来,湖南的花卉产业亦有较大发展,草花、盆花、盆景、木本花卉的栽培较多,花市、花店在许多市、区、县都先后建起了一批又一批。湖南西部以张家界、武陵山为主的武陵源,集"山峻、峰奇、水秀、峡幽、洞美"于一体,构成一幅瑰丽的山水长卷,美不胜收,是世界自然遗产名录之一,具有独特的自然风光,吸引中外不少旅游者前去观光游览!

三、江西省

江西省地处长江中下游南岸,地貌比较齐全,东、西、南 3 面环山,中部为丘陵盆地,北部为平原江湖,鄱阳湖为我国最大的淡水湖,与长江相连,同时也是世界上最大的候鸟栖息地。全省管辖 19 个市辖区、10 个县级市、70 个县。属亚热带湿润季风气候,其特点是春寒、夏热、秋干、冬阳,年平均温度为 18℃ 左右,年均降水量为 1 400～1 900 毫米,具体表现为南多北少、东多西少,山区多盆地少,全年无霜期为 8～10 个月。江西为我国主要林区之一,森林资源丰富,全省森林覆盖率为 50.9%,珍稀濒危植物较多,还有 60 余种我国亚热带特有树种。江西境内的古木大树较多,古樟树为江西一大特色。省内的野生花卉资源也不少。改革开放 30 年来,江西的花卉产业有较大发展,草花、盆花在南昌、九江、景德镇等市的消费量较大,许多地方都有花市和花店。庐山位于九江之南,北靠长江,南傍鄱阳湖。庐山花木繁多,山高林密,再加雄奇秀美,云雾缭绕,名胜古迹遍布,夏天气候凉爽宜人,因此是我国著名的旅游风景区和避暑疗养胜地,每年都有不少中外游客前往观光欣赏。

四、安徽省

安徽省位于我国华东地区和长江三角洲腹地。全省管辖 44 个市辖区、5 个县级市、56 个县。地貌多样,地势是东南高、西北低,长江、淮河自西向东横贯全境。淮北平原一般海拔为 20～40 米,南部山地丘陵一般海拔低于 1 000 米。安徽气候温暖湿润,四季分明,年平均气温为 14℃～17℃。年均降水量淮北为 700～800 毫米,南部一般为 800～1 700 毫米,黄山降水量高达 2 000 毫米以上。全年无霜期为 7～8 个月。境内生物资源丰富,药用植物的种类也多。皖南山区和大别山区,是全国生物基因资源的重要宝库。黄山雄居安徽南部,以“奇松、怪石、云海、温泉”四绝著称于世,被誉为“国家瑰宝,世界奇观”。安徽的野生花卉资源丰富,全省的花卉绿地与苗木种植面积在 1 000 公顷以上,年产值为 1 亿元左右。前几年,以苗木生产为主,草花、鲜切花、盆花等的生产面积不大,用花量最大的为省会城市合肥,年产盆花 100 万盆左右,其次是芜湖等附近的几个地级市。主要草花品种有一串红、菊花、三色堇、鸡冠花、彩叶草、叶牡丹等。山地和丘陵地带的野生草花也不少,可进一步去开发利用。

第六节　华东地区

华东地区包括上海、江苏、浙江等省、市,现分别加以介绍。

一、上海市

上海市位于长江三角洲的前缘,是我国的 4 个直辖市之一。全市管辖 18 个市辖区和 1 个县。市内除西南部有少数丘陵山地外,其余全为平原,平均海拔为 4 米左右。大金山为上海市的最高点,海拔为 103.4 米。境内湖荡众多,是著名的江南水乡地之一。属北亚热带海洋性季风气候,暖和湿润,四季分明,日照充分,雨量充沛,年平均气温在 15.7℃左右,年均降水量为 1 100 毫米,全年无霜期为 8～9 个月。上海境内天然植被残剩不多,绝大部分是人工栽培的作物和园林花卉。上海是我国最大的商业和金融中心,同时也是重要的国际港口城市。上海是用花量较多的城市之一,草花业主要以自产促销的双向推动模式发展。其种苗生产等已形成专业化、规模化,开始走向集约化经营。除此以外,每年还要从外省或国外引进一些鲜切花和高档的盆栽花卉。盆花品种主要有瓜叶菊、蒲苞花、报春花、仙客来、球根海棠、新几内亚凤仙、香石竹、非洲菊、蝴蝶花等,一般消费者比较爱选购的进口花卉品种。花坛用草花,已从单一的平面花坛走向多层次的立体花坛。上海的一些草地和示景处还出现空中花坛,其主要形式有垂直绿化装饰、花球、吊袋等,有的还建设有屋顶花园。有的花坛周围还配植藿香蓟、香雪球、银叶菊、彩叶草等小花品种,总体品种比较多样。公园和示景园地的用花量也大,用花1年要换6~8次不等。特别是"十一"国庆节和"五一"国际劳动节的用花量更大。中心花坛用花,除传统的万寿菊、一串红、金鱼草、矮牵牛、四季海棠、三色堇、鸡冠花、羽衣甘蓝等品种外,近年还增加了胸章草、天竺葵、小菊、大丽花、香石竹、美女樱、百日草、非洲凤仙等。鲜切花的销售除非洲菊、百合、麒麟菊等畅销外,其他的如郁金香、金鱼草、金盏菊、向日葵、千日红、飞燕草、紫罗兰、夕雾草、洋桔梗等的消费量要少些。宾馆、饭店、酒楼、机场、商场等用花量有增多之势。上海花卉产业的发展较快,不仅用花量大,而且品种也多,呈现出一个五光十色、繁花似锦的人为生态环境。

二、江苏省

江苏省位于长江和淮河下游,地处富饶的长江三角洲。全省管辖54个市辖区、27个县级市、25个县。地势平坦,以平原为主。江苏水网密布、湖泊众多,有著名的太湖、洪泽湖,是江南水乡之一。气候特点是季风显著,四季分明,雨量集中,冬冷夏热,春温多变,秋高气爽,年平均气温为13℃~16℃,年均降水量为900~1 200毫米,降水主要集中在6~9月份,全年无霜期为7~8个月。江苏除是中国的"鱼米之乡"外,生物资源也极为丰富。自然景观与人文景观交相辉映,名胜古迹遍布全省各地。主要名胜有中山陵、明孝陵、紫金山、钟山风景区等,苏州还是我国著名的古典风景园林城市。江苏的园林花卉起步较快,花木生产基地、花卉市场、花店等省内许多城市均有。常见草花品种主要有万寿菊、一串红、金鱼草、三色堇、四季海棠、矮牵牛、鸡冠花、羽衣甘蓝、美女樱、百日草、石竹、大丽花、勋章菊、天竺葵、非洲凤仙、银叶菊、彩叶草、香雪球等;盆花品种有瓜叶菊、蒲苞花、报春花、仙客来、球根海棠、香石竹、非洲菊、蝴蝶花、新几内亚凤仙、桂花、腊梅等;鲜切花有非洲菊、百合类、麒麟菊、郁金香、洋桔梗、金盏菊、金鱼草、千日红、向日葵、紫罗兰、飞燕草、夕雾草等,具体品种经常变化。盆景生产也有较大发展,除供本省需用外,有的还销往外省或出口国外。江苏宜兴每年生产的比利时杜鹃均在30万~40万盆以上。

三、浙江省

浙江省地处中国东南沿海,长江三角洲南翼。沿海有2 100多个岛屿,是我国岛屿最多的一个省,其中舟山群岛是全国最大的群岛。全省管辖32个市辖区、22个县级市、35个县、1个自治县。浙江地形复杂,山地、丘陵、盆地、平原、河流、湖泊均有,地势是西南高,平均海拔在800米左右,东北部低,海拔为50~250米。杭州西湖、千岛湖、天目山、雁荡山等都是浙江的名山名湖。"上有天堂,下有苏杭",这表达了人们对杭州、苏州两座城市的赞美。属亚热带湿润季风气候,四季分明,年平均气温为

15℃～18℃,年均降水量为 1 000～1 900 毫米,6～9 月份为梅雨和台风雨季。浙江森林覆盖率为 59.4%,经济林等植物资源丰富,有 50 多种野生植物被列入国家珍稀植物名录。浙江的花卉产业,以杭州花坛花的生产较快。从 20 世纪末开始,杭州人采用现代化的园艺方式,使用软营养液,进口专业园艺种子,采用现代设备材料,进行大规模的生产,同时进行植株小型化的应用尝试,成品花和种苗生产更专业化,也采用更新型的园艺资材,如自动肥料配比机,新型介质的制备,方便的浇水工具等,这促进了杭州的花卉产业更上一层楼。1997 年杭州生产花坛花 33.3 万公顷,1998年生产花坛花 66.7 万公顷,1999 年生产花坛花 153.3 万公顷以上。在生产过程中,花农与园艺公司的产生与发展完全是自发性的,全都依靠他们自己去开拓市场,农户与农户之间、公司与公司之间、农户与公司之间是友好合作,良性竞争,共同发展,树立品牌的关系。在杭州的带引下,浙江各市、县的花木生产基地、花卉市场、花店等也先后建立起来,现在浙江的苗木、盆花和盆景生产,除一部分供本省需用外,相当一部分销往其他省、市,有的还出口国外。

为了便于销售和相互交流,有的花农,或花木公司、营销机构,或本行业的专家、教授,把华中地区和华东地区的 7 个省、市,统称为长江中下游花卉市场,因为其在地形、地貌、水系、气候、降水、交通、花卉资源、消费习惯、传统文化等多方面都有相似和互补之处。

第七节　华南地区

华南地区包括广东省、广西壮族自治区、海南省、福建省、香港特别行政区、澳门特别行政区、台湾省等 7 省区,现分别加以介绍。

一、广东省

广东省位于我国大陆最南部,面向南海,沿海港湾众多,岛屿星罗棋布。全省管辖 54 个市辖区、23 个县级市、41 个县、3 个自治县。全省地势大体是北高南低,山地、丘陵、台地、平原均有,珠江三角洲土地肥沃,是著名的鱼米之乡。全省地处亚热带,大部分地区属亚热带湿润季风气候。夏长冬暖,高温多雨,年平均气温为 22℃,年均降水量为 1 500～2 000 毫米。4～9 月份为雨季,多暴雨,7～9 月份以台风为主。广东植被属热带和亚热带植被,全省森林覆盖率为 57%,大部分属人工次生植被,属国家保护的珍稀植物有水杉、银杉、桫椤、白豆杉、野荔枝、观光木等,这些珍稀植物本身就是很有观赏价值的观赏花木。广东是用花量较多的省份之一。广东花卉产业起步较早,草花、盆花、鲜切花、盆景、观叶植物是齐头并进,特别是广东顺德陈村镇,是以花为业,以花出名,专业化、工厂化和规模化花卉生产已逐步实现。广东花卉产品除自身需要外,已有部分产品销售到四川、陕西、甘肃、上海、北京等多个城市,有部分品种已开始出口。

二、广西壮族自治区

　　广西壮族自治区在我国沿海地区西南部,是我国边疆省区之一。全区管辖34个市辖区、7个县级市、56个县、12个自治县。广西地处云贵高原东南缘,山多平地少,总地势是西北高,东南低,四周多山,周高中低,平均海拔为1 000～1 500米。属亚热带季风气候,气温高、热量丰富,夏长冬暖,雨量充沛,年平均气温为17℃～22℃,属全国高温区。年均降水量为1 200～2 800毫米,是我国多雨地区之一。广西是我国南方的重要林区之一,森林覆盖率达54.2％以上,天然林、人工林、经济林均多,植物资源种类繁多,是我国植物种类最多的省区之一。珍稀植物有金花茶、银杉、杪椤等,红树林面积居全国第二。特别是自治区首府南宁,是一座历史悠久、风光旖旎,充满诗情画意的南国名城,一年四季都是花果飘香,山、河、湖、溪与绿树鲜花交相辉映,被誉为中国的"绿都",有迷人的南亚热带风光,浓郁的壮乡风情。桂林与漓江,形成独具一格、驰名中外的"山清、水秀、洞奇、石美"的桂林山水风光。这一切都吸引了众多的中外游人。广西的花卉产业不仅起步早,而且发展也快,各类花卉都在向前发展,现已进入我国花卉产业的大省行列。南宁、柳州、桂林、北海已成花园城市。

三、海南省

　　海南省位于我国最南端,是我国第二大岛,全省管辖4个市辖区、6个县级市、4个县、6个自治县。海南岛是中间高耸,山脉多在500～800米,四周低平,山地、台地、平原均有。海岸生态以红树林海岸和珊瑚礁海岸为特点。海南是我国最具热带海洋气候特点的地方,全年暖热,雨量充沛,年平均气温为24℃左右,全年无冬,全岛年均降水量为1 500～2 000毫米,冬春干旱,夏秋雨量多。海南是热带雨林、热带季雨林的原生地,是我国森林生态系统最丰富的地区,是世界范围内小区域生物种类最复杂的地区之一。热带天然林面积占全岛面积的1/4。海南岛上被列为国家重点保护的珍稀树木有20多种。海南是我国热带作物的生产基地,野生花卉资源也特别丰富。海南盛产椰子、龙眼、荔枝、菠萝、杧果、杨桃、香蕉、红毛丹、榴莲等热带水果,同时还有"天然药库"之称,槟榔、砂仁、益智、巴戟是最著名的四大南药。椰子、槟榔特别著名,仙人掌类和凤梨类在国内也很有名气。上述水果、药材,同时也是我国有名的园林花木。海南的花木生产以自给自足为主,只有少部分外销和出口。

四、福建省

　　福建省位于我国东南沿海,海岸线长,居全国第二,分布大小岛屿1 500多个。全省管辖26个市辖区、14个县级市、45个县。福建境内地势总体是从西北向东南下降,山地、丘陵、台地、平原均有,是背山面海,背面西北部是武夷山,东面是东海,属典型的亚热带季风气候,冬无严寒,夏无酷暑,年平均气温为17℃～21℃,无霜期长达 8～11 个月。雨量充沛,年均降水量为 1 000～2 000 毫米,是我国雨量最丰富的省区之一。福建是我国四大林区之一,木材产量居全国第三,森林覆盖率达 63.1%,居全国首位。桫椤、伯东树等珍稀濒危保护植物较多,全省真菌种类有 430 余种,居全国之首。福建是我国名茶产区,同时还盛产柑橘、龙眼、荔枝、橄榄、枇杷、香蕉六大名果。福建山清水秀,名胜特多,鼓浪屿素有"海上花园"之称。福建漳州已打响了"闽南花卉"的品牌,漳州水仙全国有名。改革开放以来,福建的花卉产业发展较快,不少地方已初具规模,特别是观叶植物和盆景生产更为突出。有的已外销杭州、上海、北京、西安等地,也有部分出口。

五、香 港 特 别 行 政 区

香港特别行政区位于我国东南端,珠江口东侧,南海之滨。由香港岛、九龙、新界组成,周围还有 200 多个岛屿。地形基本为山地形半岛和海岛。大部分是山区。香港岛境内丘陵起伏,地势陡峻,太平山是全岛最高峰,海拔为 552 米。新界丘陵起伏,大帽山海拔为 957 米。维多利亚港,吃水 12 米的轮船可以自由进出,是世界上最优良的天然港口之一。境内全是溪涧,不足以称为江河。目前香港全区划分为 18 个行政区。香港位于热带,属亚热带季风海洋性气候,气候温暖湿润,地势崎岖多山,年均降水量为 2 200～2 300 毫米,雨量集中在 3～9 月份。良好的地理和气候条件,形成了众多不同的生态环境,使这一弹丸之地,孕育出种类多样的动植物,除有国家一级保护植物桫椤外,还有香港特有植物 16 种。香港素称"东方明珠",除是国际自由贸易港外,同时也是全世界金融中心和购物天堂。在这里,你可以搜罗到世界各地的商品。香港是旅游胜地,它拥有迷人的风景,多样的文化,来香港旅游,既可以观赏到美丽的自然风光,同时又可以获得商业文明带来的种种享受。香港的花卉产业,2005 年总生产面积已达 343 公顷,在生产安排、经营贸易、个人消费、庭院摆设等方面,与其他省、市均有不同,有时还要从外省或国外引进和进口一些时尚花卉,出口花卉在香港也是常有的。

六、澳 门 特 别 行 政 区

澳门特别行政区位于我国东南沿海,地处珠江三角洲西岸。澳门由澳门半岛及氹仔岛与路环岛 2 个离岸小岛组成。澳门地势是南高北低,主要由低丘陵地和平地组成。山丘海拔低于 100 米。半岛又分为 5 个区。澳门地处北回归线以南,属亚热带海洋性气候,具有温暖、多雨、湿热、干湿季分明等特点。年平均气温为 22℃左右,年均降水量为 2 000～2 100 毫米,4～10 月份为雨季,5 月份的降水量最多。由于近海多雨,澳门的空气相对湿度较高,年平均空气相对湿度为 81.5%。澳门地处热带北端,又具有热带季风海洋性气候特点,这十分有利于植物的生长和发育,致使澳门的植物种群丰富。植物类型大多数介于热带和亚热带类型,以泛热带及其变型为主。近代 100 多年来,澳门已成功地引种了来自世界各热带地区,具有经济价值和观赏价值的许多植物。现在澳门的热带和亚热带花卉种类比较多,既在进口,也在出口,或被引入内地相关省、市栽培。

七、台湾省

　　台湾省地处我国大陆东南 100 多千米外的海面上,四面环海。台湾本岛呈锤形,周围有几十个岛屿,是我国第一大岛。台湾本岛多山,高山、丘陵占总面积的 2/3,平原占不到 1/3。台湾岛的地形是中间高,两侧低,东部和中部为山地,西部为平原。两者之间为丘陵,全省管辖 5 个省辖市、17 个县。台湾横跨北回归线,属热带和亚热带气候,四面环海,受海洋季风调节,冬无严寒,夏无酷暑。南部气温较高,北部偏低,年平均气温为 22℃左右,夏季长达 7～10 个月。台湾是我国多雨湿润的省份之一,年均降水量在 2 000 毫米以上,尤以 6～8 月份的降雨最多,7～9 月份台风次数最为频繁。台湾森林面积约占全省总面积的 50％以上。因受气候垂直变化的影响,台湾林木的种类繁多,包括热带、亚热带、温带、寒带等品系近 4 000 种,是亚洲有名的天然植物园。全省经济林面积约占林地面积的 4/5。台湾樟树居世界之冠。台湾有名的蝴蝶有 400 多种,因而被称为“蝴蝶王国”。台湾四周环海,岛内山川秀丽,到处是绿色的森林和田野,自古以来就有“美丽宝岛”的美誉。岛上风光有“山高、林密、瀑多、岸奇”等特征。日月潭、阿里山是主要名胜旅游地,同时也是台湾省的标志。台湾的花卉产业也比较发达,2005 年的生产总面积为 5 006 公顷,草花、鲜切花、盆花、盆景、木本花卉等,都比较齐全。

　　综前所述,2005 年我国花卉种植面积达 81 万公顷,花店已达 6 300 多个,大型花卉交易市场近 700 个,销售额达 503.3 亿元,单产每公顷收入是 6.21 万元,出口额为15 426 万美元。进行自身比较,30 年来虽有较大发展,但从生产总面积,花卉产值,出口换汇等多方面看,在世界花卉市场上,我国的份额还是比较小的,仍处在发展中国家的水平上。

第三章　商品花卉的销售

在商品经济大潮中,花卉投资企业和花农生产出来的各种花卉产品,要销售出去才能收回成本,同时也才谈得上有经济效益。花卉产品的销售和流通,主要还是要通过市场。花卉投资者和销售行业,如何才能在这场激烈的销售竞争中站稳脚跟,这是摆在花卉投资者和市场销售管理部门面前的一项艰巨任务。要想把花卉市场经营管理工作搞得有声有色,红红火火,当前来看应抓好以下相关的工作。

第一节　健全花卉销售市场

一、重视市场建设

坚持以市场为导向,逐步建立起一批具有一定规模的花卉专业市场和批发市场,以促进花卉生产和销售活动的发展,逐步形成产、供、销一条龙的生产销售网络,坚持以销促产、以产保销、协调发展的原则。要知道,花卉业是一个跨部门、跨行业的产业,不少花卉市场是许多不同行业共同兴办投资的,这就要求进行全面规划,合理统筹布局,研究各项政策措施,制定一套有利于花卉业发展的优惠政策,相应还要制定一些鼓励国内其他行业向花卉业投入和引进外资的有关政策,寻找更多的投资渠道和项目。

二、突出市场特点

每个花卉市场都应该有各自不同的特色和重点。要办鲜切花、种球种苗、观叶植物、盆花、盆景、干花、花钵、花肥、花药、园林工具、花卉信息资料以及鸟、虫、鱼等一应俱全的综合市场,应该做到客户一进入综合市场,想要买的物品都能采购齐全。这类综合市场应有较大的面积,较多的房舍,完备的设施和周到的服务体系。其他的花卉市场,要根据自身的具体情况,或以鲜切花为主,或以盆花、盆景为主,或以观叶植物为主,或以种球、种苗为主,或以兰花为主,或以花盆、花钵为主,或以根雕、奇石为主,或以干花、蜡花为主,或以鸟类、鸟笼、鸟食为主,或以观赏鱼类、渔具、鱼食为主,或以工具、花肥、花药为主,或以花卉园林图书、图片、资料、信息为主……也可办成相关的专营或兼营花店。总之,要不断加强精品意识和品牌意识,形成各地自己独特的市场特点和风格。城乡结合部的花木市场,也可以实行只在上半天或下半天营业的半天销售制度。

三、多做具体工作

花卉是鲜活产品,必须及时交易,如果没有交易市场、缺乏保鲜设施、信息服务不完善、管理制度不健全,那花卉业就难以健康发展,各方的需求也无法得到满足。

为了支持花卉业的健康发展,当地各级政府和相关部门以及花协等,对花卉市场的建设、管理和服务等诸多方面,要多做具体实在的指导工作,力争在信息、价格、设施、管理、服务、咨询、交通、治安、贮运、货源等方面多做工作,并且要开创出自己的特色。

四、加强市场监管

花商进场开店,小贩进场设摊,花农进场摆地摊,顾客进场赏花和买花,这一切对增加花卉品种,活跃花卉市场,增加各方收入,促进花木流通等,都会起到很好的作用。由于有的花卉市场的管理制度不完善,个别花农或花商有乱设摊位,不遵守交易规定的行为,还有的以劣充优、以假乱真,扰乱花卉市场秩序。因此花卉市场必须加强对不遵纪守法人员的监管工作,制定出相关的规定,使大家都能守法经营。为方便少数花农和小商贩进行交易,也可以划出一些露天交易场所,为各方交易提供方便。

五、加强信息交流

花商和花农一样,也必须非常了解市场信息,不断加强国内市场之间的联系,具体联系内容包括消费趋向、供需情况、价格信息、新优品种、新的科技动向等。只有掌握了各方有关信息后,才能正确指导生产和消费。市场信息与消费者的心理是紧密相连的,各人喜好虽不相同,但大多数消费者是喜爱奇花异草的,不少人愿意欣赏与众不同的花卉,喜欢接受新鲜事物。所以,花卉投资者和花农要不断创新,不断培育出新奇花卉,而花商也要经营新奇时尚花卉。花卉市场内也应该设立信息公告牌,及时公布有关花卉业的信息。经济条件许可时,还可以订阅相关的报刊,及时掌握更多的信息。

六、保护各方合法利益

花卉市场涉及种花人、卖花人、买花人、用花人、投资人和管理人等,因此应该维护各方利益。花卉市场可在当地花协或工商行政管理部门的协助和指导下,建立有效的监督机构和投诉机构,及时解决一些具体问题,切实保护各方的合法利益。首先是价格要公平,各种收费要合理,其次是服务要周到,相关问题要及时解决,努力做到各方面都满意,以促进花卉市场的健康发展和繁荣。

七、加强法规建设

根据我国目前花卉事业的发展趋势,今后参与国际市场的机会将会增多,花木进口和出口的数量将会成倍地增加,因此要尽早、尽快地制定花卉生产和销售方面的办法和法规。如果这方面的工作跟不上,花卉业就会无章可循,无法可依,最后必然会妨碍花卉业的发展。如兰花的种植资源已大量流出国门,损失是不小的;通过花卉种子、种球、种苗、苗木等的进口，有害病、虫、草等已流入国内，有的甚至是检疫对象。这些都将会严重影响我国花卉事业的发展。所以，要规范花卉工作，加强法制建设，主动保护我国花卉事业能健康有序地向前发展！

第二节　商品花卉的销售

一、备足货源

　　花卉市场销售的商品，主要是各种花木及其相关的物品。这些商品有的是自己生产的，有的是就近购进的，有的又是从远处运入的。货源是花卉经营的关键之一，没有货源就谈不上销售。因此在进货时要考虑花卉是否新奇，销售是否对路看好，价格是否合理，除去成本和有关费用后还有多少利益，花卉产品是否鲜活，是否能耐贮运，收货后损耗是否太大等。购回的商品，有的可以直接投入市场，有的需要莳养一定时间，有的还需上盆或定植栽活后才能出售。总之，要有充足的货源。有了丰富多彩的品种，才能做到人无我有、人有我优、人优我强。只有这样，最后在花卉市场上才能占有较多的份额。在整个生产和销售过程中，一定要坚持保质保量和薄利多销的原则。

二、精通销售知识

　　与花卉行业最有直接关系的是种花人、卖花人和买花人，这三者紧密相连，既有独立的地方，又有相互渗透的内在联系，而且均必须掌握有关专业基础知识。种花人除了要精通花卉的栽培、繁殖和管理等基础知识外，也还要知道花卉的用途和销售等方面的信息与常识。只有这样，花卉投资者和花农才能科学地去安排生产和指导销售。买花人除要知道送花、购花、赏花、用花等方面的一般常识外，也还要学习栽花种草方面的基本技术，才能管好自家莳养的各种盆花。花卉市场内专搞花卉销售的经销者，不仅要具备花卉栽培基础知识，精通盆景艺术，而且还应具备应有的审美观和插花艺术修养，使自己经销的盆花、盆景、园林花卉用品等整齐划一，摆放合理美观；然后用各种形式的插花去点缀自己的花场、花棚、花店或花摊，使之千姿百态，姹紫嫣红，让人看后赏心悦目，流连忘返。作为花卉的专营商店，应当有自己独特的商品，以鲜切花、盆花、盆景、国兰、洋兰、仙人掌类、花盆花钵、花肥花药、花卉园林用具、干花蜡花、观叶植物、珍奇花卉、奇石根艺作品等为主，为自己创造品牌产品，或使各种花木花艺相结合。总之，要以雄厚的花卉商品实力去占领市场。在整个花木交易过程中，始终要讲究诚信，还要保证花卉的质量。经营各种花木都要突出自己的经营特色。有条件的花木公司或花店，还要选送自己的有关员工到农林院校举办的商品花卉生产或销售方面的技术培训班学习，以便更好地让他们去指导花卉莳养和消费，这对扩大生产和销售大有好处。

三、做好宣传工作

花卉市场或花店,可根据季节、花种、花节、货源等方面的不同,多办一些展销和订货活动。此时,可请当地报刊杂志、广播电台、电视台等,有侧重地宣传花卉在陶冶人们情操和精神文明建设方面的重要意义。有条件的花木公司、花圃和花店,应以文字或广告形式,在门前设立宣传牌或宣传广告专栏,向人们介绍各地花卉品种的名称、产地、价格、广泛用途以及栽培莳养技术等,引导人们进行正确的消费。

四、开展花卉租赁工作

随着城乡人民生活水平的提高,特别是城市中的各种喜庆佳节、会议商展、生日诞辰、婚丧嫁娶以及情侣约会等,都需要大量的珍奇名花、盆花和插花。尽管爱美之心人皆有知,但不少人因缺乏专业知识养不好花,许多单位又因无良好的环境而不能养花,也有相当一部分人由于工作较忙等诸多原因,没有时间和精力养花,而需要经常购买新花和鲜花。但相当多的人在经济上又承受不了,于是花卉业中就出现了出租花卉的服务部门。花卉出租有日租、旬租、月租和年租等形式,租金根据花卉的季节、大小、价格和租期长短的不同而有差异。一般只要供需双方洽谈好后,花场、花圃或花店便负责定期送花上门,同时将过季或开始萎蔫的花卉换回,并及时进行松土、施肥、修剪、防治病虫害等养护工作。还可根据顾客的需求,定期或不定期地更换一些花木品种。

五、做好送花上门服务

送花上门服务的优越性很多,也是花卉业销售的发展方向之一。以往由于花卉种植的季节性很强,过季花卉、花盆和泥土等难以处理,留在房间内既不方便且又占地方,若扔掉又很可惜,观赏期间的施肥、防治病虫等又要污染环境。如今只需与花卉生产基地或花卉销售服务部门签好送花的合同,室内的花卉就会常换常新。

近几年来,租花的单位和个人越来越多。其原因是多数单位由于无条件设置花圃或花房,每逢重大会议或重要节日,鲜花又是必不可少的,需要用它进行临时摆放和布置。如果自己养花,除场地缺乏外,还需日常维护莳养,这不但费时费工,而且花卉品种和数量还不一定能够完全满足需要。如今有了花卉出租送花服务部门和行业,一切问题就都迎刃而解。只要报上所需花木的时间、地点、品种、数量等,剩下的一切工作就都由花店或生产基地代劳,既方便,又实惠。对花店、花圃或花木公司来说,开展花卉出租送花上门服务业务后,既可获得众多的长期客户,收入比较稳定,提高经济效益,还可以根据顾客消费反馈的信息,及时调整花卉生产和销售品种,从而使自己在激烈的市场竞争中立于不败之地。花卉苗木销售服务部门,在经营花卉出租送花上门业务的同时,还可以承包单位和住宅区的城建绿化工程或绿化养护管理工作,进行多方面的延伸服务,逐步发展成多元化的花木生产、转运和销售公司。

第四章　送花与购花

第一节　送　花

　　鲜花在现代社交活动中起着以花交友、以花传情、以花为媒、以花为礼的多种神圣作用。由于鲜花具有独特的感情色彩,它在现代礼仪社交活动中必不可少。此外,鲜花是颁奖慰问的高雅礼物,也是各种宴会庆典的礼仪装饰佳品。因此,这就存在有种花、卖花、买花、送花、受花等多个环节,各个环节都有应注意的地方。送花这一环节不仅是一门学问,而且也是一门艺术。

　　总的来讲,赠送鲜花的目的是联络情感,增进友谊。因此,对什么人送什么花,什么时候送什么花,什么场合送什么花等,都要因时、因地、因人而异,不能因一时考虑不周而闹出误会。为此,在送花前需要做调查了解,甚而翻阅有关的图书资料,掌握一些送花的基础知识,事先搞清楚收花人的个性爱好、民族特点、风俗习惯、国别民族等基本情况,然后有针对性地根据不同情况赠送鲜花。按照中国大多数地区的习俗,在通常情况下,一般要按以下规则去送花:祝福长辈生辰寿日时,可根据老人的爱好和个性,选送不同种类的祝寿花,一般可送万年青、长寿花、龟背竹、报春花、吉祥草等,若举办寿辰庆典,可选送寓意情深,色艳瑰丽的花篮,以示更加隆重。祝贺中年亲友生日时,可送百合花、石榴花、水仙花等。祝贺青年人生日时,适宜选送象征前程似锦、火红年华的红色月季、一品红等。对婴儿刚满月时,最好选送鲜艳的时令花和香花。喜庆的春节等节日期间,给亲朋好友送花,一般要选带有喜庆和欢乐气氛,热情奔放,艳丽多彩的中国兰花、热带兰、小苍兰、桃花、金橘、香石竹、唐菖蒲、月季、菊花、仙客来、瓜叶菊、马蹄莲、一串红、火鹤花等。致哀悼念应选淡雅肃穆庄严的花。探视病人要选悦目恬静的花。热恋中的青年男女或亲朋同学的新婚祝贺,一般要选送红色或朱红色的玫瑰花、郁金香、热带兰、文竹、满天星、火鹤花等。儿女们送给母亲的花,除香石竹外,也可选送大丽花、唐菖蒲、百合等。父亲节时宜选送红莲花、石斛兰或黄色玫瑰花等。庆祝开业或乔迁之喜时,应选择鲜艳夺目,花期较长,象征事业飞黄腾达、大吉大利、万事如意的花木,常见的有菊花、月季、大丽花、君子兰、唐菖蒲、发财树、黄柏、山茶、四季橘等;常以花束、花篮和盆花的形式出现,送时一定要成双成对。

第二节　购　花

　　送人的花木,有的是自己栽培莳养的好花,而大部分是从花木公司或花市、花店购买的。购买的花木大部分是自己享用,小部分在日常社交礼仪活动中使用。购买花木时一般应从以下几个方面考虑:

　　第一,应该了解所购花木的产地、习性、生长规律、用途、是否好养等基础知识,然后根据自己或收花人有多少时间和技术去照顾它而最后做出选择。不同花木的适应性是不同的,有充足时间和丰富栽培经验的人才能管好比较娇贵的植物;否则的话,还是选择比较容易栽培管理的花木。

第二,要考虑自己的居住条件。如果是送人,也应考虑对方的居住条件。能给所购买的花木提供什么样的生长条件,把它放在什么地方等,都是购买前要再三思考的实际问题。因为有些花木在背阴的房间中不能开花;有些则在向阳的房间中容易死亡,还有一些花木在北方干燥冷凉的环境中很难养好。所以应根据当时、当地和某种观赏植物的具体情况,灵活地选购花木。

第三,选购大型观叶植物时,还应注意不要太高和太多。一般客厅或较大的房间,只适合摆放1~2盆。植物的高度以不超过居室高度的2/3为宜。太高了,不仅影响花木的生长,而且也有碍观赏。

第四,初学养花的人,选购盆花时,一般先从容易莳养的花卉开始。常见的有天竺葵、四季秋海棠、月季、仙人掌类、多肉植物、石榴、一般观叶植物等。待逐步取得栽培管理经验后,再养名贵的米兰、杜鹃、山茶花、兰花以及其他的名花。当然,如果有种养经验的同志做指导,或就近有花木公司或花圃等地参观学习,一开始也可以选养自己喜爱的名贵花木。

在花木集贸市场上或花店购买的花卉,主要有单枝鲜花和盆栽鲜花。单枝鲜花有的又是5枝、10枝、20枝等捆成1束。购买单枝鲜花时要选生长旺盛、外形美观、花朵新鲜、含苞待放、花色艳丽、叶片翠绿、花梗挺拔、无病斑虫眼、气味清香宜人、有益于身体健康的鲜花。在选观叶植物时,要挑选株形端正,长势旺盛,没有徒长枝和秃脚,叶色浓绿繁茂并有光泽,叶片没有病斑和黄斑的植株等。选购盆花时,一般是直接购买已经服盆的盆花。如为观花植物,最好是大部分已经孕蕾,而且有1~2朵花已经初开,这样既不容易搞错,而且也容易成活。购买没有上盆的花苗时,要注意花苗根部带有土团与否。常绿花木如米兰、九里香、柑橘类、松柏类等苗木,根部不带土团或土团很少的苗木很难成活,带土团的苗木,要选土团较大而且又没有松散的购买。如是刚上盆的花木,而且还未冒芽的则不要购买,因为这类花木多从外地运来,未经一段时间的养护,刚上盆后就拿来出售,尚未服盆,此种情况难以保证能够成活。没有经验或无绝对把握的人,在花卉集市上不要买小苗或落叶苗木,特别是价格昂贵的茶花、桂花等花木,更不要买小苗。因为未上盆的小苗买回去后很难养活,此外,一些小苗无叶片或叶片很少,既无花苞又无花朵,很难识别,容易上当。

在选择和购买花卉的过程中,还要提防有的商家或花农出售假苗木和劣质苗木。就目前所收集到的资料,用伪品冒称名花出售的有以下多种情况:一是用麦冬冒称兰花出售;二是用九里香或小叶黄冒充米兰出售;三是用茶树或油茶小苗冒充山茶花出售;四是用枸杞冒称金柑出售;五是用黑松冒称五针松出售;六是用石蒜冒充水仙种球出售;七是用朱顶红冒充君子兰出售;八是用女贞苗冒充桂花苗出售。所以在花市或花店买花时,要认真地进行辨认,不断提高识别能力,千万不要被冒牌商品所欺骗。

　　总的来说,活生生的盆栽鲜花所蕴涵的功能,优于被切割下来的单枝鲜花和瓶插花材,而单枝鲜花和瓶插花材又优于无生命的干燥花、塑料花或缎带花。愈鲜活的花,愈对人的身心有益。若将不同种类、不同颜色的花卉摆设在一起时,更优于单一品种或单枝花卉。鲜活花木是有生命力的,它经常要接受大自然的日照、空气、水分和大地精华,这样愈是对人类有调和身心的作用。

　　综前所述,送花与购花是人们日常生活和社交中不可缺少的内容之一,这不仅仅包含有学问,而且也还是一门艺术,其中也包含了丰富的社交内涵,从种花人起,直到送花人、购花人、收花人等的各方面,都要知道送花与购花这一环节中的基础知识,把一切服务工作考虑到事前,尤其是种花人和花商,应主动介绍送花和购花过程中的相关知识,这不仅仅满足了各方顾客的需要,而且也会扩大销售量,这样做对各方面都是有好处的。

第五章 花卉的保鲜贮藏与包装运输

花卉是一种具有艺术观赏价值的农产品。质量的好坏是通过可观赏性，包括花苞花片的大小、色泽、叶片的着色、花茎的粗壮程度、挺拔程度以及观赏时间等体现出来。要达到一个理想的商品价值，与花卉品种、栽培技术等有关，也与采后的处理技术有关。花卉从采收到变成商品直至丧失使用价值，整个过程比果蔬还短，易于腐败，花卉的采后损失率约为 20％。因此，利用综合因素保持花卉的商品观赏性非常重要。

第一节 影响花卉品质的因素

在最佳栽培条件下培育出的花卉，才会具有最好的质量和采后寿命，为提高花卉的品质，在花卉的整个栽培过程中，都必须考虑和注意以下因素：

一、选择良好的花卉种类和品种

不同种类的花卉，采后寿命差别很大。如红掌的瓶插寿命可达 20～41 天，而非洲菊为 38 天。同一种类不同品种的花卉，采后寿命常常差异颇大。如月季品种 *Lorena* 瓶插寿命可达 14.2 天，而微型月季一般为 7.1 天。另外，品种的抗病性、抗逆性、耐贮运性以及长势等也是不同的。

二、适当的光照时间

在花卉生产时，光照强度对植株的光合作用影响很大，光合效率又直接影响花卉植株中碳水化合物的积累。在高光照强度下的康乃馨和菊花的瓶插寿命，比其在低光照条件下的瓶插寿命长。而且在低光照下，花茎生长较长，组织成熟不充分，茎干纤细，在花卉瓶插时，易产生弯茎，影响花卉的质量和观赏期。当光照较低时，月季的花瓣会泛蓝，颜色较苍白，花卉色泽受到明显影响。但不是光照越强越好，光照过强时，花卉组织泛红。

三、温度的影响

栽培期间温度过高会缩短花卉的货架寿命，降低其品质。因此要考虑温度对花卉的影响。

四、合理施肥

肥料是植物生长的营养物质。维持氮、磷、钾和其他营养元素的适宜数量和比例，是非常重要的。这有助于花卉的茁壮生长，增加对不良环境因子的抵抗能力，减少感染病虫害的几率，延长花卉的采后寿命，延长货架期。

五、控制好空气相对湿度

空气相对湿度过高会给一些有害的细菌和真菌的繁殖创造有利条件,使花卉被感染的可能性增大。得病的花卉会产生较多的内源乙烯,易于加快其衰老过程。所以应注意栽培环境的通风透气和空气相对湿度。

六、防治病虫害

在花卉栽培过程中,应严格控制病虫害的发生,这对生产高品质的花卉至关重要。另外葡萄孢霉菌、交链孢霉菌、柄锈菌、小隐孢壳菌、射线孢菌、双孢被盘菌等真菌及其伤害的植物组织均会产生大量的乙烯。

七、防止空气污染

在温室花卉生产中,应注意避免空气污染。污染的主要来源是燃气,如内燃机、锅炉和煤气炉产生的废气。这些废气中含有大量的乙烯和其他有害物质,它们会加快花卉的衰老,造成生理伤害。

第二节　花卉采后处理的原则

技术处理也是维持花卉良好生理状态的重要过程,一般的处理原则如下:

第一,花卉应在适宜的发节阶段采切,这是保证花卉内在质量和货架期的重要环节。

第二,花茎采后应该立即插入水中或置于阴湿环境下,防止阳光暴晒;花卉应尽快预冷,去除所带的田间热,并进入冷链。

第三,需要较长时期贮藏或长途运输的花卉,应先进行水分保护处理,对乙烯敏感的花卉应进行硫代硫酸银(STS)脉冲处理或 1-甲基环丙烯(1-MCP)处理,防止在贮运过程中失水过多。

第四,使用各种花卉保鲜剂是采后技术处理的一项必要措施。保鲜剂包括水分保护处理液、茎端浸渗液、脉冲(或 STS 脉冲)处理液、1-MCP 处理剂、花蕾开放液、瓶插保持液等。

第五,贮存运输的关键措施是低温、高湿、快速。

第三节　花卉保鲜剂

花卉采切后为了使它保持最好的品质,延缓衰老,抵抗外界环境的变化,常用花卉保鲜剂处理。在不造成环境污染的前提下,可以通过茎基或其他途径吸收保鲜剂,以调节其生理代谢功能,延缓衰老过程。许多花卉、切叶经过保鲜剂处理后,可延长货架期2~3倍。使用花卉保鲜剂还能使花朵增大,保持叶片和花瓣色泽,从而提高花卉的质量。

一、碳水化合物

蔗糖是保鲜剂中使用最广泛的碳水化合物之一,果糖和葡萄糖有时也会被采用。不同的花卉种类或同一种类的不同品种,最适宜保鲜剂的糖浓度也不同。最适糖浓度还与处理方法和时间长短有关。一般来说,对一特定花卉,保鲜剂处理时间越长,所需糖的浓度越低。因此脉冲液(采后较短时间处理)中的糖浓度高,花蕾开放液浓度中等,而瓶插保持液糖浓度较低。

二、杀菌剂

为了控制微生物生长,保鲜剂中可以加入杀菌剂或与其他成分混用。常用的杀菌剂有以下几种。

1. 8-羟基喹啉　是一种广谱型杀菌剂,具有易与金属结合的特点,可夺走细菌内铁离子和铜离子,因而具有抗菌作用。常用的有 8-羟基喹啉硫酸盐和 8-羟基喹啉柠檬酸。应用浓度为 200～600 毫克/升。

2. 缓慢释放氯化物　有些稳定而缓慢释放的氯化物,在保鲜剂配方中也有应用。氯的浓度为 50～400 毫克/升。经常应用的化合物有二氯-三萘-三酮钠和二氯异氰酸钠。

3. 季胺化合物　作为杀菌剂被广泛应用,尤其对自来水或硬水使用更为有利,一般对花卉不产生毒害作用,比 8-羟基喹啉更稳定、持久。这类化合物有正烷基二甲苄基氯化氨、月桂基二甲苄基氯化氨等。

4. 噻苯咪唑　是一种广谱型杀真菌剂,应用浓度为 300 毫克/升。噻苯咪唑在水中溶解度很低,可用乙醇等先溶解。噻苯咪唑还表现出类似细胞激动素的作用,可以延缓乙烯的释放,降低花卉对乙烯的敏感性。

三、乙烯抑制剂

STS 是目前花卉业使用最广泛的乙烯抑制剂,在植物体内有较好的移动性,对花朵内乙烯合成有高效抑制作用,可有效地延长多种花卉的瓶插寿命。STS 需随用随配,配好后最好立即使用。如不马上使用,则应避光保存,可在 20℃的黑暗环境中保存 4 天。

四、水

最好用无离子水,所用水的 pH 值为 3～4,目的是减少微生物的繁殖,增强茎的吸水力,提高保鲜剂在花茎中的流速。因此,大多数保鲜剂配方中都含有一种酸化剂(常用柠檬酸),用以降低 pH 值。

五、植物生长调节剂

植物生长调节剂可以引起或抑制植物体内各种生理和生化进程,从而延缓花卉的衰老。常用的植物生长调节剂有:一是细胞激动素,其中 6-苄基腺嘌呤最为常用,可以防止茎叶黄化,促进花茎吸水,抑制乙烯的作用;二是赤霉素,单独使用时效果不明显,常与其他药剂一起使用,主要用作催花剂;三是脱落酸,促进气孔关闭,抑制蒸腾失水;四是矿物质,主要是植物生长所需要的一些矿物元素,如钾、镁、钙、铁等。提供矿物营养,延长花卉的保鲜期。

第四节　花卉的保鲜包装

在花卉产品的采后处理中,其保鲜主要采用冷藏保鲜、薄膜保鲜、药剂保鲜、脱水保鲜等几种保鲜方式,现冷藏保鲜应用得最为广泛,其收效也比较好。各种保鲜处理的手段和方法已趋于成熟,现分别加以介绍。

一、花卉包装技术及功能

就花卉包装而言,它也必须满足和具备以下三大功能。

1. 保护功能　保护是花卉包装最基本的重要功能。根据花卉的性质、形态、理化功能的不同,保护功能的设计与其他商品也应该有所不同。

2. 方便功能　方便功能首先要体现方便运输的功能。

3. 传送功能　花卉包装同样以花卉产品为核心,从收集、处理产品,准备包装材料和容器,完成包装件,然后经过仓贮、运输、分配、销售等商品流通过程,最后到达用户和消费者手中。

二、花卉保鲜包装的应用

在这一方面的研究,国外的进展水平和成果比国内领先。

1. 包装形式

(1)外观立体形式　箱型和桶型。基本型为箱型,桶型主要用于包装那些只能直立包装的花卉,如金鱼草、满天星、唐菖蒲等花卉。

(2)瓦楞纸箱型　为普通型和功能型。普通型全纸瓦楞纸型已逐渐被功能型、复合纸型所代替。

2. 包装材料

(1)保鲜膜夹层型　它是将保鲜膜夹在瓦楞纸板的内外芯之间。

(2)层压型　它是将保鲜物(剂)与镀铝膜压到纸板的内外芯纸上。

(3)组合型　它是将塑料薄膜与瓦楞纸板组合使用。

(4)混合型　它是将吸收乙烯气体的粉末在造纸过程中加入纸浆中,瓦楞纸成型后制成的。

第五节　花卉的贮藏技术

鲜切花的贮藏是调节供需的一种重要方式。贮藏的目的是把鲜切花的各种生命活动降低到最低程度,其中重要的是控制蒸腾与呼吸。低温、高湿、蒸气压差小,都是延缓切花萎凋的必要条件。花卉产品的贮藏主要分为常温贮藏、低温贮藏、气调贮藏、减压贮藏等多种方式。目前,低温贮藏使用得比较广泛,而气调贮藏和减压贮藏在很多国家尚未应用。下面简介与花卉贮藏有关的几个问题。

一、低温冷藏

在低温高湿的条件下贮存鲜切花,然后根据市场需求量分批出售。如果短期贮藏,可将花茎基部插入水中1～3天。若较长时间贮藏,则不能插入水中,以免花发育,缩短观赏期。冷藏以接近花的冰点为宜,多数以0℃～0.5℃干藏为好。冷藏效果不仅温度控制要严格,而且保证冷藏室空气流通也较重要,以免花受冷害。但热带花要求温度较高,如红苞芋、姜花、鹤望兰、万带兰、嘉德丽亚兰等,一般控温在12℃～18℃为宜。

1. 预冷　切花预冷处理的温度与时间,直接影响保鲜效果。花的冷却速度越快,对保鲜越有利。一般预冷应在24小时内完成。预冷的方法有自然预冷、真空预冷、风式预冷和水冷等。现分别加以介绍。

(1)自然预冷　是最简单的预冷方法。即将不包装的花枝或不封闭的包装箱,放在冷室内散热降温,直至达到理想的温度。预冷的温度为0℃～1℃,空气相对湿度为95％～98％。

(2)真空预冷　此法降温速度极快,约20分钟温度即会大减,预冷效果好。但这种方法的设备价格高,技术较难掌握。同时,借蒸发冷凉,会引起花卉失水萎蔫。

(3)风式预冷　利用通风设备。让冷气通过未封盖的包装箱降低温度,预冷后再封盖。

(4)水冷　在水中最好加入杀菌剂,以防止霉菌。预冷的时间随着花的类型、箱的大小,以及采用预冷方法的不同而异,一般为8～60分钟。预冷后,花应保存在冷凉处(包括在运输途中),使花保持恒定的低温。

2. 冷藏的方法

(1)湿冷藏　是将花枝基部插入水中,短期贮藏1～3天。湿冷藏时,温度要接近水的冰点。

(2)干冷藏　是将花枝长期贮藏,不插入水中,如月季、香石竹、菊花等温带花卉。贮藏温度应尽可能接近组织的冰点,大多数花的冰点温度低于0.5℃。在这种温度下,最好干贮。如果温度控制得好,空气又流通,就可以防止因冷而产生的斑点。用于冷藏的切花,最好在早晨花充分饱满时采摘,因为其养分充足,耐低温能力强。冷藏时先预冷。贮藏后,当取出花枝时,基部应剪去1厘米,并插入适宜的溶液中处理,以便恢复生机。而有些花卉,如水仙、香石竹等,以蕾期贮藏较好。

二、气调贮藏

此法以增加二氧化碳浓度,降低氧气含量,抑制呼吸,从生理角度调节花的发育。此法效果很好,花的寿命更长,是目前较理想的方法,少鼠害,且无真菌病害发生,不会影响花的品质。但是设备投资比较大,需人工调节气体发生器、空气净化器、呼吸袋、加湿和二氧化碳洗涤条件,以及密闭装置等。常采用硅胶窗气调贮藏袋和气调贮藏库 2 种。硅胶窗气调贮藏袋是利用硅橡胶对二氧化碳、氧气等气体有一定的选择性。在贮藏袋上,嵌入一定面积的硅胶,调节贮藏袋内的气体成分,达到保鲜的目的。气调贮藏库必须密闭条件好,通过燃烧或利用分子吸附氧气,提高二氧化碳浓度。当二氧化碳浓度过高时,又可用一些化学物质,如活性炭,消石灰、碳酸钾等吸附排除。而对环境中的乙烯,可用高锰酸钾等吸附,从而进行切花的保鲜。

三、减压贮藏

在控制低气压冷藏条件下,用水饱和空气连续通风,以免贮藏的切花腐烂。减压使氧气、乙烯及有害挥发物减少,保持切花代谢处于受抑制状态,生命活动维持在最低水平,从而延长寿命。一般气压标准为 5 320～7 980 帕斯卡,对月季、香石竹的蕾期贮藏均有良好效果。但成本高,目前尚未推广使用。

四、冷藏库的管理

经预冷和包装的切花,在冷藏库内合理放置,通过冷藏库内温度、湿度、气体等条件的调控,达到使切花保鲜的目的。不同切花贮藏的温度条件不一样,大多数切花可在 4℃下贮藏。而起源于热带的切花,贮藏温度要求为 7℃～15℃。冷藏库的温度变化应尽量小,每天出入库的花流量,以占总库容量的 10% 为宜。经预冷的切花,每日的流量可适量增加。在冷库内可安装鼓风装置,以利于空气流通和维持库内均匀的低温。同时,也能调节库内的温度和空气湿度。

五、切花贮藏存在的问题及解决方法

1. 贮藏后花不能开放　如菊花、月季、水仙、球根鸢尾等,要通过预处理或贮藏后管理,使之尽快恢复生长。贮藏后的球根鸢尾,剪去基都 1～3 厘米,插入暖水中调理数小时会得到改善。但要使花朵开放,则必须放在专用的开花液中。唐菖蒲、鹤望兰在贮藏前,必须进行化学溶液预处理,才能保证开花和提高品质。

2. 贮藏期切花开放过度　切花在贮藏时,有时由于贮藏温度过高,花卉会开放过度,不能满足商品切花的要求。对此可以利用生长抑制剂,如马来酰肼(MH)或整形素来防止花卉开放过度。但必须控制好这些抑制剂的使用浓度,否则,它会抑制切花的正常生长,使花朵不能开放。

3. 花朵变色　月季、石竹、康乃馨等,在贮藏期间花瓣会变蓝或变黑。其防止的方法是切花采后,不立即放入冷室贮藏,而是先让它在花棚下晾干、失水避阳,在预冷前插入水中数小时。

4. 叶片褪绿　切花在贮运过程中,叶片会变黄和变黑。

(1)叶片变黄　细胞分裂素能有效地抑制叶片衰老变黄。处理方法是,切花在贮运前,用低浓度细胞分裂素浸叶或高浓度喷叶。将花枝基部浸入柠檬酸中,也能在一定程度上抑制叶片变黄。因此,切花贮藏时应保留茎上的叶片,贮藏后再去掉低位叶。贮藏期间也可利用光照推迟菊花叶片变黄。

(2)叶片变黑　花卉叶片中的酚类物质被氧化,就会引起叶片变黑,其速度与锌、锰含量有关。一些山龙眼科花卉,在贮运中叶片变黑严重,处理方法是将切花插在 2%～3%蔗糖＋20 毫克/升 8-HQC 保鲜液中,可控制叶片变黑。

5. 病害　切花在冷藏期间的病害,主要是由灰霉菌引起的。要防止灰霉菌的产生,首先要采用无病花枝,并在采前、采后用杀菌剂处理。

6. 花器脱落　由于高温、创伤、震动和有害气体等的影响,会引起一些切花的花瓣或花芽脱落。如高温、乙烯会引起月季、天竺葵等切花花瓣的脱落。

7. 冷害　不同的切花,对冷藏的温度要求不一样。大多数切花可在 4℃下贮藏,但起源于热带或亚热带的切花要求贮藏温度为 7℃～15℃,低于这一温度会引起冻害。

8. 花枝或花穗弯曲　切花在贮运过程中,由于重力作用,以及本身向顶生长或趋光性,使水平放置切花的花茎或花穗发生弯曲。特别是长花序种类,如唐菖蒲、金鱼草、飞燕草、月季、非洲菊、郁金香、白头翁等,易产生向地性弯曲。防止方法是用特制的容器将切花垂直放置;剪去花穗顶端 1～2 个芽;在贮运前,垂直放置冷藏 1 天。非洲菊在运输前,用 0.5%矮壮素(CCC)处理 16 小时,能完全抑制向地性弯曲。

第六节　花卉产品的采收保鲜

要将花卉从生产地远距离运往销售地点,首先要做好花卉的采收保鲜工作。具体细分为露地花卉插条采收保鲜、室内花卉插条采收保鲜、根茎采收保鲜、块茎采收保鲜、鳞茎采收保鲜,球茎采收保鲜、切枝采收保鲜、切叶采收保鲜、切花采收保鲜、切果采收保鲜、草本花卉种子采收保鲜、木本花卉种子采收保鲜等。下面举 2 个例子,对花卉产品的采收保鲜技术加以说明。

一、康乃馨插条采收保鲜

1. 植株性状　康乃馨是一种多年生草本植物。茎直立,多分枝,株高 70～100 厘米,基部半木质化。整个植株被有白粉,呈灰绿色。茎秆硬而脆,节膨大。叶线状披针形,全缘,叶质较厚,上半部向外弯曲,对生,基部抱茎。

2. 插条采收　收获部位为康乃馨的顶部枝条。为了获得理想的繁殖效果,应该剪截粗细适宜,节间较短,没有花器者;枝条长度要控制在6~7厘米。此项操作最好结合整形进行。产品应该立刻预冷。

3. 分级　对所采收的插条,应该在具有该品种的典型特征、无病虫侵袭、能够正常繁殖的前提下进行分级:一级插条的顶枝占有率≥99%;二级插条的顶枝占有率≥97%;三级插条的顶枝占有率为≥95%。相同等级插条的顶枝占有率不得低于标准的1%。

4. 包装　将相同等级、品种的康乃馨枝条,每50根用一塑料袋包装,分别码入标有品名、具透气孔的衬膜瓦楞纸箱内。

5. 保鲜管理　可以把插条置于空气相对湿度在95%以上,温度为3℃~5℃的环境中贮藏。

6. 存放期限　按照上述方法处理,康乃馨的枝条通常能够存放2~3天而不致影响繁殖使用。

二、太阳花种子采收保鲜

1. 植株性状　太阳花为1年生肉质草本植物。株高10~30厘米,茎细而圆,平卧或斜生,节上有丛毛。种子生于蒴果中,肾状圆锥形,细小,棕黑色,6~7月份开花,7~10月份开花后陆续成熟。

2. 种子采收　收获部位为太阳花的蒴果。通常在8~10月份分批将已经成熟的果实采下,然后将其晒干,搓碎果皮(选出种子即可。注意太阳花的蒴果在成熟后易开裂)。如不及时采收,种子容易散落,故要经常观察,及时采收。

3. 分级　所采收的种子应该在保证品种净度、正常含水量、无异物污染的前提下进行分级:一级种子的萌发率≥98%;二级种子的萌发率≥95%;三级种子的萌发率≥92%。在使用时,各级种子的萌发率允许低于相应标准的5%。

4. 包装　太阳花的种子粒径较小。多采用防潮的纸袋作为内包装,印有说明的纸袋作为外包装。注意在操作时勿与其他等级、品种的种子混淆。批发袋内盛种子200~300克,零售袋内盛种子0.03~0.05克。

5. 保鲜管理　可以将种子置于干燥避光、通风良好、环境温度在10℃~15℃的地方贮藏。

6. 存放期限　按照上述方法处理,太阳花的种子通常能够存放1年而不致影响育苗。

第七节　花卉的运输技术

鲜切花从生产地运至消费地,是切花商品化生产过程中的一个重要环节。交通工具和交通条件直接影响切花商品价值的实现。由于生产地和消费地的距离远近不一,采用的交通工具也多种多样。

一、运 输 途 径

长距离运输多采用飞机空运或火车陆运；短距离运输常采用汽车陆运或轮船水运。在荷兰和泰国，切花被定为特级商品，优先运输。因此，荷兰的花卉商品，通常是1 500千米以上用飞机运输；若近距离，则用冷藏货车或火车运输。

1. 公路和铁路运输　汽车运输的速度较慢，近年来，我国路况条件虽然大大改善，但局部地区还是较差，因此，只适应于短途运输。利用火车运输速度快，容量大，成本低，且机械振动小。目前，是我国较长距离、大批量运送切花的主要方式。

2. 水路运输　利用轮船运输，由于速度太慢，比较少用。在我国江南地区，主要利用水上交通网进行切花的短途运输。

3. 空中运输　利用飞机运输时间短，速度快，损耗小，但成本较高。对高品质的名贵切花利用飞机空运，综合效益较好，如我国云南生产的切花，主要是通过空运向外销售。

二、运 输 方 式

从运输方式上，切花的运输又可分为干运与湿运。

1. 干运　目前，大多数花卉都采用干运。干运切花所出现最普遍的不良症状是花瓣失去膨压。但是，经过调理后即可恢复，并保持良好的品质。

2. 湿运　热带花卉，如热带兰，红鹤芋等，需要采用湿运。由于它们不耐低湿，所以在运输前或运输中，要经常供水。将花茎的基部，浸入装有水或保鲜液的玻璃管或橡皮袋内，也有在基部缠绕湿润物质，如利用湿棉球、吸水纸等保持湿润。切花在运输前要进行预处理。否则在运输过程中，花瓣与叶片易萎缩、褪色及缩短寿命。

三、商品花卉在运输过程中应注意的问题

1. 铁路托运　在花卉商品运输中应用较少，只是许多种苗大量引进，以及盆栽花卉，亟待装饰使用者才采用此方式，或者距离不很远，以此方式运输。如从广州购买金橘、标竹等北运至西安等地，即可采用这种运输方式。包装要求不严，可以较大批量运输，并可安排专人随车护理。

2. 专车运输　用汽车专运商品花卉，在高速公路上行驶，途中时间比以前大大缩短，容易保鲜，不致丧失经济价值。包装不严，可随时人工喷水，使花卉保持新鲜。

3. 空运或海运　空运商品花卉，速度快，新鲜度保持好，但包装要求严。民航手续比较复杂。但长期专业化确定合同关系，也不难办理。如昆明商品花远销北京、上海、南京、西安、武汉以及东北各省、市，全靠航空运输，已经达到标准化、产业化。

四、运输工具的选择

各类商品花卉的形态和特性不同，在包装和运输工具的要求上，其规格、标准也

有不同之处。切花多以纸箱装载,按大小每 10～20 枝为 1 扎(束),经保鲜处理后,单株用纸包裹。纸箱大小设计也因花长度而定,四周留有孔眼透气,以防霉烂。最后以胶带封口,纸箱外表有名称、毛重、规格等,包括应注意的问题及图示,如方向、防挤压等。盆花多以木柜、竹筐或塑料筐装载,并妥善覆盖,使花卉可以保持原状,不受损伤。种苗运输用袋或柜装,比切花、盆花要求低一点。但是,同样要严防挤压、损伤和腐烂,要认真对待。

五、运输过程的管理

1. 办理检疫手续　为了防止危险性病虫扩散、蔓延,花卉在运往目的地前,应申办植物检疫手续。获得检疫证书后,才能办理有关托运手续。

2. 包装运输的标注　在抽样检验或由专业人员进行产地检验后,将花卉包装合格。对花卉品种、日期、托运人、托运单位以及目的地名称、收货人等,必须正确而清楚地注明,以防混乱搞错,造成不必要的经济损失。

3. 运输保鲜管理

(1)预处理　进行采后运前处理,首先要采取保水措施。浸水可以补充花茎的田间失水量,使切花细胞膨胀压得到恢复。一般用水泥池、塑料桶、木桶等容器,装浅层水,将切花整捆竖立其中。若花开始萎蔫,浸醮 14 小时后,就能恢复正常细胞膨胀压。但是用水要求洁净,并在其内加杀菌剂和防腐剂,此时勿用糖。为提高效果可用营养液,并添加 0.1%～0.01%洗衣粉溶液,增加湿润度,以便吸收药物有效成分。

(2)化学处理液　运输前化学处理,特别是贮藏时间较长时,可延长花的寿命。用含糖营养液以促进花蕾开放,保障花质免受贮运影响,调整淡市期供应或延长供花期。

(3)营养液浓度　商品花卉种类不同,要求使用的营养液浓度也不同。要配合使用 STS 延缓衰老,以及杀菌剂防腐和防霉烂。一般花卉最适温度为 20℃～27℃,而月季花在 20℃下 3～4 小后,冷藏 12～16 小时才有效。空气相对湿度为 35%～80%,光照以弱光或散光(1 000 勒)为宜。STS 的主要作用是抵抗乙烯危害花卉,特别是对长途运输的花卉,用它做预处理的效果更加明显。

(4)热处理法　有伤流乳汁的花卉切花种类,其寿命较短,如大丽花、虞美人等。因为乳汁快速凝固,堵塞其切口的输导组织不能吸水,故会在短期内凋萎谢花。如果用酒精浸醮、灯焰干燥或温水(50℃)浸 30 秒,即可防止这种现象的发生,但沸水忌用。

(5)冷处理　预冷可以避免或减少产生呼吸热,降低呼吸率,而且能抑制微生物感染繁殖,减少腐烂,使蒸腾缓慢,避免轻度凋萎皱缩。预冷温度为 1℃～4℃,空气相对湿度为 95%～98%。具体方法可用冷水浸泡或使冷水流过包装箱(筐),消除产品发热。

第三篇　130种草本花卉的生产技术

第一章　草本花卉的分布、用途和形态特征

第一节　1～2年生草花

草本花卉是花卉家族中形态丰富、种类繁多、数量庞大、应用范围十分广泛的一大类花卉。草本花卉主要依据茎的木质化程度进行划分,木质部不发达,支持力较弱的植物茎,称草质茎。具有草质茎的花卉,均称为草本花卉或草花。按草本花卉生育期长短的不同,又可分为1～2年生草花、宿根草花、球根草花等。本节主要介绍1～2年生草花。

1年生草本花卉是指在栽培地区的自然环境条件下,生命周期在1年以内完成的草本花卉。如果花卉的栽培季节与其自然生长季节相同,一般情况下不需要采取增温、遮光等措施,可以直接露地栽培。其特点是喜高温,不耐寒,霜冻开始后就可能死亡。如鸡冠花、凤仙花、一串红、百日草、刺茄、半支莲(太阳花)等。

2年生草本花卉一般是在秋季播种,到翌年春夏开花、结实直至死亡。实际上2年生草花的生命周期不足1年,只是跨越2个年份,第一年只进行营养生长,然后必须经过冬季低温,翌年才开花、结实、死亡。一般秋天播种,种子发芽,进行营养生长,翌年的春天、初夏开花、结实,在炎夏到来时死亡,所以又称为越年生草花。其特点是多数种类要求凉爽的气候条件,能耐一定的低温,忌炎热,若遇持续高温天气,容易死亡。如紫罗兰、雏菊、金鱼草、金盏菊、三色堇等。

2年生草花按栽培方式、原产地区的气候条件、耐寒能力及栽培方式的不同,可分成2年生露地草花和2年生温室草花。2年生露地草花秋播后,能够在露地自然环境条件下,正常完成整个生命周期,耐寒性比较强,能够抵抗冬季低温,一般在0℃以下的低温中可以正常越冬,不会发生冻死的情况。在冬季,2年生露地草花对春化低温要求比较严格,需要30～70天0℃～10℃的低温,才能完成春化作用。如果春化所需要的低温和低温保持的时间得不到满足,春季以后,植株将停留在营养生长阶段,不能转入生殖生长,出现植株只长叶不开花的现象。也有人用赤霉素处理未完成春化作用的植株,促进其开花。2年生温室草花大多是原产自热带及亚热带的花卉种类,均不耐寒。凡不能在当地露地越冬,必须用温室栽培的花卉称为温室花卉。温室草花与露地草花的差异,主要在于幼苗春化所要求的低温要高些,同时不是非常的严格,由于气候条件的限制,幼苗期到开花期都必须在温室中生长。将温室花卉露地栽培,容易出现植株冻伤或冻死的情况。

1～2年生花卉繁殖系数大,生长迅速,生命周期短,见效快。1年生草花从播种

到开花需80天左右,如果要收种则需要110～120天;2年生草花从播种到开花需要60天左右,至种子成熟需要180天左右。1～2年生草花对环境要求较高,并且栽培程序复杂,不管是育苗管理,还是温室栽培都要求精细管理。由于草本花卉的种子较小,容易混杂、退化,因此生产上只有利用良种繁育的种子播种,才能保证花卉的观赏质量。1～2年生草花可以用于布置花坛、花带、花丛、花群、地被和花境,也可作鲜切花、干花或用于垂直绿化。

1～2年生草花在园林应用上主要有以下特点:

①1年生草花大多作为夏季景观花卉,2年生草花可以作为春季景观花卉。

②1～2年生草花一般色彩鲜艳,具有较强的视觉冲击力和极佳的装饰效果,在园林中可以起画龙点睛的作用。进行重点美化时,常使用这类花卉。

③1～2年生草花是花卉规则式应用种类,如布置花坛、花镜等的常用花卉。

④1～2年生草花繁殖量大,有利于大面积种植,见效快。

⑤每种草本花卉的开花时间都比较集中,更换种类多,可以保证较长时间的观赏效果。

⑥有些种类能自播繁衍,形成野趣,可以当宿根花卉使用,也可以用于培植野生花卉园。

⑦由于1～2年生草花的生命周期较短,要保证观赏效果,1年中需多次更换摆放的花卉品种,因此管理费用较高。

⑧对环境条件要求较高,直接地栽时需要选择良好的种植地点。

进行1～2年生草花的栽培,需要选择保水、保肥、通气、透水、质地良好、富含有机质的土壤育苗。出苗后,要及时间苗、适时移栽或上盆。在植株生长期内要精细管理,及时中耕、除草,适量施用肥料,必要时进行修剪和整形,对病虫害的防治应当做到早防、早治。

本节有代表性地介绍32种1～2年生草花的用途与形态特征,它们隶属于15科29属。

瓜叶菊 （*Cineraria cruenta* Masson）

别名千日莲。菊科千里光属。原产于北非大西洋上的加那利群岛。现在我国许多大中城市均有栽培。

[**用途**]   瓜叶菊株形饱满,花朵美丽,花色繁多,是冬春季最常见的盆花,可供冬春室内布置,也常用于布置会场,点缀厅、堂、馆、室。温暖地区也可脱盆移栽于露地布置早春花坛,还可用作花篮、花环的材料,也是美丽的瓶饰切花。

[**形态特征**]   多年生草本,多作1～2年生栽培。叶大,具长柄,单叶互生,叶片心脏状卵形,硕大似瓜叶,表面浓绿,背面洒紫红色晕,叶面皱缩,叶缘波状有锯齿,掌状脉;叶柄长,有槽沟,基部呈耳状。全株密被柔毛。头状花序簇生成伞房状生于茎顶,每个头状花序具总苞片15～16片,单瓣花,有舌状花10～18枚。茎直立,高矮不一,矮者高20厘米,高者可达90厘米。花色除黄色外,有红、粉、白、蓝紫各色或具不同

色彩的环纹和斑点,以蓝色与紫色为特色[图(3.)1.1]。瘦果黑色,纺锤形,具冠毛。

图(3.)1.1　4 种颜色的瓜叶菊

万寿菊　（*Tagetes erecta* L.）

别名臭芙蓉、蜂窝菊、臭菊。菊科万寿菊属。原产于墨西哥及美洲地区。我国各地园林习见栽培。

[用途]　万寿菊花大色艳,花期长。中矮型品种,宜作花坛、花境、花丛,也可盆栽。高型品种,作带状栽植可代篱笆,也可作背景材料或切花,花梗长,切花水养持久。药用花、叶,味微苦辛,性凉,有清热化痰、补血通经、去瘀生新的功效。

[形态特征]　1 年生或多年生草本,高 60～90 厘米。茎光滑而粗壮,绿色或有棕褐色晕。叶对生或互生,羽状全裂,裂片披针形或长矩圆形,有锯齿,上部叶裂片的锯齿或顶端常具有长而软的芒。叶缘背面具数个大的油腺点,有强臭味。头状花序单生,顶生具长总梗,中空;花径 5～13 厘米。总苞钟状。花黄色或橘黄色,舌状花有长爪,边缘皱曲[图(3.)1.2]。瘦果黑色,下端浅黄,冠毛淡黄色,有光泽。栽培品种很多,花色有乳白、黄、橙至橘红乃至复色等深浅不一;花型有单瓣、重瓣、托桂、绣

图(3.)1.2　万寿菊

球等,花径从小至特大花型均有。植株高度有矮型(高 25～30 厘米)、中型(高 40～60 厘米)、高型(高 70～90 厘米)。

金盏菊 　(*Calendula officinalis* L.)

别名黄金菊、金盏花、常春花、长生花。菊科金盏菊属。原产于南欧加那列群岛至伊朗一带地中海沿岸。现在世界各国均有栽培。

[用途]　金盏菊在欧洲最早作为药草栽培。自从 16 世纪园艺学家育出美丽的重瓣品种后,金盏菊的观赏价值就逐渐胜过其药用价值,从而成为重要的草花之一。金盏菊春季开花较早,常作花坛布置、花坛栽植。应随时剪除残花,否则开花不艳。但其自初花至盛花末期,植株继续长高,故在花坛设计或养护时,应予注意。近年国内也已作温室促成盆栽,供应切花或盆花。

[形态特征]　菊科 1～2 年生草本,株高 40～50 厘米,全株具毛。叶互生,长圆形至长圆状倒卵形,或匙形,全缘或具不明显的锯齿,基部稍抱茎。头状花序顶生,花径为 5～10 厘米,舌状黄色花[图(3.)1.3]。栽培品种花色丰富,花型富有变化,花期 3～6 个月,瘦果多呈船形或环形。

图(3.)1.3　金盏菊

麦秆菊 　(*Helichrysum bracteatum* Willd.)

别名腊菊、贝细工。菊科腊菊属。原产于澳大利亚,现世界各国多有栽培。我国园林常见栽培。

[用途]　麦秆菊可布置花坛,或在林缘自然丛植。麦秆菊色彩绚丽光亮,干燥后花形、花色经久不变、不褪,最宜切取作干花,供冬季室内装饰之用。麦秆菊矮性品种可作花坛材料或盆栽观赏。

[形态特征]　1 年生草本植物,常作 1～2 年生栽培。较粗壮,高 40～100 厘米,全株具微毛。茎直立,多分枝。分枝直立或斜伸,近光滑,叶互生,长椭圆状披针形,

基部渐狭成短柄,长5～10厘米,全缘,近无毛,主脉明显。头状花序单生枝顶,花径3～6厘米。总苞苞片多层,外层椭圆形,中层长椭圆形,因含有硅酸而呈膜质,干燥具光泽,形如花瓣,有黄、橙、红、粉、白等色;外片短,覆瓦状排列,中片披针形;内片长,宽披针形,基部厚,顶端渐尖。管状花黄色[图(3.)1.4]。瘦果灰褐色,光滑,有光泽,冠有近羽状糙毛。

图(3.)1.4　麦秆菊

孔雀草　(*Tagetes patula* L.)

别名臭芙蓉、高丽菊、小万寿菊、红黄草。菊科万寿菊属。原产于墨西哥。现我国各地均有栽培。

[用途]　孔雀草中矮型品种可布置花坛、花境,也可作盆栽和切花用。

[形态特征]　1年生草本,高20～40厘米。茎多分枝,细长而晕紫色。叶对生或互生,有油腺,羽状全裂,小裂片线形至披针形,尖端尖细芒状。尖状花序顶生,有长梗,花径2～6厘米;总苞苞片1层联合成圆形长筒;舌状花黄色,基部具紫斑,管状花尖端5裂,通常多数转变为舌状花而形成重瓣类型[图(3.)1.5]。花型有单瓣型、

图(3.)1.5　孔雀草

重瓣型和鸡冠型。

大波斯菊 （*Cosmos bipinnatus* Cav.）

别名波斯菊、波丝菊、秧英、秋樱、十样景。菊科秋英属。原产于墨西哥及南美地区。现分布于我国各地的广大城镇和农村,在一些地方它早已进入家庭。

[用途] 大波斯菊的自生能力强,一般栽培地方,翌年能长出许多实生苗,并且是多年不衰,因而在坡地、草坪、路边、房前、屋后等处,都可大量种植,使之成为半野生状态。大波斯菊由于植株高,枝杈多,花蕾繁密,园林中常用作高型花坛栽培,或群植于草坪周围。除能作地被植物绿化美化莳养之外,还可做切花之用。它的叶、枝、花可以入药,具有清热解毒、明目化湿的功能,主治肿痛,外敷治痈疮、肿毒等多种病症。种子除作繁殖之用外,还可榨油供食用和工业用。总之,大波斯菊是一种用途较为广泛的地被草本花卉。

[形态特征] 大波斯菊为 1 年生草本花卉,茎秆坚韧挺直,株高 1.2～1.5 米。茎多分枝,株态潇洒。大波斯菊的叶态极其特殊,从基部撕裂,裂片线形,稀疏弯曲,态若龙爪。线叶对生或上部互生,长约 10 厘米,二回羽状全裂,全缘。茎枝顶端抽生花莛,形成头状花序,排成疏伞房状圆锥形,具卵状披针形的总苞,头状花序外围为舌状花,通常单轮,一般为 8 瓣,有红、粉、紫、白等多色,盘中心为管状花,多为金黄色[图(3.)1.6,图(3.)1.7]。果为瘦果,果面平滑,果上有 2～4 枚倒刺状的芒。种子成熟后会自行开裂,容易散落,应分批采收。

图(3.)1.6 大波斯菊之一

图(3.)1.7 大波斯菊之二

百日草 （*Zinnia elegans* Jacq.）

别名对叶梅、百日菊、秋罗、步步高、洋牡丹。菊科百日草属。原产于南美的墨西哥和北美的美国。现我国各地均有栽培。

[用途] 百日草为花坛、花境的常用草花,又用于丛植和切花。切花水养持久。

[形态特征] 百日草为 1 年生草本,茎直立,株高 50～90 厘米,全株具粗毛。单

叶对生,卵形至长椭圆形,全缘,无柄,基部微抱茎。尖状花序单生茎顶,舌状花有红、橙、白、黄等色,筒状花黄色,有单瓣、重瓣和半重瓣之分,瘦果[图(3.)1.8]。

图(3.)1.8　百日草

向日葵　（*Helianthus annuus* L.）

别名葵花、太阳花、向阳花。菊科向日葵属。原产于北美洲,世界各国广为栽培。我国南北地区均有分布。

[用途]　向日葵的种子可以用于榨油,是一种优质的油料作物。种子俗称葵瓜子,既可生食,也可以经过加工后熟食,深受世人的喜爱,有较高的营养价值和药用价值。向日葵花型大,花色艳丽,目前培育的向日葵观赏品种较多,花色多样,常用作鲜切花,也较广泛用于园林、庭院的美化。

[形态特征]　向日葵为1年生的粗壮草本花卉,株高一般为1~3米。茎秆呈直立状态,被覆粗硬的刚毛,绿色。叶片宽大,呈宽卵圆形,长度可以达到30厘米以上。头状花序,着生于茎的顶端,花序直径可达35~40厘米,部分品种的叶腋间也可以萌发腋芽,并开花。雌花为黄色,盘心两性花紫色。花期为夏、秋季。

用于观赏的向日葵栽培品种,株高一般为120~180厘米,大多数品种均有分枝。花色较多,有深红色、褐红色、铜色、金黄色、柠檬黄色、乳白色等[图(3.)1.9]。一般的矮生重瓣型向日葵品种株高60~100厘米,花为重瓣,花的颜色为金黄色。

图(3.)1.9　向日葵

凤仙花　（*Impatiens balsamina* L.）

别名指甲花、小桃红、急性子、透骨草。凤仙花科凤仙花属。原产于我国南部，印度、马来西亚也有。现全国广大城镇均广泛种植。

[**用途**]　凤仙花是美丽的花坛植物，也可盆栽，供室内装饰之用，全草均可入药。

[**形态特征**]　1年生常绿草本植物，株高30～80厘米。茎肉质，直立，光滑无毛，多分枝，节部膨大，青绿色或红褐色至深褐色。叶互生，狭或阔披针形，边缘有锯齿。花大，多侧垂，花径为4～5厘米，砖红色，旗瓣阔倒心脏形，花梗短，单生或数朵簇生于叶腋，花色有紫红、朱红、雪青、玫红、白及杂色等[图(3.)1.10]，有时瓣上具条纹或斑点。株形有分枝向上直伸者，有较开展或甚开展者，还有龙游状或向下成拱曲形。蒴果纺锤形，种子圆形。

图(3.)1.10　凤仙花

新几内亚凤仙　（*Impatiens hawkeri*）

别名大花凤仙。凤仙花科凤仙花属。原产于非洲新几内亚。现在我国许多地方广泛栽培。

[用途] 新几内亚凤仙花叶繁,花色艳丽,缤纷悦目,花期颇长,是近年来国际上甚为流行的一种草花,常盆栽装饰室内,是观花赏叶的良好观赏植物。

[形态特征] 多年生常绿草本,常作1年生草本植物栽培,株高30～80厘米。茎肉质,直立,光滑无毛,多分枝,节部膨大,青绿色或红褐色至深褐色。叶互生,狭或阔披针形,边缘有锯齿。花单生或腋生,呈伞房花序,有长梗,花大,多侧垂,花径4～5厘米,砖红色,旗瓣阔倒心脏形,园艺变种品种较多,花色有紫红、朱红、雪青、玫红、白及杂色等[图(3.)1.11,图(3.)1.12],有时瓣上具条纹或斑点。株形有分枝向上直伸者,有较开展或甚开展者,还有龙游状或向下成拱曲形。蒴果纺锤形,种子圆形。

图(3.)1.11 新几内亚凤仙之一

图(3.)1.12 新几内亚凤仙之二

观赏辣椒 （*Capsicum frulescens* L.）

别名朝天椒、五色椒、佛手椒、樱桃椒、珍珠椒、牛角椒、红海椒、灯笼椒。茄科辣椒属。原产于南美洲的热带地区。现在我国各地均有引种栽培。

[用途]　观赏辣椒属优良的盆栽观赏植物，果实鲜艳，并具有光泽，可供观赏的时间极长，几乎全年都可以看到，点缀在绿叶中，玲珑可爱，是夏秋盆栽供室内观赏的好材料，同时也可作花坛和花境的配植材料。它还是很好的蔬菜和调味品。全株可供药用。根茎性温，味甘；叶性温，味苦；果也性温，味辛。有祛风散寒、舒筋活络、杀虫止痒等功效。

[形态特征]　观赏辣椒为草本，茎半木质化或半灌木状，分枝多，常作1年生栽培。茎高40～80厘米。单叶互生，卵状披针形或矩圆形，叶柄长4～7厘米。花小，花冠辐射，白色，裂片5～7，单生于叶腋或簇生于枝梢顶端，有梗，花梗俯垂或直立。花萼短，杯状，有5～7浅裂，结果膨大。果为浆果，直立，长指状或圆锥形，或球形，少汁液，果皮与胎座间有空腔；果色红、黄白、紫等多种颜色类型[图(3.)1.13]。

图(3.)1.13　观赏辣椒

曼陀罗 （*Datura stramonium* L.）

别名洋金花、风茄儿、山茄子、大颠茄、颠茄、闷陀罗、野菠麻、猪颠茄、猪波罗、老鼠愁、白花曼陀罗、金盘托荔枝。茄科山茄花属。生长于山坡草地或住宅附近。分布在江苏、浙江、福建、广东、广西、湖北、四川等地，上海、南京一带有栽培。

[用途]　园林上多作孤植或列植于山坡上、水崖边。医药上多为定喘、祛风、麻醉止痛之用。治哮喘、惊邪、风湿痹痛、脚气和疮疡疼痛，也可作外科手术麻醉剂。据历史报道相传，我国名医华佗早在公元200余年，就曾用麻沸散作为麻醉剂，为病人施行刮骨、剖腹手术。曼陀罗还可用于治疗慢性气管炎和精神分裂症。

[形态特征]　1年生草本，全体近于无毛。茎直立，圆柱形，高25～60厘米，基

部木质化,上部呈叉状分枝。叶互生,上部叶近于对生;叶柄长 2～6 厘米,表面被疏短毛;叶片卵形、长卵形或心脏形,长 8～14 厘米,宽 6～9 厘米,先端渐尖或锐尖,基部不对称,圆形或近于阔楔形,全缘或具三角状短齿,两面无毛,或被疏短毛;叶脉背面隆起。花单生于叶腋或上部分枝间;花梗短,直立或斜伸,被白色短柔毛;萼筒状,长 4～6 厘米,浅黄绿色,先端 5 裂,裂片三角形,先端尖,花后萼管自近基部处周裂而脱落,遗留的萼管基部宿存,果时增大呈盘状,边缘不反折;花冠漏斗状,长 12～16 厘米,顶端直径为 5～7 厘米,往下直径渐小,白色,具 5 棱,裂片 5,三角状,先端长尖;雄蕊 5,不伸长于花冠管外,花药线形,扁平,基部着生;雌蕊 1,子房球形,疏生细短刺,2 室,胚珠多数,花柱丝状,柱尖盾形[图(3.)1.14]。蒴果圆球形,表面有疏短刺,成熟后由绿色变为淡褐色[图(3.)1.15]。种子多数,略呈三角状。

图(3.)1.14　曼陀罗的叶与花

图(3.)1.15　曼陀罗的果实

冰粉花 （*Nicandra physaloides* （L.）Gaertn）

别名鞭打绣球、假酸浆。茄科假酸浆属。原产于南美洲,我国早有引种。现在我国许多城镇均有生长,华南和西南部分地区已逸为野生状态。栽培种和野生种很难区别。

[用途] 冰粉花叶绿,花大,色艳,花期长,近年来,不少家庭、社区、林园等处,把它作为新的花卉品种引种栽培。全草均可入药,有镇静、祛痰、清热、解毒的功效。成熟的种子还可搓揉冰粉,它是良好的夏季清凉天然饮料之一,很受人们的喜爱和欢迎。

[形态特征] 1 年生直立草本,株高 0.4～1.5 米。根系发达,主根长锥形。茎粗壮,有棱沟,上部为叉状分枝。叶互生,卵形或椭圆形,长 5～13 厘米,宽 3～9 厘米;顶端急尖,有的是短渐尖,基部楔形,叶缘具不规则锯齿或浅裂,叶面有疏毛。花单生,俯垂,直径为 3～4 厘米;花萼 5,深裂,裂片顶端锐尖,基部心形,有尖锐的耳片,长成果时为膀胱状膨大;花冠宽钟状,5 浅裂,淡紫色,色彩艳丽淡雅,有晕圈;雄蕊 5;子房 3～5 室[图(3.)1.16]。果为浆果,球状,直径为 1.5～2 厘米,被膨大的宿萼所包围。生长中的果实为绿色,成熟的果实为淡黄色或黄褐色。种子圆扁状,淡褐色。

图(3.)1.16 冰粉花

矮牵牛 （*Petunia hybrida* Vilm.）

别名碧冬茄、灵芝牡丹、杂种撞羽朝颜、番薯花、草牡丹。茄科碧冬茄属。原产于南美洲,目前世界各地广为栽培。我国南北各地都有种植。

[用途] 矮牵牛是花坛及露地园林绿化的重要材料。株矮,花酷似牵牛花,品

种繁多,花色鲜艳,花期长,开花繁茂,是一种极好的草花。种子可药用,有杀虫泻气之效。为极好的花坛材料,尤以单瓣种为好,因其对恶劣气候条件适应性较强,开花较多。秋播苗作春花坛,春播苗作秋花坛。重瓣种及大花种宜盆栽。长枝种可用于门廊窗台的绿化,重瓣种又可用作切花。在温室栽培,可四季开花。

[形态特征]　1 年生或多年生草本花卉,通常作 1 年生栽培,是紫花矮牵牛(*P. violacea* Lindl)与腋花矮牵牛(*P. axillaries* BSP.)的杂种。株高 40～50 厘米,全株上下都有黏毛。茎直立或倾卧。叶片卵状,全缘,几无柄,互生,嫩叶略对生。花单生叶腋或顶端,花萼 5 深裂,裂片披针形。花冠漏斗状,先端具波状浅裂。栽培品种极多,花形及花色多变化,有单瓣、半重瓣,瓣边呈皱波状或呈不规则锯齿;花朵颜色有白、堇、深紫、红、红白相间、粉、紫及近黑色以及各种斑纹,花大者直径达 10 厘米以上[图(3.)1.17]。蒴果尖卵形,二瓣裂,种子细小。

图(3.)1.17　矮牵牛

羽衣甘蓝　(*Brassica oleracea* var. *acephala f. tricolor* Hort.)

别名叶牡丹、牡丹菜、花菜。十字花科甘蓝属。原产于西欧,在我国栽培广泛。

[用途]　羽衣甘蓝的耐寒性较强,叶色鲜艳,是早春和冬季重要的观叶植物。亦可作为花坛、花境的布置材料及盆栽观赏。

[形态特征]　2 年生越冬草本,株高 30～40 厘米(连花序高达 120 厘米),直立无分枝,茎基部木质化,叶矩圆倒卵形,宽大,长可达 20 厘米,被白霜。叶柄粗而有翅,重叠着生于短茎上;叶柄节疤呈三角形,叶缘呈细波状皱褶,色彩斑斓。总状花序,顶生,有小花 20～40 朵。长角果细圆柱形,种子球形。分红紫叶和白绿叶两大类。前者心部叶呈紫红、淡紫红或雪青色,茎部紫红色;后者心部叶呈白色或淡黄至黄色,茎部绿色[图(3.)1.18,图(3.)1.19]。种子前者为红褐色,后者为黄褐色。

图(3.)1.18　紫红色羽衣甘蓝

图(3.)1.19　紫色和白色羽衣甘蓝

紫罗兰　（*Matthiola incana* R. Br.）

别名斯切克、草紫罗兰、草桂花。十字花科紫罗兰属。原产于欧洲地中海沿岸，现在我国各地均有栽培。

[用途]　紫罗兰是春季花坛的主要花卉。有些品种春、夏、秋3季都可开花，是良好的切花材料，尤以矮性品种水养持久。也可供盆栽及促成栽培，以扩大切花的供应季节。花坛布置宜与雏菊、金盏菊、桂竹香、浅色石竹及金鱼草等配置。

[形态特征]　多年生草本，作2年生栽培。株高20～60厘米，茎直立，稍木质化，披灰色星状柔毛。单叶互生，长圆形至倒披针形，全缘，灰蓝绿色，先端钝。总状花序顶生或腋生，花瓣4片，倒卵形，具长爪，紫色或带红色[图(3.)1.20]。4强雄蕊，柱状开裂。栽培品种很多，植株有高、中、矮3类。花型也有单瓣和重瓣之分。所有各种类型中，花色自白色至深紫色均有，具香味。花期也因品种的不同而异。

图(3.)1.20 紫罗兰

鸡冠花 (*Celosia cristata* L.)

别名鸡冠、红鸡冠、鸡冠海棠、青葙。苋科青葙属。原产于印度,现已在世界各国广为栽培,我国各省、自治区均有分布。

[用途] 鸡冠花以花形似鸡冠而得名。花色丰富,艳丽多姿,花期较长,非常适宜用作布置花坛、花境,也被广泛用于盆栽和庭院美化种植。鸡冠花的茎、叶、种子和花均有药用价值,有止血、止泻、调经养血的功效;阴干的花可用作食品红色染料。

[形态特征] 1年生草本花卉,株高因种的不同而差异较大,一般为30~100厘米。茎干呈直立状态,较粗壮,有的种不分枝,而有的种具有分枝。叶片单叶抱茎对生,具短柄,叶片呈长卵圆形或卵状披针形,先端锐尖,基部渐狭,全缘。叶有绿、深红、黄绿或红绿等色。穗状花序扁平,呈鸡冠状。雌花着生于花序基部。花色多样,有紫红、鲜红、玫瑰红、橙黄、黄白等色[图(3.)1.21]。果实圆形,内含多粒种子,种子为黑褐色。

图(3.)1.21 鸡冠花

美女樱 (*Verbena phlogiflora* Cham.)

别名美人樱、铺地锦、四季绣球、铺地马鞭草。马鞭草科马鞭草属。原产于巴西、秘鲁和乌拉圭等美洲热带地区。我国各地均有引种栽培。

[用途] 美女樱分枝紧密,铺覆地面;花序繁多,花色丰富而秀丽,园林中多用于花境、花坛。矮生品种仅20～25厘米高,也适做盆栽。

[形态特征] 多年生草本。植株丛生,宽广,铺覆地面。高30～50厘米。全株有灰色柔毛。茎四棱。叶对生,有柄,长圆形或披针状三角形,缘具缺刻状粗齿,或近基部稍分裂。穗状花序顶生,但开花部分呈伞房状,花小而密集,苞片近披针形,花萼细长筒形,先端5裂;花冠筒状,长约为萼筒长的2倍,先端5裂,裂片端凹入,有白、粉、紫、红等不同色泽,也有复色品种;略具芳香;花径约1.8厘米。果实为蒴果[图(3.)1.22]。

图(3.)1.22 美女樱

石竹 (*Dianthus* SP.)

别名洛阳花、麦石竹、中国石竹。石竹科石竹属。原产于我国,分布于欧洲、亚洲和非洲,主产地为地中海地区。我国各省均有栽培。

[用途] 石竹类花色艳丽,花期长,园林中广泛用于花坛和花境,也用作镶边植物,还可布置岩石园。又因其花梗挺拔,水养持久,有些种类四季开花性强,更适于做切花。1～2年生栽培的品种,如利用冷床越冬,早春即可开花,于花后重剪,至秋凉又开花。

[形态特征] 1～2年生或多年生草本。茎硬,节处膨大。叶线形,对生。花大,顶生,单朵或数朵至伞房花序[图(3.)1.23],萼管状,5齿裂;下有苞片2至多枚;花

瓣 5,具柄,全缘或齿牙状裂。蒴果圆柱形,顶端 4～5 齿裂。

图(3.)1.23　石竹

千日红　(*Gomphrena globosa* L.)

别名千年红、千日草、火球花、红火球、杨梅花。苋科千日红属。原产于中国、印度和南美洲的热带地区。现广泛分布于我国许多城镇,特别是江南地区栽培较多。

[用途]　千日红的适应性强,栽培管理较粗放,植株矮,花期长,花繁色艳。花序虽然细小,但也相当美观,并且正值炎夏,是夏秋花坛、花境美化的良好用材。其膜质苞片的色彩亮丽,风干后也不易褪色,是制作切花和干花的优质天然花材,可供插瓶及装饰小型花篮、花圈用,经久耐用,能长期保持原有的花形和鲜艳的颜色。花头可以入药,有止咳平喘的功能,能治疗气喘和百日咳。

[形态特征]　1 年生草本花卉,株高 30～60 厘米。茎直立,呈不明显的四棱形,节部膨大肥厚,分枝较多,茎、叶表面被粗毛。叶对生,具短柄,为长椭圆形或倒卵形,先端急尖,基部渐狭,全缘,表面粗糙。头状花序,球形至长圆形,单生或 2～3 朵簇生于枝顶。单花的花冠小筒状,花径约 2 厘米;总苞 2 片,对生,呈紫红色,并且闪耀亮光;萼片 5 片,线状披针形,密生长茸毛。主要观赏部位是膜质苞片,千日红在花形上没有变化,其颜色有深红、紫红、淡红、白色等[图(3.)1.24]。果实球形,种子细小。

图(3.)1.24　千日红

一串红　(*Salvia splendena* Ker-Gawl.)

别名墙下红、撒尔维亚、万年红、爆竹红。唇形科鼠尾草属。原产于南美洲巴西,我国现广为栽培。

[用途]　一串红一般常用其红花品种,花色的鲜艳为其他草花所不及。常用作花丛、花坛的主体材料,及带状花坛或自然式花境,植于林缘。常与浅黄色美人蕉,矮万寿菊,浅蓝或水粉色的紫菀、翠菊、矮藿香蓟等配合布置,观赏效果较好。一般白色、紫色品种的观赏价值不及红色品种。一串红也可作盆花摆设。

[形态特征]　多年生草本,常作1年生栽培,茎基部多木质化,最高可达90厘米。茎四棱,光滑,茎节常为紫红色。叶对生,有长柄,叶片卵形,先端渐尖,缘有锯齿。顶生总状花序,被红色柔毛,花簇2～6朵,苞片卵形,深红色,早落;萼钟状,二唇,宿存,与花冠同色;花

图(3.)1.25　一串红与一串白

冠唇形,有长筒伸出萼外。小坚果卵形。花冠及花萼色彩艳丽,有鲜红、白、粉、紫等色及矮生变种[图(3.)1.25]。

吊竹梅　(*Zebrina pendula* sch.)

别名吊竹兰、油太藤、吊竹草、水竹草、斑叶鸭跖草、淡竹叶。鸭跖草科吊竹梅属。原产于墨西哥,我国现在各地均有栽培。

［用途］　叶片紫白鲜明，四季常艳。株形丰满秀美，匍匐下垂。是常见的温室观叶花卉，特宜吊盆观赏。吊竹兰尚有药用价值，具清热解毒、凉血利尿之功效。

［形态特征］　吊竹梅为常绿宿根草本。茎分枝，匍匐性，披散或悬垂，有淡紫色斑纹，长 40～80 厘米。节处膨大生根，茎有粗毛，茎与叶稍肉质。叶互生，基部鞘状，卵圆形或长椭圆形，长约 7 厘米，宽约 4 厘米，端尖，全缘；叶面银白色，其中部及边缘常带紫、白相间的条纹，叶背紫红色［图（3.）1.26］。花小，花冠管白色，裂片玫红色至紫红色，数朵聚生于二片紫红色的叶状苞内。

图（3.）1.26　吊竹梅

秋葵　（*Abelmoschus esculentus*（L.）Mocnch）

别名黄秋葵、食用秋葵、羊角豆、阿华田、树海椒。锦葵科秋葵属。原产于非洲和亚洲以及印度等热带地区，全世界的热带地区常有栽种。在我国的广东、广西、云南、四川、浙江、山东、河北等地区有引种栽培，但总体种植不多。

［用途］　秋葵的嫩果可作蔬菜炒食，或作罐头食品，或进行腌渍。成熟种子炒熟磨粉可作咖啡的代用品。种子含油量为 20% 左右，可榨油，是常见的草本油料植物。因花大，色黄，鲜艳，具蓝心，果实羊角状，叶片青绿，所以是很有发展前景的观叶、观花和观果植物。近年来，有的地方已将其引入公园、庭院和社区等处栽种。

［形态特征］　1 年生草本植物。直根系，株高 1～1.8 米，茎圆柱形，直径为 0.8～1.6 厘米，其上有疏生散刺毛。茎上有 12～18 个节。叶互生，近似于心形至掌状，直径 25～35 厘米，常有 3～7 裂；裂片宽窄不一，边缘具有粗齿，叶的两面有硬毛。叶柄长 7～14 厘米；托叶条形，长约 10 毫米。花单生于主茎的叶腋间，花梗长 1～2 厘米，小苞片 8～10 枚，条形或线形，长 1.2～1.5 厘米；花萼钟形，较长于小苞片，花后脱落；花冠乳黄色，艳丽，5 瓣，具蓝心，直径为 5～7 厘米［图（3.）1.27］。蒴果狭塔状长椭圆形，长 10～22 厘米，直径为 1.5～2 厘米，顶端具长喙，五角形或六角形，有硬毛，整个果实向上，犹如朝天椒状。果中有种子数十粒，种子直径为 4～5 毫米，球

形,灰褐色或褐色[图(3.)1.28]。

图(3.)1.27　秋葵的花

图(3.)1.28　秋葵的果实

三色堇　(*Viola tricolor* L.)

别名蝴蝶花、猫儿脸。堇菜科堇菜属。原产于南欧,现在各地均有栽培。

[用途]　三色堇花色瑰丽,株形低矮,多用于花坛、花境及作镶边植物或作春季

球根花卉的"衬底"栽植。也可盆栽及用于切花和襟花。

[形态特征]　多年生草本，常作2年生栽培。株高15～25厘米。全株光滑，茎长而多分枝，常倾卧地面。叶互生，基生叶圆心脏形，茎生叶较狭。托叶宿存，基部有羽状深裂。花大，花径约5厘米，腋生，下垂；有总梗及2枝小包片，萼5宿存，花瓣5，不整齐，一瓣有短而钝之距，下面花瓣的线形附属体，向后伸入距内。花色瑰丽。通常为黄、白、紫3色，或单色，还有纯白、浓黄、紫堇、蓝、青、古铜色等，或花朵中央具一对比色之"眼"[图(3.)1.29]。尚有冬花及波缘花类型。

图(3.)1.29　三色堇

含羞草　（*Mimosa pudicu* L.）

别名知羞草、怕羞草。豆科含羞草属。原产于美洲热带地区。早年引入中国，分布于华东、华南及西南地区的山坡丛林中、道路旁、潮湿地段，有的地方已逸为野生种。现在全国各地已广为盆栽观赏。

[用途]　含羞草在植物学上作为实验材料，用来观察它的敏感反应，增加对植物的热爱。根具有固氮菌，可改良土壤。繁殖力强，能抑制杂草，可作护坡植物。茎具刺，可作观赏刺篱。种子含油量约17%。全草均可入药，有消毒、止血、收敛、镇静、清热、散瘀、止痛等效用。

[形态特征]　直立、蔓生或攀缘的多年生草本，或茎基部木质化的半灌木。一般株高30～70厘米，高的可达1米左右。枝上散生倒刺毛和锐刺。叶互生，羽状复叶2～4枚，着生于总叶柄的先端，掌状排列。有小叶14～48枚，矩圆形，2～3个生于叶腋。花淡红色，外部似有绒毛；萼钟状，有8个微小萼齿；花瓣4个，基部合生[图(3.)1.30]；雄蕊4，伸出于花瓣之外，子房无毛。果为荚果，集生扁平，长1.2～2厘米，宽4～5毫米，黄色，边缘有刺毛[图(3.)1.31]，有3～4个荚节，每个荚节有1粒种子。种子近圆形，黑色，成熟时节间脱落，有长刺毛的荚缘宿存。

图(3.)1.30　含羞草的花

图(3.)1.31　含羞草的果实

虞美人 （*Papaver rhoeas* L.）

别名丽春花、赛牡丹、锦被花、蝴蝶满、园春、小种罂粟花。罂粟科罂粟属。原产于欧洲、亚洲大陆的温带,北美也有广泛分布。世界各地均作为精细草花栽培。我国南北各地庭院、公园的栽培都比较普遍。

［用途］　虞美人是春季美化花坛、花带、花径以及庭院的精细花草,花色极为艳丽,观赏价值很高,特别适合成片种植。它的花瓣大而薄,常因风吹动,宛如飞蝶展翅,美妙动人,也适于作盆栽花卉。但因花期较短,花后应及时栽种其他花草来代替。用于切花插瓶水养,其观赏价值也很高。茎叶中含有乳汁,用作切花时,需在花蕾半开放时,从基部切取花枝,剪下后立即浸入温水中或烧灼切口,防止汁液大量流

出,引起花朵萎蔫败谢,以至最后花朵也不能全开。种子直接食用或榨油均可。

[形态特征]　1年生或2年生直立草本花卉。株高40～80厘米,有分枝,茎细长,分枝多而纤细,全身被伸展性短粗毛。叶互生,羽状深裂或全裂,裂片披针形或条状披针形,顶端极尖,叶缘具粗锯齿,叶的两面都有粗毛。叶片主要着生在茎上分枝的基部。花单生于长花梗的顶端,花蕾半球形,未开放时弯曲下垂,花开后花梗直立;萼片2,绿色有刺毛,椭圆形,长约1.8厘米,开花后即脱落;花瓣4枚,2大2小,宽倒卵形或近圆形,长约3.5厘米,相互稍重叠而组成圆盘形花冠,基部常具深紫色斑,全缘,有的边缘具圆齿或锐刻的浅波状,花径5～6厘米。花冠颜色十分丰富,有纯白、粉红、深红、紫红、红、黄等色,有的还有复色、斑纹和斑点,其复瓣种和重瓣种更具有白边红花和红边白花等间色品种的变化[图(3.)1.32]。雄蕊多数,离生,花丝深红紫色,花药黄色;雌蕊倒卵球形,子房上位,膨大,长约1厘米,花柱极短,柱头辐射状。果为蒴果,球形或杯状,顶部截平,光滑,成长时为绿色,直径1厘米。蒴果成熟时,在辐射状柱头的下方,有一轮孔裂。种子肾形,褐色,极微小。

图(3.)1.32　虞美人

栌兰　(*Talinum paniculutum* (jaeq.)Gaertn.)

别名土人参、水人参、紫人参、飞来参、圆锥花土人参。马齿苋科土人参属。原产于美洲热带地区。我国黄河以南的华北、华东、中南、华南和西南等地均有分布和栽培。在西南山区,自种、自用者尤多,有的地方也逸为野生,或家种与野生互相交替。

[用途]　栌兰以根入药,主要用于脾虚劳倦、泄泻、肺痨咳痰带血、眩晕渐热、盗汗自汗、月经不调、带下等病症,总体有滋补强壮的作用。盆栽的栌兰,叶、花、果都非常好看、典雅,用来装饰花坛、阳台、案头等都不错,因此栌兰是集观赏、药用为一体,既有经济价值,又有绿化环保价值的花卉植物。

[形态特征]　1年生草本植物。茎高50～60厘米,为肉质茎,圆柱形,稍木质

化。全体无毛。茎下部有分枝,茎部分枝成长圆锥状的花丛。根粗壮,分枝如人参,棕褐色。叶互生或近对生,倒卵形或倒卵状长椭圆形,或倒卵状披针形,长5～7厘米,宽2.5～3.5厘米,全缘。圆锥花序,顶生或侧生,花序分枝多呈二歧聚伞花序式排列。总花柄呈紫绿色,花梗丝状。花小,直径约6毫米,先端外展而微弯。萼片2,卵形;花瓣5,倒卵形或椭圆形,淡紫红色;子房球形,柱头3深裂[图(3.)1.33]。果实为蒴果,近球形,直径约3毫米,3瓣裂,成熟时为褐色。1个果中有细小种子10～20粒,圆形,扁平,黑色或黑褐色,其上有一突起[图(3.)1.34]。

图(3.)1.33　枦兰的叶和花序

图(3.)1.34　枦兰的花蕾与果实

蓖麻　(*Ricinus communis* Linneus.)

别名大麻子、老麻子、蓖麻子、草麻。大戟科蓖麻属。原产于非洲东部和东北部,现在我国各省、直辖市、自治区均有栽培,有的已逸为野生状态。

[用途]　蓖麻在工业、农业、医药、国防等方面有广泛的用途,它是一种新兴的特种油料作物和观赏植物。蓖麻仁含油量高达70％以上,根、茎、叶和种子均可入药,有消肿、拔毒、祛湿、通络等功效,能治多种疾病;所产蓖麻毒素,能配制成植物性杀虫剂,能杀灭多种害虫,除成本低外,还不污染环境。蓖麻鲜叶可用来饲养蓖麻蚕。蓖麻有花粉和蜜汁,也是养蜂的良好蜜源植物。茎的韧皮纤维可制绳索和造纸。榨油后的饼渣还可制作精饲料和肥料。蓖麻的茎枝茂盛,叶片宽大,吸收二氧化碳能力强,能防止和减弱空气污染。广大农村和城镇,应尽量利用庭院、宅旁、路边、城市公共绿地等处多种蓖麻。这既可美化环境,又可消烟除尘,还可净化空气。

[形态特征]　北方地区的蓖麻是1年生草本,茎秆高1～4米;南方地区常长成多年生小乔木,茎秆高6～10米。茎秆圆形,中空,有节和分枝,全株光滑,被灰白蜡粉。茎秆有青秆、红秆和紫秆之分。叶大,单叶互生,圆形,盾状着生;直径为20～90

厘米,掌状中裂,裂片 5～11,卵状披针形至矩圆形,顶端渐尖,边缘有锯齿,齿端有腺体,叶炳长。圆锥花序,花序轴长 15～60 厘米或更长;花单性,同株,无瓣,雌花着生在花序上部,有小花 30～50 朵,是早开花;雄花着生在花序下部,淡黄色,迟开花[图(3.)1.35],从而避免了同轴近亲授粉;雌花萼 3～5 裂,子房 3 室,每室 1 粒胚珠,花柱 3,深红色,2 裂;雄花萼 3～5 裂,雄蕊多数花丝多分枝。果为蒴果,近球形或卵状棱柱形,长 1～2 厘米。果面有的有刺,有的无刺,有的刺少。种子椭圆形或矩圆形,种皮硬质,有光泽,并具黑色、白色、棕色等多种斑纹。

图(3.)1.35　蓖麻花
（上半部红色为雌花;下半部为雄花花蕾）

福禄考　（*Phlox drummondii* Hook）

别名小洋花、洋梅花、福乐花、草夹竹桃、桔梗石竹。花葱科福禄考属。原产于北美洲。因其花色和花序形态极为美观,现在我国各地均有栽培。

[用途]　福禄考植株矮小,花色丰富,姿态雅致,除作花坛外,还可以点缀岩石园,宜纯植或间植于唐菖蒲的株行间,作为"衬底"栽植,也很相宜。此外,高型品种也可做切花。

[形态特征]　多年生草本,作 1～2 年生栽培。株高 30～50 厘米,茎直立,多分枝,有腺体。单叶互生,椭圆状,披针形,全缘,先端尖。花数朵簇生于顶端;花冠萼筒较长,5 裂,裂片窄,高脚碟状,直径为 1～2 厘米。花色甚多,有白、粉、红、粉红、紫、蓝紫、紫红等颜色[图(3.)1.36]。蒴果椭圆形,种子矩圆形,棕色。

图(3.)1.36 福禄考

毛地黄 （*Digitalis purpurea* L.）

别名洋地黄、自由钟、德国金钟、吊钟花、紫花毛地黄等。玄参科毛地黄属。原产于欧洲西部和亚洲西部，在北美洲和非洲北部等地也有分布。在北京、沈阳、贵阳、西昌等地和全国一些大中城市均有栽培。

[用途] 毛地黄的花茎挺立笔直，基生叶呈莲座状，花冠唇形钟状，形大色艳，花色多样，花期较长，为夏季优良的花坛、花境的布置材料，也可作树坛或隙地的背景材料。若丛植点缀于林缘或疏林下，效果尤为壮观。还可盆栽放在客厅、书房、过道等处，供观赏用。叶片可入药，除作强心剂外，也还有利尿的作用。毛地黄植株体内有毒，畜禽误食后会引起中毒，甚至造成畜禽死亡。

[形态特征] 多年生草本植物，通常作 2 年生草花和药用植物露地栽培。它的须根发达。茎单生或数枝丛生，有少数主茎的下部会分别长出 4～7 个分枝，为直立草本，株高 50～125 厘米。除花冠外，全体密被灰白色短柔毛和腺毛，有时茎上又几乎无毛。基生叶稠密，互生，多数聚生在一起时呈莲座状。叶有柄，叶柄长 12.5～19 厘米，长柄上端有翼；叶片长卵形至卵状披针形，长 12.5～26 厘米，宽 5～12 厘米，两端急尖或钝，叶缘有圆齿，少数具锯齿；表面浓绿色，叶背灰白绿色，其上有非常突出并皱缩的网状叶脉；茎生叶下部的与基生叶同形，向上渐小，叶柄渐短，或最后无叶柄。总状花序，顶生，小花在花序轴上的排列是互生倒垂状，每一花序上有小花 9～98 朵，花序长 30～80 厘米；花萼钟形，长约 1 厘米，结果期间略增大，5 裂几达基部，裂片矩圆状卵形，顶端圆钝至急尖；花冠紫红色、淡紫色至白色，长 3.5～5 厘米；花冠筒状钟形，边缘略呈唇形，上唇 2 浅裂，下唇 3 裂，中裂片较长，花冠筒中裂片的内壁上有大小不规则的深褐色小斑点，花径 3～4 厘米。雄蕊 4 枚，2 强并稍大，弯曲，稍扁，长 3～4 厘米，花药在生长期中呈肾形，鹅黄色，成熟裂开后呈双棱状，为棕黄色；雌蕊 1

枚,子房上位,成熟的柱头为 2 裂。[图(3.)1.37,图(3.)1.38]。蒴果圆锥形,长约 1.5 厘米,顶端尖,密被腺毛。种子细小,很多,短棒状,棕褐色,被毛。

图(3.)1.37　白花毛地黄

图(3.)1.38　毛地黄的花序

观赏谷子 （*Pennisetem americanum*（L.）K. Sckum）

禾本科狼尾草属，原产于美洲，21 世纪初从美国和欧洲先后引进，现在北京、四川等省、直辖市有种植。

[用途]　观赏谷子幼嫩时为青绿色，以后变成多种颜色，光亮美丽。穗状圆锥花序，直立向上，不下重。刚毛多而硬，很有生气，这一切都很有观赏价值。它的茎、叶可作饲料，种子可作粮食或酿酒。此种观赏植物，目前虽然只有少量的栽培，但效果尚好，很受欢迎，其前景十分看好，值得适合种植地区引种、栽培、开发和利用。

[形态特征]　1 年生草本植物，须根系。秆高 82～114 厘米，茎直径 0.8～1.1 厘米，圆柱状，分 7～13 节，与玉米秆或高粱秆相似，表面光滑，淡紫色或淡黄色不等。叶互生，2 行排列，叶片条形，渐尖，叶长 43～59 厘米，叶宽 3.1～4.1 厘米，与玉米叶片相似；幼嫩时青绿色，以后逐渐变成青紫、粉紫、紫红、紫墨等多种颜色，光亮美丽，很有观赏价值。穗状圆锥花序，花序长 7～22 厘米，穗直径 2.1～2.6 厘米，花序基部的主轴周围有紫色的柔毛。刚毛状小枝常呈紫色，花小型，生于外稃和内稃之间，内有 2 枚极小而透明的膜质花被片，雌蕊 1 枚，雄蕊 3 枚。由外稃、内稃、花被片、雌蕊、雄蕊等形成小花，小花和颖片紧密排列于小穗轴上而形成小穗，以小穗为单位再排成穗状圆锥花序。雄蕊成熟后，花丝和花药伸出小花外，并先后散放出黄白色的花粉。雌蕊由 2 个心皮合成，内有子房和 2 枚呈羽毛状的柱头，整个果穗为圆筒状，直立向上。果为颖果。种子棕褐色，卵圆形，直径为 2 毫米左右，与高粱的种子相似。胚部稍突出[图(3.)1.39]。

图(3.)1.39　观赏谷子果穗外观的种子

菊薯　（*Smallanthus sonchifolium*（*Poephinget endlicher*）H. Robinson）

别名雪莲果、神果。菊科色果菊属。原产于南美洲西部的安第斯山脉。我国已引种栽培,现在福建、台湾、浙江、海南、云南、贵州、四川、湖北、湖南、山东、河北等省都已普遍栽培。

[用途]　菊薯原属野生的地下水果。后经人工栽培,现在有的已成为家种,有"地下水果之王"的美称。果肉如水梨,皮薄汁多,晶莹剔透,香甜脆爽,可以生食当水果,具有清热退火,去除便秘,消炎利尿,清肝解毒的功效,还能软化血管,降低血压,适合糖尿病患者和减肥人食用,对老年人的血管也有保健作用。菊薯枝繁叶茂,叶形美丽,叶色浓绿,花色金黄艳丽,种在花坛、花径、庭园及房前屋后,可起到绿化、美化环境的作用。菊薯在保护环境、净化空气等诸多方面有一定的作用,还可以做一些有害气体的指示植物,用途比较广泛。

[形态特征]　1年生或多年生草本植物,地下茎为块状,纺锤状,椭圆形、球形或不规则的瘤状,皮黄色、白色或紫红色不等。纵径为14～27厘米,横径为7～15厘米。地上茎粗大,直立,有分枝,高1.56～2.25米,茎直径1.5～2.5厘米,每株茎的节数为16～21节。茎皮青灰绿色,有的基部为紫红色,茎枝中空。茎上部的柔毛软,茎基部的刚毛硬,灰白色或银白色。叶对生,卵形或近似等边三角形,离基三束脉明显;叶的正面深绿色,背面淡绿色,两面都有微毛。叶长15～21厘米,叶宽15～23厘米,叶缘有波状锯齿,叶的顶端渐尖,基部宽楔形。叶柄长7～13厘米,叶柄两侧有狭翅,同节两侧两叶的狭翅是连接在一起的。秋季开花,每一枝端都有头状花序,花径只有15～20毫米,外围有金黄色的白舌状花,每花有花瓣14～15枚[图(3.)1.40]。此类花的结实性较差。花萼5裂,渐尖,绿色。

图(3.)1.40　菊薯花

第二节　宿根花卉

宿根花卉属于多年生草本花卉中的一大类,经1次播种后能多年生长的落叶草本植物,即冬季地上部分枯死(有些地区环境条件适宜,仍继续生长不枯死),根系在土壤中宿存下来,不会死亡,翌年春季温度升高以后,重新萌发出新芽形成地上部分的花卉称宿根花卉,又称多年生花卉。如虎儿草、香叶秋海棠、蜀葵、萱草、紫苑、楼斗菜、红花三叶草等。根据本类花卉地上部的生长情况,划分为落叶宿根花卉和常绿宿根花卉,前者如芍药、菊花,后者如兰草、君子兰等。

宿根花卉的生活力一般都较强,许多种类都喜欢昼夜温差大、阳光充足、土壤肥力较高的生长环境。宿根花卉最大的优点是一次栽培,可以多年观赏。不像 1～2 年生的草花,需要每年播种或育苗。

一些种类的宿根花卉具有明显的生长期和休眠期的区别。进入休眠期后,花卉会停止生长。这些花卉只有通过正常休眠后,才能够继续正常生长。如果不能进行休眠,则可能出现生长异常,甚至不开花的现象。宿根花卉能够充分利用休眠期度过恶劣的季节,如严寒、干旱和炎热的季节。

宿根花卉的繁殖方法一般采用扦插或分株繁殖。在新品种的选育和繁殖过程中,常用种子繁殖。宿根花卉的栽培管理,育苗期应当注意浇水和施肥,及时清除苗床地内的杂草。定植后管理较为粗放,施肥次数可以减少,但是在新芽萌动前、开花前、开花后要注意施肥。宿根花卉与 1～2 年生花卉相比,根系入土更深,在土壤中的生活时间更长,定植时应当施用大量腐熟的有机肥料。土壤结构良好,基肥足,才能满足宿根花卉多年生栽培对养分的需求。

宿根花卉休眠期的管理工作尤其重要。管理得当,可以使其年年开花,而且一年比一年花朵大,色彩也更艳丽。冬季越冬过程中,对于落叶或半落叶的宿根花卉,在休眠期一定要保养好根头,地上部不枯死或不落叶的宿根花卉休眠后,务必停止施肥,不让土壤内产生积水;炎热的夏季,进行休眠的宿根花卉生长速度变慢,处于半落叶状态,应当采取降温、停止施肥和控水的措施。目前,宿根花卉在园林绿化等方面的应用范围愈来愈广泛,受到广大花卉爱好者和群众的喜爱。

本节主要介绍 37 种有代表性的宿根花卉的用途与形态特征,隶属 21 科,33 属。

兰花   (*Cymbidium* spp.)

别名兰草。兰科兰属。在我国分布较广,华东、华南及西南地区均有栽培。

[**用途**]   兰花是我国传统名花,它的姿、色、香、韵俱佳,具有极高的观赏价值,在我国已经形成一种独特的兰花文化。我国有兰花 170 多属,1 200 多种,大致可分为地生兰、附生兰以及腐生兰等三大类。我国传统栽培的兰花大部分为地生兰。按其开花先后,地生兰可分为春、夏、秋、冬开花的四大类,各类又有许多的变种。

[**形态特征**]·地生兰的根为肉质根,无节,肥大,无主根与侧根之分。根的形态有多种,一般以圆而细的为优。根长 45～85 厘米。兰花的茎有花茎、根状茎和假鳞茎之分。花茎为地上部分,着生苞叶及花。根状茎是兰花真正最原始的茎,很小,节上生长有根,并能长出新芽。这段地下茎称为假龙根或竹根。假鳞茎是一种变态

茎,生长季节开始后,它是从根状茎上生长出的新芽,到生长季节结束时生长成熟。假鳞茎膨大而缩短,形状多种多样。茎上有节,每节都生有1枚叶片或鞘叶。叶芽和花芽都长在根颈部分。假鳞茎是丛生在一起的,是贮藏养分和水分的器官。兰叶质地有软有硬,有薄有厚,还有肉质、革质、薄革质之分。叶片狭长线形,长20～65厘米,丛生于假鳞茎基部,多数边缘有细锐锯齿,平行叶脉明显。每苗一般有3～10片叶,有的更多并可不断生长,新叶只能从假鳞茎上长出来。通常兰叶以短、阔、软垂为好。兰叶的叶形、叶态、叶艺是评价兰花品种观赏价值的重要标准之一。有的兰花叶片上还有白色或黄色的条纹和斑点,这种兰花实际即为花叶兰花。使兰叶优美生长,是兰花栽培上的重要内容之一。兰属植物的花总称为花莛,俗称"花箭"。花莛是从假鳞茎基部生出,在一丛兰草中常会长出多个花莛。花轴是花莛的主轴,其上着生花朵。兰属植物的花序大多是总状花序。兰属植物的花一般有多朵,每朵花由鞘、苞片、花萼、花瓣、蕊柱等部分组成。花莛下部的数枚苞片状的膜质物称为鞘,它是保护幼嫩花蕾的器官。每朵花的花梗基部与花轴相连的地方,都有1枚苞片,单朵花的苞片是靠近子房的1枚。在地生兰中苞片较长,在附生兰中苞叶较小,常呈三角形。花被片6枚,分2轮。花萼又称萼片,共3枚,为兰花的外轮,中间1片称为中萼,两侧的称为侧萼片,离生或有不同程度的合生。花瓣3枚,为内轮,左右2片为花瓣,瓣中央下方的1枚最大,此瓣称为唇瓣。萼片和花瓣的形状、生长姿态、脉纹、颜色、斑点等均是兰花评价上的重要标志之一。雄蕊常1枚或2枚。蕊柱是花的主要部分,它是雄蕊与雌蕊合生在一起而呈柱状的繁殖器官。蕊柱一般向前弯曲,正面稍扁,其颜色比较深,顶端有1枚花药,并分裂成2对花粉块,花粉块有1个黄色的药帽盖住。蕊柱正面靠近顶端处有1腔穴,称为药腔或药窝,它是柱头所在地方。兰花的花是子房下位,花被在子房之上,子房与花梗相连。子房1室,有3个侧膜胎座,每个胎座上生有很多细小的胚珠,这些胚珠传粉受精后发育成种子。地生兰中以静素淡雅为贵,花中不带红色或紫色的条纹与斑点,颜色比较单调,这类称为素草。素心兰即萼片、花瓣、蕊柱、唇瓣皆为白色或绿白色,是较为名贵的上品。在附生兰中,它的假鳞茎较大,叶片较宽而厚,花序弯曲下垂,花大色艳,但无香气。凡花中带有紫红色条纹或斑点的称为荤心,也称彩心,此类即为次等品种[图(3.)1.41,图(3.)1.42,图(3.)1.43]。很多兰花在花朵开放之前,蜜腺就开始分泌蜜汁,有些兰花则又根本不分泌蜜汁。比较有香气的兰花,蜜汁都比较少或根本没有。兰属植

图(3.)1.41　大花惠兰

物中,大部分兰花是没有香气的,有些种有一点微香,有些种是一种闷香,有些种则有一种特殊的清香。兰花的果实俗称"兰荪",属开裂的蒴果。兰花的自然结实率低。兰荪为子房下位的果实,萼片和花瓣均生长在子房之上,但基部是包围于子房之外周,而后形成共同的果壁。兰花的蒴果一般为长卵圆形,具有3棱或6棱,有些种的棱又不明显。一般1个枝上只有1个蒴果。兰花的种子很小,略呈狭窄长圆形,中间有一个细小圆形或椭圆形的胚,两端常收缩,种子中无胚乳,含较多脂肪,还有透明的胶质。兰花种子的数量很多,每一蒴果内含有种子数万到三四百万。

图(3.)1.42 蝴蝶兰

图(3.)1.43 卡特兰

菊花 (*Dendranthema morifolium* (Ramat.) Tzvel.)

别名鞠、寿客、傅延年、节华、更生、金蕊、黄花、阴成、女茎、女华、帝女花、九华等。菊科菊属。菊花品种遍布全国各城镇与农村,尤以北京、南京、上海、杭州、青岛、天津、开封、武汉、成都、长沙、湘潭、西安、沈阳、广州、中山市小榄镇等为盛。8世纪前后,作为观赏的菊花由我国传至日本,被推崇为日本国徽的图样。17世纪末荷兰商人将我国菊花引入欧洲,18世纪传入法国,19世纪中期引入北美。此后我国菊花遍及全球。

[**用途**] 菊花是优良的盆花、花坛、花境用花及重要的切花材料。菊花为我国十大名花之一。它品种繁多,色彩丰富,花形多变,姿态万千。每年深秋,不少地方都要举办菊花展览会,供人们欣赏。它可配置在园林的花坛、花境或假山上,还可以制作盆花、盆景、花篮、花圈、大立菊、悬崖菊、塔菊、树菊、扎菊等,并可作插瓶切花。近年来,开始发展地被菊,它被作为"开花地被"等利用。此外,菊花还有药用价值。有的品种还可作为蔬菜食用。

[**形态特征**] 菊花为多年生宿根亚灌木。营养繁殖苗的茎,分为地上茎和地下茎2部分。地上茎高0.2~2米,多分枝。幼茎色嫩绿或带褐色,被灰色柔毛或绒毛。花后茎大都枯死。翌年春季由地下茎发生蘖芽。菊花叶系单叶,互生,叶柄长1~2厘米,柄下两侧有托叶或退

图(3.)1.44 菊花之一

化,叶卵形至长圆形,边缘有缺刻及锯齿。叶的形态因品种而异,可分正叶、深刻正叶、长叶、深刻长叶、圆叶、葵叶、蓬叶和船叶等8类。菊花的花为头状花序,生于枝顶,花径为2~30厘米,花序外由绿色苞片构成花苞。花序上着生2种形式的花:一是筒状花,俗称花心,花冠连成筒状,为两性花,中心生一雌蕊,柱头2裂,子房下位1室,围绕花柱生5枚聚药雄蕊;二是舌状花,生于花序边缘,俗称花瓣。花内雄蕊退化,雌蕊1枚。舌状花多形大色艳,形状分平、匙、管、桂、畸等5类[图(3.)1.44,图(3.)1.45,图(3.)1.46]。瘦果(一般称为"种子")长13毫米,宽0.9~1.2毫米,上端稍尖,呈扁平楔形,表面有纵棱纹,褐色,果内结1粒无胚乳的种子。

图(3.)1.45 菊花之二

图（3.）1.46　菊花之三

非洲菊　(*Gerbera jamesonii* Bolus)

别名扶郎花。菊科扶郎花属。原产于非洲,我国南北各地均有栽培。

[用途]　非洲菊风韵秀美,花色艳丽,周年开花,装饰性强。且耐长途运输,切花瓶插期长,为理想的切花花卉。栽培良好,每株1年平均可切取30枝切花。也宜盆栽观赏,用于装饰厅堂、门侧,点缀窗台、案头,皆为佳品。在温暖地区,如我国华南地区,将非洲菊做宿根花卉,应用于庭院丛植,布置花境,装饰草坪边缘等均有极好的效果。此外,全草可作药用,有清热止泻的作用。

[形态特征]　多年生常绿草本,株高30～40厘米,具莲座叶丛。头状花序。花色有黄、白、橙、玫红、红等多种[图(3.)1.47,图(3.)1.48],非常艳丽。有重瓣、单瓣

图（3.）1.47　非洲菊之一

之分和绿心系、黑心系的差别。目前市场上最受欢迎的是重瓣黑心系品种。可做切花栽培和盆花栽培。

图(3.)1.48 非洲菊之二

蛇鞭菊 （*Liatris spicata*）

别名麒麟菊、马尾花、舌根菊。菊科蛇鞭菊属。原产于美国中部马萨诸塞州至佛罗里达州，现在我国广泛种植。

[用途] 蛇鞭菊性强健，宜布置花境或植于篱旁、林缘，或庭院自然式丛植。瓶插寿命长，是重要的切花材料。不少国家将它做切花而广泛栽培，也是插花的优良材料。通常在花穗先端3厘米左右开放时切取为好。因花穗较长，盛开时竖向效果鲜明，景观宜人，因而常作花境配置，矮生变种可用于花坛。

[形态特征] 蛇鞭菊为多年生草本，地下具块根，呈黑色。茎直立，株高60～150厘米，无分枝，无毛，株形呈锥形。叶互生，线形或剑状线形，叶长30～40厘米。头状花序呈密穗状，长45～70厘米，为紫红色、淡红色或白色，自花穗基部依次向上开花，花期夏季至初秋[图(3.)1.49]。

图(3.)1.49 蛇鞭菊花

君子兰 （*Clivia miniata* Regel.）

别名剑叶石蒜、大叶石蒜、达木兰、大花君子兰。石蒜科君子兰属。原产于南非一带的山地季雨林。19 世纪从德国传入我国青岛,20 世纪又由日本传入我国长春,首先在皇宫御花园内栽培,直至 20 世纪 40 年代中期传入民间。现在各地园林及家庭栽培十分普遍。

[用途] 在华南地区室内盆栽,可长年观叶,10~15 年才能开花,观叶期长,是多种花卉所不能及的。开花后,单茎直立,繁花似锦,盛装浓抹,红花绿叶相配,姿色兼备,属高雅的观赏花卉,既具有君子的风度,又有丽人的风姿。在北国千里冰封、万物凋零之际,于春节前后鲜花绽放,呈现出一派生机焕发、欣欣向荣的景象,给世人增添了无穷的节日快乐。既可盆栽,也可露地栽培。适宜于布置大型会议厅,高级宾馆、礼堂、商店等公共场所,也适宜于摆放在客厅、卧室等家居环境,或种植于门庭、花坛、公园等处。同时还是名贵的切花品种。

[形态特征] 多年生常绿草本花卉。叶基部紧密抱合而呈假鳞茎状,具有粗壮而发达的肉质须根,长 20~50 厘米。叶片成 2 列相对叠生,叶形为宽条带状,先端钝圆,具稠密的平行叶脉,革质有光泽,叶色浓绿。叶片的长宽因品种不同而有较大的差异。长的叶片可长达 50 厘米,宽 5~6 厘米;短的叶片长约 25~30 厘米,宽可达 10 厘米以上。花葶从叶腋间抽出,扁平状,肉质,实心,长 30~50 厘米。伞形花序顶生,有数枚近白色的覆瓦状佛焰苞片,着花 10~30 朵。花被 6 片,组成狭漏斗状,下有很短的花被筒,花被合生,花色外面呈橘红色、橙黄色、鲜红色、深红色等艳丽色彩,内面带黄色[图(3.)1.50]。雌蕊 1 枚,柱头 3 裂,雄蕊多数,花药黄色。果实为浆果,成熟时为紫红色。

图(3.)1.50 君子兰

蜀葵 (*Althaea rosea* Cav.)

别名一丈红、端午锦、熟季花、花葵。锦葵科蜀葵属。原产于我国及中东地区,世界各地广泛栽培。我国最早因在四川省发现它,故称它为蜀葵。

[用途] 蜀葵花大,且花色丰富,常列植或丛植于建筑物前,可作为花坛、花境的背景材料,又可用于庭院的绿化、美化材料及盆栽观赏。深色花朵中的色素可作食品色素使用,茎皮可制麻,全草可入药,有解毒消肿、清热凉血的功效。

[形态特征] 多年生草本植物,常作 2 年生栽培。茎高达 1.5~3 米,直立,少分枝。全株被柔毛。叶大近圆形,叶柄长,中空,叶缘 5~7 浅裂,边缘具齿,表面粗糙,

单叶互生。托叶为 2～3 枚,离生。花大,腋单生或聚成顶生总状花序。花辐射对称,两性,花药仅有 1 室,花粉较大,具有刺。花色有红、黄、紫、褐、乳白等色[图(3.)1.51]。蒴果扁球形,纵裂。种子扁平,肾形。

图(3.)1.51　蜀葵

康乃馨　(*Dianthus caryophyllus* L.)

别名香石竹、麝香石竹、母亲花。石竹科石竹属。原产于南欧、地中海北岸、法国到希腊一带。现在世界各地广泛栽培,主要产区在意大利、荷兰、波兰、以色列、哥伦比亚、美国等。现在我国南北各大中城市都有种植。

[用途]　康乃馨花朵色泽艳丽,主要用作切花。由于其叶不甚美观,在插花、制作花篮、花圈、花束、佩花时,常用文竹、天门冬、丝石竹等植物加以陪衬。康乃馨露地栽培种,可布置花坛,也可盆栽,供室内布置观赏。

[形态特征]　多年生草本,茎直立,多分枝,株高 30～120 厘米,基部半木质化。整个植株被有白粉,呈灰绿色。茎干硬而脆,节膨大。叶线状披针形,全缘,叶质较厚,上半部向外弯曲,对生,基部抱茎。花色丰实,花瓣为单瓣或重瓣,花头单生或丛生[图(3.)1.52]。

图(3.)1.52　康乃馨

四季秋海棠　(*Begonia semperflorens* Link et otto)

别名四季海棠、海棠、玻璃海棠、瓜子海棠、蚬肉秋海棠。秋海棠科秋海棠属。原产于巴西,现在我国各地均有栽培。

[用途]　四季秋海棠四季有花,为良好的盆栽花卉。可作花坛盆栽观赏,也可作花篮或花束。其叶、花可以食用,叶片能制清凉饮料,花可煮粥,还可烧菜等,风味独特,具有補肾强筋、健脾养胃、活血止血的功效。根和花还可供药用,味苦,微酸,性良,具有调经、解毒、清热、利水的功能,主治风热、感冒、尿路感染。花还可治不育症和蛇伤。

[形态特征]　多年生常绿肉质草本植物。根细长,须状。植株低矮,茎直立,粗壮,肉质。茎、叶透明,绿色或淡绿色,多分枝、光滑;单叶互生,卵形至斜卵圆形。叶面有光泽,主脉带绿色,叶基部偏斜,边缘有小锯齿状及茸毛。托叶较大,膜质。聚伞状花序,腋生。单性花,雌雄同株。花有大红、粉红、橙红、白、玫瑰等色,花瓣有单瓣和重瓣。花形似瓜子,故又有瓜子海棠之称[图(3.)1.53]。雄花较大,通常具 2 片花瓣及 2 枚萼

图(3.)1.53　四季秋海棠

片。雌花较小,具花被片5个。蒴果具3翅,内含多数细微粉末状种子,褐色。千粒重0.11克。

银星秋海棠 （*Begonia argenteo-guttata* Iemoine）

别名斑叶秋海棠、斑叶海棠、麻叶海棠。秋海棠科秋海棠属。原产于南美洲巴西,世界各地广泛引种,我国各地亦均有栽培。

[用途]　银星秋海棠的茎、叶、花各具特色,可盆栽于阳台、走廊、会议室等处供观赏。全植株可供药用,味酸,性凉,有消肿、拔毒、止血等功能,外敷主治跌打肿痛、痛肿烂疮。

[形态特征]　植株半灌木状,茎红褐色,直立平滑,高60～120厘米。茎上有节,形如竹节,茎节处肥厚。叶片长圆形或斜卵形,相对互生于茎秆上。叶表面碧绿色,背面红色。叶面上有稀疏的小白点,好似星星在闪烁,故得银星秋海棠之名。叶尖上翘,犹如蝴蝶在飞翔。叶边缘有缺裂,呈细波浪形。聚伞状花序腋生。花白色染红晕,几乎四季开花。1根花枝上生着数十朵小花,形成1团,颇似耳坠,成串悬挂[图(3.)1.54]。每朵小花有花瓣5裂,呈"心"形,内有腺体,呈淡黄色,子房呈三角形。花谢后,蒴果为玫红色或粉红色。剥开蒴果,内有白色粉末状未成熟的种子。随后蒴果脱落,留下花枝干枯在枝秆上。

图(3.)1.54　银星秋海棠

紫茉莉 （*Mirabilis jalapa. L.*）

别名草茉莉、胭脂花、宫粉花、洗澡花、夜娇娇。紫茉莉科紫茉莉属。原产于美洲热带地区,现各国均有栽培。在我国栽培较普遍。该花在西昌生长较好。

[**用途**] 紫茉莉可直接散播于树下及其他隙地,能年年自播开花。矮生种可用于花坛、花境及盆栽,是园艺中常用的地被植物,良好的秋季草花。根可入药,有去湿利尿、活血解毒的功效。叶可治疮毒。种子胚乳晒干后研细可制香粉。紫茉莉有抗氯气和二氧化硫的特性。

[**形态特征**] 多年生草本植物。常作 1 年生栽培。株高 60～90 厘米。茎直立而多分枝,茎节膨大。叶对生,卵形或卵状三角形,先端尖,全缘。花枝端顶生,3～5枚成簇。无花瓣、花萼,花冠高脚碟状,先端 5 裂,有紫红、黄、白、红黄相间等色[图(3.)1.55]。果实圆形,成熟后呈黑色。

图(3.)1.55 紫茉莉

地涌金莲 (*Ensete lasiocarpum* (Franch.) E. E. Cheesman)

别名地金莲、地涌莲。芭蕉科地涌金莲属。原产于我国云南中西部地区的特色花卉,后传到四川、贵州等西南地区,现在国内许多地方都有栽培。

[**用途**] 地涌金莲是极具特色的观赏植物,由于花期长达 8～10 个月,不但可以地栽,而且也可以盆栽,为盆栽花卉的新宠。园林中多于花坛中心、山石旁、窗前、墙隅等处栽植观赏。在当地农家的房前屋后常有栽种,生长强健,抗逆性强。花可入药,有收敛止血的作用,茎汁可用于解酒醉及草乌中毒。

[**形态特征**] 多年生常绿草本植物,地下具肉质根系和平伸的匍匐茎,植株丛生,叶革质,宿存,并重叠成地上假茎,高约 60 厘米。假茎矮小,茎基直径 12～15 厘米,基部宿存有前年的叶鞘。叶片长椭圆形,似芭蕉叶状,长 45～55 厘米,宽 18～25厘米,顶端锐尖,基部近圆形,对称,粉绿色,其上有白粉。花序着生在假茎顶端,呈莲座状,直立,密集,长 20～25 厘米,苞片黄色,在苞片基部着生 2 列小花,每列 4～5花。花序下部为雌花,上部为雄花,合生花被卵圆状矩圆形,顶端具 5 裂,裂片近相等,离生花被与合生花被近等大,全缘,顶端微尖,子房被硬毛。由层层金黄色的苞

片组成莲座状的大花序,在开放时犹如从地下涌出的金色莲花,故名地涌金莲[图(3.)1.56]。果为三棱状卵球形,长约 3 厘米,宽约 2.5 厘米,外密被硬毛。一个果中有种子 6 粒,扁圆形,深褐色。

图(3.)1.56　地涌金莲

虾螯蕉 （*Heliconia humilis*）

　　别名虾形火鸟蕉。芭蕉科火鸟蕉属。原产于赤道附近的墨西哥、阿根廷至秘鲁一带的热带雨林和雨林的边缘地区,印度尼西亚的萨娜威斯东面到萨摩群岛和美国的夏威夷等地也有。我国广东等南方地区也有种植,现在北方地区的温室内也有盆栽。

　　[用途]　虾螯蕉常作温室盆栽的观叶、观花植物。火鸟蕉属的许多野生种为切花材料,常销售到我国中部和北方地区,分布范围还在不断扩大中。

　　[形态特征]　多年生草本,株高 1.2～1.5 米,具根茎。叶革质,绿色,基生成 2 列。花序直立。苞片近似船形,鲜红色,先端渐尖,绿色,边缘黄绿色,鲜艳美观,耐久不变[图(3)1.57]。矮生种的株高仅有 0.6 米左右,还有以观叶为主的金脉种和红脉种。真正的小花藏在花苞片中,其受精一般在天亮后的几个小时内,此间引诱昆虫和蜂鸟前来传粉。果实如豌豆大小,多为蓝色,内含2～3粒坚硬的种子。

图(3.)1.57　虾螯蕉

鹤望兰 （*Strelitzia reginae* Banks.）

别名极乐鸟花、天堂鸟花。芭蕉科鹤望兰属。原产于南非和拉丁美洲,现世界各地均有栽培。在我国南方为露地种植,而北方许多城市引种后则在大棚内种植和盆栽。

[用途]　广泛应用于各类插花。在1篮花或1盘花中,若插上几枝鹤望兰,就会显示出"鹤立鸡群,出类拔萃"之姿,可提高整个插花的立体感和轻快气氛。其花容叶貌中还含蓄了"展翅高飞,鹏程万里"的美好寓意。大盆栽植的,可用来布置和点缀客厅、会议室、公园、展厅、候机室、办公室、卧室等多种场合。其独特的风韵,会使人赏心悦目,是近年来风靡全球的名花。1盆鹤望兰可开数十朵花,因此它不仅是高档的盆栽观赏花卉,也是高档的切花材料,加之持水性较强,用于瓶插水养,可欣赏2～3周。它的寿命长,在原产地被作为自由、幸福和美好的象征。

[形态特征]　多年生常绿的宿根性草本花卉,根茎粗大,肉质,能贮藏较多的水分和养料。株高1米左右,无主茎,花茎从基部抽出,1茎1花。叶对生,两侧排列,叶片稍长大,长椭圆形,叶柄较长。花顶生或腋生,稍高于叶片,佛焰苞状,总苞片绿色,基部和边缘带紫红晕,内生6～8朵花,顺序开放。花分内外2层,外层3瓣为萼片,橙红色或橙黄色,狭披针形;内层3瓣为花瓣,天蓝色,侧生2枚合生成舌状,中央一小枚为舟状[图(3.)1.58]。柱头为白色。开花时红、黄、蓝3种彩色相衬,娇美艳丽,极为醒目。单花能开2～3周,整个花序可开50～60天。

图(3.)1.58　鹤望兰

人参果 （*Solanum muricatum* Aiton）

别名香瓜梨、甜茄、仙桃、香艳茄。茄科茄属。原产于南美洲秘鲁、哥伦比亚和智利安第斯山高地北麓。1975年人参果随着栽培区域的扩大,而先后传入英国、法国和美国等亚热带、温带国家。目前,世界大多数国家对人参果均有种植。近年来我国许多地方均有引种栽培。

[用途] 人参果作为我国近年来新开发的一种理想的保健食品,其果肉清香多汁,风味独特,具有高蛋白、低脂肪的特点,富含维生素 C 和硒、钼等十几种微量元素。对于中老年人和少年儿童增强体质,有着十分重要的意义。人参果除用于鲜食外,还用于果汁、果茶、果脯和果酱的加工。

[形态特征] 人参果是茄科半木质化多年生绿色草本植物,呈丛生或小灌木状,无主根,其侧根和须根发达,根系垂直分布较浅,一般根长 8~10 厘米。围绕须根的毛细根发达,数量繁多,根系水平分布在植株周围的 70~100 厘米范围内。茎有不规则的棱,并有一定的柔性,有繁殖能力。叶片呈长椭圆披针形,绿色或浅绿色,轮生形,以单叶出现。一般在气温 20℃时,叶片发育最快。花为穗状花序,单花,有萼片 5 枚,花瓣为白色,有 5 片,背面有淡蓝或浅紫色条纹。初期花冠为白色,后变为淡紫色。可自花授粉[图(3.)1.59]。植株顶端形成混合芽,既抽枝,又开花结果,坐果率很高。浆果,果形不规则,有椭圆、心形、球形、扁球形或陀螺状带尖等形状,果实因品种和栽培情况不同而大小不一。果实内有多个心室,具 10~100 粒种子。果梗有萼片 5 枚,蓝色。幼果为白色或青色,成熟时果实底色为浅黄色,带紫色条斑,并有淡雅的清香气[图(3.)1.60]。

图(3.)1.59 人参果的花　　图(3.)1.60 人参果的果实

草莓 (*Fragaria chiloensis* Duch.)

未发现有别名。蔷薇科草莓属。原产于智利,现在我国各大城市均有栽培。

[用途] 园林多作地被植物栽种。南方温暖地区不落叶,常作花坛、花境布置。花期长,花多果红,也常作盆栽观赏。果供鲜食,也可制作草莓酱、草莓酒等。

[形态特征] 多年生草本植物,具匍匐枝,高约30厘米。复叶,小叶3片,小叶倒卵形,边缘有钝齿。聚伞花序,花白色,花托肥大,呈球形,肉质,多汁,暗红色,有芳香。瘦果着生其上[图(3.)1.61]。

图(3.)1.61 盆栽草莓

彩叶草 (*Coleus blumei* Benth)

别名彩叶苏、洋紫苏、锦紫苏、叶紫苏。唇形科洋紫苏属。原产于印度尼西亚。我国早年有引种,现在全国各地均有栽培。

[**用途**] 彩叶草的叶色丰富多彩,叶面满布斑点,绚丽多姿,给人以五彩缤纷、繁花似锦的景观效果,为优良的观叶植物。盆栽的彩叶草适宜于放置在室内,如窗台、阳台、客厅、卧室等处,也适宜于布置露天会场、各种展厅、商店、会议室、候机室等。用于节日布置花坛,摆放或直接种植于草坪中,与其他的花草搭配在一起,可以装扮成色彩亮丽的花境或花坛。其枝叶还可以作为切花材料。

[**形态特征**] 多年生宿根常绿草本植物。植株高一般为 30～50 厘米,高的可达 90 厘米左右。茎为四棱,少分枝,全株被绒毛。叶片对生,叶形为卵形,长约 15 厘米,边缘具粗锯齿,常有深缺刻,叶片两面均有茸毛,叶面呈绿色,满布各种颜色的斑点,有黄、绿、红、紫等色,叶色丰富,因此称之为彩叶草[图(3.)1.62]。花为圆锥花序,顶生,花小,花色为蓝白色或淡紫色。其果为坚果,小而平滑。

图(3.)1.62　彩叶草

八角莲 （*Dysosma versipellis* （Hance.）M. Cheng）

别名独脚莲、独角莲、八角盘、鬼白、一碗水。小檗科八角莲属。国内的四川、云南、贵州、广西、湖南、湖北、江西、安徽、浙江、福建、河南、陕西等地均有分布。常生活于阔叶林或竹林下的沟边阴湿环境内。

[用途]　八角莲的叶形奇特,花色紫红,是一种珍贵的耐阴观叶和观花花卉,盆栽可摆放在居室、厅堂或会议室。同时也是一种著名的中药材,全草均能药用,能散风祛痰、解毒、消肿和杀虫,民间把它用作治蛇咬药物。

[形态特征]　多年生的宿根草本植物。根状茎粗壮,横生,节结状。地上茎直立,不分枝,无毛,淡绿色,茎高 20～40 厘米。茎生叶 1～2 枚,一生在茎的近顶处,或生在茎的中部,盾状着生,近圆形;直径可达 25～30 厘米,4～9 浅裂,裂片三角状卵圆形或卵状矩圆形,长 2.5～4 厘米,基部宽 5～7 厘米,顶端尖锐,上面无毛,下面疏生柔毛或无毛,边缘有针刺状细齿,叶柄长 10～15 厘米。花 5～10 朵或更多,簇生于茎顶近叶柄顶部离叶基不远处,下垂,萼片 6 枚,外面有疏长毛,花瓣 6 枚,匙状倒卵形,长 2～2.5 厘米[图(3.)1.63]。花梗细长,下弯,有毛或无毛。花冠深红色或紫红色。果为浆果,卵形或椭圆形。种子多数。

图(3.)1.63　八角莲

天竺葵 （*pelargonium hortorum* Bailey）

别名洋绣球、入腊红、臭牡丹、石蜡红、日烂红、洋葵、绣球花。牻牛儿苗科天竺葵属。原产于南非好望角一带,世界各地普遍种植。我国引种有70多年历史,现在我国各地均有栽培。

[用途]　叶密翠绿,花姿娴美,鲜艳多彩,常开不败,是优良的盆花。宜在厅室、会场摆设。也是春夏花坛和花境材料,还可做切花。全株可入药。其叶片在植物教学上可作为光合作用反应的实验材料。

[形态特征]　多年生草本,或呈半灌木状。基部木质化,茎多汁肥壮,被茸毛。叶大通常互生,柄长,托叶明显,全株有特殊气味。花序为球形有限花序或伞形花序,顶生,花茎较长自叶柄基部对侧抽出。花5出,花色有白、粉红、红及玫瑰红等多种,有单瓣及重瓣种[图(3.)1.64]。果为5分果,有喙,成熟时呈螺旋状卷曲,种子椭圆形,似麦粒状,棕色至褐色。

图(3.)1.64　天竺葵

金粟兰 （*Chloranthus spicatus*（Thunb.）Makino）

别名珠兰、珍珠兰、鱼子兰、茶兰。金粟兰科金粟兰属。原产于中国、朝鲜和日本。自然分布在亚洲热带和亚热带的低山区,分布在我国南部各省、自治区。福建、广东、广西等地有野生种,其他地方的野生种少见。全国许多地区多为盆栽,有的地方也作地栽。

[**用途**] 金粟兰为金黄色或淡黄色,枝叶青翠常绿,香似兰花,是我国传统的熏茶花卉之一。花虽碎小,但香味极浓,掺入茶叶,称为珠兰茶。花和根状茎可提取芳香油。极宜盆栽,因其性耐阴,在室内花卉中也属于名贵花卉,多陈设在几座上,还可布置厅堂和会场,也可种植于石旁、树下。全草均可入药,根状茎捣烂可治疗疮。

[**形态特征**] 常绿亚灌木,多年生草本,茎丛生,直立或稍披散状生长,高30~60厘米。枝茎细弱,绿色,老茎基部半木质化,茎节明显,节部稍膨大,节上具分枝。叶对生,倒卵状椭圆形,长4~10厘米,宽2~5厘米,边缘有钝锯齿,齿间有一腺体,先端钝,基部楔形,表面光滑,成泡皱状。中柄长1~2厘米,托叶细小。复穗状花序,顶生,少有腋生,小花黄绿色或淡黄色,极香,成串着生,很像鱼子排列,花小,两性,无花被,苞片近三角形,雄蕊3,下部合生成一体,中间1个卵形,较大,长约1毫米,有1个2室花药,侧生的2个各有1个1室的花药,子房倒卵形[图(3.)1.65]。果实为核果,椭圆形,内含1粒种子。

图(3.)1.65 金粟兰

长春花 （*Catharanthus roseus*（L.）G. Don）

别名日日新、日日草、金盏花、四时春、五瓣莲、山矾花、日春花、时钟花。夹竹桃科长春花属。原产于非洲的马达加斯加、亚洲的印度及美洲。我国南方森林中还有野生种。现在华南、西南、华中、华东等长江流域地区广为栽植,北方不少地方也在进行盆栽。

[用途] 长春花除适于布置花坛、花境、花池、围篱和岩石园等以外,也是很好的栽培花卉。在温暖地区可种植于疏林下作地被植物,以覆盖黄土,减少水土流失。长春花的全身都可以入药。植株含有长春花碱和长春花新碱,除能治疗多种癌症和白血病外,还具有解毒、平肝、降低血压血脂、利尿、镇静安神等多种作用,在众多抗癌药物中功效卓著。用它的新鲜叶片加少许大米,捣烂外敷,可治疗烧伤和烫伤。长春花如未经专门处理就入药,任意误食后会引发肌肉酸痛、麻痹等症状,在此特别提醒注意。

[形态特征] 多年生草本或半灌木状草本,一般作 1 年生栽培。株高 30～60 厘米,茎直立,多分枝,上有水液,全身无毛。叶对生,叶柄短,全缘膜质,椭圆形至倒卵形,先端圆钝,基部渐窄,两面光滑无毛,有明显

图(3.)1.66 长春花

的白色主叶脉,叶长 3～4 厘米,宽 1.5～2.5 厘米。聚伞花序,顶生或腋生,有花 2～3 朵,高脚杯状,花冠裂片 5 枚,中心有深色洞眼,向左卷旋,花径为 3～3.5 厘米。花冠红色,也有的品种是玫瑰红、紫红、粉红、黄、白等色[图(3.)1.66],还未见有杂色的长春花。雄蕊 5 枚,着生于花冠筒中部之上,花盘为 2 片舌状腺体组成,与心皮互生而比其长。果为蓇葖果,2 个,直立,圆柱形,长 2.5～3.5 厘米,果实成熟后易开裂并掉落种子[图(3.)1.67]。一个果中有种子数粒,种子细小,无种毛,具颗粒状小瘤突起。

图(3.)1.67 长春花的果实

紫鸭跖草 （*Tradescantin virginiana* L.）

别名紫叶草、紫竹梅、紫叶鸭跖草、紫露草。鸭跖草科紫叶鸭跖草属。原产于美洲的墨西哥,现在世界各地广为栽培。我国各地也均有引种栽培。

[用途]　其全株为深紫色,长年不褪色,小花呈鲜紫红色。把它吊挂于窗台、阳台、书橱或客厅等处,任其枝叶自然下垂飘荡,别有一番轻松雅致的情趣。宾馆、商场等公共场所的围栏或台阶等处,放置盆栽的紫鸭跖草,可与其他室内观叶植株相互衬托。同时紫鸭跖草也常用作花坛镶边,或者用于装点各种庆典用的欧式花盆。

[形态特征]　多年生匍匐蔓性常绿草本植物。茎、叶细长,稍肉质,节处膨大。叶片为单叶互生,先端尖,呈阔披针形,基部抱茎,叶鞘先端有毛。分枝较多,下垂或匍匐,节上可生根。茎和叶片均为深紫色。花小,鲜紫红色,小花生于枝顶端的 2 枚叶状苞内。单花开放时间较短,朝开夜合[图(3.)1.68]。

图(3.)1.68　紫鸭跖草

冷水花 （*Pilea cadierei*）

别名白雪草、透白草、花叶荨麻、铝叶草、火炮花、蛤蟆叶、海棠、西瓜皮。荨麻科冷水花属。原产于印度和越南等东南亚以及我国西南部地区,生于热带雨林溪流的两旁等处。我国福建、广东、海南、广西、云南、四川、贵州、湖北、湖南、河南等地都有分布,现在华东、华北、西北等地区在引种盆栽。由于它栽培繁殖都简便易行,因此其种植范围还在不断扩大之中。

[用途]　冷水花虽然株型矮小,但它的绿色叶面上混杂着银白色斑块,绿白相映,甚似白雪飘落,加之叶色青翠淡雅,栽种在小盆中,置于茶几、书桌或花架之上,或用吊篮、吊盆悬挂室内屋角中,在炎热的盛夏,看见那碧绿光润的植株,就能使人

有清凉的感觉,好像喝到了清凉的甘泉,因而得名冷水花。它能很好地调节炎热气氛。此花又十分耐阴,栽培管理都十分简便,所以它是室内很好的观叶植物。还可作地被植物地栽,或与公园绿地游廊搭配作点缀植物。全草均可入药,有清热、解毒、消肿的功效。

[形态特征]　多年生常绿草本或亚灌木植物。植株丛生,株高15～30厘米。分枝多,分枝力强,枝干有节,节部膨大,湿度大时可生根。茎叶肉质多汁,叶交互对生,同1对叶稍不等大。叶片卵状椭圆形,先端渐尖,边缘有密生锯齿,叶面有浅皱褶,叶脉间有3条大小不等的银白色纵向宽条纹,是一块块具压花般效果的银白色斑,叶脉稍凹,整个叶片看似浅绿色,绿白相间极为醒目,并能隐隐散发出冷冷的金属光泽,给人以清爽明快之感[图(3.)1.69]。总状花序,腋生,花白绿色,极小,无重大观赏价值,花期在夏秋天。

图(3.)1.69　冷水花

镜面草　（*Pilea peperomioides*）

别名翠屏草。荨麻科冷水花属。原产于云南、四川、贵州等地,现在我国许多地方均有盆栽和地栽。

[用途]　镜面草的叶形奇特,四季常青,栽培十分容易,放置于书桌、窗台、案头、客厅等处实为不可多得的观叶佳品。

[形态特征]　多年生草本植物。株高20～32厘米。茎肉质,粗壮,褐色或黑褐色或黄褐色不等。茎上叶痕似节明显。叶片盾圆形,直径为5～8厘米,叶柄着生在叶片直径的1/4处,叶柄长12～18厘米,圆形,光滑,叶脉网状,叶面肉质,绿色并具有光泽,宛如明镜伸挂于茎的各方,十分惹人喜爱。穗状花序,花较小,黄色[图(3.)1.70]。

图(3.)1.70　镜面草

艳山姜　（*Alpinia zerumber* (Pers) Smith et Burtt）

别名彩叶姜、草蔻、熊竹兰、玉月桃。姜科山姜属。原产于亚洲的热带和亚热带地区。我国的东南部、南部及西南部地区均有分布，现在国内的许多城镇都有栽培。

[用途]　艳山姜的姿态优美，为著名的观叶、观花和观果植物。适宜于大盆栽培，布置客厅、展厅、会议室、候机室、过道等宽大厅堂，作室内装饰植物。也适合种植于公园、庭院、游乐园等处的水滨或近水潮湿处，以点缀园林风景，单丛或成行种植均可。将叶片剪下，与彩叶花配置，供瓶插水养，尤为美丽，可成为重要的切花配叶植物。花白色，上部红晕，有香味，大而美丽，也是有名的观花植物。成串的球状果实，成熟后变为橙红色，也非常美丽诱人。果皮与种子可入药，有燥湿、祛寒、健脾、暖胃的功效。枝茎可做绳索，叶有芳香，可做蒸制年糕的衬垫。

[形态特征]　多年生常绿草本植物。具根茎和地上茎，根茎横生，植株高 2～3 米。叶革质，具鞘，叶片矩圆形，披针形，长 40～60 厘米，宽 8～17 厘米，顶端渐尖，有一旋卷的小尖头，边缘具短柔毛，表面深绿色，背面浅绿色，叶舌长 5～10 毫米，整个叶片颇为艳丽。圆锥花序呈总状花序式，下垂，长 24～32 厘米，苞叶白色，顶及基部粉红色。花萼近钟状，长约 3 厘米，乳白色，顶端粉红色，唇瓣匙状宽卵形，花大而有香气[图(3.)1.71]。果为蒴果，球形，直径为 1.5～2 厘米，表面被毛，有条纹，顶部常冠以宿萼，生长中的果实为青绿色，成熟的果实为橙红色。果实成串状，1 串有果实几十个[图(3.)1.72]。一个果实中有种子 21～35 粒，种子近球形，多棱，表面银白色。剥开果实和砸碎种子后有香气。

图(3.)1.71 艳山姜的花序

图(3.)1.72 艳山姜的果实

天鹅绒竹芋 （*Calathea zebrina* Humilior）

别名斑马竹芋、斑叶竹芋、绒叶竹芋。竹芋科肖竹芋属。原产于南美热带雨林,现世界各地广为引种栽培。我国各地均有引种。

[用途] 天鹅绒竹芋叶片宽大,并具有漂亮的条纹和光泽,是优秀的室内观叶植物,可用以装饰家居的客厅、书店及宾馆、饭店、车站等公共场所。

[形态特征] 多年生常绿草本,具地下茎,叶基生、根出叶。叶呈长椭圆形或椭圆状披针形,叶面绿色并微带紫色,有茸质感,叶背为深紫色,花紫色[图(3.)1.73]。

大饰叶肖竹芋 （*Calathea ornate* Koern.）

别名双线竹芋、红羽竹芋、金羽竹芋、银线竹芋、大叶蓝花蕉。竹芋科肖竹芋属。原产于南美洲哥伦比亚、巴西等地,现我国许多地区已有引种。

图(3.)1.73 天鹅绒竹芋

［**用途**］ 植株高大，叶片大，四季常绿，叶色漂亮，具有很高的观赏性。常作室内观叶植物栽培，可作为居室客厅、会议室及宾馆的摆放盆景。

［**形态特征**］ 多年生草本，成株丛生状，具根茎，叶椭圆形至大披针形，先端渐尖，叶面油绿色，沿侧脉两侧有白色或玫瑰色双线平行条纹，叶背面为紫红色，穗状花序［图(3.)1.74］。

图(3.)1.74 大饰叶肖竹芋

孔雀竹芋 （*Calathea makoyana* E. Morn.）

别名五色葛郁金、蓝花蕉。竹芋科肖竹芋属。原产于巴西热带雨林地区，现在我国南方一带均有栽培，长江以北一带可作室内栽培。

［**用途**］ 孔雀竹芋生长旺盛，株形优美，叶片常有精美的斑纹和独特的金属光泽，尤其是其褐色的斑块犹如孔雀开屏，煞是美丽，因此一进入市场就受到人们的喜爱，成为室内观叶植物的精品。由于它适应性强，因而常用于装饰绿化客厅、卧室、书房等场所，可较长时间栽培摆放。

［**形态特征**］ 多年生常绿草本观叶植物，基部具块茎，株高30～50厘米，叶片呈椭圆形，基生，全缘，长20～30厘米，宽约10厘米，深紫色，具白色茸毛，叶片表面主脉两侧密集的丝状斑纹，从中心叶脉伸向叶缘，呈羽状排列，侧脉之间有明显的小脉，似孔雀尾羽，因此取名为孔雀竹芋［图(3.)1.75］。叶背呈淡紫色，在夜间，叶片从叶鞘向上合延至叶尖，呈抱蛋状折叠，第二天清晨接受到阳光后，又重新展示，即所谓的植株"睡眠"。

图(3.)1.75　孔雀竹芋

玉簪花　(*Hosta plantaginea* (Lam.) Aschers.)

别名玉春棒、白鹤花、白鹤草、白鹤仙、白玉簪、棒玉簪、玉泡花、白萼、白萼花等。百合科玉簪属。原产于我国长江流域及日本,多生于林缘、草坡及岩石边,我国园林和家庭庭园中也广泛栽种。在欧美各国园林中也有栽培。

[**用途**]　玉簪花清秀挺拔,是园林和庭园庇荫处优良的美化材料,最适合在庭院中居室北侧种植,同时也可盆栽置于室内。其花枝和翠绿的叶片均是很好的切花材料。全草均可入药,味甘辛,性寒,根系与叶片有清热解毒、消肿止痛作用,能够治疗淋巴结核,外敷用于治疗跌打肿痛。兼有清咽、利尿的功效,同时也可以用于提取芳香油浸膏。

[**形态特征**]　多年生宿根草本植物。具有粗壮的根状茎,白色,其上着生有多数须根,株高60～80厘米。叶片成丛基生,具长柄。叶片较大,卵形至心状卵形,先端略尖,基部心脏形,长15～30厘米,宽10～15厘米,叶色翠绿而有光泽。花葶从叶丛中抽出,高出叶丛,一般情况下,花葶高50～70厘米。花序为总状花序,着花7～15朵,白色,具细长的花被筒,先端花被6裂,开放后展开成管状漏斗形,具浓烈的芳香气味,柱头和花药伸出雄蕊之外[图(3.)1.76]。果实为蒴果,圆柱形,三棱,长6厘米左右。种子黑色,顶端具有膜质翅。

图(3.)1.76　玉簪花

蜘蛛抱蛋　（*Aspidistra elatior Blume.*）

别名一叶兰、箬叶、粽叶、叶兰、竹节盘、青蛇莲。百合科蜘蛛抱蛋属。原产于我国南部诸省。日本也有，据传是从中国引种的。我国各地公园和庭院中的栽培甚多。在台湾和海南等地还有野生种分布。

[用途]　蜘蛛抱蛋耐阴性强，适宜于栽培作室内装饰。举行各种专业花展时，常把蜘蛛抱蛋摆设在厅堂的角隅作辅助装饰，单独摆设也很雅致。也适宜在庭院树阴下或田边地角处散栽，叶片经人工造型，可以陪衬鲜花。地下根状茎可入药，有利尿、止痛、接骨、祛痰和强心的功效。

[形态特征]　多年生草本植物。根状茎粗硬，横走，呈匍匐状生长，稍露出土面，直径为5～10毫米，具节和鳞片，有多数气生根。叶鞘3～4枚，生于叶的基部，带绿褐色，具紫色斑点。叶单生，叶丛自根状茎上丛生而出，具很长的木质化的叶柄。叶柄粗壮，坚硬，挺直，上面具槽，长5～35厘米，1个叶柄上只生1张叶片，故称一叶兰。叶片矩圆状披针形，或披针形至近椭圆形，长20～48厘米，宽7～11厘米，基部楔形，顶端渐尖，深绿色，边缘皱波状，光滑，初生叶纵卷。花单生于根茎上，花梗极短，贴近地面。花被合生呈钟状，长1.5～1.8厘米，直径为1.5～2厘米，裂片紫褐色，花基部有苞片2枚，不常开花。果为浆果，圆形，有1粒种子。浆果的外形好似蜘蛛卵，被叶子"抱着"，露出土面的地下根茎好似蜘蛛，故名蜘蛛抱蛋[图(3.)1.77]。

图(3.)1.77　蜘蛛抱蛋

吊兰 （*Chlorophytum comosum*（Thumb）jacques）

别名折鹤草。百合科吊兰属。原产于南非，分布于热带及亚热带地区。我国多作盆花栽培，生长于温暖、湿润、半阴的环境。耐寒力差，不能露地越冬。

[用途] 是最常见的室内观叶植物。宜置于架上或吊盆观赏。枝叶匍匐蔓生，吊盆栽培，悬挂于门厅、窗口。

[形态特征] 多年生草本。具短根状茎，须根白色，肥大，肉质。叶基生，狭长似兰花，宽线形，长30厘米左右，宽1~2厘米，顶端尖，基部苞茎。叶腋间可抽出匍匐枝，发生气生根和新芽，并出小苗，着地即活。花序由叶丛中斜抽出来，花梗弯曲，先端开花1~6朵，呈总状花序排列[图(3.)1.78，图(3.)1.79]。花小，白色，花被2轮共6片。雄蕊6枚，子房绿色。

图(3.)1.78 吊兰

图(3.)1.79 银心吊兰

萱草 （*Hemerocallis fulva* L.）

别名忘忧草、黄花菜、鹿葱花、川草花、金针花、丹棘、忘郁等。百合科萱草属。原产于中国南部，多分布在长江流域，各地均有栽培，也有野生种。日本和欧洲南部有分布，北美洲也有种植。世界上约有萱草属植物15种，其中11种原产于中国。这里简述的只是其中一种。

[用途] 园林中多作花境、花径栽种，常栽置于花坛中心、路边、坡地、疏林或岩石园中，庭院中常栽植于背风向阳处，农村中常零星种植于沟边、地边或田埂上，一

次栽种,可多年受益。除地栽供观赏外,还可盆栽或做切花材料。萱草花新鲜时为花卉,有低毒,含多种生物碱,不能直接食用。花蕾熏制后的干制品就是黄花菜,它是有名的山珍之一。根可供药用,能利水凉血。

[形态特征] 多年生宿根草本植物。具有短的根状茎和肉质肥大的纺锤块根。叶基生,排成2列,条形,叶长40~80厘米,宽1.5~3.5厘米,自根际丛生。先端渐尖,全缘,嫩绿色,背面带白粉,下面呈龙骨状突起,花莛从叶丛中抽出,粗壮,直立刚挺,高60~80厘米。蝎壳状聚伞花序复组成圆锥状,具花6~12朵或更多。苞片卵状披针形,花橘黄色、橘红色或鲜黄色,花冠漏斗状,具短花梗,花被长7~12厘米。下部2~3厘米合生成花被筒,花被共2轮,每轮3片,外轮花被裂片3,矩圆状披针形,宽1.2~1.8厘米,具平行脉;内轮裂片3,矩圆形,宽约2.5厘米,具有分支的脉,中部具褐红色的色带或"八"字形斑纹,边缘有波状皱褶,盛开时,花瓣外卷。雄蕊伸出6枚,上弯,比花被裂片短。雌蕊花柱也伸出,上弯,比雄蕊长[图(3.)1.80]。果为蒴果,长圆形,长2~4厘米,具有钝棱,成熟后裂开。种子扁圆形,黑色,有棱角和光泽。很少见到果实和种子。

图(3.)1.80 萱草

虎眼万年青 (*Omithogalum caudatum* Alt.)

别名海葱、乌乳花。百合科虎眼万年青属。原产于非洲南部地区,在欧洲、亚洲、非洲有着广泛的分布,我国各地一般均采用盆栽方法培育。

[用途] 虎眼万年青叶片常绿,其鳞茎较大,且呈淡绿色,适宜用作厅、堂和会议室的室内和阴面阳台的观叶植物。

[形态特征] 多年生常绿草本植物。其基部鳞茎呈大卵圆状,光滑,颜色为淡绿色,形状近似于洋葱头。叶片基生,形状为带状,呈长条形,先端外卷成尾状,近肉质,表面具革质,常绿。花莛粗壮,高度可以达到100厘米左右。总状花序或伞房花序,具小花50~60朵,一边开放一边伸长。花被片白色,中间有一条绿色的条带[图(3.)1.81,图(3.)1.82]。果实为蒴果。

图(3.)1.81 虎眼万年青的花

图(3.)1.82 虎眼万年青的果实

广东万年青 （*Aglaonema modestum* Schott ex Engler）

别名亮丝草、奥万年青、万年青。天南星科亮丝草属。原产于菲律宾、印度至马来西亚等地，及我国云南、广西、广东等地南部的山谷湿地上。现全国许多地区已有引种作为盆栽植物。

[用途] 广东万年青叶色清秀，翠绿肥润，朴素高雅，四季常青，被誉为"万年青"，给人以宁静、平安、自然、长寿之感，为著名的观叶植物。多作温室盆栽。叶可用于切花配叶。茎、叶均可入药，有清热消肿的功能。

[形态特征] 多年生常绿草本，株高 60～70 厘米。茎直立，不分枝，粗壮，节间明显。叶互生，绿色，长卵形，先端渐尖，叶柄有鞘。肉穗花序有柄，佛焰苞绿色或淡黄色[图(3.)1.83]。果实小球形，多为红色，也很美丽。

图(3.)1.83 广东万年青

花叶万年青 （*Dieffenbachia picta*（Lodd.）Schott）

别名斑叶万年青、黛粉叶。天南星科花叶万年青属。原产于南美洲巴西亚马逊地区的热带雨林，现世界各地广为引种栽培。我国华南地区及闽南地区早年就有引种，近年来南北各城市多有栽培。

[用途] 花叶万年青叶片肥大，并具有各种颜色和形状的斑点，株形美观高雅，观赏价值极高，比较耐阴，是难得的优秀室内盆栽观叶植物。盆栽植株可摆放于客厅、书房及光线较弱的公共场所。

[形态特征] 常绿亚灌木状多年生草本。高达 1 米，茎粗约 2 厘米，茎基匍匐状，少分枝，表皮灰色。叶片大，着生于茎的上端，长椭圆形，全缘，顶端渐尖。长 15～30 厘米，宽约 15 厘米，叶面淡绿色，叶片和叶柄上有白色或淡黄色不规则的斑点或斑块[图(3.)1.84]。

图(3.)1.84 花叶万年青

花 烛 （*Anthurium andraeanum* Lind.）

别名红掌、灯台花、蜡烛花、哥伦比亚安祖花。天南星科花烛属。原产于美国、哥伦比亚等地的热带雨林中。我国南方省、自治区主要将它作为切花生产,北方的许多城市将它作为大盆栽培。

［用途］　花叶美丽,娇红嫩绿,佛焰苞直立红色,肉穗花序金黄。花期极长,观赏价值极高,可作为高档切花和盆花。

［形态特征］　多年生附生常绿草本。茎长可达 1 米左右。节间短。叶片长圆状心形或卵圆形,叶基常为心形,深绿色。佛焰苞片直立开展,革质,正圆状卵圆形,橙红色或猩红色。佛焰花序无柄,外翻,先端黄色[图(3.)1.85]。

图(3.)1.85　花　烛

海 芋 （*Alocasia macrorrhiza* （L） Schott）

别名观音芋、广东狼毒、天荷芋。天南星科海芋属。原产于东印度及我国南部与西南部的热带地区,全国许多地区已引种作为盆栽植物。

［用途］　海芋叶片肥大,并具有漂亮的色彩,株形优美,是十分优美的观叶植物,可用于居室及厅堂布置。

［形态特征］　多年生常绿草本,株高可达 3 米。地下有肉质根茎。茎粗短,皮茶褐色,茎内多黏液。叶片绿色,叶面上有乳白色和浅绿色的斑块,叶大,阔箭形。肉穗花序,粗而直立,佛焰苞淡绿色至乳白色,下部绿色[图(3.)1.86]。

图(3.)1.86 海 芋

绿巨人 （*Spathiphyllum cannifolius* CV. sensation）

别名银苞芋、多花苞叶芋、翼柄白鹤芋、大叶白掌、绿巨人白掌。天南星科苞叶芋属。原产于南美洲哥伦比亚等地区，是我国近年来引进并颇受养花者喜爱的新花种，目前我国许多大中城市均有栽种。

[用途] 绿巨人的株形雄伟壮观，叶色浓绿苍翠，英姿勃勃，绿意盎然。其花大如掌，亭亭玉立，妩媚动人，加上其耐阴性强，盆栽成株极适宜绿化装饰宾馆、商店、写字楼等大型场所，能营造出一派宏伟碧绿、气势非凡的绿色景观。幼株点缀家庭客厅、书房，也会给人带来美丽典雅、亮丽悦目的美好享受。近年来许多家庭和单位，常用绿巨人来装饰室内，如今已成为新潮时尚的室内观花观叶盆栽植物，不仅耐阴，而且适应空调环境。还可做切花。

[形态特征] 多年生常绿草本。株高 1 米左右，是苞叶芋属中的大型种类之一。茎短而粗壮，少有分蘖。叶片宽大，革质，呈长椭圆形或阔披针形，叶柄粗壮。叶片深绿色，富有光泽，在阳光照射下熠熠闪光。佛焰苞硕大，长圆状披针形，很像人的手掌，高出叶面，夏初开始

图(3.)1.87 绿巨人

开花，花苞初开时苞片为纯白色，以后逐渐转变为绿色，由浅而深，直至凋谢。佛焰花序黄绿色或白色，多花性[图(3.)1.87]。

第三节　球根花卉

球根花卉是指具有膨大的根或地下茎的多年生草本花卉。这类花卉地下部膨大的器官具有贮藏养分、保护和保存芽体及生长点的功能。每当地上部分枯萎后,地下的球根就以休眠状态度过不良季节,待环境条件适宜后,可重新萌芽生长。常见的球根花卉有:郁金香、水仙、唐菖蒲、大丽花、美人蕉、仙客来、马蹄莲、朱顶红等。

球根花卉与 1～2 年生草花和宿根花卉相比较,具有以下几个特点:一是球根花卉种类丰富,品种繁多,植株健壮,株形端正,花色艳丽,在园林绿化和花卉商品生产中适于布置花坛、花境,也可以作为切花材料,有的种类还可以盆栽和水养。二是多年生花卉的栽培管理比较简便,大多数种类 1 次种植,可连续多年开花,3～5 年后才需更新,同时球根的运输和贮藏都比较方便,省工省时。三是密植的球根花卉,单位面积产量高,可以获得较高的经济效益。作为生产切花材料的花圃,切花出圃后,加强地下球根的养护,还可在一个生长季内达到既采花又收球的双重收益。

根据变态根、茎的形态特征,球根花卉可以分为以下类型:

第一,球茎花卉。花卉的地下茎缩短成为实心的圆形或扁圆形球状体,球状体上具有明显的横纹状茎节,且包被着 1～2 层干膜状鳞片,着生侧芽,根系从球茎的底部发生。球茎在生长期间,随着所贮藏营养的消耗而逐渐萎缩,与此同时在球茎顶部形成 1 至多个新球,如番红花、唐菖蒲、小苍兰等。

第二,块茎花卉。地下茎膨大形成不规则的块状或球状体。块茎表面没有干膜状鳞片包被,也没有生根的茎盘。块茎粗糙的表面可多处长出根系,而芽苞着生在茎节部位,如马蹄莲、仙客来、大岩桐、白头翁、花叶芋、晚香玉、彩叶草等。

第三,根茎花卉。地下茎增大增粗,在土表下面水平状生长,外形与根相似,其上发生分支四处伸展,先端具顶芽,在茎节上着生侧芽和不定根,如红花酢浆草、美人蕉、水芋、姜花、铃兰、鸢尾、生姜等。

第四,鳞茎花卉。地下茎缩短成为圆盘状的茎盘,叶片转化为肥厚多汁的变形体鳞片,并贮存淀粉、糖类、蛋白质和大量矿物质养分。鳞片着生于茎盘上,鳞片之间产生腋芽,茎盘下部木质化的底盘周围长出根系,如水仙、风信子、郁金香、百合、大蒜、洋葱等。

第五,块根花卉。块根与以上类型的根、茎不同,属于真正的根系变态。根或不定根异常膨大成球状体或块状体,贮藏大量养分,但不具备吸收功能,水分和养分的吸收主要依靠须根系完成。块根的发芽点仅限制在根冠的根颈部位,如花毛茛、大丽花、独尾草、菟葵等。

球根花卉还可以按照栽植季节,分为春植球根花卉、夏植球根花卉和温室球根花卉。其栽培季节上的差异主要是在原产地生态环境条件下的长期生长过程中,所形成的对温度、气候、热量条件的适应性不同。

球根花卉的繁殖主要采用分株繁殖技术。在新品种的选育过程中,一般都采用种子繁殖。日常栽培管理中,球根花卉的施肥与宿根花卉基本相似,球根类花卉适宜种植于通气良好、富含有机质的沙质壤土上。母球每年都可以开花,所分的子球2~3年后也可以开花,子球常作为繁殖材料。

在球根花卉的管理过程中,由于母球从发芽到开花,其叶片数量是固定不变的,生长期内不能使叶片受到损坏。在此期间不能进行换盆、分株等操作,以免影响其正常开花。

落叶球根花卉在叶片凋谢以后,应将球根挖出,贮存在干燥、阴凉和通风处,也可以将球根假植在旧花泥或沙中,置于阴凉处,不需要浇水和施肥,当其休眠期过后,发芽时再定植。常绿类球根花卉在夏天休眠时,应当将其置于阴凉处,不浇水、不施肥,待新芽萌发后再换盆。

球根花卉是地球上分布十分广泛的一类花卉,由于不同种类的球根花卉产地的海拔、温度、光照、湿度和土壤类型等方面的差异,形成了不同的生态习性。因此,球根花卉的生产应当根据其生态习性,选取不同的栽培方式和设施,以提高花卉的观赏价值和商品价值。

本节介绍17种有代表性的球根花卉的用途与形态特征,隶属于8科,17属。

中国水仙 （*Narcissus tazetta* var. *chinensis*)

别名天蒜、雅蒜、天葱。石蒜科水仙属。原产于欧洲中部、北非及地中海沿岸。在我国多分布于东南沿海冬季温暖湿润的地区,上海、福建和浙江栽培较多,成都、昆明也有少量栽培。全国各地栽培水仙多用盆栽水养的方式。

[用途] 水仙为我国传统名花,深受人们喜爱。多用于室内盆栽水养,供装饰和观赏。水仙的花期多在元旦春节期间,因此成为这一时期的主要观赏花卉品种。鳞茎内含生物碱,可入药。水仙鲜花含0.2%~0.4%的芳香油,可提炼高级香精,用于制造化妆品。水仙具有一定的耐干旱、耐瘠薄以及耐阴性,株丛低矮整齐,开花茂盛,具浓香,在园林中可用作地被植物。水仙同时还是我国传统的出口名花。

[形态特征] 多年生草本植物。地下具肥大的鳞茎,外被褐色纸质薄皮,呈卵圆形。鳞茎盘下面生出白色肉质须根。鳞茎每年更新1次,逐年加大。叶片自鳞茎先端抽出,每个鳞茎可抽生4~6片叶。叶片呈长条带状,前端钝圆,全缘无齿,具平行叶脉,嫩绿色。花梗自叶丛中抽生而出,呈扁筒状,中空,每梗着花4~6朵,最多可达10朵,在花梗顶端簇生,伞房花序,花冠蝶状,共6片;外3片由萼片变态而来,内3片为花瓣,形状颜色相同,均呈卵形,先端略尖,白色至淡黄色,花心部分有副花冠1轮,呈鲜黄色,雄蕊6枚,具幽香[图(3.)1.88]。果为蒴果,但高度不孕,不能生产种子。

图(3.)1.88　中国水仙

晚香玉　（*Polianthes tuberosa* L.）

别名夜来香、月下香。石蒜科晚香玉属。原产于墨西哥及南美洲，全世界温带地区分布广泛。我国早年就有引种，现全国许多城镇均有栽培。

[用途]　晚香玉是美丽的夏季观赏植物和重要的切花材料，可制作花篮、花束或瓶插水养，园林中可成片散植，亦可布置花坛，或丛植于石旁、路旁、草坪边缘或游人休息处。因其夜晚特别浓香，故可配置于夜花园作花坛材料。花内含有芳香油，可提炼香精。它对有毒气体二氧化硫有较强的抗性。

[形态特征]　多年生球根类草本植物。地下部分具鳞茎状块茎，上半部为鳞茎状，下半部为块茎状，长圆形，似洋葱和蒜头。下端生根，上端抽出茎叶。基生叶，互生，6～9 片，长 40～60 厘米，宽不及 1 厘米，带状或线状长披针形，

图(3.)1.89　晚香玉

绿色，全缘，基部稍带红色，叶片愈往上愈小。茎生叶短，也是互生，近卵状披针形或鳞形，尖端呈苞状。总状花序着生在花茎顶端，花茎高 60～100 厘米。每一花序着花 10～24 朵。花是成对着生，呈漏斗状的喇叭花，长 4～6 厘米。花冠筒细长，近基部弯曲，花被片 6，长圆形，子房下位。自下而上陆续开放，花期为 7～11 月份。花白色 [图(3.)1.89]，芳香馥郁，夜间尤为浓烈，故获夜来香、晚香玉之美名。果为蒴果，卵形，顶部冠以宿存的花被。种子稍扁。栽培中常见的还有重瓣变种，其香味较淡，而

着花较多,一般是 24～32 朵,在花被上有淡紫色晕。

仙客来 （*Cyclamen persicum* Mill.）

别名一品冠、兔耳花、兔子花、萝卜海棠。报春花科仙客来属。原产于欧洲南部和非洲北部的地中海沿岸,希腊至叙利亚沿海最多。现为世界著名的花卉之一,各地都有栽培。我国沿海大城市栽培较多,目前逐渐推向北方和西部城市栽培。在四川西昌地区,仙客来表现优良,色彩艳丽,深受广大消费者的喜爱。

[用途] 仙客来属于秋季生长、冬季开花的名贵花卉。近年来,在园艺花卉栽培中发展迅速,是春节期间装点居室、客厅和室内美化的精品花卉。仙客来最适宜于盆栽和作为鲜切花品种。养花期间也可以将全株挖出作室内水养,属于一种新的欣赏方式。

[形态特征] 多年生草本球茎花卉,具有扁平圆形的肉质块茎。1 年生的小球茎为淡暗红色,老球茎为紫黑色,外有一层木栓质,在球茎的下部有许多纤细的须根。叶片着生在块茎顶端的中心。叶片大,肉质,呈心脏形或卵圆形,表面深绿色,大多数具有灰白色或淡绿色的斑块,背面呈紫红色;叶片边缘有细钝锯齿,大小不等,叶柄呈紫红色。花单生,花莛细长,柔软,长 15～25 厘米,花着生于花莛顶端;花蕾期先端呈尖形向下披垂,开花时上翻,形状似兔耳;花萼 5 裂,花瓣 5 片,基部连成短筒状,重瓣花也有 10 多片的,有的花瓣边缘扭曲。仙客来的花色较多,有紫红色、淡红色、玫瑰红色、深红色、绯红色、紫褐色、紫黑色、白色、橙黄色、橙红色等[图(3.)1.90,图(3)1.91]。植株高 20～30 厘米。

图(3.)1.90 仙客来之一

图(3.)1.91 仙客来之二

大丽花　（*Dahlia pinnata* Cav.）

别名大理花、天竺牡丹、西番莲、大丽菊、苕菊。菊科大丽花属。原产于墨西哥高原地区,是墨西哥的国花,多分布在海拔 1 000 米以上的山地。世界各地均有栽培,我国各地园林中也习见栽培。

[用途]　大丽花类型多变,色彩丰富,可根据植株高矮、花期早晚和花型大小,分别用于花坛、花境、花丛的栽植,矮生种可地栽,也可盆栽。用于庭院内摆放盆花群或室内及会场布置。花梗较硬的品种可做切花栽培,用以镶配花团,制作花篮、花束及插花等。

[形态特征]　多年生草本植物。具粗大纺锤状肉质块根。株高依品种而定,一般为 40～150 厘米。茎多汁,柔软。羽状复叶,对生,1～3 回羽状深裂,小叶卵形,叶缘锯齿粗钝,叶正面深绿色,背面灰绿色。头状花序,具长总梗,顶生;花径大小因品种而异,为 5～25 厘米;花色丰富,有黄、白、粉、红、紫、墨等色[图(3.)1.92]。瘦果黑色,长椭圆形。种子扁平。现世界上约有 3 万多个大丽花品种。

图(3.)1.92　红大丽花

菊芋　（*Helianthus tuberosus* L.）

别名洋姜。菊科向日葵属。关于原产地,有 2 种说法:一种说法是原产于波斯,于 1617 年传入欧洲;另一种说法是原产于美洲,于 17 世纪由北美传入欧洲,以后再分别传到世界各地。我国何时传入尚无查考,一般认为是 20 世纪初传入我国,现在全国各地均有零星种植,尚未见有大规模栽培者,有的地方菊芋又类似于野生状态。

[用途]　菊芋的块茎可作蔬菜,并可加工成酱菜,也可作杂粮和饲料,制作淀粉和酒精;还可制取菊糖,用以治疗糖尿病。地上茎还可以作青饲料。由于花期长,花色鲜艳,近年来,有的公园、庭院、社区、工矿、农家等还把它作为菊科观花植物来种植。

[形态特征]　多年生草本植物,株高 1～3 米。茎直立,上部有分枝,被有短粗毛或刚毛,具有块状地下茎。茎基部的叶片对生,上部叶互生;叶片矩卵形至卵状椭圆形,长 10～15 厘米,宽 3～9 厘米;叶片正面粗糙,背面有柔毛,边缘有锯齿,顶端渐尖或急尖,基部宽楔形,叶柄上部有狭翅。夏秋季开花,有头状花序数个,生于枝端,直径为 5～9 厘米。总苞叶披针形,开展,外围的舌状花淡黄色,结实性差;筒状花黄色[图(3.)1.93]。果为瘦果,楔形,有毛,上端常有 2～4 个具毛的扁芒。

图(3.)1.93　菊　芋

风信子　（*Hyacinthus orientalis* L.）

别名洋水仙、五色水仙。百合科风信子属。原产于欧洲、非洲南部和小亚细亚一带,以荷兰栽种最多,作为商品栽培出售。我国各地均有栽种。

[用途]　风信子的花期早,是春季布置花坛、花境及草坪边缘的优良球根花卉,适合盆栽或水养,摆放在阳台、客厅供人欣赏。如自然式成片种植,还是切花的良好材料。因此,赢得了人们的喜爱,成为一种流行的花卉。

[形态特征]　风信子为多年生球根草本花卉,地下鳞茎球形或扁球形;外被皮膜有光泽,呈紫蓝色、白色或淡绿色,与花色有关。叶片基生,4～8 片,肥厚,肉质,带状披针形,先端钝圆。花茎中空,高 14～45 厘米,从叶丛中抽出。花茎先端着生总状花序,有小花 10～20 朵,密生上部,花管长 1.5 厘米,基部膨大成囊状,花瓣具 6 裂

片,反卷,斜生或下垂。花有香味。原种花为蓝紫色。栽培品种很多,除花色有红、黄、白、粉、蓝、淡紫等多种外[图(3.)1.94],还有单瓣、重瓣、大花、小花、早花、晚花以及多倍体等多个品种。果为蒴果,三棱。

图(3.)1.94　风信子

郁金香(*Tulipa gesneriana* L.)

别名洋荷花、洋水仙、郁香、草射香。百合科郁金香属。原产于南欧地中海沿岸、中亚细亚、伊朗、土耳其及中国等地。1554 年传入西欧,后来传到世界各地。野生种全世界有 100 种左右,我国有 14 种,主要分布在新疆。长期进行人工杂交,现在出现的园艺品种已有上万个。我国许多省、市都有栽种。现在河北灵寿、甘肃临洮、四川西昌等地都有较大规模的繁殖基地。

[用途]　郁金香是园林中布置花坛、花带、花柱、花径、镶边图案的名贵花卉,也是重要盆花和切花材料,还可作为室内布景之用。郁金香被人视为胜利和美好的象征,加之花型又大,喜爱它的人极多。目前看来,它在我国的发展前景十分看好。

[形态特征]　根为须根系,呈丛生状态,乳白色,长 7～18 厘米。无主根和支根之分。茎有鳞茎和花茎之分。鳞茎为卵圆形或扁圆锥形,乳白色,外被棕褐色膜质皮膜,高 3～4.5 厘米,横径 2～3 厘米,在里面基部和顶端有少数伏贴毛。花茎圆柱形,高 20～50 厘米,直径 0.5～0.9 厘米,表面光滑,有蜡粉,顶生一朵大花。叶 3～5片,叶长 8～25 厘米,宽 3～11 厘米,边缘波皱,叶面光滑,也有粉白色蜡粉,顶端有少数细毛。基生叶 2～3 片,较宽大;茎生叶 1～2 片,较窄小。花单生顶端,大型直立,花色丰富艳丽,有鲜红、黄、橙黄、白、紫、墨红、粉红以及各色镶边和斑斓条纹等多种单色或复色;花形有杯形、碗形、球形、卵形、无瓣形、百合花形等多种。郁金香的花的确像个高脚空酒杯,亭亭玉立,丽胜佳人[图(3.)1.95,图(3.)1.96];花被 6 片,2轮分离,长 4～7 厘米,外轮披针形至椭圆形,顶端稍尖,内轮倒卵形不等,稍短、顶端

钝,二者顶端都有一些微毛。有的花被为 8 片,内外各 4 片。花瓣有全缘、锯齿、剖裂、平正、皱边等多种变化。雄蕊 6 枚,花丝无毛,花药黄色、黑色或紫色,花药长 7～13 毫米。开花时,花药顶端与雌蕊柱头两者基本等高,传粉受精后,子房生长明显加快。雌蕊一枚,子房圆柱形或矩圆形,长约 2 厘米,几无花柱,柱头 3 裂或大而呈鸡冠状。果实为蒴果,三棱形、矩圆形或椭圆形,长 4～7.2 厘米,横径 1.2～1.9 厘米,基部渐狭成柄状,顶端具有 3 裂状的短喙,蒴果中轴周围分 3 室,从蒴果胞背开裂。生长中的蒴果为绿色,成熟的蒴果为黄白、黄、黄褐至褐色不等[图(3.)1.97]。种子近三角形,扁平,长 3～6 毫米,乳白至黄白色不等。一个蒴果内有种子 270～390 粒,但能成熟饱满的只有几十粒。

图(3.)1.95　巴士顿郁金香

图(3.)1.96　英者郁金香

图(3.)1.97　郁金香的果实

百合 （*Lilium* spp.）

别名强瞿、强仇、百合蒜、摩罗马、中逢花、重迈、中庭等。百合科百合属。百合是我国栽培历史非常悠久的著名观赏花卉之一。全世界有百合花 80 多种，主要分布在亚洲的中国、日本，北美洲和欧洲的温带地区。我国是世界百合的分布中心，约有 42 种。主要分布在东北、西北、西南及山东、河南等地。

[用途]　百合可用于布置花园，作为绿地的优良花卉品种，也可用作盆栽花卉。将百合作为鲜切花品种，深受花卉消费者的喜爱，市场前景非常看好。除此之外，百合还是重要的药用植物。其鳞茎具有丰富的营养成分，可食用，也可作为药用。麝香百合的花朵含有芳香油，可用于提取香料。

[形态特征]　多年生球根花卉，地下茎为鳞茎，鳞片的外形是种的分类依据之一。茎通常为圆柱形，无绒毛，部分种类茎上有小乳头状突起，有的有绵状毛。叶呈螺旋状散生排列，少数品种呈轮生；无叶柄或具有短柄；叶形多样，有披针形、短圆状披针形、短圆状倒披针形、短圆状倒卵形、椭圆形或条形；叶缘为全缘或边缘有小乳头状突起。花属大型花，单生、簇生或呈总状花序，少有接近伞状花序或伞房状排列的花朵；花朵直立、下垂或平展，苞片细小呈叶状，花被为 6 片，颜色鲜艳，分成内外 2 轮排列，离生，也有靠合而成喇叭形、钟形、流苏形的品种[图（3.）1.98]。花被常呈披针形或匙形，基部有蜜腺，蜜腺两边有乳头状、鸡冠状或流苏状的突起。雄蕊 6 枚，其花丝细长，有毛或无毛，花药大，呈"丁"字状椭圆形。子房呈圆柱形，花柱细长，柱头膨大，3 裂。蒴果呈矩圆形，具有 3 果爿。每个果爿的中央从顶部向下裂开，种子多数，扁平。百合的种子可进行有性繁殖。

图（3.）1.98　百　合

唐菖蒲 （*Gladiolus hybridus* Hort.）

别名剑兰、菖兰、什样锦、流战花。鸢尾科唐菖蒲属。原产于非洲、地中海沿岸以及西南亚地区,南非的好望角是其自然种类分布最多的地带。18世纪中叶传到中欧,20世纪我国才有引进,先在云南、四川、贵州等西南地区种植,以后发展比较快,现在许多城市都有地种和盆栽。

[用途]　唐菖蒲与康乃馨、月季、菊花并称为当今世界的四大切花,而它又被称为切花之王,是著名的礼仪花材。通常是大田栽种,供生产切花之用;也可地植于花坛、花境、花带等处,以布置园林景观,或作庭院盆花栽培。它的鳞茎具有清热、解毒、消肿、散瘀等功效。唐菖蒲对剧毒的氟化氢气体非常敏感,其叶子遇到该气体后会发黄变软,可用以监测大气污染的指示植物。

[形态特征]　唐菖蒲为多年生球根草本花卉。植株高100～140厘米,球茎扁圆形或卵形。叶革质,狭长剑形,长50～69厘米,宽2～4厘米,光滑,灰绿色,抱茎而生。花茎挺拔,直立于叶的中央,形如长剑,故名剑兰。穗状花序,长40～50厘米,每穗着花10～24朵,排成2列,偏于一侧,花冠呈漏斗状。花色多变,有白、

图(3.)1.99　唐菖蒲

黄、粉、蓝、紫、橙等色,还有复色以及带有不同色彩的斑点或斑纹的多个品种,有的是一花数色[图(3.)1.99]。花瓣薄如丝绸,貌似织锦,故又有什样锦之美称。果为蒴果,矩圆形或倒卵形。

小苍兰 （*Freesia refracta* Klatt）

别名小菖兰、香雪兰、洋晚香玉。鸢尾科香雪兰属。原产于南非好望角一带,现世界广有栽培。我国最早是在上海引种。现在南方栽培较多,北方栽培较少。

[用途]　室内摆放一盆小苍兰盆花,或插1束鲜花,香味醇正,满室芬芳,是香色俱佳的名贵花卉。适宜盆栽,用于布置客厅、卧室、书房、办公室、会议室等场所,同时也是重要的鲜切花品种。花内含芳香油,可用于提取香精。近年来,世界各地小苍兰的销售量逐年增加,号称切花品种中的后起之秀。

[形态特征]　多年生球根类草本花卉。具有圆锥形的小球茎,直径约2厘米,外皮褐色,比较粗糙。茎秆纤细,高约40厘米,分枝柔软,不能直立,绿色,长30～40厘米。叶片呈长剑形,全缘,具有平行的叶脉。基生叶和茎长度大致相近,与茎生叶相似,只是茎生叶较短小,长约10厘米,都无叶柄。花朵着生奇特,花序梗自茎顶端的叶腋间抽生而出,先端向一侧扭曲,顶生总状花序;每个花序上着生5～15朵小花,小花直立向上生长,花呈狭漏斗状,长约4厘米,上具佛焰状苞片,白色,花被6片,先端

圆,大小相等。小苍兰花色多样,有白色、黄色、黄绿色、粉红色、玫瑰红色、紫色、蓝色等,具有芳香味[图(3.)1.100]。有单瓣品种和重瓣品种。蒴果近似于圆形,内含有多粒种子。

图(3.)1.100 小苍兰

鸢尾 (*Iris* spp.)

别名蓝蝴蝶、蝴蝶花、屋顶鸢尾、球根鸢尾、蛤蟆七、扁竹花、铁扁担。鸢尾科鸢尾属。现在全国许多城镇都广为种植。

[用途] 鸢尾为南北庭院中的一种良好花卉,观赏价值很高。在园林中可丛栽、盆栽或布置花坛、花境、花带,或栽植于水湿洼地、池边湖畔、路旁石间,还可水养鳞茎或布置成鸢尾类的专业花园,也可做切花和地被植物。根茎可入药,能治痈疮、跌打损伤和止血。有些种的地下茎可提取芳香油,有的种也为纤维植物。

[形态特征] 多年生草本植物。地下部分为根状茎,少数为鳞茎或球茎。茎单生或成束由地下茎生出。叶基生,剑形或线形,基部鞘状,嵌叠成2列。花2性,花茎由鞘状苞内的叶丛中抽生,鞘苞内有花1至数朵,大多形似蝴蝶,花被呈花瓣状,6裂,排成2列,外轮3

图(3.)1.101 鸢 尾

枚,大而外弯或下垂,称为垂瓣;内轮3枚,较小,多直立或呈拱形,称为旗瓣。花被有白、红、蓝、紫、淡红等多种颜色,并常有美丽的斑点或斑纹[图(3.)1.101]。雄蕊3

枚,子房下位,3 室,中轴胎座;花柱 1 个,柱头 3 个,有时扩大成花瓣状或分裂。

魔芋 （*Amorphorphallus rivieri* Durieu.）

别名花杆莲、蒟蒻、蛇六谷、独叶一枝花、花梗天南星、鬼芋、星芋。天南星科蒟蒻属(魔芋属)。我国西南及长江中游的四川、云南、贵州、广西、湖北、陕西、甘肃等地早有较多栽培,近年来华北、华南等地也在引种栽培。东南亚地区的一些国家,如越南、日本也有分布,种植面积也大。我国种植面积最大的是花魔芋,有的地区还在种白魔芋。

[**用途**]　魔芋的块茎富含淀粉、蛋白质、果胶、脂肪、维生素、生物碱等,但有毒,须经石灰水煮漂后,方可食用或酿酒,常用于制魔芋豆腐(四川有的地方又叫黑豆腐),又可以制雪魔芋。球茎营养丰富,可作食品添加剂。园林上常作地被植物或观叶植物栽培。块茎和茎、叶均可入药,性寒,味辛,有毒,功能是消肿攻毒,主治痈疽、肿毒、瘰疬结块等症。魔芋的叶片和叶柄还可作饲料。

[**形态特征**]　多年生草本植物。块茎肉质,扁球形,暗红褐色,直径为 20～25 厘米。株高 50～200 厘米,须根系。先花后叶,叶 1 片,叶柄长 40～80 厘米,青绿色,有暗紫色或白色斑纹。具 3 片小叶,小叶两歧分叉,裂片再羽状深裂;小叶片椭圆形至卵状矩圆形,长 2～8 厘米,基部楔形,一侧下延于羽轴成狭翅。花莛长 50～70 厘米,佛焰苞长 20～30 厘米,卵形,下部呈漏斗状的筒形,外面绿色而有紫绿色斑点,里面黑紫色。肉穗花序,其长为佛焰苞的 2 倍左右,下部具雌花,上部具雄花,这两部分几乎等长附属体在肉穗花序顶端,不具花的部分,圆柱形,长达 22～26 厘米。子房与花柱几乎等长,柱头微 3 裂,各地开花先后不一。花单性,淡黄色,着生在肉质的穗轴上[图(3.)1.102]。果为浆果,肉质,球形,黄绿色或橘黄色[图(3.)1.103]。

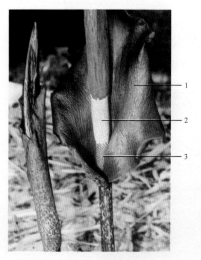

图(3.)1.102　魔芋花剖视
1.佛焰包　2.雄花　3.雌花

图(3.)1.103　魔芋的果实

马蹄莲 （*Zantedeschia aethiopica* Spreng.）

别名观音莲、慈姑花、水芋、野芋。天南星科马蹄莲属。原产于南非的河流沿岸及沼泽周围。我国近代有引种，现已在南北各地广泛种植。在四川各地表现良好。

[**用途**]　马蹄莲是装点客厅、书房和卧室的盆栽花卉佳品，也很适合会议室、厅堂、图书馆等处摆放，同时也是名贵的切花品种，作为花束和插花的主体花卉。在华南地区的水景园林中，将马蹄莲成片地种植于池畔、水景边，成为特有的景观。此外，马蹄莲全株可以入药。

[**形态特征**]　多年生宿根草本花卉。植株高30～70厘米。具有褐色肥大肉质块茎。叶片基生，具长叶柄，叶大、全缘、心形或箭形，先端锐尖，基部戟形，叶色翠绿，有光泽。花茎高出叶丛，顶端着生一圆柱状肉穗花序，颜色为鲜黄色。肉穗花序直立于阔大的佛焰苞中央，上部着生雄花，下部着生雌花，苞片呈白色，形大，似马蹄，故称马蹄莲［图(3.)1.104，图(3.)1.105］。每年开2次花。果实为浆果，子房3室，每室含4粒种子。

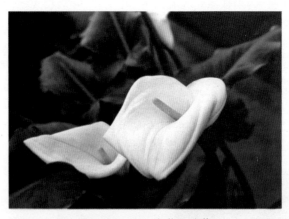

图(3.)1.104　白花马蹄莲

图(3.)1.105　红花马蹄莲

朱顶红 （*Hippeastrum vittatum* Herb.）

别名百枝莲、华胄兰、朱顶兰、喇叭花、孤挺华、对红、对角兰。石蒜科孤挺花属。原产于南非的秘鲁，世界各地广泛栽培。我国南北各地均有种植，尤以云南、四川、贵州等西南地区气候最为适宜，种植最多。而山东青岛、东北和华东地区等的种植也不少。

[用途]　朱顶红适宜盆栽，作室内几案、窗前、阳台的装饰品。大型盆栽可陈列在庭院的亭阁、廊下，也可作花坛、花境、草坪及林下自然布景种植。还可做切花和瓶插水养的花材。

[形态特征]　多年生鳞茎草本植物。鳞茎肥大近球形，外皮黄褐色或浅绿色，黄褐色鳞茎皮的开红色花，浅绿色鳞茎皮的多开白色花或白色上具有条纹的花。叶片两侧对生，4～8 片，状如飘带，长 15～90 厘米，宽 3～4 厘米，展绿叠翠，姿态潇洒，略肉质、

图(3.)1.106　朱顶红

肥厚，于花刚开时或花后抽出，亮绿色。花梗粗壮，直立而中空，高出叶丛，着花 4～6 朵。花朵硕大，呈喇叭形，朝阳开放，常两两对生，略平伸而下垂，花径 10～14 厘米，伞形花序，花被裂片 6 枚，呈倒卵形[图(3.)1.106]。雄蕊 6，着生于花被喉部，稍弯曲，内藏；子房下位，胚珠多数，花柱长，柱头 3 裂。花色有红、白、黄、紫、橙红及具条纹多色等。果为蒴果，球形，三瓣开裂。种子扁平，每个蒴果内有种子 100 粒左右。

文殊兰 （*Crinum asiaticum* L.）

别名十八学士、石蒜。石蒜科文殊兰属。原产于亚洲的热带地区及印度，我国有野生种分布。福建、台湾、广东、广西、云南、四川、贵州等地以及其他许多地方都有栽培。常生长于海滨地区或河旁沙地。

[用途]　文殊兰适宜盆栽布置厅堂，作观花观叶之用。在南方地区及西南各省，均可露地栽培，也可以作花境材料，供布置庭院之用。

[形态特征]　多年生常绿草本。植株粗壮，鳞茎长圆柱形，直径 8～14 厘米。叶片密生，从地下茎顶抽出，宽大肥厚，反卷下垂，条状披针形，长 70～95 厘米，宽 7～12 厘米，渐尖，叶的边缘不呈波状，暗绿色。花茎直立，从叶丛中抽出，高与叶长约相等。每株可抽 2～4 个花穗，顶生伞形花序，着花 10～28 朵。每个花序有 2 个苞

片,披针形,外折,长 6～10 厘米,白色,膜质,花开时苞片下垂;苞片多数狭条形,长 3～7 厘米,花梗长 0.5～2 厘米,花被高脚杯状,白色,有芳香,筒部纤细,伸直,长 4～9 厘米,裂片条形,6 枚,长 4～8 厘米,向顶端逐渐狭窄,总体是花被裂片和花被筒均较短。雄蕊 6 枚,花丝比花被裂片短,上部淡紫红色,花药黄色,狭条形,长 1.2～1.8 厘米[图(3.)1.107]。蒴果近球形,直径约 2 厘米。

图(3.)1.107 文殊兰

花毛茛 （*Ranunculus asiaticus* L.）

别名芹菜花、波斯毛茛、陆莲花。毛茛科毛茛属。本属约 600 种,广布于全世界。该种原产于欧洲东南部及亚洲西南部。在我国园林中常有栽培。

[用途] 花毛茛品种繁多,花大色艳,花期又长,宜做切花或盆栽,也可植于花坛或林缘、草坪四周,观赏其群体美。

[形态特征] 多年生草本。块根纺锤形,长 1.5～2.5 厘米,直径不及 1 厘米,常数个聚生根茎部,甚似大丽花的块根而形小。地上部分高 20～40 厘米,茎单生或稀分枝,具毛。基生叶阔孵形、椭圆形或三尖状,缘有齿,具长柄;茎生叶羽状细裂,无柄。花单生枝顶或数朵生于长梗上;萼片绿色,较花瓣短且早落,花瓣 5 至数十枚,原种花色鲜黄,并具光泽。变种、变形及品种、栽培品种极多,

图(3.)1.108 花毛茛

花重瓣且色彩丰富,有白、黄、橙、水红、大红、紫及粟等色[图(3.)1.108]。

美人蕉 （*Canna generalis* Bailey.）

别名昙华、大花美人蕉。美人蕉科美人蕉属。原产于美洲热带和亚热带地区，在我国各地广为栽培。

[用途] 开花时节正值炎热、少花的季节，因此，美人蕉在园林应用中十分普遍。常用作园林、庭院的花坛中心植物栽培，也多用于花境背景，或作为草坪中心植物丛植。矮生品种也是盆栽观赏的上等花卉。还可用作阳性地被或斜坡地被植物。根茎和花可入药。

[形态特征] 多年生球根花卉。高度可以达1米或1米以上，株形笼状，茎干直立，根茎横卧而肥大。地上茎呈肉质，无分枝，叶片宽大，呈长椭圆状披针形，互生。花序从茎顶部抽出，总状花序。花色多样，有乳白、淡黄、橘红、粉红、紫红、大红、洒金等色[图（3.）1.109，图（3.）1.110]。果实为蒴果，果实外有无数瘤状突起，种子大，黑色圆形。

图（3.）1.109 美人蕉

图（3.）1.110 花叶美人蕉

第四节　草质藤本花卉

藤本植物是对主茎细长而柔软，自身不能直立，匍匐于地面，或悬垂，或以其他物体为支柱攀缘向上生长的植物的总称。通常人们把藤本植物又称为蔓性植物，藤本花卉，只是藤本植物中的一部分，泛指具有观赏价值和绿化功能的藤本植物，简称藤花。狭义上的藤花在我国专指紫藤。在我国古代将草质藤本花卉称为蔓草，而将木本藤花称之为藤。按照藤本花卉茎干木质化程度的高低，将茎干木质部不发达，木质化程度低、茎干柔弱的藤本花卉，称为草质藤本花卉。

草质藤本依靠本身的缠绕性或特殊的攀附器官，如卷须、旋卷性叶柄和卷须先端形成的吸盘等，可以沿着适宜的攀附对象，向外伸延，以扩大自身的生长面积。如丝瓜的卷须如果没有适宜的物体可以卷络时，当其触及到墙面等物体时，有的就可以形成手柄状吸盘。按照草质藤花生命周期的长短，可以分成 1～2 年生草质藤花，如牵牛花、茑萝，多年生草质藤花，如绿萝、西番莲、猪笼草等。选择适宜的藤本花卉，是取得绿化和观赏效果的关键。首先要考虑的是当地的气候条件适宜于哪些藤本花卉的生长，其次是所选择的藤本花卉能否符合你的绿化要求。

草质藤本花卉的繁殖方法较多，既可以利用播种繁殖方法进行育苗，也可以采用分株繁殖技术，还可以采用扦插繁殖等。扦插繁殖速度快、繁殖数量大，成活率较高。栽培上，应当根据不同藤本花卉对光照的适应性选择种植环境，要求在排水良好、通气状态好、富含有机质的土壤上种植。多年生藤花定植时，要在种植坑内施足腐熟的有机肥，并在每年的秋季落叶前和翌年花芽萌动前，各施用 1 次腐熟的有机肥。在水分管理上，应当根据植株的生长情况，适时浇水，但在立秋以后应当控制水分的供应，防止枝蔓旺长，确保越冬的安全。

许多藤本花卉姿态优美，茎蔓、叶、花、果各个器官均都具有较高的观赏价值。同时栽种藤本花卉占地少，生长快，立体绿化效果好，绿化效益大，再者藤本花卉管理粗放，养护成本低，遮荫效果好，繁殖容易。特别是快速绿化和立体绿化的效果是其他花卉所不能相比较的。但是，对藤本花卉的这些优势，人们还没有充分地认识和利用。在园林绿化不断讲究立体效应的今天，不少的园林工作者，对于藤本花卉应用途径的探索做了大量的实际工作，也取得较好的绿化效益。

目前，草质藤本花卉在园林中的应用愈来愈广泛，利用藤本花卉爬满墙壁、花架、格子架、阳台、悬崖陡坡、篱垣等，或作为地被植物，或制作成吊盆等，既能够减少太阳辐射热，供人们纳凉休闲，还能够开放鲜艳美丽的花朵，释放出怡人的香气，结出各种色彩的果实，供人们欣赏。因此，草质藤本花卉是垂直绿化和装饰效果非常理想的花卉。

本节介绍 12 种有代表性草质藤本花卉的用途与形态特征，它们隶属于 5 科，9 属。

鸡蛋果　（*Passiflora edulis* Sims.）

别名洋石榴、紫果、西番莲。西番莲科西番莲属。原产于巴西,我国的福建、台湾、广东、海南、广西、云南、四川、重庆等地有栽培。近些年在四川西昌的栽培表现良好。

[用途]　鸡蛋果枝蔓细长,适用于攀缘花架。茎蔓繁茂,遮荫效果良好,花大色艳,结果累累,既可观花又可观果,还可遮荫。果汁可制成饮料。鸡蛋果也可作盆景观赏。在热带和温带地区,可作果品生食,作蔬菜栽培,作饲料,用种子榨油供食用或制油漆。根藤晒干可入药,外可治骨折,内服可治风湿骨痛、疝痛、经痛等。

[形态特征]　多年生常绿草质藤本,蔓长5～8米。茎圆柱形,稍有棱,老茎皮褐色,具卷须,腋生。叶互生,较薄,革质,基部楔形或心脏形,边缘有锯齿,长宽各7～13厘米,掌状三深裂。叶柄长2～3厘米,近上端有2个腺体。由聚伞花序退化为单花,单生于叶腋,两性,直径为3～4厘米,苞片3,叶状,长约1.5厘米[图(3)1.111];萼片5,长约2.5厘米,背顶有一角状体;花瓣5,与萼片近等长;副花冠由许多丝状体组成,3轮排列,下部紫色,上部白色;雄蕊5,花丝合生,紧贴雌蕊柄;子房无毛,花柱3;花有芳香味。果为浆果,球形或卵圆形,直径为4～6厘米,成熟时紫色。果内种子较多[图(3)1.112]。

图(3.)1.111　鸡蛋果的花

图(3.)1.112　鸡蛋果的果实

爬山虎　（*Parthenocissus tricuspidata* （Sieb. et Zucc.） Planch.）

别名爬墙虎、巴山虎、地锦、常春藤、捆石龙。葡萄科地锦属(又称爬山虎属)。原产于中国、朝鲜和日本。我国绝大部分省、市都有分布和栽培。全世界地锦属植物约有15种,分布于亚洲和北美洲。我国有9个野生种和1个栽培种。

[用途]　爬山虎为高大藤本,生长快速,茎蔓纵横,吸盘密布,具有攀缘墙壁、岩石及树木的特性,因此是优良的室外垂直绿化材料,也是新建住宅区、围墙、立交桥、高速公路路坡等快速绿化的首选品种,具有降温、隔热、防尘、净化空气、降低噪声、调节湿度等功效。根和茎能入药,有祛风通络、破瘀血、消肿毒、止血等多种作用,还

能治风湿性关节炎、偏头痛、便血等多种疾病。果实可酿酒。

[形态特征]　高攀落叶大型藤本植物。枝蔓的长度相对无限,有的可达30米以上。干皮暗土褐色,多分枝,其上生有许多短小而有分歧的卷须,卷须尖端具有圆形黏性吸盘,能吸附在他物上使茎蔓向上生长。短枝粗壮,上面布满叶痕。叶柄长4～8厘米,对生在短枝的尖端。叶片呈心脏形或广卵形,长10～20厘米,宽8～17厘米,具3浅裂,裂片卵状,先端锐尖,叶缘具重锐齿;表面平滑,革质,暗绿色,有光泽,主侧脉上疏生茸毛。花为聚伞花序,通常生于短枝顶端的叶腋间,两两对生。花为两性花,具短柄,黄绿色或淡绿色,萼片全缘,5枚,楔形[图(3.)1.113];花瓣5片,长圆形,顶端反折;雄蕊5枚,与花瓣对生;雌蕊1枚,花盘贴生于子房,不明显,子房2室,每室有2颗胚珠。果实为浆果,球形,直径为5～8毫米,成熟后为紫黑色,果面被白霜。每一果内有种子1～3粒,种皮坚硬[图(3.)1.114]。

图(3.)1.113　爬山虎的花

图(3.)1.114　爬山虎的果实

旱金莲 （*Tropaeolum majus* L.）

别名金莲花、荷叶莲、旱荷。旱金莲科旱金莲属。原产于南美洲的墨西哥、智利一带。我国引种已多年，现在全国许多地方大多作为盆花栽培。

[用途] 盆栽可装饰阳台和窗台，也可放置于书桌高几上供观赏。露地栽培，可布置花坛，或栽植于栅篱旁或假山石旁，自然丛植，还可作地被植物或切花材料。嫩梢、花蕾及鲜果，既可作蔬菜，又有强烈的辛辣味，能作调味品。旱金莲的花、茎、叶均可入药，有清热、凉血、消炎的功效，主治吐血、咯血、恶性肿毒、外伤等症。

[形态特征] 1 年生或多年生攀缘状草本。茎肉质，中空，光滑无毛。地下主根似块状。单叶互生，叶片近圆形或肾形，似盾状，具有很长的叶柄；叶柄长 10～20 厘米，叶柄与叶片近中央相连接；叶宽 5～7 厘米，有主脉 8～9 条，边缘有波状钝角。花梗细长，自叶腋间抽出，左右各生 1 根，每根上着花 1 朵，花为小喇叭状。花萼 5 枚，三角形，基部连合，在花梗上端一侧形成 1 个长尾状萼筒，长约 3 厘米，尖端渐尖，其中 1 片延长成长距；花瓣 5 片，大小不等，上面 2 瓣较大，下面 3 瓣较小，基部窄狭成爪，近爪处边缘细，呈撕裂状，扇形，绒质状，下具瓣柄，长约 1 厘米，瓣柄基部与花萼基部相连接，花冠直径为 4～6 厘米。花色有乳白、黄、橙、红、紫等颜色，也还有复色品种，整朵花光灿似金，故名金莲花[图(3.)1.115]。雄蕊 8，分离，不等长；雌蕊 1，子房 3 室，花柱 1，柱头 3 裂，线形。果实成抱拳状，淡绿色，成熟后果皮变薄，表面多沟皱，果实成熟时分裂成 3 个小核果，内含种子 2～3 枚，种子肾脏形，种子寿命期为 2 年左右。

图(3.)1.115 旱金莲

文竹 （*Asparagus plumosus* Bak.）

别名云片竹、云竹、云片草、松山草、山草、芦笋山草。百合科天门冬属。原产于非洲南部的热带森林之中，我国各地均有栽培。

[用途] 文竹是重要的观叶盆栽植物。对文竹的栽培大多是养小不养老。刚

刚成苗的文竹配合适宜的盆钵,特别是莳养1年左右的文竹,挺拔向上、俊逸儒雅,摆放在客厅几桌之上或案头,情趣无限,是深受人们喜爱的花卉品种。此外,文竹还适合作鲜切花、花束、花篮的陪衬材料。

[**形态特征**] 多年生常绿草本植物。栽培多年的文竹呈攀缘性半灌木状生长。茎干长,3～6根簇生于根基处。茎干有节,并生长有三角形的锐刺。嫩茎纤细,绿色,细枝为叶状枝,呈鳞片状。幼芽长至3～5厘米时直立,3～5年以后,攀缘高度可以达到2～3米。蔓生茎干较粗,呈圆柱形,绿色,无毛,细枝较多,水平状展开[图(3.)1.116]。文竹的叶片呈线形,已经退化成鳞片状,称为假叶。夏季在细枝间开小花,花为白色,两性花,1～4朵着生于短柄之上,花梗极短。果实为球形浆果,随着成熟度的加深由初期的翠绿色逐渐变为紫褐色,果实内有1～2粒种子。

图(3.)1.116 文竹

天门冬 (*Asparagus sprengeri* Regel.)

别名天冬草、满冬、武竹、非洲天门冬、悦景山草。百合科天门冬属。原产于非洲南部,我国各地露天或温室内均有栽培,华东、华南及西南地区还有野生种。

[**用途**] 天门冬为观叶赏果的花卉之一,适合布置花坛、会场、厅堂、门庭、阳台等处,也可悬挂室内作观赏之用。枝叶可做切花材料。中医学上以块根入药,简称天冬,性寒,味甘苦,功能是养肺滋肾,主治阴虚、发热、咳嗽、吐血、咽喉肿痛、便秘、百日咳等症。

[**形态特征**] 半攀缘性的多年生草本花卉,地下有簇生纺锤形肉质块根。茎长1～2米,多分枝,光滑,叶退化成鳞片状刺,褐色,嫩枝上不显著。退化叶腋内生叶状枝,线形。小枝扁平,长而下垂,顶端刺状,浓绿色,由线形叶状枝代替叶的功能。总状花序,花白色或带微红色,有香味,雌雄异株,通常2朵腋生,花被6枚,雄花有雄蕊6枚,雌花有退化雄蕊6枚。果实为浆果,球形,直径约6毫米,熟时红色,状如珊瑚珠[图(3.)1.117],色泽艳丽,内有种子1粒,黑色。

图(3.)1.117 天门冬

蓬莱松 （*Asparagus myrioclachus*）

别名松叶文竹、松竹草、绣球松、岩松、松叶武竹、密花武竹。百合科天门冬属。原产于非洲南部，现在我国许多城镇均有种植，地栽盆栽的都有。

［用途］　盆栽的小盆蓬莱松，如放在室内书房、客厅，既富有绿意，同时又显生机勃勃。大盆的可放在宾馆、餐厅、酒楼或茶室等处的公共场所，作装饰之用。也可地栽丛植花坛中心，远望或近观都是栩栩如生，格外诱人。蓬莱松的枝叶是目前十分流行的插花和陪衬材料。

［形态特征］　多年生灌木状草本植物。根为绿色肉质根，长 30～50 厘米，圆柱状，皮灰白色。直立茎株高 1.2～1.5 米，高的可达 2～3 米。茎基部木质化，灰色至灰褐色不等。分枝细，呈"之"字状，叶状茎纤细，柔软。叶丛生，似五针松叶，每一团状针叶丛有针叶 60～100 枚。新叶状茎翠绿色，老叶状茎深绿色，直立茎分枝处有钩刺向下弯［图(3.)1.118］。花白色或淡红色，有香气，1～3 朵簇生［图(3.)1.119］。

图(3.)1.118　蓬莱松的枝叶

图(3.)1.119　蓬莱松的花序

牵牛花　（*Ipomoea nil*（L）Roth）

别名大花牵牛、裂叶牵牛、日本牵牛、朝颜。旋花科牵牛属。原产于热带地区，一说是原产于美洲热带，另一说亚洲热带是它的原产地之一。在我国的栽培历史悠久，根据记载，从明朝就开始种植，现全国许多城镇广泛栽培。

［**用途**］　牵牛花类为夏秋常见的蔓性草花，但优良品种栽培较少。花朵迎朝阳而放，宜植于游人早晨活动之处，也可作小庭院及居室窗前遮荫、小型棚架与篱垣的美化及地被种植，也可盆栽。种子可入药，黑色的叫黑丑，土黄色的叫白丑。

［**形态特征**］　1年生或多年生缠绕性藤本。叶阔卵状心形，常呈3裂，长10～15厘米。花大，冠檐部直径在10厘米以上，边缘常呈褶皱或波浪状，有重瓣种，花色有紫、蓝、红、白各色，并有镶白边的变种［图(3.)1.120］。

图(3.)1.120　牵牛花

龟背竹　（*Monstera deliciosa* Liebm.）

别名蓬莱蕉、电线兰、龟背蕉。天南星科龟背竹属。原产于墨西哥的热带雨林中。各热带地区广泛引种栽培。我国福建、广东、广西、云南等南方地区栽培于露地，其余地区多栽于温室。

［**用途**］　龟背竹是重要的室内观叶植物，摆放于书房、卧室给人以青春常在的感受，成株盆栽装饰厅堂、书斋、办公室、会议室、接待室等较大场所的角落高几上，绿影凝重，端庄浑厚，既显古朴典雅，又现壮观气派，特别是龟背竹叶片硕大，四季常绿，因此博得了人们的青睐。在南方散植于池边、溪沟、石隙中，自然美观大方。肉穗花序在原产地是上好的食用蔬菜，浆果成熟后也可食用。

［**形态特征**］　常绿藤本。茎绿色，粗壮，长达7～8米，生有深褐色气生根，长而不垂。叶厚革质，互生，暗绿色或绿色，幼叶心脏形，无孔，长大后成矩圆形，具不规则的羽状深裂，叶脉间有椭圆形穿孔，极像龟背。叶柄长30～50厘米，深绿色，有叶

痕,叶痕处有苞片,苞叶革质,黄白色。肉穗花序。佛焰苞厚革质,白色。花淡黄色。浆果淡黄色,长椭圆形[图(3.)1.121]。

图(3.)1.121　龟背竹的花与果

合果芋　(*Syngonium podophyllum* Schott)

别名长柄合果芋、箭叶芋、白蝴蝶。天南星科合果芋属。原产于热带美洲和西印度群岛的热带雨林中。在我国南方一带如广州、海南、三亚等地可作露地栽培,稍偏北一些的地区只能作室内栽培。

[用途]　合果芋叶形优美,叶色多变,不仅适合盆栽、吊盆观赏,美化家庭阳台、窗台、客厅和卧室。南方用于庭院栽植,是墙角、台阶、花槽的理想装饰材料,也可切叶用作插花陪衬材料,还可培育成水培盆景作美化居室之用。

[形态特征]　多年生常绿藤本。幼时茎较短,叶常呈丛生状,单叶呈箭形,绿色,较薄。成年后茎伸长呈藤状,茎节部常有气根,叶片分裂成5～9裂,深绿色、较厚,叶片上常生有各种白色斑纹[图(3.)1.122]。

图(3.)1.122　合果芋

红苞喜林芋　(*Philodendron erubescens* C. Koch et Angustia)

别名大叶喜林芋、红宝石喜林芋、红宝石、红翠喜林芋、大叶蔓绿绒、红苞树藤。天南星科喜林芋属。原产于美洲哥伦比亚的热带雨林中。现今我国各地均引种栽培。华南地区可露地栽培,其他地区作温室栽培。

[用途]　红苞喜林芋叶形及叶色独特,耐阴,是难得的室内观叶植物。多数制

作成图腾柱,摆设于家室、会议室及厅堂。

[**形态特征**]　多年生常绿藤本。茎粗壮。叶片长心形,背面为红色,全缘,叶片和茎均呈暗红色,带有光泽。新梢为红色,茎节上有气生根[图(3.)1.123]。

图(3.)1.123　红苞喜林芋

绿帝王喜林芋　(*Philodendron erubescens cv*. Green Emerald)

别名绿帝王、绿帝王蔓绿绒。天南星科喜林芋属。绿帝王喜林芋是红苞喜林芋的栽培变种,原产于美洲哥伦比亚的热带雨林中,现今我国各地均引种栽培。华南地区可露地栽培,其他地区作温室栽培。

[**用途**]　绿帝王喜林芋叶色碧绿大方,耐阴性强,外形优美,种植容易,是难得的室内观叶植物。多数制作成图腾柱,摆设于家室、会议室及厅堂。

[**形态特征**]　多年生常绿藤本。茎粗壮直立,浅褐色,节间较短,蔓生性不强,节上有气生根。叶大,卵状三角形或长心形,基部心形,绿色,全缘,有光泽。腋生佛焰苞花序。与红苞喜林芋的区别是绿帝王喜林芋的茎、叶、新梢为绿色,叶片无紫红色光泽[图(3.)1.124]。

图(3.)1.124　绿帝王喜林芋

绿萝 （*Scindapsus aureus* Engler）

别名黄金葛、藤芋、抽生藤。天南星科藤芋属。原产于所罗门群岛,世界各国多有引种,我国南北均有栽培。

[**用途**] 绿萝耐阴,叶色光亮翠绿,并具有角质层,能适应室内的干燥环境,是很好的室内观叶植物,可制作成图腾柱,美化居室、会议室及宾馆的厅堂等地。

[**形态特征**] 多年生常绿藤本植物。茎较粗壮,长可达数十米,多分枝。气根发达,攀附力强。叶卵状心形或卵状长椭圆形,绿色,叶面上有较厚的蜡质层,并生有许多不规则的黄色斑点或条纹。花序柄短,佛焰苞舟状,脱落,肉穗花序与佛焰苞等长[图(3.)1.125]。

图(3.)1.125 绿 萝

第五节 水生花卉

水生花卉是指生长于水池、池塘、水库、湖泊等水体中的各种花卉的总称。水生花卉花朵艳丽,茎和叶的形态奇特,生长于水面之上与水体相映成趣,体现出和谐、宁静和向上的至高境界。水景观中常常使用水生花卉装点水面,美化水体环境,如果能够与陆地景观融为一体,自然环境的灵气将会增加不少。自古以来,在我国园林中水景景观就是重要的一个组成部分,在水生花卉的应用方面,积累了许多丰富的经验。

根据水生花卉的生长习性，可以将其划分为四大类：

第一，挺水型。本类水生花卉最大的特点是叶片和花朵挺出水面，叶柄和花梗较长，有明显的茎、叶之分，根和茎生长于水体下部的泥土之中，植株株体高大。该类群中花卉种类较多，如荷花、千屈菜、风车草等。

第二，浮叶型。本类花卉的叶片和花朵漂浮于水面之上，植株的茎细弱，不能直立，但根状茎比较发达，根和茎生长于泥土之中，不会随风漂移。该类群中具有代表性的常见花卉有王莲、睡莲、萍蓬草等。

第三，漂浮型。本类花卉的叶片和花朵漂浮于水面之上，其根系不能下扎到水之下的泥土之中，根和茎伸展于水体之中，植株会随着水体的移动而移动，随风而漂移。该类群中常见的花卉有菱角、浮萍、凤眼莲等。

第四，沉水型。本类花卉的植株整体沉没于水中，无根系或者根系不发达，大多为水生观叶植物。该类群中常见花卉有黑藻、莼菜、水苋等。

水生花卉的繁殖方法大多采用分株繁殖，对于品种选育也可以采用播种繁殖。水生花卉的繁殖速度快，繁殖数量较大。栽培过程中，水生花卉适宜于种植在含有机质丰富的泥土之中，并保持水位平衡，不要使水体的水位变化太大。水生花卉的管理难度不大，比较粗放，非常容易种植，再加上许多水生花卉具有良好的抗污染能力和净化水体的功能，因而在园林中的应用也愈来愈广泛。

除此之外，许多的水生花卉还是极佳的食品和药品，并且具有多种经济用途。如荷花，其地下茎藕是上好的水生蔬菜，既可以用于烹饪佳肴，也可以作为水果生食，还可以制成藕粉或蜜饯等。幼嫩的荷叶也可以制作成菜肴，鲜美可口。将荷叶晾干，在火上轻微地烤一下后，直接用开水冲泡，是极佳的清热解暑饮料。莲子也是营养十分丰富的食品，可用于煮粥、煲汤等。莲蓬壳还可用于制作染料。荷花从叶到茎，从花到果实，都可以入药。因此，许多的水生花卉的种植，一方面可以美化环境，另一方面还可以产生很高的经济价值，获得多重效益。

本节介绍5种代表性的水生花卉的用途与形态特征，它们隶属于4科，5属。

荷花　（*Nelumbo nucifera* Gaertn.）

别名莲花、水芙蓉、芙蕖、莲。睡莲科莲属。原产于印度和我国，在各地均有栽培，在我国南方水乡栽培尤多。

[用途]　荷花在园林中可供观赏，同时也大量用于绿化水面。藕是人们非常喜爱的蔬菜，莲子是上等滋补品，荷叶在夏季可做清凉饮料，全株可药用。

[形态特征]　多年生水生花卉。无明显主根，地下具根茎，藕是地下茎的肥大部分，横生于淤泥中，在茎节上生根并抽生出叶片。叶片大，盾状圆形，有白色蜡粉，每年从种藕上先萌芽的小叶称为"钱叶"。种藕顶芽生出地下走茎，走茎上先长出浮出水面的叶片称"浮叶"，在节的下方生出须根。走茎到一定长度后，在节后陆续长出浮出水面的立叶。荷花的花梗多生于立叶旁。花两性，单生，直径7～30厘米，有

红、粉、白、复色等,单瓣或复瓣[图(3.)1.126]。雄蕊200～400枚,心皮多数,分离散生在海绵质的花托中,花后结实称为莲蓬,每个心皮形成一个椭圆形坚果,称为莲子,每个莲蓬中含莲子数粒至十粒[图(3.)1.127]。

图(3.)1.126　荷　花

图(3.)1.127　荷花的莲蓬与雄蕊

睡莲　(*Nymphaea tetragona* Georgi.)

别名子午莲、水芹花、水浮莲。睡莲科睡莲属。原产于北非和东南亚的热带地区,现广泛分布于亚洲、美洲和澳洲,在我国南方和华北地区栽培较多。

[用途]　睡莲是花、叶均美丽的水生观赏花卉,是水面绿化的主要花卉种类,也可做切花材料。睡莲的根茎能吸收水中的铅、汞、苯酚等有毒物质,可起到净化水体的作用。根状茎、叶和种子可食用。根茎除酿酒外,还可以药用。全株可作绿肥。睡莲不仅能用于美化环境,而且和人类的文化生活密切相关,人们视其为太阳的象

征和神圣之花,在许多地方都把它作为供品和装饰品。睡莲还是泰国等一些国家的国花。

[形态特征] 多年生浮叶型水生草本植物。地下部为根状茎,横生于淤泥中。叶丛生,圆形或椭圆形,直径为10～13厘米,叶缘呈波状,全缘或有齿,叶片正面浓绿有光泽,背面带红紫色,基部近载形。叶柄长而柔软,使叶片漂浮于水面。花较大,单生于细长的花梗顶端,浮于水面或稍高于水面,直径为5～8厘米;萼片4枚,长圆形,外面绿色,内白色;花瓣多数,有白色、粉色、黄色、紫红色以及浅蓝色等多种颜色[图(3.)1.128];雄蕊多数,心皮多数,合生,埋藏于肉质花托内,顶端具膨大呈辐射状的柱头。果实为海绵质聚合果,球形,成熟后不规则开裂,内含球形小坚果。

图(3.)1.128 睡 莲

菱 (*Trapa bispinosa* Roxb.)

别名芰、菱角。菱科菱属。原产于欧洲,惟有改良种产在中国和印度,我国南部热带及亚热带的沼泽地带分布最广,栽培颇盛,华东、华中、华北、东北等地区的栽种也多。无霜期在7个月以上的地区均可栽培。俄罗斯和日本也有。

[用途] 菱的经济价值很高。是装饰水面的好材料。菱的叶片密集旋叠,镶嵌排列于茎的顶端,形成美丽别致的绿色菱盘,夏日开花浮于水面,上面开出白色菱花,可用于水面绿化、美化。菱的主茎细长柔软,在水中弯曲漂浮,姿态优美,有很高的观赏价值。水中浮根很多,能吸收污物,净化水面。菱的果实含有丰富的淀粉、糖、蛋白质和多种维生素,可作水果蔬菜生食或熟食,又能加工制成菱粉。菱粉除可作食品原料外,也可作棉纺织物的浆料。菱还可以酿酒。菱叶是家禽、家畜的青饲料,还可作绿肥。一些种的全草可入药,有解热的功效。

[形态特征] 1年生或多年生浮叶型水生草本植物。根为次生根,有土中根和叶状根2种。土中根生在接近土壤的茎节上,为向地性根,几十厘米长,是吸收养分的器官;叶状根生在菱茎的各节上,每节对生2条,绿色,具有光合作用和吸收水中养

分的功能。茎长可达 1 米以上,漂浮水中或水面。叶两型。当茎蔓长出水面时,节间缩短,叶似轮生,聚生端部,形成莲座状,称为菱盘[图(3.)1.129],直径为 30～40 厘米。当茎蔓达到水面时,其上所生叶为三角形,长、宽各 2～4 厘米,上部叶缘有粗齿,叶柄与叶片分开,叶面翠绿,有发达的角质层,叶柄长 5～10 厘米。中部膨大呈纺锤形的浮囊,外被茸毛,内贮空气,漂浮于水面,此类叶称"浮水叶";另一类叶为"沉浸叶",对生,羽状细裂,初生真叶狭长线形,有时尖端 2～3 裂,无叶片与叶柄区别,沉浸于水中。菱花是两性,单生于菱盘叶腋中,由下向上顺序发生,每隔数节生一朵花。花白色,花萼 4 深裂,萼片发育成菱的硬角[图(3.)1.130];花瓣 4,雄蕊 4,子房半下位,花盘鸡冠状。花受精后,没入水中,长成果实,即为一般所称的菱。果为坚果,连角宽 4～5 厘米,两侧各有一硬刺状角,紫红色,角伸直,长约 1 厘米。

图(3.)1.129　菱　盘

图(3.)1.130　新结的菱角

石菖蒲 （*Acorus gramineus soland*）

别名十香和、岩菖蒲、药菖蒲、九节菖蒲、凌水草、水剑草、千头草。天南星科菖蒲属。原产于中国和日本。在国内主要分布在长江流域及其以南各省与西藏。在印度、越南、泰国等国也有分布。它喜欢生长在山谷溪流的石头上或林中湿地，在沼泽地边也十分常见。菖蒲属的分类较难，目前已知有 3～4 种，主要产于北半球的温带地区。

[用途] 石菖蒲株丛矮小，叶色油绿光亮，全株揉搓具芳香，又耐践踏，是良好的林下或阴湿地环境的地被植物。既可小盆栽植，又可用于假山石缝隙、浅水边栽植，或作花坛、花径旁镶边材料，或栽培作沉水植物观赏。根和花可药用，有温胃除风，辟秽宣气，豁痰开窍的功效，还可提取芳香油，供医学和化妆品工业用。

[形态特征] 多年生沼生挺水草本植物。植株矮小，株高 25～35 厘米。根状茎平卧，匍匐横走，上部斜生，根茎有分枝和很多须根。叶片全部基生，为带状剑形，中部以上渐狭，顶端渐尖，基部呈鞘状，对折抱茎。叶宽 3～10 毫米，叶片无明显中脉，基部两侧有膜质叶鞘，后要脱落，叶的两面均光滑。根茎和叶中含有大量的芳香挥发油。花茎基生，三棱形，长 5～15 厘米，叶状佛焰苞长 12～25 厘米，肉穗花序圆柱形，长 4～10 厘米，直径 3～4 毫米，上部渐尖，直立或稍弯，花小，白色或黄白色。果序能增大，长 4～10 厘米，直径为 1 厘米，果熟时黄绿色或黄白色[图(3.)1.131]。

图(3.)1.131 石菖蒲

旱伞草 （*Cyperus alternifolius* L.）

别名风车草、伞莎草、伞草、水棕竹、水竹草、灯台草、互叶莎、轮伞草、伞叶莎草、雨伞草。莎草科莎草属。原产于非洲马达加斯加等地。现各地均有栽培。我国各地庭园、公园、植物园等处也有种植。有的家庭或商店也在盆栽。

[**用途**]　全草姿态优美,叶形奇特,是较好的观叶植物和花卉,适合室内栽培,除盆栽外,还可制作盆景,适宜书桌、案头摆设。若配以假山奇石,它的碧光翠影,更具天然景观特点。也是插花的常用配材。在南方温暖地区,可丛植于水池中、溪边、池畔、假山或石隙中。它生长挺拔秀丽,极富天然野趣,使环境变得更加清新秀丽。茎秆晒干后可以编制提包和工艺品,也可作造纸原料。

　　[**形态特征**]　多年生常绿草本植物。株高50~150厘米,水肥条件好的可以伸长到6~8米。具块状的地下茎,短粗,根须坚硬。茎秆丛生,三棱形或近圆柱形,直立无分枝。叶片退化呈鞘状,深绿色至棕褐色,纸质,苞裹茎的基部。总苞片叶状,10~25枝,伞状,着生茎秆顶部,线状披针形,长10~20厘米,平行脉显著,中绿色,小花序穗状,簇生,具15~25簇,每簇小穗8~15个,黄褐色、白色或淡紫色。花小,无花被,雄蕊3,花药顶端具刚毛状附属物,子房上位,柱头3。小坚果椭圆形,近三棱状,棕色至褐色,长约为鳞片的1/3[图(3.)1.132]。

图(3.)1.132　旱伞草

第六节　地被植物花卉

　　园林绿化中的地被植物,是指具有一定观赏价值,既可用于大面积裸露平地、坡地的覆盖,也可用于林下空地填充的多年生草本,低矮丛生、枝叶密集和匍匐性或半蔓性的亚灌木,以及藤本等花卉的总称。与植物学中的地被植物,在概念上有本质的区别。后者是指覆盖于岩石表面的苔藓或地衣类等依靠孢子繁殖的低等阴生植物。地被植物一般分为草坪地被植物和特殊用途地被植物两大类。

　　在地被植物中,所使用"低矮"一词,是一个模糊的概念。有学者将地被植物的高度标准上限定为1米。但有些地被植物在自然条件下生长,其植株高度很容易超过1米,要求它们具有耐修剪或苗期生长缓慢的特点,通过人为修剪等措施,可以将其高度控制在1米以下。

地被植物的种植应用,无论是在生态意义上,还是在观赏价值上,都不是单一的植物所能完成的,而必须依赖所有植株群体的综合覆盖效果来体现。目前,在地被植物的种植应用上已由常绿型走向多样化,由纯草坪转向观花型,由平面结构演变为立体结构。在树木下、溪水边、山坡上、岩石旁、草坪上均可栽植地被植物,形成不同的生态景观效果。利用地被植物造景时,必须了解造景地的环境和气候条件,诸如地形、地貌、坡度、坡向、光照、温度、降雨、土壤理化性状等,然后选择能够与之相适应的地被植物种类,根据地被植物的生物学特征、生态习性、生长速度以及预期的覆盖效果,将乔、灌、草进行合理搭配,使各种植物的生长发育都能够处于良好的状态,构成和谐、稳定,并能长期共存的植物群落,才能取得较理想的效果。

地被植物选用得当,除了能够完善绿地的生态功能,还可以丰富园林绿化的景观效应,降低常规养护费用,有效地解决提高绿化覆盖率、增强生态环境作用和节约管理成本之间的矛盾。此外,某些地被植物的种植和综合开发,可以取得经济收入,能够兼顾生态、景观及经济效益,是一举多得的好事。

可以作为地被植物的植物种类繁多,有草花类、亚灌木类、藤本类、蕨类、竹类等。草花类植物主要以观花、观叶为主。同一种草花既可以单独成片种植,也可以将不同花期、不同色彩的草花配置在一起,达到良好的观赏效益。灌木类植物株形整齐,植株错落有致。藤本类植物姿态优美,有很好的立体效果。蕨类植物茎叶秀丽,适用于阴生地被和盆栽观赏。竹类植物,枝叶秀丽,幽雅别致,四季常青,抗傲霜雪,具有高贵的气质。良好的地被植物至少应具备以下几个基本条件:一是植株高度控制在30～50厘米,最高不超过1米,耐修剪能力也强,萌芽、分蘖(枝)能力也强,枝叶稠密,能有效体现景观效果。二是茎蔓或枝干水平延伸能力强,能够迅速扩张,短期内就能覆盖地面,自成群落,生态保护效果好。三是对光照、土壤、水分适应能力强,对环境污染和病虫害的发生具有较强的抵抗能力,适宜于粗放管理。四是全年覆盖效果好,绿色期长,具有较高的观赏价值。

一般情况下,地被植物的栽培管理和日常养护比较粗放,但是仍然要注意以下几个方面:

第一,抗旱浇水。地被植物一般为适应性较强的抗旱品种,但是出现连续干旱天气时,必须人工浇水或喷灌。

第二,提高土壤肥力。地被植物的生长期长,密度大,需要养分多,应根据植物营养状况,及时补充养分。常用的施肥方法是结合灌水喷施液肥,也可在早春、秋末或植物休眠期前后撒施。

第三,防止水土流失。栽植地被植物的土壤应当保持疏松、肥沃,排水良好。对水土流失情况严重的部分地区,特别是坡地,应采取措施,防止水土流失面积扩大,造成地被植物恢复困难的情况发生。

第四,防止空秃。大面积栽培地被植物的过程中,最怕出现空秃,尤其是成片的空秃发生后,会严重地影响观赏效果。一旦出现此种情况,应立即查明原因,采取相应措施,并翻松土层,恢复植被。如果是土壤的问题,应采取换土措施,并及时补秃,恢复美观。

第五,修剪平整。一般低矮类型品种,不需经常修剪。但是由于近年来,大量种植开花地被植物,少数残花或花茎较高的植株,应在花后适当压低植株高度,或结合种子采收适当整形,以增强观赏性。

第六,更新复苏。一些球根和宿根草本地被植物,应当每隔 5～6 年进行 1 次分根翻种,避免出现植被的自然衰退现象。

第七,地被群落的调整与提高。地被植物栽培期长,但并非一次栽植后一成不变,除了有些品种能自行更新复壮外,随着时间的推移,应当从观赏效果、覆盖效果等方面适当进行人为的调整与提高。

除此之外,还要注意地被植物一般都是成片进行种植,受病虫害影响的可能性较大,及时预防病虫害的发生显得尤为重要。否则,可能造成较大的经济损失,或严重影响观赏效果和生态效益。

本节主要介绍在城市、道路、庭园和公园等场所种植的,具有观赏价值或经济用途的地被植物花卉的用途与形态特征,共 6 种,隶属 6 科,6 属。

麦冬　(*Ophiopogon japonicus* (L. F) Ker-Gawl)

别名书带草、沿阶草。百合科沿阶草属。原产于我国和日本,分布于热带及亚热带地区。在我国除东北外均有野生,多生长于海拔 2 000 米以下的山坡林下或溪沟畔。

[用途]　麦冬四季常绿,生态适应性广,尤其是种源丰富,耐阴,繁殖容易,是理想的地被植物种类。麦冬株丛矮,株形美观,叶细腻,是优秀的观叶地被。麦冬可以片植、丛植,也可植于街头路边。尤其是古典庭院中的山石旁、台阶下及花木古树下,均可种植。其块根为常用中药"麦冬",有缓和与滋养强壮的功效,故既有生态效益,又有经济价值。

[形态特征]　多年生常绿草本。须根较粗壮,根顶端或中部膨大成纺锤状肉质小块根,根茎细长。叶丛生于基部,狭线形,叶缘粗糙,长 10～30 厘米。花茎常低于叶丛,稍弯垂,总状花序短小,小花淡紫色[图(3.)1.133]果蓝色,入冬后稍枯黄或仍保持暗绿色。

图(3.)1.133　麦冬

红花葱兰 （*Zephyranthes grandiflora* Lindl.）

图（3.）1.134 红花葱兰

别名风雨花、韭莲、红玉莲、红花菖蒲莲。石蒜科葱兰属。原产于墨西哥和南美洲；在我国南北园林中的栽培极为普遍。

[用途] 红花葱兰的株丛低矮、碧绿，闪烁着粉红色的花朵。花朵繁多，美丽优雅。花期长，性强健，适合林下、坡地或半阴处作地被花卉，也可作花坛、花境及路边的镶边材料，或在草坪中成丛散植，组成缀花草地，绕有野趣。还可盆栽作阳台和室内装饰之用，也可瓶插水养。

[形态特征] 多年生常绿草本植物。地下鳞茎卵形，稍大，直径为2～2.5厘米，有淡褐色外皮，颈短。叶数枚，基生，扁线形，直立生长；叶长25～30厘米，浓绿色，很像肥嫩的韭菜。花茎从叶丛中抽出，花单生于花莛顶端，苞片佛焰苞状，常带淡紫红色。花冠粉红色，较大，花径为4～6厘米，花梗长约2厘米，花被长5～7厘米，有明显的筒部，长约1厘米；裂片6，倒卵形，顶端略尖，有脉，宽1.2～1.8厘米；雄蕊6，长为花被的1/2，花药"丁"字形着生；子房下位，花柱细长，柱头3瓣裂[图（3.）1.134]。果实为蒴果，种子黑色。

白三叶草 （*Trifolium repens* L.）

别名白花三叶草、白车轴草、白花苜蓿。豆科车轴草属。原产于欧洲，现已经在世界温带和亚热带地区广泛种植。在我国东北、华北、中南、西南、华东等广大地区均有栽培。在新疆、四川、云南和贵州等地还有野生种。

[用途] 白三叶草匍匐生长，叶片翠绿，开白色的小花，是一种优良的地面覆盖植物。同时，白三叶草是一种营养丰富的豆科牧草，也是农业生产上常见的优质豆科绿肥作物。全草可供药用。

[形态特征] 多年生草本植物。茎为匍匐茎，无毛，长为30～70厘米。叶片从根颈或匍匐茎节间长出，具有细长叶柄，每个叶片有3片小叶。小叶无柄，卵圆形，顶端圆或凹陷，基部为楔形，边缘具细锯齿，正面无毛，下面有毛。花序为总状花序，从叶腋抽生而出，每个花序有20～40朵小花，密集在一起成头状。花白色或略带粉红色[图（3.）1.135]。果实为荚果，呈倒卵状矩形，种子细小，成熟后成黄色或棕色。

图(3.)1.135 白三叶草

红花酢浆草 （*Oxalix rubrsa* St. Hil.）

别名三块瓦、大花酢浆草、三叶草。酢浆草科酢浆草属。原产于南美洲的巴西。我国各地有引种栽培。

[用途] 多用于东方自然山水园林中,尤其以日本庭园和岭南园林为多。近年来,欧洲拉丁派园林对它有比较大面积的使用,以显亲近自然,不露造园中的刀斧痕,是一种良好的观花地被植物,尤宜在疏林或林缘应用。它花期长,花色艳,也可作花坛或盆栽。还可装饰岩石缝隙。

[形态特征] 多年生草本植物。地下块状根茎呈纺锤形。株高10～15厘米。叶丛生状,具长柄,掌状复叶,小叶3枚,无柄,叶倒心脏形,顶端凹陷,两面均被白色绢毛,经久不凋,叶缘有黄色斑点。伞形花序,着生在花梗顶端,花淡红色或深桃红色,花瓣基部紫红色,有纹裂状条纹[图(3.)1.136]。果实为蒴果。

图(3.)1.136 红花酢浆草

马蹄金 （*Dichondra repens* Forst.）

别名黄胆草、金钱草、小金钱草、小马蹄草。旋花科马蹄金属。我国的浙江、江西、福建、台湾、湖南、湖北、广东、海南、广西、云南、四川等地都有分布和栽培。多群生山坡林或路旁、田边阴湿处，或荒地草丛下。

[用途] 马蹄金可用作花坛、花径及山石园地表覆盖，以及观赏性草坪等处之用，是优良的地被植物之一，也可用做固土护坡材料。但我国北方地区，因冬季严寒干燥，引种时要谨慎。全草均可入药，有消炎解毒、除风理气和接骨的功效。

[形态特征] 多年生宿根性小草本。株高5～15厘米，茎细长，匍匐地面，被灰色短柔毛，节着地处生不定根。单叶互生，圆形或肾形，长10～15毫米，宽15～25毫米，顶端钝圆或微凹，全缘，基部心形。叶面绿色，光滑，背面浅绿色，秃净或有疏柔毛，叶柄长1～2厘米[图(3.)1.137]。花单生叶腋，形小，黄色、黄白色或白色不等。花梗短于叶柄，萼片5，倒卵形，长约2毫米；花冠钟状，5深裂，裂片矩圆状披针形；雄蕊5，着生于2裂片间的弯缺处，花丝短；2房2室，胚珠2，花柱2，柱头头状。果为蒴果，近球形，膜质，短于花萼；一个果有种子1～2粒，外被茸毛。

图(3.)1.137 马蹄金

扁竹叶花 （*Iris bianzhugeensis* Wu et liu）

别名扁竹叶根、蝴蝶花、豆豉花、扁竹根、扁蒲扇。鸢尾科鸢尾属。主产于四川各地，西南各省均有分布。

[用途] 扁竹叶花，常散生或集生于林下、溪边、水沟阴湿处。宜在水边或林下种植，在园林中常栽植在树坛或林中作地被植物，也可作优美的盆花、切花和花坛用花。根茎还可入药。

[形态特征] 多年生常绿草本植物。地下具根状匍匐茎，呈黄白色，多节，节上常长出须根和叶芽，形成新植株。地下根状匍匐茎的顶端也长出新植株，故有叶多

自根生之称。随着植株的不断生长,地上茎逐步形成,长 10～18 厘米,地上茎常呈深绿色,同样多节,节上同样能长出须根和叶芽,形成新植株。叶片 2 列,嵌叠状,互生,呈剑形,长 50～65 厘米,宽 5～6 厘米,茎部抱茎,扁平,无叶柄,叶先端渐尖,向下垂,叶正面深绿色,背面淡绿色,全缘,平行叶脉,中脉不显著,植株一般有叶 8～12 片或更多,很像一把扇子。春季花茎自顶端叶腋中抽出,花茎长 40～50 厘米,花茎上有分枝 5～8 个,每个分枝上着小花数朵,陆续开放。每朵小花自开至谢历时 3～4 天,花色为淡蓝紫色,小花排列成稀疏的总状花序;小花基部有苞片,呈剑形,绿色。有花被 6 枚,3 大 3 小;外轮的花被裂片,近圆形,下垂,外折,较大;先端微凹,边缘有细齿裂。近中央处隆起,呈鸡冠状,并有白色髯毛[图(3.)1.138]。内轮的花被裂片较小,倒卵形,呈拱形直立,花柱分枝 3,花瓣覆盖着雄蕊,顶端 2 裂。花期 2～4 月份开放。

图(3.)1.138　扁竹叶花

第七节　蕨类植物花卉

蕨类植物旧称为羊齿植物,是高等植物中较低级的一个类群。泥盆纪末至石炭纪时多为高大树木,二叠纪以后至三叠纪时大部绝灭,其遗体形成煤层。现在生存的蕨类植物大多为草本,只有少数为木本。蕨类植物是具有维管束的孢子植物,为陆生和附生,少数为水生,植株直立,或少数有成缠绕攀缘状。生活史中具有明显的配子体世代即有性世代,与孢子体世代即无性世代。配子体微小,结构简单,生命期较短,称为原叶体,产生精子器和颈卵器,孢子体即通常所说的绿色蕨类植物,有根、茎、叶的器官分化,无花,以孢子繁殖。孢子体的形态多种多样,有的高大如乔木,有的小到只有 1 厘米,多数为中等大小的多年生草本。孢子体产生许多孢子囊,囊内生有孢子。最原始的近代蕨类植物的孢子囊生于枝的顶端,有的生在特化的叶上,或叶片上成穗状或圆锥状囊序。有的生在孢子叶的边缘,有的集生于枝顶成孢子叶球。绝大多数种类则以各种形式生于孢子叶的下面,形成孢子囊群,或布满于叶下面成分开的孢子囊群。孢子有同孢和异孢 2 种类型。异孢型的在孢子体上产生大小 2 种孢子叶,一种是大孢子叶,它产生的大孢子囊,内生大孢子;另一种是小孢子叶,它产生小孢子囊,内生小孢子。近代绝大部分的蕨类植物,都属于同孢型,它们的孢子叶和孢子都属于同类。它们的孢子成熟后,从孢子囊内以特种巧妙的机制被散放出来,落地后在适宜的条件下,萌发生长成原叶体,即为配子体。配子体代表配子世代,它们的形体微小而简单,常不被人们所注意,不具叶绿素,不能自养。在颈卵器中产生卵细胞,在精子器中产生精子,精子以水为媒介,借助本身的纤毛运动,能和卵细胞行受精作用,受精卵经分裂形成胚,由此生长发育成绿色孢子体,即长成为蕨类植物。

蕨类植物门分为石松纲、水韭纲、松叶蕨纲,木贼纲和真蕨纲等 5 纲,前 4 纲都是小型叶,最后一纲具大型叶。现代蕨类植物约有 12 000 多种,广泛分布于世界各地。尤以热带和亚热带等地最为丰富。我国的蕨类植物约有 2 600 种,大体分成 70 多个科,大多分布于长江以南各地。它们大都喜生于温暖湿润的森林环境,成为森林植被中草本层的重要组成部分,可以作为反映环境条件的重要指示植物之一。我国是世界上蕨类植物相当丰富的一个地区。其许多种类在经济上有多种用途,有的作蔬菜食用(蕨菜、紫萁),有的作药用(贯众、骨碎补),有的作工业用(石松),有的作饲料(满江红),有的作绿肥,有的能提取淀粉(一些蕨根),有的作土壤指示植物,如石松指示土壤酸性,铁线蕨指示土壤钙性,有的是园林绿化和家庭观叶植物之一。这方面的蕨类植物已经开始利用的就有上百种。本节介绍 4 种蕨类植物的用途与形态特征,它们隶属 3 科,3 属。

肾蕨 （*Nephrolepis cordifolia* （L.）Presl.）

别名蜈蚣草、篦子草、圆羊齿。骨碎补科肾蕨属。主要分布于热带和亚热带地区,我国南方各省区的山野林间,都有大量的野生种类。现在在全国各地都有栽培,普遍作为温室花卉培养。

[用途]　肾蕨叶形独特,叶片翠绿而又有光泽,四季常青,是优良的中型室内观叶花卉。宜盆栽,作为室内绿化装饰,其叶片常作为切花花束和插瓶的衬托材料。近年来,国际上盛行将肾蕨加工成干叶,作为新型的插花材料。肾蕨的茎和块根均可入药。

[形态特征]　多年生大型常绿草本植物。强壮直立,株高可达 60～100 厘米,叶片具有长轴,丛生于圆形的根茎基部。地下具根状茎,上有直立的主轴,在主轴上长出匍匐茎,匍匐茎的分枝上又形成小块茎,主轴和根状茎上密生披针形鳞片。小叶从块茎上生出,初生叶呈抱拳状,具银白色茸毛,以后展开,茸毛消失。叶片为一回、深裂,密集丛生,似条条蜈蚣,因此称为蜈蚣草[图(3.)1.139]。孢子囊群着生于每组侧脉上侧的小脉顶端,囊群盖为肾形。

图(3.)1.139　肾　蕨

波斯顿蕨　（*Nephrolepis exaltata cv.* Bostoniensis）

别名高肾蕨。骨碎补科肾蕨属。原产于热带及亚热带潮湿的丛林中,在我国台湾省有分布,其他省区多为盆栽。

[用途]　波斯顿蕨是肾蕨属中有代表性的一个园艺品种,叶片四季常青,株型丰满,富有朝气,是一类下垂状的绿色观叶植物。非常耐阴,是室内优良的观叶类花卉,特别适宜于室内吊挂观赏,用吊篮或吊盆种植,悬挂于窗前、天花板下,其叶片光亮潇洒,会给室内增添盎然生机和活力。种植于高筒花盆内,再外套竹、藤套盆,摆放于高脚几架上,或门厅、客厅、卧室内,其繁茂丛生的叶片四处飘散,长而弯曲下垂的叶片姿态,非常引人注目,显得清爽雅致。同时还可作为切花的衬托材料。

[形态特征]　多年生常绿草本蕨类植物。根茎直立,有匍匐茎,叶片丛生植株基部,二回状复叶,深裂,有革质,小羽片基部有耳状偏斜。叶为披针形,叶片大,长可达60~100厘米,为淡绿色。叶片展开后,自然下垂[图(3.)1.140]。孢子囊群着生于叶背近中缘处,呈半圆形。

图(3.)1.140　波斯顿蕨

铁线蕨 （*Adiantum capillus-veneris* L.）

别名铁线草、美人枫、美人粉。铁线蕨科铁线蕨属。原产于美洲热带地区，世界温带地区也有分布。在我国广泛分布于长江以南各省区，北至陕西省、甘肃省和河北省。既有野生分布的铁线蕨，也有在各地园林中广泛栽培的铁线蕨。

[用途] 铁线蕨的叶片四季常青，叶形秀丽多姿，又非常耐阴，是室内优良的观叶类花卉。适宜于在园林中布置假山裂隙、背阴屋角，也可以在家庭阳台上栽培，还可供室内花园作为镶边材料使用。盆栽摆放于案头、窗台、门厅、走廊，显得非常高雅别致。同时还可作为切花的衬托材料。全株可入药，内服用于治疗感冒发烧，外敷可治疗烧伤、烫伤。

[形态特征] 多年生细弱的常绿草本植物。植株高 15～40 厘米。地下具横生的根状茎，根状茎表面密被棕色披针形鳞片。叶近生，质薄，叶柄黑色，细长而有光泽，坚硬似铁线，长 15～25 厘米。叶片呈卵状三角形，二至四回羽状复叶，小羽叶互生，细裂，裂片斜扇形并具小梗，叶色深绿色。叶片初期直立生长，随着株丛的不断生长、逐渐向四周侧伏[图(3.)1.141]。孢子囊群为叶缘反折形成，常为肾形。

图(3.)1.141 铁线蕨

桫椤 （*Cyathea spinulosa* Wall.）

别名树蕨、刺桫椤。桫椤科桫椤属。我国福建、台湾、广东、广西、四川、贵州等地有分布。日本也有出产。

[用途] 桫椤是树形蕨类植物，茎干挺拔，树姿优美，叶色鲜绿，可栽种于公园、

庭院、道路旁、阴棚区等处的阴湿处作大型观赏植物,也可盆栽供室内陈列观赏。其茎部干后常被称为蛇木,可以制成蛇木板、蛇木柱、蛇木屑等,还可用来栽种附生植物,如热带的气生兰等。茎内含有淀粉,可供食用。

[**形态特征**]　木本蕨类植物。根茎柱状直立,主干高达2～5米,最高可达8米,黑褐色,上面覆盖密厚的直径约2毫米的气根。叶丛生于茎顶,叶柄和叶轴粗壮,深棕色,有密刺。叶片长,纸质,叶面绿色,叶背灰绿色或淡灰白色,长1～3米,三回羽状深裂;羽片多数,互生,有柄,矩圆形,长30～50厘米,中部宽12～20厘米,顶端渐尖;羽轴下面无毛,上面连同小羽轴疏生棕色卷曲有节的毛;小羽轴和主脉下面有略呈泡状的鳞片,沿叶脉下面有疏短毛;小羽片羽裂几达小羽轴;裂片披针形,短尖头,有疏锯齿,叶脉分叉[图(3.)1.142]。孢子囊群盖圆球形,着生于小脉分叉点上的凸起囊托上,膜质,初时向上包被囊群,成熟时裂开,压于囊群下或消失。

图(3.)1.142　桫　椤

第八节　仙人掌及多肉花卉

掌类花卉是仙人掌花卉的简称,通常又称仙人掌类植物。它们形态奇特,花色艳丽,是花卉中的一类奇葩。仙人掌又名仙人扇、仙桃,为仙人掌科(Cactaceae)的多年生肉质灌木。茎长椭圆形,扁平,肉质多浆,绿色,多分枝,茎基部带木质,茎节相连,株高2～5米。茎上有叶刺丛,黄褐色。花黄色,短漏斗形,花期6～8月。果实浆果状,梨形,有刺或刺毛,成熟后呈黄色或暗红色。仙人掌原产于热带地区,墨西哥是分布中心,现在世界各地广为栽培。在植物分类上它们都属于双子叶植物的仙人掌科,只有仙人掌科的植物才能称为掌类花卉。仙人掌科植物的分类特征有以下5

个方面：一是花通常为两性花；二是雄蕊多数，三是子房下位，胚株多数，生于侧膜胎座上；四是种子具双子叶，为多年生双子叶植物；五是具刺座器官，刺集中在刺座上长出。这5个特征中最重要的是第五点。尽管有很多植物种类都具刺，但所有其他科的都不具刺座，这就是仙人掌科和其他科植物的主要区别。

仙人掌广义的概念是指仙人掌科中的所有种类，仙人掌科有140多个属，2 000多个种。仙人掌类植物的品种繁多，性状各异，除有很高的观赏价值外，也还有多种经济用途。

多肉花卉是一个花卉园艺上的概念，有时也称多肉植物。但在园艺学上多肉植物的含义比植物学上多肉植物的含义要狭窄得多。在植物学上多肉植物也称肉质植物或多浆植物。这类植物具有肥厚的肉质茎、叶或根，有的叶片退化成针刺或羽毛状，姿态奇特，无奇不有。此类植物的种类较多，包括仙人掌科、番杏科的全部种类和其他50余科的部分种类，总数超过万种。而园艺学上所称的多肉植物或多肉花卉，则不包括仙人掌科植物。在花卉园艺上，仙人掌科植物专称为仙人掌类植物或仙人掌类花卉。因它们之间在习性上、栽培繁殖上等都有区别，所以目前国内外的专家们基本上都是分开来叙述的。本书中提到的多肉植物或多肉花卉，也不包括仙人掌科植物。多肉花卉因科、属、种的不同，贮水组织在多肉植物中的部位也不一样，一般分为以下3种类型：

第一，叶多肉植物。叶高度肉质化，而茎的肉质化程度较低，部分种类的茎带有一定程度的木质化，如番杏科、景天科、百合科和龙舌兰科中的一些种类，是叶多肉植物中的典型代表。

第二，茎多肉植物。植物的贮水组织主要分布在茎部，部分种类的茎分节，或有棱，或有疣突，少数种类具有稍带肉质的叶，但一般会早落。其中以大戟科、萝藦科中的多肉植物，为这类植物的代表。

第三，茎干状多肉植物。植物的肉质部分集中在茎基部，而且这一部分特别膨大。但因种类不同，而膨大的茎基部形状也不一样，以球状或近球状为主，有时半埋入地下，茎基无节、无棱、无疣突。一般有叶或有的叶早落。叶直接从膨大茎基顶端长出，或从突然变细的几乎不带肉质的细长枝条上长出，有时这种细长分枝也会早落，这类中以薯蓣科、葫芦科和西番莲科中的多肉植物为代表。

多肉花卉，前面有的章节中已介绍了一些。这里仅就仙人掌科和其他科中的多肉植物，有代表性地介绍它们的用途与形态特征。它们隶属7科，17属。

仙人掌　(*Opuntia dillenii*（ker-G awl.）Haw.)

别名利果仙人掌、仙人扇、仙桃、朋掌、火掌、仙巴掌、霸王树。仙人掌科仙人掌属。原产于美洲的墨西哥、阿根廷、巴西等国的干旱沙漠地带，被誉为沙漠英雄花。我国引进已多年，普遍栽植于南方多省。现在，在我国南方沿海岛屿岸边，西南地区的广西、云南、贵州、四川的广大地区已逸为野生状态。其他地区多为盆栽。

[用途] 仙人掌是一种奇特的观赏植物,千姿百态的茎,艳丽娇俏的花朵,罕见独特的果实等,都别具一番情趣和魅力,因而备受人们的喜爱。在西南地区,常将它地栽做绿篱,因全身布满针刺,防护性能很强。温暖地区可露地栽培,能形成自然景观,也可绿化庭院和公园。北方地区大多作盆栽观赏,能装点阳台、窗台和居室。除此以外,仙人掌还有多种经济用途。高大柱状的木质躯干,能制作轻便家具;巨大球形的多汁茎肉,常为旅行者解除饥渴;美味甘甜的果实,既可鲜食或晒干,也可制成果酱、蜜饯,甚至发酵后能酿酒。全株还是一种良药,有清热解毒、健胃止咳、活血散瘀、抗癌等多种功效。去除皮和刺,再捣烂外敷患处,可治腮腺炎及乳腺炎;食用仙人掌的营养丰富,风味独特,是一种颇具发展潜力的蔬菜,大都市的一些餐馆、饭店,已把仙人掌作为特色菜肴来经营。

[形态特征] 多年生的多浆肉质植物,呈丛生灌木状或小乔木状,一般株高0.5~2.5米,高的可达10余米。枝干形态如手掌,离土、离水多不会死亡,如仙人不食烟火,故名仙人掌。茎直立,老茎下部圆柱形或椭圆形,近木质化,表皮粗糙,褐色,其余均掌状扁平;分枝较多而无定数,左右重叠而生,茎节处细而明显,每个节间呈狭扇状,或扁椭圆形、倒卵形,长15~20厘米或更长,宽4~10厘米,肥厚肉质,幼时为翠绿色,老时为灰绿色;表面光滑,具蜡质,其上均匀分布有许多小刺座,刺状是星状排列,每一刺座簇生针刺1~20个不等,锐刺坚硬,长1~3厘米,黄褐色。刺座幼时具褐色或白色短棉毛,不久即脱落。叶钻状,生于小瘤体上,也有数朵聚生于顶节边缘的。花瓣多轮,半肉质或纸质,花色大多为鲜黄色,也有绿色和红色的;花型较大,直径为4~7厘米,辐射对称;花被片离生,多数,外部为绿色,向内渐变为花瓣状,花冠张开呈宽倒卵形。雄蕊多数,数轮,不伸出;花柱直立,白色。果为浆果,肉质,倒卵形或梨形,长5~8厘米,成熟时为紫红色、红色、紫色、黄色,无刺[图(3.)1.143,图(3.)1.144,图(3.)1.145]。

图(3.)1.143 白毛仙人掌

图(3.)1.144　金毛掌

图(3.)1.145　西昌大棚内的仙人掌

仙人球　(*Echinopsis tubifloza* Zucc.)

别名花盛球、草球。仙人掌科仙人球属。原产于南美洲的阿根廷、巴西等国的热带、亚热带干旱或半干旱沙漠地区,世界各地均有引种。我国除南方地区在露地栽培外,其余的绝大部分地区都是盆栽。

[用途]　仙人球的体形圆润可爱,花从球上突出,形状奇特,花色素洁高雅,栽

培管理比较简便,是观赏价值很高的一类植物。在适宜的环境条件下,可大面积丛栽,能形成小型沙漠景观。也可作艺术加工,制作成多种盆景。还可成丛种植在近假山或石岩间隙处,作园林造景或作专门陈列室。有的地方把它作为砧木,可嫁接多种名贵的仙人球、蟹爪兰等。有些仙人球的果实和种子可以食用,球体还能加工来制作蜜饯。

[形态特征] 陆生仙人掌类为直立单生或丛生状的草本植物。幼时茎圆球形,肉质肥厚,直径15~20厘米,老株圆筒状,高的可达75厘米,球体暗绿色,茎皮光亮,具棱,等距规则纵排,棱鱼背形,有11~14棱,均衡成长。刺座着生于棱背上,刺座中间丛生刚硬刺4枚,刺锥状,黑色或黄色或顶部褐色,周围有短刺8~10枚,四周具黄色棉毛,呈辐射状排列。花着生于球茎顶侧部,单生,花冠大型喇叭状,花体长12~20厘米,多白色,稍反卷,喇叭外被鳞片,鳞腋有长毛;有苞片多枚,覆瓦状排列。一般在清晨或傍晚时开花,持续几小时到1天,开放时有淡淡的香味。果实为肉质浆果。新生球为翠绿色,集中于母体顶部或基部,其形态优美雅致。仙人球就其外观来看,可分为绒类、疣类、宝类、毛柱类、强刺类、海胆类、顶花类等多类。其刺毛也有长、短、稀、密之分;颜色也有红、黄、金黄等多种[图(3.)1.146]。

图(3.)1.146 仙人球的花

叶仙人掌 （*Pereskia aculeata* Mill.）

别名叶仙人树、木叶仙人掌、木麒麟、虎刺、虎刺梅。仙人掌科叶仙人掌属(又称虎刺属)。原产于墨西哥、阿根廷、美国的佛罗里达至西印度群岛的温暖潮湿以及热带地区,多生长在干旱的荒漠地带。我国引种历史较久,南北专业园林中均有栽培,在福建、台湾、广东、海南、广西、云南、四川等地均有露地栽培,而北方地区多为盆栽,以便在室内越冬。

[用途] 叶仙人掌的株形优美,具有彩色茎叶的变种,更具独特的观赏价值,并

且很容易栽培和养护,盆栽的大型植株还可供厅堂、过道陈设。除此之外,还可作嫁接仙人指、蟹爪兰以及小型仙人球种类的砧木,最后形成在1株植株上开放数种花朵,而且有叶花多处悬吊,显示绿叶满枝、鲜花似锦、果实累累的繁荣昌盛景观,是重大庆典、应时佳节的著名花卉之一,其观赏价值更高。

[形态特征]　叶仙人掌是此科中惟一有叶的一个属,是仙人掌科中比较原始的种类,灌木状或蔓生藤本植物。为多年生常绿植物,茎部虽然多肉,但仍保持着茎枝的基本形态,叶片和普通的阔叶树相似。叶浓绿色,肉质有光泽,表面光滑具蜡质,全缘,长椭圆形,先端渐尖,互生于嫩茎上,有短柄。嫩茎紫色,老茎灰褐色,茎部光滑,节部明显,叶柄两侧及花的基部有短钩刺1～3枚。茎长2～10厘米,老茎上部刺座处具多数暗褐色直刺,有的刺座上还着生椭圆形的叶片。夏秋季开花,花腋生,簇生成圆锥状或伞房状花序,花小型,直径2～2.5厘米;花瓣5枚,花冠肉质,黄绿色,中间掺有白色,近似梅花,有香味;苞片、萼片和花瓣很难区分。果实为浆果,黄色,有刺[图(3.)1.147]。

图(3.)1.147　叶仙人掌的花

令箭荷花　(*Nopalxochia ackermannii* Kunth)

　　别名小朵令箭荷花、孔雀仙人掌、令箭红孔雀。仙人掌科令箭荷花属。原产于美洲的墨西哥、玻利维亚和秘鲁等热带地区。我国引种时间较久,现在南北各地均有栽培。南方和西南地区可在室外露地栽培,其余地区均是盆栽,冬季要移入室内或温棚内越冬。

　　[用途]　令箭荷花的叶茎深绿色,柔韧半垂,花大而色泽鲜艳,花期长达2～3个月,是仙人掌类重要的观赏植物。适宜于盆栽,用以布置厅堂、会场或悬挂于室内、露天茶座、园林长廊棚架上。地栽或大盆种植的,立架后可长出许多分枝,一丛可生出百余朵鲜花,其景色十分美丽。也可成行或成组进行陈设。

［形态特征］　多年生附生仙人掌类植物。群生灌木肉质状,老茎的基部常木质化,主干细圆,高60～100厘米,叶状茎扁平,披针形,绿色,每节的分枝较短,每条叶状茎如古代的令箭,多数花为玫瑰红色,近似于荷花,故取名"令箭荷花"。扁平茎的中筋粗壮,侧脉明显,坚硬挺拔而不易倒伏。茎的边缘呈钝齿形,齿凹入部分有刺座,具0.3～0.5厘米长的短丛细刺。花从茎两侧的刺座中开出,花筒细长,喇叭状大花,花被重瓣或复瓣,盛开后向外翻卷,状似睡莲,花丝及花柱均弯曲。白天开花,1朵花仅开1～2天,花色极为丰富,有紫红、大红、粉红、洋红、蓝紫、黄白、净白等多种颜色,也有外淡红色、内洋红色,喉部绿黄色的,或1花2色[图(3.)1.148]。有的地区花开后还能结果实。果实为浆果,椭圆形,红色。种子黑色。

图(3.)1.148　令箭荷花

蟹爪兰　(*Zygocactus truncatus*（Haw.）k. schum)

　　别名蟹爪霸王鞭、锦上添花、仙人花、仙人蟹爪、蟹爪莲、圣诞仙人掌。仙人掌科蟹爪仙人掌属(或蟹爪兰属)。原产于南美洲巴西一带。现在我国各地栽培极为普遍。

　　［用途］　蟹爪兰系多年生肉质植物。其茎奇特,似叶非叶,连接成蟹爪状。茎顶开出美丽的花朵,鲜艳夺目。其花似莲非莲,似兰非兰,奇特秀雅,满株下垂,层次分明。叶状茎四季碧绿。摆设在客厅内或阳台上,具有极高的观赏价值。蟹爪兰除作观赏外,还可用于医治疮痛肿毒等。

　　［形态特征］　附生类仙人掌变态茎呈扁平叶状,悬垂,簇生,茎节多分枝,节片倒卵形至长圆形,顶端截形。茎节边缘有2～4对尖齿,茎节先端有刺座。花着生顶端茎节上,花有红、紫、白、粉、黄、玫瑰等色。花呈漏斗形,花被稍反卷[图(3.)1.149]。果为浆果,卵形、红色。

图(3.)1.149　蟹爪兰

昙花 （*Epiphyllum oxypetalum*（Dc.）Haw.）

别名金钩莲、琼花、月下美人。仙人掌科昙花属。原产于墨西哥至巴西的热带森林中，引入我国较晚。我国各地园林、家庭庭院多有栽培。

[用途]　昙花是一种美丽珍奇的盆栽花卉。昙花开花的时间短，又是在夜间开放，因而显得珍奇名贵，人们对其奇妙的开花习性产生浓厚兴趣，因而多有栽培，观其花，赏其奇。对二氧化碳、氯化氢抗性较强，能施放新鲜氧气，使人神清气爽，精神焕发。花和变态茎能入药，可清热、祛毒、疗喘，对高血压、高血脂均有疗效。花瓣可做汤或甜食，或代作茶饮。

[形态特征]　仙人掌科附生类多年生常绿多肉植物。植株为灌木状，主茎圆筒形，木质。昙花没有真正的叶片，人们所看到的实际是变态枝。分枝呈扁平叶状，多具 2 棱，少具 3 翅，绿色，边缘有波状圆齿。从基部长出的茎有很多分枝，成丛生状，除非有支柱支撑，否则都会倒垂。刺座生于分枝圆齿缺刻处。幼枝有毛状刺，节间长，近矩圆形，长 15～40 厘米，宽约 6 厘米，较令箭荷花宽，中肋明显，表面具蜡质，有光泽。单顶花序，生于叶状茎上的凹缺处，无花梗，长 15 厘米以上，直径为 10～12 厘米，花筒稍弯曲，基部褐色，萼片多数，细线形，花瓣多数，长匙形。夏秋晚间开大型白花，呈漏斗状，有芳香味。晚上 8 时至午夜零时开放，从开花至凋谢约 4 小时。本属植物约有 20 种，除白色外，世界各地还有浅黄、玫瑰红、橙红等色。目前我国栽培的主要是白花种[图(3.)1.150]。

图(3.)1.150　昙花

长寿花 （*Kalanchon laciniata* （L.）DC..）

别名寿星花、矮生伽蓝菜、土三七、鸡爪三七、圣诞伽蓝菜、假川莲、高凉菜。景天科落地生根属（又称伽蓝菜属）。原产于南美洲和非洲马达加斯加一带,在亚洲和我国岭南及沿海热带地区均有分布,是一种分布十分广泛的花卉。在四川西昌亚热带地区的生长也十分良好。

[**用途**] 长寿花的花期特别长,故名长寿花。植株矮小,奇特有趣,常供生物教学之用。花序较大,花朵美丽,特别适合盆栽,供家庭、宾馆、酒家、列车、办公室、会议室等处的室内装饰,是一种观赏价值较高的花卉。春节期间,把小型盆栽长寿花摆放在窗台或茶几上,既可观叶,又可赏花,为喜庆节日增添更多欢乐气氛,也是新春佳节赠送亲友的最好礼品之一。全株还可供药用,特性微凉,解毒,能活血散瘀,外用主治跌打损伤和痈肿。

[**形态特征**] 多年生肉质多浆草本植物。株型矮小,株高10～25厘米,基部分枝,株形紧凑。叶片卵圆状至倒卵形,对生,肥嫩,厚实,多汁,易折裂,色彩亮绿,叶片全缘,为羽状条裂和深裂。裂片条形或披针形,并有不整齐的钝锯齿作浅裂状,颇似"鸡脚爪"形,略为向内弯曲。是一种较为理想的观叶植物,从分枝顶端或叶腋间,抽生出圆锥形伞状花序。每个花序着生小花数十朵,排列紧密,拥簇成团。花瓣4枚,瓣心有蕊,娇小玲珑。花色丰富,常见的有玫瑰红、粉红、橙红、粉白、黄色等多种颜色[图(3.)1.151],甚为吸引人。经人工授粉可以获得种子,种子细小。

图(3.)1.151 长寿花

莲花掌 （*Echeveria glauca* Bak.）

别名偏莲座、大叶莲花、大叶莲花掌、宝石花、石莲花。景天科拟石莲花属。原产于墨西哥和美国西南部,现在我国许多省、市的栽培都比较普遍。

[**用途**]　莲花掌的叶片肉质肥大,内部贮有大量水分,颇为耐旱,有利于生长在缺雨干旱的环境里,适合作盆栽、盆景点缀窗台、案头、几架;或栽培于花坛边缘及假山、悬岩凹处,也可作插花素材。叶片还可食用。

[**形态特征**]　多年生常绿亚灌木状多肉草本植物。茎短直立,老茎褐色,半木质化,节部明显,布满叶痕。根茎粗壮,有许多长丝状的气生根。顶端轮生多层叶片,叶互生,肥厚多肉,排列紧密,相互重叠组成莲座状;外轮叶片大,向内逐渐变小,状似莲花,美丽如花朵;叶片蓝灰色,大叶微带紫晕,表面具白粉;倒卵形或近圆形,基部楔形,叶缘红色,无叶柄,先端锐尖,稍带粉蓝色,叶心淡绿色,叶面中央下凹。花序梗很长,从叶丛中抽生而出,花茎高 20～30 厘米,有小花 8～12 朵;成总状单歧聚伞花序,花外面粉红色或红色,里面为黄色[图(3.)1.152]。

图(3.)1.152　莲花掌

玉树　（*Crassula arborescens*）

别名景天树、景天。景天科青锁龙属。原产于南非。现在我国各地均有栽培。北方地区可以放在阳台上或庭院内莳养,在南方地区可以露地自然栽培。

[**用途**]　玉树系多年生常绿小灌木,茎叶四季碧绿常青,树冠挺拔秀丽,栽培管理耐粗放,较耐空气干旱,适合于家庭盆栽观赏。还可用于园林景点、居家小区草地内景点花卉配置绿化之用,也适合放在宾馆、会议室等较大空间场所,供观赏之用。

[形态特征]　常绿多浆小灌木。小树茎干圆柱形,茎上有节,呈灰绿色或浓绿色,分枝多,枝为绿色。叶片对生、无柄、椭圆形、扁平、肉质全缘。先端略尖,灰绿色,基部抱茎[图(3.)1.153]。笔者在四川西昌观察到 20 余年树龄的大树茎干粗壮,主茎直径达 15 厘米,全株高达 130 厘米,主茎高达 30 厘米左右,有点像古树老桩。主茎呈灰褐色或瓦灰色,并有粗皮翻起。树冠直径达 120 厘米。花自枝的顶端抽出,具长梗三歧聚伞状花序,着小花 20 余朵,花瓣 5 裂,呈五星形排列,白色,花瓣披针形[图(3.)1.154]。花蕊为粉白色或粉色,有雄蕊 5 枚,也呈五星排列,花丝 5 根。

图(3.)1.153　玉树

图(3.)1.154　玉树的花

翡翠景天　(*Sedum morganianum* E. Walth)

别名狐尾景天、松鼠尾、玉串驴尾、串珠草、佛甲草、白葡萄。景天科景天属。原产于美洲、亚洲、非洲热带地区。我国江苏南部至广东、广西、云南、四川、西北至甘肃东南均有栽培。日本也有分布。

[用途] 叶圆润碧绿，密生成串，株形优雅，可供盆景悬吊观赏，是室内悬垂吊挂的盆栽佳品。同时可供药用，能治毒蛇咬伤、烫伤、烧伤和痈肿疔疥等。

[形态特征] 多年生长常绿低矮多肉草本植物。茎叶无毛，茎呈匍匐状半卧或下垂成串。叶厚肉质，长圆锥状披针形，顶部急尖，基部稍弯曲，浅绿色，互生，紧密地重叠在一起；无柄，肉质叶很脆弱，极易脱落。无梗的小花顶生，聚伞花序，花序分枝2～3个。小花深玫瑰红色[图(3.)1.155]；萼片3，花瓣5，雄蕊10，心皮5。蓇葖果。

图(3.)1.155 翡翠景天的花

翡翠珠 (*Senecio rowleyanus* Jacobsen.)

别名一串珠、绿铃。菊科千里光属。原产于非洲南部，我国引进已有半个多世纪。目前在我国华南、西南各省种植较多，北方地区也有引种栽培的。

[用途] 翡翠珠是一种室内很好的观赏植物。栽植在小型白色塑料花盆内，吊挂在窗前，或客厅、书房一角，缀满串串的绿铃，柔软茎蔓沿花盆悬垂，显得十分秀丽悦目。

[形态特征] 多年生常绿多肉植物。茎极细，匍匐生长，叶互生，圆如豌豆，前端有一小突尖，叶柄短，叶身中央有一道弦月形并透明的纵条纹，紧嵌在细长的匍匐茎上，茎叶伸长宛如成串的翡翠珠子项链，或绿色的小铃铛，晶莹圆润[图(3.)1.156]。花白色，略带淡紫。

图(3.)1.156　翡翠珠

芦荟 （*Aloe arborescens* var. *natalensis* Berg）

别名草芦荟、龙角、油葱、狼牙掌、蜈蚣掌。百合科芦荟属。原产于非洲南部及地中海地区,印度、美国及我国云南省元江地区等处有野生种。现在我国各地均有中华芦荟栽培,近年来还引种种植库拉索芦荟。

[用途]　几个世纪以来,人们总是把芦荟作为花卉和叶类观赏植物。而忽视了芦荟的鲜叶汁能治疗烧伤、烫伤,具有性凉清热解毒的功效。20世纪70年代后,由于科学技术的飞速发展,攻克了芦荟的稳定化技术,使古老的肉汁草本植物焕发了青春。大大推动了芦荟从食品、化妆品、保健品到医药和杀虫剂等方面的应用。芦荟产品已风靡全球,用途极为广泛。

[形态特征]　多年生常绿肉汁草本植物。幼苗期叶片呈2列排列,长大后叶片呈莲花状,直立,从圆柱形的肉质茎上轮生,基部抱茎,节间短,节部明显呈圆环状。叶肥厚、多肉、多汁,叶片灰绿色,长披针形,先端渐尖而呈长尾状向下弯曲,侧叶缘翘起,叶边缘生三角形齿状刺,叶两面有长圆形的放射状白色斑点,老叶上表现不明显[图(3.)1.157]。夏秋季总状花序挺立,从茎叶丛中抽出,花梗较长,筒状小花密集于顶端,陆续自上而下不断开放。花萼绿色,花瓣橙黄色,并带有红色斑点,非常鲜艳美丽。蒴果三角形。

图(3.)1.157　芦　荟

十二卷　（*Haworthia fasiata* haw.）

别名锦鸡尾、雉鸡尾、蛇尾兰、海螺芦荟。百合科蛇尾兰属。原产于南非。现世界各地均有栽培。我国南北栽培较为普遍。

[用途]　十二卷为小型盆栽观叶、观花植物,植株小巧玲珑,叶肉肥厚,缀以白点、白色瘤状条纹、白斑纹,或为透明水晶状,显得极为美丽。若配以造型美观的花钵,是装饰室内书橱、茶几的极好盆景花卉。

[形态特征]　多年生常绿草本肉质植物。植株矮小,无明显的地上茎,株高15厘米左右。叶基生成莲座状、长三角状披针形。极厚,截面呈"V"字形,先端细尖,呈剑形,并向内弯曲,表面深绿色,无光泽,表皮坚韧而粗糙;背面横生白色瘤状突起点,呈条纹状,叶边缘有小齿。花梗细长直立,从叶腋间抽出;总状花序,小花绿白色,花萼筒状,花瓣外翻[图(3.)1.158]。

图(3.)1.158　十二卷

麒麟花　（*Euphorbia milii ch. des* Moulins）

别名麒麟吐珠、霸王鞭、铁海棠、狮子筋、老虎刺、龙珠海棠。大戟科大戟属。原产于非洲南部热带地区的马达加斯加岛。我国广东、广西、云南、四川等地也有分布。现全国各地公园及温室内均有栽培。

[用途]　麒麟花生长缓慢，寿命较长，能活几十年。花色鲜艳，长年不断，经久不谢，其叶碧绿，是理想的家庭、宾馆、商店内的造型盆景花卉。除此之外，植株根茎均可入药，其性味苦、性凉，具有消毒、凉血的功效，可治跌打损伤及痈肿。

[形态特征]　多年生常绿、常花的盆景花卉。茎直立或稍攀缘性灌木，株高60～100厘米。茎上有许多褐色的硬刺，呈锥状、茎部多节，茎内含有大量的白色乳汁。叶广披针形或倒卵形，无叶柄。冬季下部的老叶会脱落，只剩下茎顶端的嫩叶。花着生于茎枝叶芽的顶端。花梗较长，杯状花序，每2～8朵成对排列，形成长花序梗的二歧聚伞花序，总苞片钟形，顶端分裂，腺体4～6，总苞基部具两片苞片，鲜红色至橘红色，倒卵形或圆形［图(3.)1.159］。

图(3.)1.159　麒麟花

太阳花　(*Portulaca grandiflora* L.)

别名半支莲、松叶牡丹、大花马齿苋。马齿苋科马齿苋属。原产于南美洲巴西。我国各地均有栽培。

[用途]　太阳花植株矮小，茎、叶肉质光洁，花色丰艳，花期长。可布置花坛外围，也可辟为专类花坛。全草可入药。

[形态特征]　1年生肉质草本，高10～15厘米。茎细而圆，平卧或斜生，节上有丛毛。叶散生或略集生，圆柱形，长1～2.5厘米。花顶生，直径为2.5～4厘米，基部有叶状苞片，花瓣颜色鲜艳，有白、深红、红、紫等色［图(3.)1.160］。蒴果成熟时盖裂，种小，棕黑色。园艺品种很多，有单瓣、半重瓣，重瓣之分。

图(3.)1.160　太阳花

龙舌兰　(*Agave americana* L.)

别名剑麻、龙舌掌、番麻、世纪树。龙舌兰科龙舌兰属。原产于墨西哥、中美及西印度群岛,我国华南及西南热带和亚热带地区广为栽培。现各地温室都做盆栽种植。

[用途]　龙舌兰植株高大,叶形美观大方,为大型观叶盆花。可置于宾馆、饭店、会堂等处的厅堂内或门前,以单株或成排成双地陈设,或群植于花坛中心、草坪一角,可营造庄重幽雅的气氛,产生较好的观赏效果。叶纤维强韧、耐腐,可编缆绳。

[形态特征]　多年生大型常绿肉质草本植物。茎极短,叶自植株基部呈轮状互生,相互抱合。叶匙状披针形,叶片肥厚多浆,外皮质坚,表面具较厚的蜡质、灰绿色,上披白霜。叶长160~210厘米,长剑形,先端具硬尖刺;横切面近似"V"字形,边缘有锯齿状裂刺[图(3.)1.161]。大型植株可在夏秋之间开花,自叶丛中抽出,花梗粗壮高大,圆柱状,高6~10米,直径为7~10厘米,多分枝,顶生伞形或圆锥形花序,花多数,淡黄绿色,稍呈漏斗状,花径5~7厘米,花长7~9厘米,花被裂片6,筒部短,雄蕊6,着生于花被筒的喉部,花丝窄条形,突出花被外。子房下位,3室,花柱长,柱头头状。异花授粉后才能结实。果实为蒴果,球形或椭圆形,3裂,具柄,顶端有短喙。种子黑色。

图(3.)1.161　龙舌兰

虎尾兰　(*Sansevieria trifasciata prain*)

别名虎耳兰、虎皮兰、千岁兰、虎皮掌、虎尾掌。龙舌兰科虎尾兰属。原产于非洲西部热带地区,现在世界各地广为引种。我国的南北地区栽培非常普遍。

[用途]　叶形耸直,犹如利剑,叶面的云状斑纹酷似虎尾,美观大方,极具神韵。同时,虎尾兰的叶片厚硬,叶端尖细,株形挺拔,叶片整齐,摆放于客厅、书房、办公室和会议室或案头等处,挺拔俊逸,古雅刚劲,四季青翠,绿意浓浓,彰显出勇敢与刚毅,给人以积极向上的心理感受,特别适合在古建筑内摆放。在华南地区常露地栽培于花径、花坛等处,作为边缘矮篱或坛中配景,在园林造景及绿化居室中,应用十分广泛。其叶纤维极其坚韧,可用于织布或制作绳子。

[形态特征]　多年生常绿肉质草本植物。地下具短粗的匍匐根茎,叶片从横生的地下茎的顶芽抽生而出,地下茎多分枝,因此能够抽生出许多叶丛。叶片具厚革质,基部卷抱成筒状,直立生长。叶面扁平,呈长剑形,先端尖,叶片肥厚,长30~40厘米,宽5~7厘米,叶面有光泽,为浅绿色,正反两面均有横向白色和深绿色相间的层层云状斑纹,叶背面的颜色较浅。单株苗约需要10年才能开花,花后植株萎黄,但不影响整丛生长。花葶从中部抽出,比叶片长,可达60~80厘米。花序为顶生散穗

状,每莛有数朵至十余朵小花,花色为白色至淡绿色,有香味[图(3.)1.162]。

图(3.)1.162　虎尾兰

第二章　草本花卉的养护管理

第一节　1～2年生草花

瓜叶菊

[生活习性]　瓜叶菊喜温暖湿润气候,不耐寒冷、酷暑与干燥,怕雨涝、强光和霜冻。生长适温为12℃～15℃,有的品种花芽分化要求18℃,一般要求夜温不低于5℃,日温不超过20℃。生长期要求光线充足,日照长短与花芽分化无关,但花芽形成后,长日照促使提早开花。人工补充光照能防止茎的伸长。

[繁殖技术]　瓜叶菊以播种繁殖为主,也可扦插。

(1)播种繁殖　从播种至开花需5～8个月,3～10月份分期播种可获得不同花期的植株。夏秋播种,冬春开花,早播早开花。长江流域各地多在8月份播种,可在元旦至春节期间开花。北京3～8月份都可播种,分别在元旦、春节和"五一"开花。种子播于浅盆或木箱中,播种土应该为富含有机质、排水良好的沙质壤土或蛭石等基质。土壤应预先消毒,播种后覆土以不见种子为度,浸灌、加盖玻璃或透明塑料薄膜,置遮荫处,保持土壤湿润,勿使干燥。开花过程中,选株体健壮、花色艳丽、叶柄粗短、叶色浓绿植株作为留种母株,置于通风良好、日光充足处,摘除部分过密花枝,有利于种子成熟或进行人工授粉。当子房膨大、花瓣萎缩、花心呈白绒球状时,即可采种。种子阴干贮藏,从授粉至种子成熟需40～60天。

(2)扦插繁殖　重瓣品种为防止自然杂交或品质退化,可采用扦插或分株法繁殖。瓜叶菊开花后5～6月份,常于基部叶腋间生出侧芽,可取侧芽在清洁河沙中扦插,经过20～30天生根。扦插时可适当疏除叶片,以减少蒸腾。插后浇足水并遮荫防晒。若母株没有侧芽长出,可将茎高10厘米以上部分全部剪去,以促使侧芽发生。

[栽培管理]　瓜叶菊幼苗具2～3片真叶时,进行第一次移植,株行距为5厘米,7～8片真叶时移入口径为7厘米的小盆,10月中旬以后移入口径18厘米的盆中定植。定植盆土用腐叶土、菜园土、豆饼粉、骨粉按30∶15∶3∶2的比例配制。生长期每2周施1次稀薄液氮肥。花芽分化前停施氮肥,增施1～2次磷肥,促使花芽分化和花蕾发育。此时室温不宜过高,日温为20℃,夜温为7℃～8℃,同时控制浇水。花期稍遮荫。通风良好,室温稍低,不太湿,有利于延长花期。瓜叶菊栽培管理过程中还应该注意以下问题:

(1)越夏问题　瓜叶菊性喜凉爽气候,不耐炎热,生长适温为15℃～20℃。而我国不少地区夏季持续高温,如北京地区夏季气温常达到35℃以上,对瓜叶菊的生长十分不利。所以通常播种期在8月中旬左右,避开高温时期。若提早播种,苗期越夏应置于荫棚下栽培。注意通风,防雨淋,可向地面洒水和向叶面喷水降低温度,但应防止水分过多引起植株徒长或腐烂。

(2)花芽分化和催延花期　约在花芽分化前2周停止追肥,控制浇水。其作用一方面是限制植株向高生长,使株形低矮而紧凑。另一方面是可以促使花芽分化,提高着花率。此期的适宜温度,日温为21℃左右,夜温为10℃左右。现蕾后即行正常管理,追施液肥,逐渐恢复并增加浇水,保持充足的光照。若在单屋面温室栽培,每周要倒盆和转盆各1次;若在南北延长的双屋面温室栽培可不转盆。当花蕾伸出后,提高室温催花。花初开,即降低温度以延长花期。

(3)采种　瓜叶菊系异花授粉植物,以种子繁殖极易杂交而产生变异。采种母株宜选花大或花小繁密;花色艳丽,花梗粗壮;叶大而厚,叶色深绿,叶柄粗短;没有病虫害的植株。注意催花的植株不可用来采种。另外,舌状花和筒状花的颜色不同,子代花色常发生分离。有目的地进行人工授粉时,不用去雄,在雌雄蕊尚未成熟时套袋,成熟后选晴天在上午10时至下午14时授粉。隔天再授粉1次,共授3次即可。当子房膨大,花瓣萎缩时,去掉纸袋,使之充分见光。瓜叶菊在3~4月份种子易成熟。在4月中旬以后,应遮蔽中午前后的强烈日照,否则结实不良。采种母株必须放置阳光充足、通风良好处,不可在开花期间向花上喷水。当头状花序呈白绒球状时应立即采收种子,以免散失。从授粉至种子成熟需40~60天。

(4)病虫害防治　植株拥挤、通风不良和管理不善,易遭蚜虫或红蜘蛛为害。可用40%乐果乳油1 500~2 000倍液喷杀。幼苗期往往发生潜叶蛾,常用40%乐果乳油1 500倍液除治。高温多湿、通风不良,易发生白粉病,可用35%甲基硫菌灵可湿性粉剂1 500倍液或50%代森铵可湿性粉剂2 000倍液喷治。

万　寿　菊

[生活习性]　万寿菊喜温暖、阳光充足的环境,也能耐早霜和稍阴的环境。较耐干旱。在多湿、酷暑下生长不良。抗性强,对土壤要求不严,耐移植,生长快,栽培易,病虫害较少,能自播繁殖。

[繁殖技术]　万寿菊主要用种子繁殖,但有些大花重瓣或多倍体品种则需扦插繁殖。在种子繁殖中应注意:

第一,种子发芽适温为21℃~24℃,约需1周发芽,70~80天后开花。

第二,万寿菊种子线形,播种出苗较易,不需特殊管理,小苗生长快,所以一般在2~4月份播种,也可露地直播,出苗后经过1次分苗,既可移植到温床,也可移植到营养小钵中,在晚霜期过后,定植于花坛或园林绿地中。

第三,开花后,大部分万寿菊可以结种子,但种子退化严重,特别是F1杂交1代种子,所以生产单位必须连年买种。

第四,扦插在生长期进行,经2周生根,1个月后开花。也可在夏秋利用嫩枝扦插,生根容易。

[栽培管理]

（1）播种时期　可于3～4月份在温床中播种，种子发芽适温为20℃左右，真叶2～3片时，经1次移植，5月下旬定植露地。一般自播种后70～80天开花。可夏播为国庆节布置之用，夏播一般经50～60天可开花。扦插繁殖可在5～6月份进行，采取长约10厘米的嫩枝，扦插于露地，荫棚遮盖，2周生根，3周可出苗圃，约1个月开花。扦插苗植株较矮时即能开花，花期也易于控制，便于花坛布置应用。

（2）花期管理　万寿菊花期虽长，至初霜后尚开花繁茂，但后期植株易倒伏，应设支柱，且枝叶枯老，有碍观赏，此时可摘掉残花，疏去过密的茎叶，施以追肥，以待再次着花。

（3）病虫害防治　炎夏时易发生红蜘蛛为害，宜及早防治。留种植株应隔离，炎夏后结实饱满。

（4）肥水管理　幼苗期生长迅速，应及时间苗。对肥水要求不严，在土壤过分干旱时可适当浇水。

（5）采种　种子宜从秋末开花结实的植株上采收。

金 盏 菊

[生活习性]　金盏菊性较耐寒，生长快，适应性强，对土壤及环境要求不严，但在疏松肥沃的土壤和日照充足之地，生长显著良好，栽培容易，且易自播繁殖。

[繁殖技术]　将种子播于全光照自动喷雾育苗床。

[栽培管理]　常采用2年生栽培。9月上旬进行秋播，7～10天出苗，于10月下旬假植于冷床内北侧越冬。金盏菊枝叶肥大，生长快，早春应及时分栽。冷床越冬者，3月下旬花最盛。如春季2～3月份播于冷床或温床，初夏也可开花，但不如秋播的生长、开花好。金盏菊在炎热之时开花很少，植株枯黄零乱，但在秋凉的9～10月份，花又盛开。金盏菊也可提早秋播，盆栽培养，打霜时移入低温温室促成，保持室温8℃～10℃，冬季供花；或10～11月份播于冷床或温床，同样可供早春促成栽培。切花栽培时，应将主枝摘心，使侧枝开花，这样花梗较长。

金盏菊的种子生活力可保持3～4年。多为自花授粉。如肥少、栽培不良，则容易退化，花小且多单瓣，良种繁育时应注意。

麦 秆 菊

[生活习性]　麦秆菊喜温暖和阳光充足的环境。不耐寒，忌酷热。阳光不足及盛夏时，生长不良或停止生长，开花不良或开花很少。喜湿润肥沃而排水良好的土壤，宜黏质土壤，但也耐贫瘠与干燥环境。

[繁殖技术]

（1）种子繁殖　种子千粒重0.8～0.9克。种子发芽最适宜的温度为21℃，在有光的条件下约7天发芽，发芽整齐。北方地区3月份在温室或温床播种育苗。4月上旬,对幼苗进行 1 次移栽。5 月初,苗具 7～8 片叶时定植下地。

(2)播种期与花期　在气候条件适宜的地区,9 月份播种,翌年 5～6 月份开花;11 月份播种,翌年 7～8 月份开花;5 月份播种,7～9 月份开花。生长温度为 10℃～25℃,营养生长期略短,花期略长。

(3)定植　株行距为 20 厘米×40 厘米

[栽培管理]

(1)栽培园地的选择　选择阳光充足、通风及排水良好的地块做栽培圃地。在贫瘠的土壤上,整地时可适量施加基肥。但是肥料过多,植株虽然花繁叶茂,却不鲜艳,降低了切花花朵的品质。

(2)花期管理　麦秆菊最忌讳连阴雨。因为在连阴雨的条件下,花瓣易受阴雨渍水而霉烂或褪色,高温多雨易引起植株死亡。在夏季多雨地区,要特别注意这点。

(3)灌溉和中耕　按照常规管理。

(4)摘心　定植前,即 7～8 片叶时摘心 1 次,可以促进侧枝萌发,提高花枝产量。定植后,新梢长出 3 片叶时,再作第二次摘心,使每棵单株有 5～6 个花枝。

(5)采花　栽培温度合适,通常约 3 个月即进入花期。做干花用的花头(或花枝)应该在蜡质花瓣有 30%～40% 外展时,连同花梗(长 20～30 厘米)剪下,去除叶片后,扎束倒挂在干燥、阴凉、通风的地方阴干备用。

孔　雀　草

[生活习性]　孔雀草性喜温暖,但稍能耐早霜,要求阳光充足,在半阴处也可生长开花。抗性强,对土壤要求不严,耐移植,生长迅速,栽培容易,病虫害较少。

[繁殖技术]　播种繁殖。春播、夏播均可。也可扦插,夏季结合摘心进行扦插。

[栽培管理]　于 3～4 月份在温床中播种,种子发芽适温为 20℃ 左右。真叶 2～3 片时,移植 1 次,5 月下旬定植露地。一般自播种后 70～80 天开花。可夏播以应国庆节布置之用,一般 50～60 天可开花。可在 5～6 月份扦插繁殖,采取长约 10 厘米的嫩枝,扦插于露地,荫棚遮盖,2 周生根,3 周可出圃,约 1 个月可开花。扦插苗植株较矮时即能开花,花期也易于控制,便于花坛布置应用。

大　波　斯　菊

[生活习性]　大波斯菊喜欢温暖、凉爽的气候,不耐寒,也怕高温酷热。性强健,不择土质,但以疏松和含腐殖质较多的土壤种植较好。种植本种的圃地不宜多施肥料,以防植株徒长,开花不良。大波斯菊原属短日照作物,在生长季节要求光线充足,花芽分化而又孕蕾开花时,每天日照时数必须在 8 小时以上才行。温度也要适宜,一般在夜温为 15℃ 左右,日温为 20℃～22℃ 的短日照条件下,花芽才能分化。而开花时的温度更要低些,夜温为 8℃～10℃,日温为 10℃～15℃,这样大波斯菊的花期就特别长。种子经过杂交后,其开花期可以提早,从 6 月份一直可以开到 11 月份

的霜降过后。种子有自播能力,成熟后可自行散落,生命力极强,翌年春天,只要得到合适的水分,在圃地就会发芽自生。

[繁殖技术] 大波斯菊常用播种和扦插方法繁殖。

(1)播种繁殖 大波斯菊在自然界中,能通过风和昆虫等媒介传粉结果,获得种子比较容易。种子的萌发力极强,只要温度适宜,土壤潮湿,就能萌发。播种前先挑选向阳高地,翻土耙平,制作好露地苗床。苗床宽80~100厘米,长2~3米。准备好苗床后,可3月下旬至4月中旬分批播种。先把种子均匀撒播在苗床内,再用细孔喷壶把水喷透,床上覆盖一层稻草,以保持土壤湿润。如温湿度适宜,7~10天小苗即可出土。苗高6~10厘米后即可移栽定植。也可用大一点的盆钵育苗。

(2)扦插繁殖 大波斯菊在生长期间,也可用扦插方法繁殖。具体做法是剪取12~15厘米长的健壮枝梢,插于沙壤土内,插穗四周要压实,并及时浇透定穗水,同时适当遮荫,并保持插床湿润,6~7天即会生根。扦插的成活率很高,插后20~30天即可移栽定植。

[栽培管理] 栽培前要深翻土地,并整平细耙,还要施入一些含磷钾素较多的肥料。按50厘米×50厘米的株行距挖穴栽种。应在阴天下午或太阳落下后进行穴植,带土团撬起苗株,放入栽植穴扶正压实,然后浇足定根水。成活后,还要加强日常的肥水管理工作。大波斯菊的植株高大,在迎风处栽培时应设立支柱,以防倒伏和折断,也可在植株周围培土,增强它的稳定性。一般应将大波斯菊培育成矮化植株,具体做法是在小苗高20~30厘米时摘心,以后再将新生顶芽连续数次摘除,植株便可矮化,这样处理后,既增多了开花数量,又增强了观赏价值。它的种子成熟后容易散落,并且是分批成熟,因此应在清晨湿度较高时,分批采收其瘦果和稍变黑的花序。

大波斯菊的植株上,常见的病害有叶斑病和白粉病,发生后可用50%托布津可湿性粉剂500~600倍液喷洒。常见的虫害有蚜虫和金龟子,一般用10%溴氰菊酯乳油2 000~2 500倍液喷杀。

百 日 草

[生活习性] 百日草性强健而喜光照,要求肥沃而排水良好的土壤,若土壤瘠薄,过于干旱,花朵则显著减少,花色不良,花径也小。在15℃以上时,就能正常生长。

[繁殖技术] 早春一般用播种繁殖。4月中下旬播种,播后70~80天开花。也可用侧枝扦插繁殖。

[栽培管理] 在10℃以上的温度下种子易于萌发。3月末至4月初,将种子播于温床,播后保持土壤湿润,4~5天后即可萌发。苗高有2~3片真叶时,就可移植露地。当株高10厘米左右时,留2对真叶摘心,以促腋芽生长,这样的植株粗壮。欲使大花重瓣型植株低矮而又多开花,常在摘心后腋芽伸长至3厘米时,施以矮化剂,

进一步提高观赏价值。春季播种后约9周,可以开花,直至初霜。百日草侧根少,移植后恢复慢,应于苗小时定植。若大苗时再行移植,常导致下部枝叶干枯而影响观赏。百日草首批花即进入雨季,常结实不佳。若要采种,宜提早于温室或温床播种,使之在6月初首批花后即进入盛花期,雨季前可获得首批种子。

百日草虽花期长,但后期植株生长势衰退,茎叶杂乱,花径小而瓣小。如欲供秋季花坛布置用,则应作夏播,并摘心1~2次。做切花栽培可直播,成行密植或以20厘米间距定植,不予摘心,以主茎顶的花供切花用,花尖大而梗长。园林中配置的百日草,多于花后剪去残花,以减少养分消耗,多抽花蕾,并且枝叶整齐,有利于观赏。

向　日　葵

[生活习性]　向日葵喜欢阳光充足且温暖的气候条件,不耐寒,不耐阴,耐暑热。对土壤的选择性不大,但种植于土层深厚、疏松肥沃、排水良好的土壤中,其花型较大,花也更加艳丽。花期为7~11月份。

[繁殖技术]　向日葵为播种繁殖。留种株应该选择花色艳丽、植株健壮、无病虫害的植株。重瓣向日葵不易结实,在开花时必须人工授粉。当种子成熟时,将花盘一起摘下、晒干,或将种子取出晾干,贮存于纱布袋内。翌年春季气温稳定后即可播种。

直接播种前,应将土壤深翻,整细、整平土面,观赏向日葵矮生品种穴距为12厘米×12厘米,大花,大株型可适当加大株行距。在播种穴中施入干杂肥或堆肥,并适量施入磷、钾肥,在肥料上盖一层细土,即可播种。播种后,在种子上用细沙土或草木灰覆盖。播种后必须浇1次透水,在出苗前应一直保持土壤湿润,可3~4天浇1次水。当幼苗长出2片真叶后,就应及时间苗。向日葵也可先播于苗床上,当长出4~5片真叶时移栽。苗床育苗应在苗齐后及时间苗、定苗。

[栽培管理]　移栽植株前,先将土壤深翻,并耕耙,理厢,挖穴,株行距20厘米×40厘米,施入基肥后用细土盖肥,将带土植株植于穴心,用土压实,浇透水。在阳光强烈的地区,应该注意遮荫,并保持土壤湿度。成活后,一般每月施用1~2次肥料,肥料主要为稀薄腐熟的清粪水或饼肥水。浇水应掌握干湿相间的原则。直播的向日葵也应该注意生长期内的水肥管理。当植株生长到一定高度时,应加支柱,并用细绳绑好,防止倒伏。

凤　仙　花

[生活习性]　凤仙花喜温暖而湿润的气候,光照要充足,不耐寒冷,怕霜冻,忌烈日暴晒。不耐旱,怕水渍。对土壤适应性强,要求不严。喜湿润、排水良好的土壤,在疏松、肥沃土壤中生长良好。因茎部肉质多汁,夏季干旱时,易落叶凋萎。生长迅速。果实成熟后易裂开,弹出种子,有自播能力。

[繁殖技术]　繁殖以扦插为主,也可播种。

（1）扦插繁殖　扦插除盛夏伏天外均可进行。可用嫩枝插入素沙土中繁殖,在20℃～30℃室温下,15～20天即可在节部发根。

（2）播种繁殖　可于3～4月份在温室中进行播种,至5月末即可分栽。

［栽培管理］　在北方地区和长江流域,均宜温室栽培。5月上旬可移至室外荫棚下,10月下旬再移入室内。如果在培养土中已掺入肥料,生长季节只需适当追以少量液肥即可,以防止枝茎徒长。盆栽植株要及时修剪,使株丛浑圆集中。凤仙花比较耐阴,宜作室内小型盆花。

新几内亚凤仙

［生活习性］　新几内亚凤仙喜温暖而湿润的气候,光照要充足,不耐寒冷,怕霜冻,忌烈日暴晒。不耐旱,怕水渍。对土壤适应性强,但喜湿润、排水良好的土壤,在疏松肥沃土壤中生长良好。因茎部肉质多汁,夏季干旱时,易落叶凋萎。生长迅速。果实成熟后易裂开,弹出种子,有自播能力。

［繁殖技术］　主要用播种繁殖。

（1）播种　3～4月份,将种子播于露地或温室,在21℃下种子约经7天发芽。发芽迅速,幼苗生长快,应及时间苗。

（2）苗期管理　苗期适温为16℃～21℃。经过1次移植,即可定植或上盆,经7～8周开花。

（3）定植　定植于园地,株行距为30厘米×40厘米。生长开花期注意浇水,保持土壤湿润,每月施稀薄水肥2次。在花盛开后,需要追肥1次。如要使花期推后,可延迟在7月初播种。

（4）采种　采种植株应坚持优选,否则容易退化。蒴果成熟后容易裂开,采种宜在早晨进行。重瓣种果皮厚,所以当果皮发白时,用手指轻按,如能裂开就应将其采下。重瓣种的种子极少,应注意采收。

还可用扦插方法进行繁殖,除盛夏外,全年均可进行。

［栽培管理］　4月初播种于露地苗床,发芽迅速整齐。幼苗生长快,应及时间苗,经过1次移植后,于6月初定植园地,株距30厘米。管理简易。但在7～8月份干旱时,应及时浇水,勿使落叶,可以延长花期至9月份。如延迟播种,苗株上盆,可于国庆节开花。可通过摘心控制花期和株形,但需不断施用液肥。对花坛用地栽植株,亦可依照此法管理。

观赏辣椒

［生活习性］　观赏辣椒喜欢温暖湿润和阳光充足的环境,不耐寒冷和干旱。对土壤要求不严,但以肥沃、排水良好的沙质壤土为好。耐肥。地栽、盆栽均可。

［繁殖技术］　用播种繁殖,可在室内盆播或苗床上育苗。南方地区也可在室外露地育苗,2～3月份播种,在20℃～25℃的温度条件下,发芽迅速整齐。苗高10厘

米左右时,可作盆栽或移至露地栽培。盆栽用土要肥沃,可用菜园土、堆肥、砻糠灰等混合作盆土,每盆种 3～5 株,视盆钵大小而定。盆钵需要放在阳光充足、通风良好的地方。露地栽植时,株行距为 25～30 厘米。

[**栽培管理**]　栽后要注意浇水和施肥,苗高长至 20 厘米左右时要摘心,以增加分枝,使结果数量更多。一般在晴天进行浇水,每天 1 次即可,切忌根部积水。追肥不宜过多,以免枝叶徒长。为使花多果盛,开花前宜追肥 1～2 次含磷的液肥。开花期,浇水不宜过多、过勤,以免落花落果。果实发育和成熟期,应保持盆土潮湿,不然果色会干黄而无光泽。果实成熟时,要选择具有品种特色的良种,分批采收成熟的果实,晾干脱粒,然后收藏种子。

曼　陀　罗

[**生活习性**]　曼陀罗喜温暖湿润的气候。以排水良好而肥沃的壤土及沙质壤土为好。

[**繁殖技术**]　采用种子繁殖。播种前先深翻约 20 厘米,施足基肥,将泥土耙细,做成宽约 2 米、高约 20 厘米的畦,以备种植。然后用种子繁殖,分直播法和育苗法两种。播种期在 3 月下旬至 4 月上旬。

(1)直播法　在畦上按行距 1 米、株距 70 厘米开穴。穴深 3～5 厘米,每穴播入种子 6～8 粒,然后覆盖细土及草木灰。

(2)育苗法　先在苗床内播种,撒播或条播均可。覆土厚度以盖没种子为宜,土面再盖一薄层稻草,浇水保持一定湿度。种子发芽后,去除覆草。待幼苗长有 4～5 片叶时,即可移植。

[**栽培管理**]　田间管理上应注意,出苗后、长出 4 片真叶时,就须勤浇水肥。叶片长至 6～8 片时间苗,每穴留壮苗 1 株。生长中期,要除草松土 2 次,兼行培土,以防倒伏。开花前施入粪尿,追肥 1 次。

冰　粉　花

[**生活习性**]　冰粉花的适应性很强。在阳光充足或温暖的环境中生长良好。对土壤要求不严,瘦土或肥土中都能生长。若在肥沃疏松和排水良好的壤土中种植,不仅植株高大,分枝多,而且开花结果也多。成熟的果实能自由逸出。耐干旱,怕水涝。

[**繁殖技术**]　用种子繁殖。果实成熟后分期分批采收。将采得的果实,先摊在塑料薄膜上晾干或晒干,除去果壳和杂质后就得到纯净的种子。如系人工栽培,用点播、条播、撒播等方法均可。如要盆栽,等野生幼苗有 3～5 片真叶后,用小铲连根带土一起掘起,移植在准备好的盆土中,每盆 1～3 苗,只要稍加浇水、施肥和除草等,移栽定植 30～40 天后即会现蕾开花,花谢后就膨大结出果实。

[**栽培管理**]　冰粉花的栽培管理是比较粗放简单的。它自然逸出的种子,足够翌年生长发育的需要,所以不必播种,连年都会生长出幼苗。如单纯为了采收种子,

对那些野生植株,只要把它周围的杂草除去,当年就会开花特多,同时也会结出更多的果实,成熟后分批进行采收。如要人工育苗栽种,可采用观赏辣椒的育苗方法育苗。

<h2 style="text-align:center">矮 牵 牛</h2>

[生活习性]　矮牵牛性喜温暖,不耐寒,干热的夏季开花繁茂。忌积水,喜排水良好及微酸性的沙质土。喜阳光充足,遇阴凉天气则花少而叶茂。花期在 4 月份至 10 月底,如室内温度保持在 15℃～20℃,可四季开花。种子甚小,发芽率为 60％。

[繁殖技术]　用播种或扦插繁殖,主要用播种繁殖。繁殖中应注意:

第一,春播、秋播均可。种子细小,幼苗生长缓慢,所以应在 12 月份至翌年 3 月份播种。可用细土拌种后播下,不必覆土;若覆土则不能过厚。播种后温度保持在 20℃～24℃,4～5 天后即可发芽。待幼苗长出真叶后分苗,一般分苗 2 次,然后移植到温床或营养钵中,待晚霜过后,便可定植于露地花坛中。也可以上 17～20 厘米口径花盆,用作盆花布置。因盆栽有倒伏现象,可在生长期进行修剪整枝,促使开花并控制高度。出苗后温度保持在 9℃～13℃,幼苗可生长良好。当蒴果尖端发黄时,要及时采收种子,防止脱落。矮牵牛品种在种植时退化现象严重,所以应注意选种。现在生产多用杂种一代种子。

第二,播种苗必须经过 1 次移植才能上盆或定植于露地。春播苗待长出 2 片真叶后移植 1 次,待至 5～6 月份可定植于露地或上盆。秋播苗也须经过移植,上盆后再翻盆 1 次,可在不加温的温室或冷床越冬。冬季温度最好不低于 10℃。至翌年春季即可开花,可开至 10 月底。如冬季在温室越冬可继续开花。开花期需补充水分,特别是夏季不可缺水。整个生长过程中不能给以过多的肥料,特别是氮肥,以防止徒长倒伏。可适当整枝修剪,以控制植株形态,使其多开花。修剪下来的枝条,可用于扦插繁殖。

第三,重瓣种、大花种常不易采到种子,可用扦插繁殖。春季和秋季均可扦插,成活率高,温度需保持在 20℃左右,2 周可生根。

[栽培管理]

(1)温度　因矮牵牛不耐寒且易受霜害,故露地春播宜稍晚。如要提早花期,可于 3 月间在温室盆播,保持 20℃左右,经 7～10 天即可发芽;出苗后,温度应维持在 9℃～13℃。晚霜后移植露地。由于重瓣或大花品种常不易结实,或实生苗不易保持母本优良性状,因而常采用扦插繁殖。早春花后,剪去枝叶,取其再萌发出来的嫩枝扦插,在 20℃～23℃的条件下,经 15～20 天即可生根。母株或扦插苗可转入温室安全越冬。矮牵牛移植恢复较慢,故宜于苗小时尽早定植,并注意勿使土球松散。春播苗花期为 6～9 月份,为使其在早春开花,冬季应置温室内栽植,室内温度保持在 15℃～20℃。

(2)水分　矮牵牛在早春和夏季需充分浇水,但又忌高温、高湿。

(3)肥料　土壤肥力应适当,土壤过肥,则易过于旺盛生长,以至枝条伸长而倒伏。

羽 衣 甘 蓝

[生活习性] 羽衣甘蓝性喜阳光和凉爽环境,耐寒性较强,极喜肥。生长期间必须保证充足的肥料才能生长良好。气温低,反而叶片更美,且只有经过低温的羽衣甘蓝才能结球良好。4月份抽蔓开花。种子成熟期为6月份。冬季幼苗能耐−2℃的低温,在我国南方地区可露地过冬。

[繁殖技术] 羽衣甘蓝常用播种繁殖。8月份播种于露地苗床。由于羽衣甘蓝的种子比较小,因此播种时应将种子混入细土或细沙中拌匀,再撒入苗床,覆土要薄,以盖没种子为度。播后及时浇足水,若阳光太强,可用草席覆盖遮荫,防止水分蒸发,土壤变干。若表土变白发干,要及时浇水。保持温度在15℃～20℃,约7天就可以出苗。长出7～8片真叶时盆栽或定植于庭院。

[栽培管理] 栽培用地要选择向阳、排水良好、疏松肥沃的壤土。播种苗一般在长出4～5片真叶时移植,定植前通常移植2～3次,于11月中下旬定植。羽衣甘蓝极喜肥,因此在生长期间要多追肥,以保证养分的供应。若在第一次移植时,对其进行低温刺激,可以防止早熟抽蔓。若不想留种,须将刚抽出的蔓及时剪去,以减少生殖生长的营养消耗,可以达到延长观叶期的目的。若是为了留种,因其易于与其他十字花科植物间自然杂交,故要将其与其他十字花科植物保持一定的间隔距离。因花序太高,极易倒伏,故应立支架。羽衣甘蓝生长期间易受蚜虫为害,要及时喷药防治。羽衣甘蓝后期植株呈球形,需要较大的株行距。但小苗第一次移栽时株行距不宜过大,否则占地较多。随着植株成长,需移栽1～2次,并逐步加大株行距。羽衣甘蓝喜阳光充足及稍带黏性的土壤。在花坛中定植距离要大些,一般不小于40厘米,定植时间在11月份。基部老叶发黄时要及时摘除,以保持心叶完美。

紫 罗 兰

[生活习性] 紫罗兰喜冷凉气候,冬季能耐−5℃低温,忌燥热。梅雨季节易遭病虫害。要求肥沃、湿润及深厚的壤土,喜阳光充足,但也稍耐半阴。除1年生品种外,均需低温,以通过春化阶段而开花,故作2年生栽培。

[繁殖技术] 采用种子繁殖。

[栽培管理] 通常栽培用2年生品种。9月初播种,播后要保持土壤湿润,约2周萌芽,经1次移植至10月下旬,囤苗于阳畦中越冬。在翌年春季4月份定植露地,"五一"节前后开花。秋播不可过晚,否则植株矮小,抗寒性弱,且翌年春季往往不能开花。供花坛布置用花者,春季应控制浇水,中耕保墒,促使株丛低矮紧密;反之,如做切花用,应充分浇水。前作患根部病害的羽衣甘蓝之地,不可再栽培紫罗兰,以防传染。1年生品种,在夏季凉爽地区四季有花。但我国大部分地区,均因夏季炎热而宜作2年生栽培。高大品种可在花后剪去花枝,施以追肥,可再发新枝,至6～7月份开第二次花。

紫罗兰的重瓣品系中,播种后开单瓣花及重瓣花的植株约各占50%。重瓣花植株不能结实,种子采自开单瓣花的植株,其后代仍可望获得50%的重瓣花植株,此比例也因栽培措施的优劣而增减。单瓣品系所结的种子,通常不会出现重瓣花。要获得重瓣花植株,必须培育好重瓣品系中的单瓣植株,而尤其重要的是应与极易天然杂交的单瓣系严加隔离,以保持重瓣品系的纯正。

鸡冠花

[生活习性]　鸡冠花喜欢高温干燥、阳光充足的气候条件。不耐寒,特别怕霜冻,一旦出现霜冻,植株就会枯萎死亡。鸡冠花要求疏松肥沃、排水良好的沙质土壤,不耐瘠薄。从播种至开花的生长期为90～100天。

[繁殖技术]　由于鸡冠花为1年生草本花卉,繁殖方法都采用播种繁殖。种子成熟采收后,在干燥的地方晾晒几天,就可从花序中抖出种子,用纱布袋贮藏。种子萌发需要20℃以上的温度,如果翌年春季3月份播种,应采用温床育苗,气温稳定的4～5月份播种,可采用露地苗床育苗。

苗床土可以采用细干土、腐熟的干杂肥、森林腐叶土、沙性菜园土按照1:1:1.5:1.5的比例混合配制,经过数日暴晒,粉碎过筛后,平铺于苗床之上。播种量小时,可用陶土盆盛苗床土播种。由于鸡冠花种子极小,可先将种子与细沙或草灰混匀,采用撒播的方法均匀播在床面上,然后盖一层1.5厘米厚的细沙土,再用除去枝条的松毛覆盖,最后盖地膜保温、保湿。

播种后,要经常检查床土的水分状况,注意浇水,保持土壤湿润。苗床温度控制在20℃～25℃,3～4天后可以提高至25℃～28℃。若发生寒潮,应注意保温。鸡冠花的种子萌发速度较快,在温湿度适宜的条件下,一般7～10天就可以出芽。此时应将松毛分3次左右逐渐揭除,避免形成高脚苗和弯脚苗。真叶出现后,可喷施0.2%磷酸二氢钾溶液,并适时间苗,保证苗齐、苗壮。当小苗有5～6片真叶时,就可以进行移栽。

[栽培管理]　鸡冠花既可以露地栽培,又可以盆栽,是一种实用价值较高的草本花卉。

(1)露地栽培　选择土层深厚、质地适中、疏松肥沃、富含有机质的背风向阳的地块,将土壤深翻,并整细、耙平、理厢,按照20厘米×60厘米的株行距挖好种植穴。采用腐熟的干杂肥、堆肥配合适量的磷、钾肥作基肥,施入穴中,并施少量油枯粉,用细土将肥料盖住。移栽时,将花苗带土从苗床中取出,随取随栽,小苗移栽后应覆土压实,并浇1次透水。以后注意浇水,保持湿度,1周后就可以进行正常管理。

(2)盆栽　鸡冠花的盆栽土,可以用森林腐叶土、沙质菜园土、泥炭土、干杂肥和细土各1份混合配制。经暴晒消毒,粉碎过筛后,装入大小适中的陶土盆中。装土前,要用小石子或碎盆片盖住盆底小孔,以利于透水。在花盆的底部填一层腐熟的油枯粉、骨粉作基肥,再装盆土。移栽时,带土取苗,随取随栽,植于盆中心,压实后浇 1 次透水,将花盆置于阴凉通风的地方。以后根据空气的湿润状况,每天进行多次人工雾状喷水,防止植株萎蔫,2 天后再浇 1 次透水,当植株恢复后,就可以将花盆移到阳光充足的地方,进行正常的管理。

美女樱

[**生活习性**] 美女樱喜阳光充足,对土壤要求不严,但在湿润而肥沃的土壤中开花更为繁茂。有一定的耐寒性。

[**繁殖技术**] 美女樱繁殖主要用扦插、压条方式,也可分株或播种。扦插可在气温 15℃ 左右的季节,剪取稍硬化的新梢,切成 6 厘米左右长的插条,插于温室沙床或露地苗床。扦插后即遮荫,2～3 天以后可稍受日光,促使生长。经过 15 天左右发出新根,当幼苗长出 5～6 片叶时可移植,长至 7～8 厘米高时可定植。上海地区常于秋季 9 月份在冷床或低温温室内培养小苗,翌年春季用其新枝扦插,植于露地花坛。在暖地可将老根留在露地,越冬后作扦插材料。也可用匍匐枝压条,待生根后将节与节连接处切开,分栽成苗。播种繁殖通常在 9 月初播于苗床或盆内,因为其种子较少,出苗不佳,生产上较少使用。

[**栽培管理**] 栽培美女樱应该选择疏松肥沃、排水良好的土壤。因其根系较浅,夏季应注意浇水,以防干旱。4 月末播种,7 月份即可盛花,至 10 月中旬初霜前一直开花繁茂。种子发芽较慢而不整齐。若置于 15℃～17℃ 条件下,2 周后始可出苗。小苗侧根不多,但移植成活尚易。如提早于 3～4 月份在温室或温床中盆栽,花期还可以提前,但开花期间应经常追肥。美女樱也可秋播作 2 年生栽培,于冷床或低温温室越冬,春暖后移植露地,在 5 月份即可开花。多为异花授粉,故播种繁殖难以保持花色纯正。能自播繁衍。

美女樱常由于下列原因而采用压条或扦插繁殖:一是种子不足或出苗不佳;二是需要整齐而矮小的植株以供夏秋花坛布置;三是为配置花坛需要纯色系的植株;四是为了保存优良的母株。因为前两点常于春夏进行扦插或压条;而因为后两点,通常于初秋进行,初霜前将苗移入冷床或低温温室越冬。扦插及压条于苗床中进行,成活也易,扦插苗定植后,实行摘心即能形成紧密的株丛,其茎节处也易生不定根,在花坛中的徒长条常伏于地上生根而开花。在沪、杭一带,可于露地稍加覆盖越冬,但花期较冷床越冬者稍迟。美女樱用于园林布置时,应该在植株较小时栽植,因长大后茎细长而铺散,移植后又缓苗很慢,枝叶萎黄而影响观赏。如必须使用大苗时,则应预先采用蹲苗措施或使用盆栽苗。

石 竹

[**生活习性**] 石竹耐寒性强,喜肥,但瘠薄处也可生长开花,生长条件要求干燥、日光充足和通风良好。

[繁殖技术] 一般播种繁殖,9月份播于露地苗床,覆土宜薄。盖草,浇透水,播后7～10天发芽,苗高约5厘米时定植。

[栽培管理] 在一般条件下,石竹多年生性不强,2～3年即衰老开花不良,故常作2年生栽培。锦团石竹可作1年生或短期多年生栽培,耐寒性强,西昌邛海公园可露地越冬。五彩石竹与宽叶石竹必须于播种翌年才能开花。石竹在栽培不良时,常导致品种退化。且种间极易天然杂交,因而产生了许多富于变化的杂种石竹,在花卉中占有一定地位。但栽培石竹,也应注意种间的适当隔离,以防品种特性混杂。在采种时,要注意严格地遵循选优弃劣、选纯弃杂,以保持品种的优良性状。

千 日 红

[生活习性] 千日红的适应性强,喜欢温暖至炎热的气候,不耐寒冷,要求充足的阳光,适宜栽植于湿润而又排水良好的疏松肥沃的沙质土壤中,从播种至开花的生长期为80～100天,花期从6月份开始直到11月份降霜前。由于球状花主要由膜质苞片组成,花后干而不凋,先后的花朵能群集一株,宛如繁星点点,灿烂多姿。

[繁殖技术] 千日红以播种繁殖为主,春季3～4月份播于温床或露地苗床,由于种子外密被柔毛,对水分的吸收较慢且不均匀,容易造成种子发芽迟缓而不整齐,因此,在播种前应进行催芽处理。具体做法是先将种子与湿河沙混合并稍揉搓,然后用20℃左右的温水浸泡24小时,滤去清水,撒播于苗床,不必覆土或只覆盖细薄土,室温保持在20℃～25℃,露地温度为15℃～20℃,约2周后即可出苗。在6～7月份,也可进行扦插繁殖。扦插时,剪取10厘米左右的健壮枝梢作插穗,插于沙土之中,保持湿润,约经1周即可生根。

[栽培管理] 苗床中的幼苗有4～6片真叶时倒畦分苗,再等植株长至10厘米左右时,可带宿土上盆或定植花坛,每盆栽2～3株小苗,定植花坛的株行距为20～30厘米。千日红的分枝着生于叶腋,为促使植株低矮,并使分枝及花朵增多,在幼苗期间应进行数次摘顶整枝。每次摘顶应保持新长叶片2对。通过摘顶整枝,还可控制株高和株形。生长期间要适当浇水和中耕除草,保持土壤湿润。雨季要及时排涝,因为积水会引起叶片瘦黄枯萎。在花朵盛开时,应追施富含磷、钾的液肥各1次,这对开花结实的作用好。为延长花期,要及时剪除残花,并追肥1～2次,以复壮促发新枝,可使不断开花,直至霜降。种子不易落地,可于霜降后在清理圃地时选留。为确保种子的品质,应选择3月上中旬播种的植株作留种母株。

一 串 红

[生活习性] 一串红性不耐寒,多作1年生栽培。喜阳光充足,但也能耐半阴,忌霜寒。最适生长温度为20℃～25℃,在15℃以下叶黄至脱黄,30℃以上则花叶变小,温室培养一般保持在20℃左右,喜疏松肥沃土壤。盆土用沙土、腐叶土与粪土混合,土肥比例以4∶3∶3为宜,用油枯等作基肥,生长期施用稀释1 500倍的硫酸铵,

以改变叶色,效果较好。

[繁殖技术] 采用播种或扦插方式繁殖。

[栽培管理] 春播于9～10月份见花,温室越冬的老株在5～6月份也有花,但不及夏秋繁多。炎夏枝叶虽生长旺盛,但花稀少,一串红花期较迟。如为采收种子,应在3月初播于温室或温床,稍能提早花期,有助于结实良好。西昌市邛海公园"五一"节用的一串红,于11月中下旬播于露地,播种期应尽量避开雨季,播种床内施少量基肥,将床土整平并浇透水,水渗后播种,覆土宜薄,播种后8～10天种子萌芽。10月上旬将一串红植在温室内,种植10余天后,根系长大,于11月中下旬可陆续上盆。国庆节用的一串红,于2月下旬或3月上旬在温室或阳畦播种。

一串红种子易落,或常因秋凉而不能充分成熟,常用盆栽后移置温室越冬,于翌年剪取新枝扦插,生根容易。在15℃以上的温床,任何时期都可以插,插条经10～20天生根,30天就可盆栽。插苗至开花期较实生根苗生长快,植株高矮也易于控制,晚插者植株矮小,生长势虽弱,但对花期影响不大,开花仍繁,更便于布置。以采种为目的者,最好用实生苗。国庆用的一串红,于7月上旬插,此时天气炎热,更应注意遮荫,多雨时要注意防雨排涝。

一串红小苗于3～4对真叶时摘心,使之生长4～6个侧枝,供布置用苗,每株至少有4个侧枝,并于枝端显花色时移至花坛。如花前追施磷肥,开花尤佳。一串红花萼日久褪色而不落,供观赏布置时,需随时清除残花,可保持花色鲜艳而开花不绝。

温室养护一串红,如室内高温或光线不足,则易发生腐烂病,故必须注意调节温湿度,使空气流通。除此,一串红还易发生红蜘蛛、蚜虫等,可喷65%乐果乳油1 500倍液防治。

吊 竹 梅

[生活习性] 吊竹梅喜欢温暖湿润,不耐寒,越冬温度应达10℃。生长期需充分浇水,适当追肥。在阳光较为充足处栽培,生长强健,茎粗叶密,叶色鲜丽。但忌强光,夏天宜置荫棚下。也颇耐阴,可是在过阴处常至茎叶徒长,叶色变淡。栽培宜用肥沃而疏松的土壤。

[繁殖技术] 用扦插和分株方式繁殖,全年都可进行。

(1)扦插法 结合摘心,随时可以扦插,极易生根。

(2)分株法 吊竹梅的茎匍匐在地面,节处生根,生根后即可分离栽植而成新株。

[栽培管理] 夏天在荫棚下栽培,不宜过阴。可吊盆栽培,充分浇水,经常摘心,酌施追肥,使茎叶密集下垂,形成丰满的株型。冬季在温室栽培,应给予充分光照,不使落叶或徒长。

秋 葵

[生活习性] 秋葵喜欢炎热的热带和亚热带气候,在温暖的地方也生长良好。

喜阳光充足的环境,但在有遮荫的地方也可开花结果。对土壤要求不严,在疏松肥沃、排水良好的壤土中,生长特别良好。总之,秋葵的适应性很强,耐管理粗放,在多种环境条件中都可生长。

[繁殖技术]　用种子繁殖,春季气温达到18℃～20℃以上时即可播种,点播、条播均可,株行距为40～50厘米。夏季开始开花,从下至上,边生长边开花。每节的叶腋间开花1～2朵,1株上可开花8～12朵。单株的花期长达3～4个月。果实成熟后纵裂,散出种子。

[栽培管理]　既可露地直播,也可上盆移栽或点播。土壤要深耕细碎,施足基肥。每穴放入种子2～3粒,覆土2～3厘米厚。苗高8～12厘米时间苗移栽,一般每穴只留1株,以后经常松土、除草,每隔20～30天追施1次清淡液肥。为防止倒伏,除在植株基部培土外,还可插上竹竿作支撑。主要有蚜虫为害花、叶、果实,发现后要及时防治。果实的成熟时间先后不一,因此要分批采收。为不伤害它的茎秆,最好用剪子从果柄处剪下果实。采下的果角,既可以放在通风处阴干,也可放在有太阳处晾晒。然后用透气的袋子收藏。

三色堇

[生活习性]　三色堇性较耐寒,好凉爽环境,略耐半阴,高热多雨的夏季常发育不良,且不能形成种子。要求肥沃湿润的沙壤土,在贫瘠地,品种显著退化。发芽力可保持2年。三色堇为多年生草本,一般当做秋播1年生花卉栽培。

[繁殖技术]　常采用播种繁殖。

[栽培管理]　三色堇以秋播为佳。北方地区为使春季开花,可于夏末即播,在8月上旬播于冷床,保护其幼苗越冬。如播种过早,到晚秋则形成的植株较大,其花蕾抗寒力差,也使翌年生长不良。南方9月下旬播种。如果播种过迟,植株未能充分发育,对越冬不利。在寒冷地区也可春季3月份播种于温室,5月份即能开花。现栽培的三色堇多为大花三色堇,是园艺变种。秋播定植后需施肥,冬季在冷床内覆盖防寒。种子不耐贮藏,以首批成熟的为好。成熟后蒴果开裂,种子极易散失,要注意即熟即采收。

含 羞 草

[生活习性]　生长2年以上的老龄含羞草,对外界刺激的反应就不够敏感了,因此,一般只作1～2年生栽培。它的适应性强,喜欢阳光充足、温暖湿润以及通风的环境。耐干旱,怕寒冷,在疏松肥沃、富含有机质的土壤中生长良好。

[繁殖技术]　用播种育苗进行繁殖。荚果常簇生于一处,成熟期不整齐,常在一枝条上同时出现已成熟开裂的果荚、幼苗及花蕾,应分批采收种子。通常应采收枝条中下部早期结的果荚中的种子。播种前应挑选成熟、饱满、粒大、充实、有色彩的种子作种用。种子发芽保存期较短,应随采随播或混细沙保存于室内阴凉处,待

立春后播种。在春季 3～4 月份，可露地播于苗床。幼苗期生长缓慢。当苗高 7～10 厘米时，幼株的生长加快，到 5 月份就可供应市场。

[栽培管理]　含羞草的栽培管理比较粗放。苗床可用花盆，盆土基质可用腐叶土 3 份，山泥土 3 份，沙质土 3 份，基肥 1 份，混合拌匀。生长期间盆土需要保持湿润，一般每天浇水 1 次。幼苗期每隔 3～4 周施 1 次稀薄肥。开花后到 9～10 月份，需要每月施 1 次复合液肥料。由于它喜欢阳光，若长期放在光线不足的环境里，其枝叶易徒长，而且不能开花结果。生长适温为 18℃～25℃，气温达到 30℃ 时，生长迅速，若气温低于 5℃～8℃ 时，就会发生冻害。2 年生以上植株会越长越慢，同时知羞反应也会逐渐失灵。因此，在入冬采种后应把老株淘汰。老叶对外界的反应也较差，不易引人喜爱，此时可剪去老枝，让其萌发新枝，或重新播种育苗，作 1 年生栽培。

虞 美 人

[生活习性]　虞美人喜欢温暖、凉爽、湿润、阳光充足、通风良好的气候环境，适宜生长的气温为 15℃～25℃。南北地区之间有差异，气温降至 10℃ 以下时，生长停止；烈日高温，生长也会受到抑制。总体是能耐寒，忌暑热，因此在我国大部分地区于盛夏到来之前，必须完成开花和结实阶段，伏天全部枯死。一般说来，以早春种植、初夏观花为主，也可夏季种植，秋末观花。适合在肥沃，质地疏松、排水良好的沙壤土，不适宜在黏重土或积水地中生长，不耐荫蔽，生长期和开花期均应光照充足。每天日照不少于 4 小时，才能花多色艳。

[繁殖技术]　一般用种子繁殖。同一植株上的开花有早有晚，蒴果的成熟也不一致，因此应随熟随采。采下蒴果后，摊放于无风处阴干，果实裂开后即得到种子，也可撕开果皮轻轻抖出种子。种子既可装袋置于 5℃ 左右的冰箱内贮存，也可随采随播。播种地要求平整、细致、湿润。种子细小，下种时应拌细沙，以防撒播不均匀。播种要精细，采用条播，行距 25～30 厘米，播种后不覆土。当幼苗长出 4～5 片真叶时，即可移苗定植，必须在阴天无风时进行。因主根深长，移栽时要多带土，并尽量避免伤根。如供园林布置使用，最好用营养钵或小纸袋育苗，连体带盆进行移栽。也可直播于花坛或盆钵内，出苗后间去弱苗，不经移栽就可直接培育开花。根据气候特点决定播种期。为使其在春末夏初开花，均作 2 年生草花栽培。苗期耐干旱，不需过多浇水，土壤经常保持湿润即可，每月追施 1～2 次 20% 人粪尿。春回大地后，对幼苗进行一般日常管理。

[栽培管理]　直接播种的花坛，出苗后应细心间苗 1 次，每穴位保留 2～3 株，使它们成簇状生长，株距 30～40 厘米。每次的浇水量不要太大，施肥也不要太多，以防止纤细的茎枝长得太高。雨天要及时排除田内的积水，特别是在气温较高时更应进行，否则会因湿热而造成落蕾落花。苗期能耐干旱，花期需水较多，除土壤应经常保持湿润外，晴天上午均需浇水 1 次。虞美人为喜肥植物，从花蕾形成到盛花期，应追肥 2～3 次，这样既可延长开花期，又可提高产花量，同时还可促使花色鲜艳。它属深

根系植物,不易移栽,适宜直播繁殖。在花后要及时剪去凋萎花朵,使余花开得更好,并且还可延长开花期。栽培虞美人要实行轮作,避免重茬,因为连作,除了会使生长开花不良外,还容易引发多种病害。

栌 兰

[生活习性] 栌兰种子在 15℃ 以上温度时就可以发芽,20℃～30℃ 时生长良好。5 月份开始开花,边开花边结果,花期可延续到 9 月份。果期为 6～11 月份。其绿叶生长期长,从早春至初冬,可一直发叶不断,只有遭霜打后才倒苗。对土壤的适应力很强。在长江以南的大部分阴湿地时常可以见到,在疏松肥沃、温暖湿润、微酸性的土壤中生长更好。生长期间虽不能缺水,但要求排水良好。栌兰耐阴,但在日照充足的条件下能生长得更好。繁殖和栽培都比较容易。

[繁殖技术] 栌兰主要用种子繁殖。一般在 3 月份播种。南方地区可提早,北方地区可推迟 10～15 天。播种时将土畦整平,浇足清水。取 2 份菜园土,1 份细煤渣,混合过筛。播种土为种子的 100 倍左右,两者要混和均匀,然后均匀撒在做好的畦上,再用小孔喷壶将水喷透。水中可加入适量的多菌灵杀菌。苗床温度保持在 20℃ 左右,10～15 天种子就开始萌发和出苗。幼苗出齐后,每 10～15 天要施 1 次清淡的肥水,从而促进幼苗正常生长,从早春至初冬可一直发叶不断。除注意肥水管理外,还要多次除草,做到随见随除。

[栽培管理] 初夏苗长至 10 厘米左右时,可以移栽或上盆。移栽时,株行距保持在 40 厘米×50 厘米。公园或一般家庭,用口径 20 厘米左右的盆钵,其中装上菜园土,每盆栽植 2～3 株,经常浇水和施清淡肥水,盆中幼苗即可长得郁郁葱葱,十分喜人。5 月份后就开始开花结果。栌兰的病虫害较少,但发现病枝、病叶后要及时剪除。有害虫为害根、叶时也要及时剪除。种子成熟后要分批采收,最好用小剪把成熟的果实剪下,然后收集贮存。

蓖 麻

[生活习性] 蓖麻适应性强,对土壤要求不严,几乎在各种类型的土壤中都能生长,从沙土到黏土,从偏酸性土到轻盐碱土中都能生长。它的生长期长,植株高大,分枝较多,茎粗叶大,消耗的营养物质较多,因此属于喜肥作物。蓖麻虽能抗干旱,但如水分不足,着生雌花少,常影响产量。不能抗涝,若被水淹,会发生烂种、烂苗和植株萎蔫死亡现象。它为喜温作物,不耐霜冻,生长中需要很多热能,种子在 10℃ 以下或高于 35℃ 时不能发芽,生长适温为 25℃～30℃。还喜欢充足的光照,在不同的地区可分为长日照和短日照 2 种类型。

[繁殖技术] 1 年生或多年生蓖麻,仍然是以直接播种或育苗移栽的方法繁殖。

[栽培管理] 蓖麻的栽培管理比较简单粗放。多数地方在 4 月份播种,南方早些,北方晚些。常用穴播,华北和东北地区用条插或垄作。每穴播种 2～3 粒。要施

足基肥和种肥。要选用粒大、饱满、大小均匀、颜色鲜艳一致、富有光泽、无病斑的优良种子作种用。还可与其他的作物进行轮作、间作和套种。蓖麻出苗后还要做好查苗补苗、间苗定苗、中耕、除草、培土、追肥、浇水、打顶整枝等田间管理工作。多年生蓖麻还可进行锯伐更新，以促进萌芽再生新枝，要分批采收和脱粒，选用"伏籽"作种用。

福 禄 考

[生活习性]　福禄考喜冷凉环境，耐寒性较弱，性不宜过肥，忌涝碱地。要求必须阳光充足，若遇连日阴天则花色不鲜艳。种子发芽率为40％，生活力可保持1～2年。

[繁殖技术]　常用播种繁殖，也可用扦插与分株方式繁殖。暖地秋播，于冷床内保护越冬。寒冷地区春播，6月初定植于露地，幼苗需阳光充足和稍低的温度，畏晚霜。

[栽培管理]　常作秋播，小苗越冬时，应有大棚及加温设施。翌年5～7月份开花，6月份最盛。2～3月份提早于温室或温床春播，6～7月份开花，花期较秋播短。福禄考在雨季多枯死。种子成熟易散失，应注意即熟即采收。

毛 地 黄

[生活习性]　毛地黄喜欢温暖潮湿的气候，既喜光，也耐半阴，既耐寒、耐旱，也喜欢凉爽，生长适温为20℃左右。气温过高地区，夏秋季植株容易发病死亡。一般菜园土都可以栽种，尤其喜欢向阳、肥沃、深厚、疏松、排水良好、富含有机质的夹沙性肥土，忌在盐碱性土壤中栽培。

[繁殖技术]　毛地黄常用种子繁殖，采用育苗移栽的方法进行栽培。秋季或早春在温室均可以育苗，但以秋播为好。7～8月份当果实成熟后，选开紫色花、生长健壮、无病虫害的植株采收种子。先把果实晒干，然后脱粒去杂，贮藏备用。苗床整地要细致，先把土块打碎，然后清除草根、石块等。苗床宽1.2～1.4米，其长度应根据育种多少自行设定。做成高厢，厢面要平整细碎，施入适量的腐熟人、畜粪水，以使厢面表土保持湿润。在3月上中旬春播，9月上中旬秋播。如育种时间过迟，则翌年春天不能开花，或仅有少数能开花。每667米² 的苗床用种子25～30克，育出的幼苗可栽1 400～2 000米²。播种时，把种子与细沙或火灰土拌匀，先是撒在厢面上，然后用细沙或火灰土覆盖，再盖上稻草或松毛叶，最后用细喷壶均匀喷水。播种后苗床要经常保持湿润。开始发芽后要及时揭去盖草。如用苗的数量较少，也可以在口径30～60厘米的盆钵中育苗。苗高3～4厘米时匀苗，每隔3～5厘米留1株苗，并分次施入清淡的腐熟人、畜粪水或硫酸铵。干旱时要适当喷水，让苗床或盆土保持湿润。幼苗长出5～6片真叶时，就可分批移栽定植了。

[栽培技术]　移栽分露地和盆栽2种形式，现分别加以介绍。

（1）露地栽培　对移栽地要深翻整细，一般开高厢，厢宽1.2～1.5米。也可按要求定植于花坛和花径。秋播的第一至第二批壮苗，在11月份至翌年1月份移栽，成活率最高,一直可以栽到 4 月份。春播的应在 4～5 月份移栽,移栽愈早成活率就越高。若迟至 6 月份再栽,其成活率就会降低。在大田厢上或花坛中按株行距 30～40 厘米挖浅穴,每穴栽苗 1 株,移栽定植时苗要扶正,并且不要栽得过深,以免泥土盖住苗心,影响它的生长。1 厢或 1 坛移栽定植完后,还要及时浇足定根水。幼苗的初期生长缓慢,移栽后,在未开始采叶前,除要保持土壤湿润外,还要中耕、除草、追肥 2～3 次。自第一次采叶起每收获 1 次叶片,都要及时中耕、除草、追肥 1 次。中耕除草时锄土要浅,冬季还需培土,以防止植株倒伏。追肥以氮肥为主,可用腐熟人畜粪水、尿素、硫酸铵或油饼,最后 1 次收叶后,可用火灰与油饼混合在植株旁边挖穴施入,施后要立即盖土。施肥时,粪肥不可沾污叶片,要保持叶片清洁。移栽定植后的第一年,一般多不抽薹开花,其叶由根部长出。此时的叶片,数量多而肥厚,产量高,质量好。到第二年的 3～4 月份,植株的生长也很旺盛,但到 5 月份就抽薹开花。抽薹开花后,叶片产量低,质量差,故多实行 2 年采收制。在一些地方,因 7～8 月份气温高而又干旱,毛地黄生长停滞,甚至死亡,到 9 月份又重新发出新叶。移栽当年至翌年 5 月末抽薹开花前,只要加强田间土、肥、水管理,就可获得丰产。

(2)盆栽 毛地黄的子叶出土展开后,便可移植到盆内,真叶长出 3～4 片时,便可上口径 10～12 厘米的盆钵,置于冷床内越冬,翌年 3 月中下旬便可脱盆定植于花坛,或改用 30～50 厘米口径的大盆作盆花栽培。

(3)病虫害防治

①病害防治 毛地黄的主要病害有根腐病、叶斑病、花叶病、线虫病、轮纹病、纹枯病等。现将其中根腐病的发病症状和防治方法介绍如下:发病初期,在叶柄和近地面根茎处出现水浸状褐色病斑,逐渐深入内部,维管束变褐,叶柄腐烂,根茎干腐,须根也干腐,地上部分萎蔫枯黄。根腐病是毛地黄的重要病害,常会造成大片死苗,对生产的威胁很大。此种病菌可在土壤中存活多年,土壤带菌和种苗带菌是发病的初侵染来源。每年 5 月份,病菌开始侵染,6～7 月份发病重。在排水不良,地下害虫较多地区发病严重。做好排水工作,雨后勤松土,及时清除病株,并撒石灰清毒,与禾本科作物轮作,基本上就可以控制根腐病的发生。

②虫害防治 毛地黄上的主要害虫有蚜虫、介壳虫、棉红蜘蛛、地老虎、蟋蟀、沟金针虫、金龟子、豹纹蛱蝶、毛虫类、尖虫类等。这里着重介绍地下害虫的形态特征和防治方法。地下害虫是指生活在土壤中,为害各种农作物的地下部分或地面部分的各种害虫。我国已知的地下害虫有 60 余种,分属于 6 目 13 科,包括蛴螬、蝼蛄、地老虎、磕头虫、金针虫、蟋蟀、根蟋、根蛆、大蚊、摇蚊、家甲、叶甲、拟地甲等,其中影响毛地黄生产较大的有地老虎、蛴螬、蝼蛄、蟋蟀、沟金针虫等。这些地下害虫分布广、食性杂、为害重,而且为害隐蔽,如不能及时防治,将会造成严重的损失。上述种群的为害方式,大体可以分为以下 3 种类型:一是长期生活在土中,为害地下部分的种子、根、茎、块根、块茎等,如蛴螬、磕头虫等;白天在土中生活,夜出近地面为害,如地老虎;对地上部和地下部分都能为害,如蝼蛄、蟋蟀等。对常见的小地老虎、蝼蛄、蟋

蜱、金龟子等地下害虫，一般采用以下主要方法防治：一是用黑光灯诱杀成虫，在晴朗、无风、闷热的天气里，尤其对蝼蛄、金龟子、地老虎等的诱杀效果最好；二是加强田间管理，及时清除杂草；三是利用糖、醋、酒加少量农药的毒液诱杀成虫，这是防治小地老虎最有效而又简便的方法，其配制比例为：红糖 6 份、醋 3 份、酒 1 份、水 10 份，再加适量的农药；四是使用有机肥料时，必须经过充分的腐熟；五是人工捕杀，对小地老虎、金龟子和蟋蟀等，都可以使用人工捕杀的方法，分别捕杀它们各个虫态时的害虫；六是农业防治，多种地下害虫与土壤都有密切的关系，采用轮作、深翻晒土、适时中耕除草、合理施肥等一系列的农业生产措施，既可以消灭一部分害虫，也可以从多方面减轻其为害。

（4）采收与贮藏　毛地黄的果实，在茎轴上从下往上逐步长成和分批成熟，不能等整个穗轴上的果实全部成熟了才开始采收，只要中下部的果实成熟了就可以开始采收。在四川省西昌市，蒴果在 7～11 月份分批成熟，容易裂开散落种子，因此在果穗轴上的蒴果成熟后，只要果皮变黄，果实尖端微裂时，就逐步分批采收，晾干脱粒去杂后，收藏种子备用。

观 赏 谷 子

[生活习性]　观赏谷子喜欢疏松肥沃、排水良好的微酸性或中性土壤，在泥炭土和腐叶土中生长最好。它的最适生长温度为 18℃～30℃。不怕阳光暴晒。在有遮荫的条件下也可以生长和开花。

[繁殖技术]　观赏谷子用种子繁殖，具体又分直播和育苗移栽 2 种方法，现分别加以简介。直播常在盆钵中进行，根据盆钵大小，可每盆种 1 穴、3 穴或 5 穴，每穴播种 2～3 粒，播后覆土 1 厘米左右。覆土太厚针苗出土难，覆土太薄幼苗容易倒伏。覆土后浇足播种水。育苗常在方格育苗盘或小型塑料盆钵中进行。育苗基质要肥沃疏松，用菜园土、泥炭土、腐叶土等混合配制而成。每格或每盆播种 2～3 粒，播完种子后筛覆上一层细沙或细土，覆后用喷壶把基质喷湿润即可。播后 5～7 天就会出苗，苗高 6～8 厘米时移栽定植。播种 50～60 天后就会出穗，出穗后 30 天左右开花。结籽后 25～30 天种子就成熟。

[栽培管理]　定植处要先除草、松土、挖穴，穴的大小根据育苗盆钵大小和所带土团大小而决定，一般长、宽、深各 12～15 厘米，穴距 40～50 厘米即可。定植时不能太深或太浅，土团或宿土不能松散，土团面以与地表齐平为宜。然后分层填入打碎的细土，苗要扶正，土要压实，最后浇足定根水。定植后，每隔 2～3 天要喷浇 1 次清水，成活后只保持大盆或露地的土壤湿润即可。观赏谷子是禾本科植物，根系是须根系，除草时要适当培土，让须根系扎牢，防止倒伏，1 穴中 1～3 株不等。移栽定植成活后，每隔 15～20 天，应追施 1 次清淡的液肥。氮、磷、钾素均应有，追肥时应在距离植株 10～15 厘米处施下。果实成熟后要及时收获，成熟 1 株收获 1 穗，剪收时应留 10 厘米以上的穗轴，有利于捆扎挂晒。

菊　薯

[生活习性]　菊薯适应性较强,喜欢凉热而干燥的气候。对土质要求不严,在多类土壤中都能生长良好,但在疏松肥沃、排水良好的沙壤土中生长最为适宜。在西昌的最适生长温度为18℃～32℃。温度适宜,阳光充足,则茎粗,枝繁,叶茂;如有遮荫或种植过密,则株矮,茎细,枝少。菊薯的植株高大,不易为其他作物和杂草所掩压。生长盛期在5～8月份,8月底至9月初始花,花谢后,此时的枝叶已停止生长,下部叶片开始枯黄,表明已接近成熟期。

[繁殖技术]　在菊薯花枝上很难采到种子,全用薯块繁殖。它的薯块又分食用薯和种薯。食用薯块的表面光滑,种薯的形状大小不定,薯块表面有许多疙瘩状的凸起。每一凸起部即为芽的存在处,小的种薯上只有几个芽,大的种薯上有芽几十个。在西昌市,一般是3月上旬至4月上旬栽种,大的种薯要切成小块,每块上留芽突2～3个,为防止腐烂,切面上可撒草木灰、干细沙或细的锯木屑等。以穴植为主,穴的长、宽、深为30～40厘米。挖穴要宽大,还要清除土壤中的石块。挖穴后,在穴底施适量的有机肥作基肥,回填少量打碎的细土,为薯块的生长创造良好的土壤环境。每穴放种薯1～2块,种芽向上,覆细土4～5厘米厚。覆土时要适当用力填压,填土与地表齐平为好,然后浇足播种水。播种后穴中的土壤仍要保持湿润。栽种后15～25日即会发芽出土,一穴中能长出3～5个芽株,土内的大茎基部,有的还会长出2～3个分株。秋冬挖掘采收后,多数是把种薯集中埋在土中保湿越冬,翌年开春后再栽种。土壤和其他环境条件好的,当年采收后就及时分芽、切块进行栽种,让切块种薯在土中越冬。

[栽培管理]　出苗后分别进行除草、中耕、培土、追肥等田间日常管理。除草以手拔除为好,做到有草就除,拔除的杂草放在株丛周围做肥料。生长期间中耕培土共2～3次,每隔20～25天1次,中耕与培土结合进行,特别是收获前35～50天的最后1次培土,必须充分宽厚,以利于地下块茎的生长。肥料充足时,可结合中耕培土追肥,以人、畜粪尿液肥为主,也可用垃圾肥壅兜培土,做成大馒头形。菊薯生长旺盛,有时会出现徒长。为抑制它的徒长,可在茎秆100～120厘米高时,摘心1次。如秋季要把它作为观赏植物,夏末秋初时,对花枝和叶片要修剪整理,让枝叶长得更加整齐、挺拔、鲜艳。如果只为了收获地下块茎,秋初出现花蕾时要全部摘除,从而节省养分。花朵全部凋谢后,表示地下块茎已经接近成熟,待枝叶全部枯萎,即可开始挖取,一般在10～11月份进行。栽培中要及时防治病虫害。

第二节　宿根花卉

兰　花

[生活习性]　我国兰花原是自然野生于长江流域及以南各省。为山谷林下或

林缘植物,常见于林下碎石间,或腐殖质较多的地方,有时也生于岩石裂缝中。兰花为喜阴植物,喜欢弱光,也颇耐阴,在树下半阴处生长最为繁茂,因此可长期放在室内栽培。兰属植物开花之后至新生长之前的这段时间,是其休眠期。在休眠期进行分株和换盆非常适宜。在兰株休眠期间,白天室温10℃～16℃,夜晚室温为5℃～10℃。兰花虽是比较耐干旱的植物,但若要生长发育良好,也还要有适量的水分。有土栽培的兰株,应坚持宁干勿湿的原则,切不能频频浇水。兰株要求水质偏酸而无污染。在兰花的全生长发育和开花结果过程中,还要求空气相对湿度为60%～70%。肥力中等的土壤就可以使兰花正常的生长发育。只要求土壤湿润、疏松透气、疏水功能强,但以含腐殖质丰厚的微酸性或中性土壤更为合适,忌盐碱土和重黏土。水源、土壤、大气污染,对兰花的生长发育都有害,平时对这些问题都应尽量避免发生。

[**繁殖技术**] 中国兰花的繁殖方法主要采用分株繁殖。分株又称分盆或分箃,是生产中最主要而常见的繁殖方法。它是分割成簇丛生的假鳞茎,以2代以上的连体为单位分离,然后独立栽种。一年四季都可以分株,但以兰花开花后的休眠期进行为好。一般是兰株已长满全盆,即2～3年进行1次。具体做法是,将大丛满盆或基本满盆的植株挖起,或全盆逐步倒出,抖去或用自来水冲刷根上的泥土,然后晾根2～3天,使兰根柔软坚韧,以利于拨根分株。晾根后,在假鳞茎之间寻找间隙比较大的地方,将植株分开,然后用利刀或快剪割开。不能用力拉拽,否则会把伤口撕裂。每小丛最少要保留3株苗是2代和3代的连体,其中应有1株嫩苗,以利萌发新苗。分开的兰株,要适当剪去烂根、老根、断根和枯叶,然后重新上盆。分株移栽后,头水要浇足,然后放置半阴凉爽处,经过15～30天,其生长就可以稳定下来。分株繁殖的方法易学易行,一直被广泛采用,许多名贵品种的固有特性,经过几十年都不易改变。分株繁殖的不足,就是速度太慢,每年长出的新苗数量有限。也可采用播种育苗的方法来繁殖。

[**栽培管理**] 兰花大多是居室栽培,在栽培过程中,要注意给兰花创造一个良好的环境条件。经常把兰花放到窗口沐浴阳光,或采用灯光补充日光的不足。注意室内通风透气,保持室内有凉爽而清新的空气,避免空气污染兰花。高温时,可每日喷水雾2～3次,以补充空气湿度的不足。选用透气、透水性较好的兰盆和培养料来栽培兰花,注意浇水施肥应少量多次,并注意及时有效防治病虫害。

菊 花

[**生活习性**] 菊花的适应性很强,喜湿,较耐寒,生长适温为18℃～21℃,最高为21℃,最低为10℃,地下根茎耐低温极限一般为－10℃。花期最低夜温为17℃,开花期(中、后)可将至13℃～15℃。喜充足阳光,但也稍耐阴,较耐干,最忌积涝,喜地势高燥、土层深厚、富含腐殖质、疏松肥沃而排水良好的沙壤土。在微酸性到中性的土中均能生长,而以pH6.2～6.7较好。忌连作。菊花需要大量的氮肥与钾肥,在

营养生长早期约 7 周内维持高水平氮营养尤为重要,早期缺氮不仅影响株高及叶片的发育、还影响花的质量,在花蕾显色的前 10～20 天(因品种生育期而异)需氮量达到最大,显色时开始减少,钾也是菊花的重要矿质营养元素,定植后应施全素肥。显色后一般不再施肥,此时磷在体内重新分配,在叶面喷洒磷酸二氢钾液对花蕾的发育、增进花色,提早花期有一定的效应。

秋菊为长夜短日性植物,在每天 14.5 小时的长日照下进行茎叶营养生长,每天 12 小时以上的黑暗与 10℃的夜温,则适于花芽发育,但品种不同对日照的反应也不同。

[繁殖技术]　菊花可采用营养繁殖与播种繁殖。营养繁殖包括扦插、分株、嫁接或组培繁殖。

(1)扦插繁殖　夏季进行,以 4～5 月份最为适宜。首先需培养采穗母株,一般选用越冬的脚芽,定植时株行距为 10～15 厘米×10～15 厘米,植株生长至 10 厘米左右即可摘心,促进分枝、侧枝高达 10～15 厘米即可采取插穗,采穗时需要留有 2 片叶的茎段,使其再发枝,以便下次采穗。母株在栽植床内可保留 13～21 周,前后采 4～5 批。超过这一期限会引起芽的早熟,从而失去插穗的作用。采穗母株应处于长日照条件,采取营养生长状态的顶梢,插穗长 8～10 厘米,摘除基部 1～2 片叶,扦插时深入基质 2～3 厘米。基质温度为 18℃～21℃,空气温度为 15℃～18℃,扦插时株行距为 1.5 厘米×2 厘米,插后 10～20 天根长到 2 厘米时,可起苗定植或冷藏于 0℃～3℃等待定植。

(2)分株繁殖　分株在清明前后进行,将植株掘出,依根的自然形态,带根分开,另植盆中。

(3)嫁接繁殖　菊花嫁接以黄蒿、青蒿、白蒿为砧木,采用劈接法嫁接接穗品种的芽。

(4)播种繁殖　种子于冬季成熟,采收后晾干保存。3 月中下旬播种,1～2 天即可萌芽。实生苗初期生长缓慢。

(5)组织培养　菊花的茎尖、叶片、茎段、花蕾等部位,都可用做组织培养的外植体,其中未开展的、直径 0.5～1 厘米的花蕾作外植体易于消毒处理,分化快,茎尖培养分化慢,常用于脱毒苗培养。

[栽培管理]

(1)盆栽菊的栽培管理　在我国,栽培菊花最普遍的形式是盆栽。栽培的方法很多,大致可归纳为以下 3 种。

①一段根系栽培法　在长江、珠江流域及西南地区多用此法。这些地区,每年艺菊全过程约需半年,即 5 月份扦插,6 月份上盆,8 月上旬停止摘心,9 月份加强肥水催长,10～11 月份开花。

②二段根系栽培法　此法在东北地区沈阳等地常用,在江西、湖南等地也有应用。在 5～6 月份扦插,苗成活后上盆,加土至盆深的 1/3～1/2。7 月下旬至 8 月上旬停头定尖,待侧枝长出盆沿后,用竹钩固定枝条,使枝分布均匀,并用盘枝法调整植株的高度,其上加土覆盖后,枝上又生根。当枝条长到一定高度时,还可再盘枝调

整1次,然后加足肥土。应用此法,菊花外形整齐美观,株矮,叶满,枝健,花大,花期也长。因盘枝上再生根、故称为二段根系栽培法。

③三段根系栽培法 是华北地区的先进栽培法。从冬季扦插至翌年11月份开花,需时1年。

(2)造型菊的栽培管理 造型就是将菊花进行艺术加工,使之构成一种特定的型式。它具有很高的趣味性、技术性和科学性,深受人们的欢迎。常见的有悬崖菊、大立菊、塔菊、盆景菊和案头菊等。

(3)切花菊的栽培管理

①施肥 菊花属氮钾型营养植物,需氮钾量大,特别是前期(7周内)不能缺镁。每667米² 施腐熟优质有机肥3 000~4 000千克,复合肥150~200千克,翻混均匀作基肥。移栽成活后,每周追肥1次,用1%尿素液淋施,同时,每3次加1次磷酸二氢钾(用量0.5%),对清粪水淋施,直至现蕾。保持叶色浓绿,叶片肥厚。至现蕾始期,停施氮肥,结合打农药,每周施300毫克/千克磷酸二氢钾溶液追肥1次。

②定植 株行距为18厘米×20厘米或20厘米×20厘米,每667米² 定植8 000~10 000株,要求浅植,埋住根即可。定植后,应即时浇透定根水,遮荫1~2周。保证成活。成活后,夏天最好有30%遮荫。

③摘心 株高8~10厘米时摘心,每株留3~4个健壮侧芽作产花枝,及时抹去多余侧枝、侧芽。

④拉网 拉网是为了保证花枝挺拔。可采用定植前拉网或定植后拉网两种方式。一是定植前拉网。在起好的栽培厢面上,将3层网同时铺于土面中,于厢两端拉紧固定、苗即定植于网孔中(网一般按10厘米×10厘米规格编织)。随着植株生长高度的增加,不断将网一层一层地往上提,以保证枝条不弯曲。二是定植后拉网。当产花侧枝达20厘米左右高时,即拉第一层网,达40厘米左右高时,拉第二层网,一般需拉3~4层,以保证花枝不弯曲、不倒伏为原则。

⑤补光 是推迟菊花花期的有效措施,要求在冬季产花,对秋菊类品种,当日照低于12小时,即需补光。灯的设置,一般有以下几种方式:一是傍晚补光。天黑前开始,使光照总时数超过12小时,一般补至14~15小时,效果较好。二是深夜补光。于晚上22时至凌晨2时进行,每天补4小时,保证连续黑暗不超过7小时。三是对光敏感的晚花品种,可采用间歇照明,以节省电耗。每30分钟照5分钟,即照5分钟歇25分钟,效果一样。

⑥遮光 若在长日照季节开花,则必须进行遮光处理。遮光要求全黑暗,每天遮光时间以连续光照时间不超过8~9小时为最佳,遮光日数多数品种为14~21天,为保险起见,一般遮光1个月。中途若有1次疏漏,则前功尽弃。

⑦开花期计算 一是一般品种停止补光或停止遮光60天左右后为其花期。目前多为此类品种,具体品种不同也有一定差异,因品种而定。菊花在冬季,较易保鲜贮藏,花期可通过贮藏来解决,一般预计开花期比实际需花期应提前10~20天较好。

二是停止补光时,产花侧枝长度不能低于 35 厘米,否则切花长度不够。在补光期内,通过水肥促控其高度。对于侧枝过高且水肥调控困难时,可用比久(矮化剂)2 500 毫克/升液处理 2 次(间隔 5 天)。三是立菊(多头菊类)现蕾后,应摘去多余的花蕾,每枝保留 3～4 个大小相近的花蕾即可。

⑧采收 花蕾现色后,部分花丝开始伸展或几个花蕾完全现色后即要采摘。花枝长一般不低于 80 厘米。采后,保留上部叶,即时摘去下部叶片,将茎基部浸于 1 000 毫克/升硝酸银液中 10 秒至 10 分钟,精心包装,在 0℃条件下可贮存 6～8 周,上市前,再去少许基部茎秆,浸置于 38℃左右(温水中),吸足水,即可装箱运输。

(4)病虫害防治

①虫害防治 虫害主要有蚜虫(菊小长管蚜)、菊天牛、潜叶蛾、菜蛾等,其他还有红蜘蛛、尺蠖、蛴螬、蜗牛等为害。可用 20%氰戊菊酯乳油 2 000 倍液,或 40%乐果乳油 800～1 000 倍液,或 80%敌敌畏乳油 800～1 000 倍液喷杀。

②病害防治 常见病害有叶斑病、白粉病、枯萎病、立枯病等,可用 50%甲基硫菌灵可湿性粉剂 800 倍液,或 50%多菌灵可湿性粉剂 800～1 000 倍液,或 80%敌菌丹可湿性粉剂 500 倍液,或 80%代森锰锌可湿性粉剂 500 倍液进行防治。

非 洲 菊

[生活习性] 非洲菊喜冬季温和,夏季凉爽的气候。喜光但强光下生长势弱,生长适温为 20℃～25℃,要求排水良好、富含有机质、地层深厚肥沃、pH 值为 6～6.5 的土壤。忌生长点淋水(雨)、土壤过湿。

[繁殖技术] 目前,生产上用苗一般均为组培繁殖。尽管也可用分株繁殖,但易感病害,并且长势较弱。部分盆花品种也常用种子繁殖。

(1)播种繁殖 由于种子寿命短,只有数月的时间,通常采种后应立即播种,为获得发芽良好的种子,可于花期人工授粉。播种时种子尖端朝下。发芽需光,故种子不要完全覆盖。发芽适温为 20℃～25℃,约 2 周发芽,出芽率一般为 50%左右。

(2)组培繁殖 播种多用于盆栽苗的繁殖,而切花生产多用组培繁殖。组培繁殖常取未显色花蕾,消毒后剥离花托作外植体。

(3)分株繁殖 分株一般在 4～5 月份或 9～10 月份进行,通常每 3 年分株 1 次,每丛带 4～5 片叶。由于分株苗有生长势较弱、规格不一致、繁殖速度慢等缺点,因而在规模化生产中已较少应用。

[栽培管理]

(1)土壤准备 非洲菊根系发达,栽植土壤至少需要厚 25 厘米以上土层。按康乃馨基肥用量施足底肥,充分混匀,按厢面宽 40 厘米,厢间距 30 厘米的规格,起好厢面。

(2)定植 按 25 厘米×25 厘米规格定植,每厢 2 行,栽植时应注意将根系颈部位略显露于土表,不能过深,行间预留灌水沟,灌水只能从沟内漫浸,不能浇、喷、淋。

（3）水肥管理

①防涝 生长旺盛期应供水充足，小苗期则宜保持适当湿润，但不能积水。灌溉勿使叶丛、叶心以及花蕾沾水，否则易引起花芽腐烂。

②追肥 非洲菊需肥量较大，特别是切花品种。氮、磷、钾肥按 15∶8∶25 的比例施用。钾肥需求量较大，应特别注意钾肥的补充。追肥量按 100 米^2 厢面每次施用尿素 0.5 千克，磷酸二氢钾 0.3 千克。春秋季每周追肥 1 次，冬季每隔 10～15 天追肥 1 次。

（4）清除残叶 非洲菊基生叶丛下部叶片易枯黄衰老，应及时清除。这既有利于新叶与新花芽的萌生，又有利于通风，增加植株生长势。但应注意，只能采用剪、切方式，不能硬扯，否则易伤基部。同时，清除残叶后，应及时喷施杀菌剂，以封闭伤口，预防病菌侵染。

（5）采收 最适宜采收的时间为最外轮花的花粉开始散出时。此时花瓣已完全展平，并充分着色，花茎长度基本固定。不能在夜间或植株萎蔫情况下采收，否则影响瓶插寿命。应采用掰取方式采取，否则也影响瓶插寿命和花枝长度，同时应边采边用杀菌剂消毒植株创口，预防病害侵染。

（6）病虫害防治

①病害防治 所带的病原菌对非洲菊威胁最大，故应注意消毒。主要病原菌有腐霉菌、疫霉菌、丝核菌、葡萄孢菌等。防治方法：轮作；土壤消毒；防止定植苗栽植过深；每 7～10 天喷 1 次杀菌剂，如百菌清、克菌丹、代森锌等，任选一种，交替使用，均用 500 倍液喷施；注意灌水，控制土壤湿度。

②虫害防治 主要虫害有蚜虫、潜叶蝇和红、黄蜘蛛等。定期喷施杀虫剂，如乐果、氰戊菊酯和硫克百威等。

蛇 鞭 菊

［生活习性］ 蛇鞭菊耐寒性强，喜阳光，生长适温为 18℃～25℃。喜肥，要求疏松肥沃、湿润又排水良好的沙壤土或壤土，盛花期为 7～8 月份。

［繁殖技术］ 蛇鞭菊多采用分球繁殖，春秋季均可分栽块茎，多在 3～4 月份进行。也可播种繁殖，以秋播为主。在冷凉环境下，采用容器育苗，实生苗经培育 2 年后开花。

［栽培管理］ 栽培地宜选择排水良好地块，种植前施足堆肥等作基肥。块茎栽植密度为 30～40 个/米^2，覆土 2～3 厘米，自定植到开花需要 80～110 天。蛇鞭菊喜冷凉环境，最适生长温度为 17℃～18℃，最高为 25℃～35℃；夜温为 10℃～20℃，不超过 22℃。在生长旺盛期对缺水敏感，需要充分浇水以保持土壤湿润，但又忌水分过多，尤其冬季更应控制浇水，否则极易导致腐烂。

君 子 兰

［生活习性］ 君子兰喜欢温暖和半阴的环境条件，怕强烈的日光直射和炎热的气候条件。生长期适温为 15℃～25℃，冬季应保持在 5℃～8℃，5℃以下君子兰的生

长将受到抑制,0℃以下则会受冻害直至死亡。君子兰属半阴性的植物,喜欢散射的阳光,因此,夏季气温高,光照强烈时,应该注意遮荫;如果温度超过 30℃ 或低于 13℃,则易导致植株处于半休眠状态。种植于春秋 2 季进行。夏季无高温的地区,冬季在室内或大棚内越冬,种植 3～4 年即可开花;夏季较长的广大地区,种植 5～7 年可以开花;夏季特别长的华南地区,每年处于半休眠状态的时期长,需要 10 年以上才能开花。对土壤的要求较为严格,需富含有机质、肥沃疏松的中壤土、轻壤土和沙壤土种植君子兰,其花大色艳。君子兰的耐涝能力不强,有一定的耐旱能力。土壤的通气透水是关键,种植于排水不良和通气性差的土壤上,君子兰生长极差,甚至死亡。土壤的相对湿度为 20％～40％ 时,对君子兰的生长非常有利。

[繁殖技术]　君子兰的繁殖方法较多,但大多采用播种繁殖和分株繁殖法。

(1)播种繁殖　君子兰的自花授粉结实率低,需要人工授粉。其种子采收后经 10～15 天的后熟期,从果实中剥出阴干 3～4 天,即可播种。播种前用 40℃ 的温水浸泡种子 24～36 小时,取出稍晾即可播种;或用 10％ 磷酸钠溶液浸泡 20 分钟,取出洗净后,用与室温相同的水再浸泡 24 小时。

不同地区的播种时间差异较大,可分为春播、秋播和冬播。春季播种在全国各地均可,一般选择在清明前后最好,过早或过晚都会对种子出苗产生不利影响。秋播最好在处暑与白露中间。冬季播种宜随收随播,出苗整齐,生长健壮。

苗床土可用锯末粉、河沙、炉渣、牛粪等经过加工、消毒处理后配制。可用陶土盆或木箱作为育苗器具,底部放一层厚 2 厘米左右的炉渣,上面平铺一层厚 6～7 厘米左右的锯末粉、河沙、牛粪或马粪混合的苗床土,压实整平。将种子按照 2 厘米×2 厘米的株行距点播在盆土内,覆盖一层 1～1.5 厘米厚的沙土,用喷壶浇透水,用玻璃盖上,然后放置于室内,保持 20℃～25℃ 的温度和盆土湿润。45 天左右发芽,以后适当控制水分,给予充足的光照。当出现 2 片真叶时即可定植,每盆 1 株,定植完毕,浇 1 次透水。缓苗后,加强水、肥、光的管理。根据幼苗的生长情况,可以每隔 10～15 天结合浇水施 1 次稀薄的腐熟的饼肥水等液体肥料。在管理得当的情况下,君子兰 3～5 年即可开花。

(2)分株繁殖　是将君子兰假鳞茎和根部连接处发出的腋芽,从母体上切除进行离体培养。分株一般在春季进行,温室内一年四季均可。当子株具有 3～5 片真叶时分株,对于母株和子株的生长都有利。当腋芽长到 10～15 厘米时,结合春季换盆进行分株。有的腋芽和母体的生长结合面窄小,可直接用手掰开。否则,可用锋利刀片切开。根据生产经验,用手掰比刀割效果更好,手掰无污染,母体和子株伤口愈合快,容易生根。分离后应该及时在伤口上涂抹维生素 B_{12} 药液,然后用草木灰消毒,以防止伤流液太多。伤口干燥后,就可以栽种在盆内,种植深度以埋住子株基部的假鳞茎为宜,放置在阴凉处。新分株的幼苗,由于伤口容易感染,因此,第一次浇水不能过多。1 周后移到半阴处,室温保持在 20℃～25℃,空气相对湿度为 80％～90％,一般 1 个多月后便可以长出新根,进行移栽。对于未能长出幼根的子株,可以将其插入沙中培养,待新根产生后再进行盆栽培养。

（3）分鳞茎繁殖　分鳞茎繁殖的时间在春季，结合换盆进行。将鳞茎（根茎）切割，切下的根茎上必须有芽痕，将其分别植于大小适中的陶土盆中。由于根茎的创伤处因受刺激而产生大量小芽，当小芽长到一定程度时，就可以分取栽植于花盆内。

（4）利用老根培养新株　君子兰的根系具有较强的再生能力，对于性状比较好的老龄君子兰，在春季换盆时，掰下一些粗壮的老根，选取直径 1.2～1.5 厘米的根系，用竹片切 0.3～0.5 毫米的伤口；或用大头针插入根中，在伤口上涂抹维生素 B_{12} 药液，防止感染，刺激产生新株。将老根埋入细河沙或腐叶土中深 0.5 厘米处，在 20℃～25℃的温度条件下，经过适当养护，3 个月后，在刺激处形成球状的绿色小瘤，小瘤萌发出新芽，就成为一株独立的新君子兰植株。

（5）组织培养　将脱离母体的君子兰的细胞组织，放在特定的培养基中进行离体培养，经过诱导和分化，使其再生，长出大量新的个体。我国的一些科研单位在君子兰的组织培养工作上取得了一定的成果。

［栽培管理］　盆栽君子兰时，首先要将盆底的排水孔凿大，然后多垫瓦片或碎石作排水层。培养土应根据君子兰的生长情况而更换。当年生苗的培养土可用马粪、腐叶土（松毛最好）、河沙或炉渣按 3∶6∶1 的比例配制；1 年生苗按 5∶4∶1 比例配制；3 年生苗用腐叶土、泥炭、河沙或炉渣按 4∶5∶1 的比例配制，并根据苗的生长情况适量加入骨粉等含磷量高的肥料；成龄苗用马粪、腐殖土、河沙按 5∶4∶1 的比例配制，并适量增加磷钾肥，以保证开花和育种的需要。

君子兰的生长受水质和水源的影响比较大，一般以选择雨水、雪水、无污染的河水、塘水为好，井水、泉水、自来水等需要对水质、水温进行处理，方可使用，调整水的 pH 为 6.5 左右，放入缸中 2～3 天，将水温提高到与气温相同时才使用。君子兰的根系为肉质根，能够贮存较多的水分，具有一定的耐旱性。浇水应掌握"见干见湿，不干不浇，干则浇透、透而不漏"的原则。春秋两季是君子兰旺长时期，需要的水量较大，浇水时间以早晨 8～10 时为宜，视土壤的湿度隔 2～3 天浇 1 次。夏季气温高，君子兰处于休眠期，生长缓慢，浇水时间以早、晚为宜，应该适当增加浇水量，但不能过量，必须防止积水烂根，可常向叶面或盆外四周喷水降温，增加空气湿度；冬季当气温下降至 10℃以下时，进入休眠期，吸水能力减弱，应减少浇水，浇水时间应选择在晴天的中午。

君子兰喜肥，但是施肥过多容易造成烂根。生长旺盛期每 3～4 周施 1 次稀薄的饼肥水。夏季和入冬以后，暂停施肥。抽出花莛时应喷施 2 次 0.2% 磷酸二氢钾水溶液，可促进花朵增大，花色更加艳丽。

君子兰属于喜阴花卉，春、秋、冬季的光照对其开花结果影响很大，夏季应将其放置于阴凉处，冬季放置在室内或温室中向阳的地方。为使君子兰"侧视一条线，正视如开扇"，叶面整齐美观，要注意光线的方向，光照方向应与叶片的方向平行，每隔 7～10 天让花盆旋转 180°，以保持叶形美观。如果叶片生长不整齐，可采取光照整形和机械整形。机械整形可用竹篾条或厚纸板辅助整形。

君子兰常见的病害有软腐病,防治方法:一是要注意器具和培养土的严格消毒。二是发病初期用 0.5％波尔多液或 400～600 微克/克青霉素、链霉素、土霉素等药物喷洒。如果非常严重,则应切除全部腐烂部分,将剩余根茎浸泡在高锰酸钾溶液中 1 小时,然后用清水洗净,重新种植。此外,还有炭疽病、叶斑病、白绢病等。虫害主要有介壳虫,防治方法:一是用竹签、小木棍、小软毛刷等,将介壳虫和煤烟物清除,再用水洗净。二是在若虫期间用 80％敌敌畏乳油 1 000 倍液均匀喷洒,予以杀灭,也可以用介壳虫的天敌瓢虫防治。

蜀　葵

[生活习性]　蜀葵喜向阳及排水良好的肥沃、深厚土壤。忌积水。耐半阴,性耐寒。在华北地区可以露地越冬。有自播的习性。

[繁殖技术]　通常采用播种繁殖,也可分株和扦插繁殖。春播、秋播均可。南方地区常采用秋播,而北方地区则以春播为主。种子成熟后即可用以播种,正常情况下种子约 7 天就可以萌发。种子的发芽力可保持 4 年,但播种苗 2～3 年后将出现生长衰退现象。分株、扦插多用于优良品种的繁殖。分株在秋季进行,将植株掘出,用利刀将长有嫩枝的根切取分割,另行栽植即可。扦插在花后至冬季均可进行。取老干基部萌发的侧枝作为插穗,长约 8 厘米,插于沙床或盆内均可。插后用塑料薄膜覆盖保湿,并置于遮荫处直至生根,生根后移栽即可。

[栽培管理]　播种苗经 1 次移栽后,可于 11 月份定植。幼苗生长期,施 2～3 次液肥,以氮肥为主。同时经常松土、除草,以利于植株生长健壮。当叶腋形成花芽后,追施 1 次磷钾肥。为延长花期,应保持植株体内有充足的水分。花后及时将地上部分剪掉,还可萌发新芽。盆栽时,应在早春上盆,保留独本开花。因种子成熟后易散落,故应及时采收。栽植 3～4 年后,植株易衰老,因此应及时更新。另外,蜀葵易杂交,为保持品种的纯度,不同品种应保持一定的距离间隔。开过花的老株秋后留基部 15 厘米左右,剪去其上部,翌年仍能萌芽开花,但持续 2～3 年后花朵就会逐渐变小。开花时,茎秆遇风容易发生倒伏,应设立支架保护。

康 乃 馨

[生活习性]　康乃馨为典型的长日照植物,喜温暖湿润、阳光充足、通风良好的环境,较耐寒,5℃ 以下停止生长;怕炎热,30℃ 以上不能正常开花。生长适温为14℃～21℃,最适土壤 pH 为 6～7.5。较耐旱,怕潮湿,忌连作。

[繁殖技术]　繁殖以扦插为主,也可用种子繁殖或组培繁殖。

(1)扦插繁殖

①基质　素沙或草炭粉或珍珠岩等。

②生根条件　温度为 13℃～15℃,时间需 20～40 天,要求保持较高的空气湿度。

③插穗　一是母株根部分蘖或基部 1～6 节位侧位。高位侧枝常因花芽已分化而侧芽势弱，不能采用。二是插穗应掰取，最好不剪切。取下后，原则上不摘叶，不切削。取穗前 1 天应浇透水。

④扦插　株行距为 4 厘米×4 厘米或 5 厘米×5 厘米，深 1～2 厘米，随掰随插，插后喷水，遮荫，保持基质湿润。但不能渍水，否则生根困难且易茎腐。为保证成活率和加速生根，可用奈乙酸等生根剂处理。

(2)组织培养繁殖

①接种　按常规操作时将外植体消毒后，切下 0.2～0.5 毫米的茎尖，接种到附加萘乙酸(NAA)0.2 毫克/升和 6-苄基腺嘌呤(6-BA)0.5 毫克/升的 MS 培养基上，3 天后颜色转绿，3～4 周茎尖伸长，7 周后可形成丛生苗。

②丛生苗继代　将丛生苗分割转移到新鲜培养基上，继续培养。

③生根　待苗高 2～3 厘米时，可转移到 MS 大量元素减半的培养基上，培养 20 天左右可以发根。

④移栽　新发根长至 0.5～1 厘米时出瓶移栽。移栽后，将培养基的温度控制在 18℃～20℃，空气相对湿度保持在 90％以上，才能安全成活。这样培养成活的无毒苗，通过检测，确定其无毒，并保持其原有的优良品质后，可作为母本。

[栽培管理]

(1)土壤准备　用优质有机肥 5 000～8 000 千克/667 米²，氮：磷：钾＝20：10：20 复合肥 100 千克/667 米²，500 千克/667 米²，于定植前半个月施入土壤翻混均匀。

按厢面宽 100～120 厘米起厢，厢沟宽 40～50 厘米，低洼地以起高厢为佳。起好厢后，浇水 1～2 次，即浇足底水。

(2)定植　一是选用高为 10 厘米左右的健壮种苗，按 15 厘米×15 厘米或 15 厘米×18 厘米或 15 厘米×20 厘米的株行距定植。一般单头大花品种宜稍稀，每 667 米²定植 14 000～16 000 株。二是浇透定根水，并遮荫半个月左右，待成活后见光。三是严格掌握定植深度，以露出茎基部为原则，切忌定植过深。

(3)水肥管理

①浇水　康乃馨不耐湿，除生长旺期、开花期和盛夏需增加浇水量，保持湿润外，一般浇水不宜过多，以间干间湿、不干不湿为原则。全生育期注意排水防涝。

②追肥　一是总追肥量按每 667 米²需肥总量为氮 10 千克、磷 5 千克、钾 11 千克掌握。属氮钾型营养，需肥量大。二是成活后，施返青肥，用 0.3％尿素对水淋施。最好配以 1/2 硝酸钾混合施用。三是每 7～10 天追肥 1 次，按尿素、硫酸钾各 0.3％对水淋施。每 3 次加 1 次磷肥，可用 0.2％磷酸二氢钾溶液，同样采用对水淋施。以叶色深重并略带灰白，分枝萌芽旺盛为供肥充足。四是康乃馨对硼、锌的需求量较大。生长期应结合农药管理，根外施用 0.1％硼砂或硫酸锌，一般应保证每月各施 1 次。

(4)摘心抹芽及拉网　一是当小苗完全成活，苗高 15～20 厘米或基部开始萌芽分枝时，即可打顶摘心。二是每株保留 3～4 个侧芽作产花枝。三是及时抹去产花侧芽上的腋芽。若要连续供花,则在产花侧芽拔节后,保留基部腋芽。四是现蕾后,对多头品种,保留4～5个侧枝,并摘除顶蕾。对单头品种,则应及时抹去侧蕾。五是拉网。拉网是为了保证康乃馨花枝挺拔。可采用定植前拉网或定植后拉网两种方式。具体方法参照菊花的拉网方法进行。

(5)病虫害防治

①病害防治 其主要病害有叶斑病、立枯病、茎腐病、锈病等。一是立枯病。与满天星小苗立枯病相同,多发于生长前期。二是叶斑病。为康乃馨多发病害,全生育期均可发生。叶上的病斑为圆形或卵圆形,淡黄色水渍状,以后发展为褐色,最后变为紫色。湿度大时为黑色。防治方法为每7～10天用多菌灵、百菌清、托布津、三唑酮、代森锌等交替喷施。三是茎(根)腐病。多发于高温湿热天气。受害植株大多茎基部或根上部维管束变为褐色或黑色,地上部叶片变黄,最后枯死。防治方法与叶斑病相同。四是锈病。可危害植株的叶、茎等器官。叶片上的病斑最初为紫红色,继而变为褐红色,最后突起破裂,散出褐色孢子。防治方法同叶斑病防治。

②虫害防治 主要有青虫、蚜虫及红、黄蜘蛛等。其中红、黄蜘蛛常造成爆发性为害且难以控制,应引起足够重视。一般施用杀虫剂均能达到防治效果。

(6)采收 当花蕾萼片展开伸直,花瓣现色并略有松动时,即可采收。注意冬季不能采得过嫩,否则瓶插时花很难开放。其他季节可略采嫩点。采收后立即整理,摘除下部叶片,保留上部3～4片叶,然后分级、捆扎。正品花长应大于45厘米。若要连续产花,则剪花高度不宜过低,须保留基部6～7对叶片,以保证腋芽的活力。

四季秋海棠

[生活习性] 四季秋海棠性喜温暖,不耐严寒。忌夏季高温,又怕雨淋。适宜在通风透气和稍潮湿的环境中生长,一般在园林土及沙壤土中均能栽培。最适合在pH值为5.5～6.5的土壤中栽培。

[繁殖技术] 四季海棠繁殖容易,多用种子繁殖,扦插繁殖则一年四季均可进行。

(1)播种法 四季秋海棠容易采到种子,种子发芽力很强,可随采随播。播种最好在早春或秋季进行。用浅盆盛以肥沃的沙性土壤,将种子均匀地撒在上面,不需盖土,可在盆上盖一块玻璃,将盆土浸湿后,放在半阴处,经常保持湿润,大约在1个星期即可出苗。幼苗长至50～60天后可移栽上盆。早春播种的移栽苗,当年秋季就可开花,生长力比扦插苗强。

(2)扦插法 四季均可进行。选取粗壮的、带有4个以上腋芽的嫩枝为插穗,靠近节下剪下,剪口处要平滑,然后插入排水良好的沙壤土中,2～3周后即可生根成活。扦插法最适合重瓣花品种繁殖采用,如红叶,茎节较密的以及不易收到种子的品种,多采用扦插法。这类品种的海棠经扦插后,分枝力很强,开花较多,颜色更鲜艳。

[栽培管理] 栽培基质宜用肥沃、疏松、透气的腐叶土。春天开始后,盆栽的可放置在通风向阳的阳台或窗台上,经常保持盆土湿润,无积水,1周或半个月施1次氮磷结合的稀薄液。入夏后,气温升至30℃以上时要防止烈日照射,可将盆钵放置到半阴处,保持通风透气,且暂停施肥,适当控制浇水,防止因过湿而烂根。秋季天气转凉,生长进入旺期,这时应修剪一次,将弱枝残叶剪去,加强肥水管理。每周施肥1次,保持盆土湿润,即可促进枝叶繁茂,花大色艳。冬季一到,气温下降,天气变冷,盆土应保持宜干勿湿,将盆钵移到室内或向阳的阳台上,适当施以追肥,加强管理,仍能继续开花。

除以上管理外,要使四季秋海棠枝多叶茂,花多色艳,还需做好整枝摘心工作。四季秋海棠在春、秋开花盛期中,每开完1次花后,都要及时整形摘心,将其顶端嫩茎带花一并摘去,以促使下部腋芽再萌发成新枝,让其顶部再现花蕾,这样反复进行,既能保持株型矮化,姿态美观,又能使其花开不断,花色鲜艳,提高观赏价值。

银星秋海棠

[生活习性] 银星秋海棠系园艺杂交种,性喜温暖、湿润、荫蔽和通风良好的环境。不耐严寒,忌烈日。对土壤的选择不严,一般在微酸性土壤或腐殖质土壤中均生长良好。

[繁殖技术] 采用扦插或分株繁殖,四季均可进行。

(1)扦插法 剪取生长健壮的枝条作插穗,插穗长12～15厘米,以3～4个芽为一段,扦入玻璃瓶或粗沙中,盖上玻璃或塑料薄膜,在保持较高的空气湿度和20℃～24℃的温度条件下,20～30天即可生根。也可以直接扦插在装有腐殖土的花盆中。植料过干或过湿都会影响扦插的成活。也可在夏、秋季进行叶插。

(2)分株法 分株极为容易。在老株换盆、换土时,将地下茎切下1～2苗,可另栽植在准备好的花盆中,浇透水,保持湿润,极易成活。

[栽培管理]

(1)春季 在我国长江流域以北地区,清明节后方可置于室外,勤松土,薄施肥,勤施肥。结合浇水,隔3～5天追肥1次。长江流域以南地区可露天栽培。

(2)夏季 应避免强烈阳光照射,在上午10时至下午17时前,可将盆钵置于阴凉通风处,并经常向叶面喷洒清水,防止叶片枯萎,并适当控制施肥。

(3)秋季 为生长旺盛期,花繁叶茂,应加强肥水管理,多施磷钾肥,促使花大色艳。

(4)冬季 应防寒,室温不得低于10℃,盆土未干,不宜浇水。停止施肥。在南方管理较为方便,只要放在通风良好、向阳的阳台上,四季均能生长良好,几乎都有花开。

紫茉莉

[生活习性]　紫茉莉喜温暖湿润,不耐寒,在稍庇荫处生长良好。冬季地上部分枯死,在南方地区地下根系可安全越冬而成为宿根草花,来年春季能萌发长出新的植株。要求深厚、肥沃而疏松的土壤。怕暑热,花朵在清晨和傍晚开放。病虫害较少。

[繁殖技术]　紫茉莉常用种子繁殖。在长过紫茉莉的地方,由于种子散落地上,可以自长成苗。4月初播于露地苗床,因种子粒大,宜点播,1周左右可出苗。由于种皮较厚,最好在播前用温水浸种,播后覆土2厘米厚。也可以于深秋将根部挖出窖藏,翌年春季重新落地,即可发育成新植株。为保持母本的优良特性,最好用扦插法繁殖,它的顶芽、腋芽、脚芽都容易萌发生根。

[栽培管理]　紫茉莉幼苗真叶发生后移植1次,或于间苗后不经移植,直接定植于园地,株距50厘米,矮生种株距30厘米。紫茉莉耐粗放管理,不择土壤,长势健壮,生长迅速,发株快,因此栽植时株行距可大些。为抑制生长,促使多开花,可行摘心。不浇水不施肥也可以很好地生长和开花。遇旱时适当浇水。如经常施点肥水,则生长更旺,开花更茂。紫茉莉是风媒花,品种间极易杂交。为保证采收的种子能保持优良性状,应将不同品种进行隔离栽培。

地涌金莲

[生活习性]　地涌金莲性喜阳光温暖,不耐寒。环境最低温度不得低于5℃。喜夏季湿润,冬季稍干的环境,对土壤要求不严,要求土壤疏松、肥沃和排水良好。

[繁殖技术]　常用分株和播种方法繁殖。地涌金莲为丛生性花卉,其基部会萌发许多根蘖苗,可在春季或秋季带根系一齐挖起,分株另行栽植,很容易成活。在20℃～30℃的条件下,播种7～10天后就可出苗,但播种苗的生长比较缓慢。

[栽培管理]　地涌金莲不但可以地栽,也适合盆栽供观赏。盆栽要用口径30～40厘米的深筒花盆,宜用菜园土3份,煤渣2份,堆肥1份三者掺和均匀后作盆土使用。新上盆的苗,缓苗后应移到阳光充足处养护。阳光充足有利于开花,还可多生蘖苗。它虽耐干旱、耐瘠薄,但作为盆花应该给它提供充足的水肥。叶片较大,生长季节的浇水要充足,但盆内不能积水,要掌握间干间湿的原则。以施腐熟的有机肥为主,每10～15天追肥1次,夏秋季每月可增施1次0.3%磷酸二氢钾溶液。无明显的休眠期,气温适宜一年四季都可开花,但以冬季和春季开花最多。花后地上假茎会逐步干枯,因此要及时剪除,这样,新的假茎将不断形成,交替生育,所以根蘖的芽不能全部剥去。盆栽养护健壮的植株,只要气温适宜,它就能很快开花。盆栽的植株冬季要做好防寒工作,室温保持在10℃左右。如能保持在15℃以上,则在春节时就会开花。假茎中贮藏有大量的水分和养料,开花时如能将花连同下面一段假茎切下来,即使在无水情况下也可维持40～60天;如果水养,其观赏期可达80～100天。

虾蟹蕉

[生活习性]　虾蟹蕉属热带植物,适合在温暖、高温和雨水较充沛的地区种植,冬季有霜冻的地区须在温室内栽种。要求夜温为 15℃～18℃,日温为 25℃～35℃。在冬季气温不低于 5℃～8℃的地区也可露地种植,如冬季能提供较高生长温度,可延长开花期;遇到暖冬,大部分虾蟹蕉的地上部分可保持叶片绿色不凋。耐旱,耐瘠薄,病虫害很少,在全阳、半阳或林下部能正常生长开花。增殖速度快,耐粗放栽培管理。

[繁殖技术]　用播种、分株、组培苗等繁殖。虾蟹蕉属常绿草本植物,开花茎只开 1 次,基部不断有新芽长出,每个新芽都能长成花茎,新生芽的数量会大大超过老茎,从而形成较大的丛生植株。地下部分的根茎相连,冬季如是低温,地上部分枯死,而地下部分则养精蓄锐,待翌年 2～3 月份气温回升后,会重新萌发。但新发的虾蟹蕉所开的花没有上一年好,因此一定要提供温暖的环境,让虾蟹蕉带叶越冬,使它长出的叶片鲜绿和花序更好。几乎所有虾蟹蕉的栽培种都引自野生种,至今还很少有人工杂交种的记录。人们在切花市场上看到的色彩鲜艳、形态精致的虾蟹蕉花序,多数都是野生种的栽培变种。

[栽培管理]　虾蟹蕉对土壤要求不严,盆栽的基质可用疏松肥沃的壤土。喜欢强光照,生长旺盛期要施重肥和充分给水,低温季节应减少肥水。盆栽的,每年都应分株、换盆和换土,一般在春季进行。虾蟹蕉的病虫害很少。盆内不能积水,水涝易引起根茎腐烂。夏季需给以半阴,否则叶片容易受灼伤。进入越冬后,温室的夜间温度应保持在 10℃左右。露地和盆栽的虾蟹蕉,花序和花长好后,其切花采收多在早晨花序含有充足水分时进行,采收后要仔细清洗包装。切花虾蟹蕉不像其他花卉那样可通过切口吸收水分,因此切花不能在过热和干燥的环境下贮藏,以免水分散失。切花不能冷藏,最好在室温下贮藏,温度低于 10℃时会引起苞叶变黑。只要养护方法正确,虾蟹蕉的切花可以摆放 7～10 天。

鹤 望 兰

[生活习性]　鹤望兰为热带植物,性喜温暖、湿润、静风、阳光充足的气候环境,怕强光暴晒,不耐严寒。适宜生长的气温为 18℃～28℃。当气温降至 16℃以下时,植株生长停滞;降至 6℃以下时,植株就会受寒害而先后死亡。当气温升高超过 30℃时,叶片容易徒长,难以形成花芽。盛夏高温时,植株处在半休眠状态。当风大及空气干燥时,其生长也不良。从花芽出现到花朵开放,需 55～65 天。除华南南部可露地栽培外,国内大部分地区只能在温棚里盆栽或地栽。不耐干旱,忌积水。要求排水良好、肥沃疏松、土层深厚的沙壤土。

[繁殖技术]　可用播种、插芽、分株等方法繁殖。通常多用分株法繁殖。分株宜于初夏花谢之后结合换盆进行。分株是将母株从盆内托出,阴干 1～2 天,使根系变软,再从根系空隙处用利刀切开。每丛分株苗需带 2～3 个芽和少量的根,切口处

应涂抹草木灰防腐,上盆后放在遮荫处养护。地栽的结合松土进行,用利锄从大丛中带根挖出小丛,挖时要尽量减少损伤,适当剪去叶片。栽后只要管理得当,翌年即可开花。用分株法繁殖的速度慢,数量少;用播种法繁殖的速度快,但种子难得。因鹤望兰是典型的鸟媒花,在原产地靠一种仅有 2 克左右的蜂鸟传粉,我国许多地方无蜂鸟或极少,必须靠人工授粉使花结实,这不仅麻烦,而且也跟不上需要。播种苗一般需要 3～5 年后才能开花,所以很少有人采用。

[栽培管理]　鹤望兰的肉质根不仅发达,而且长得也快,所以培养土的通透性要良好,否则易烂根。盆土可用 2 份菜园土、1 份腐叶土和部分河沙混匀配制,盆底垫些炉渣或小石子,以利排水。盆栽不宜过深,以免影响新芽萌发。鹤望兰怕旱,忌涝,肥水管理要适量。夏季需水量大,应每天浇 1 次水。秋冬浇水要适量减少,冬季盆土宜偏干。不喜肥,盆中除要加入适量的骨粉等磷钾肥作基肥外,生长季节每 2～3 周要施 1 次稀薄液肥,冬季要停止施肥。从花茎形成至盛花期还应施 2～3 次磷肥,以使开花茂盛。花期鲜艳,幼苗期宜每年换盆 1 次。秋、冬、春 3 季要给花充足的光照,盛夏需要遮光,不然强光会灼伤叶片。地栽或盆钵所在位置宜通风良好,否则易产生介壳虫为害,发现后除了及时人工清除外,夏季高温时,在它活动为害盛期,可用 800～1 000 倍的亚胺硫磷药液喷治,每 2 周喷 1 次。我国长江以北地区,霜降前后要将鹤望兰移入温室或室内,室温控制在 10℃～20℃。莳养鹤望兰行家所总结的经验是,要使它的叶大、花多,其关键是"盆大、土好、肥多、水足",此经验具有一定的参考价值。

人 参 果

[生活习性]　人参果是喜温性植物,适合在月平均气温 16℃～21℃的季节里生长发育。幼苗及植株生长的最适温度为 13℃～25℃,高于 28℃或低于 10℃则生长缓慢。坐果适温为 15℃～30℃。在 0℃～40℃范围内,植株均能生存,气温低于 5℃时进入休眠状态。在气温低于 0℃的情况下,地上部茎叶会枯死;低于 3℃且持续时间较长时,植株死亡。比同科植物(如番茄、辣椒)耐寒性略强。根系生长的适宜土温(5～10 厘米深土层)为 8℃～20℃,低于 11℃根系生长停滞。一般土温稳定达到11℃时,是种人参果的定植适宜时期。要保持一定的昼夜温差。人参果属于短日照植物。夏天,气温在 30℃以上、日照长的情况下,均不能进行花芽分化。秋季气温13℃～27℃和日照 12～18 小时,可进行花芽分化和坐果。在春季 5℃～12℃,不论日照长短,均能进行花芽分化。植株的生长发育,要求较高的土壤湿度和较低的空气湿度。其植株与果实的不同生育阶段,对水分的需求量不一样。一般苗期的土壤湿度以 60%～70%为适宜,果实膨大期以 80%～85%为适宜;空气相对湿度以 65%左右为最好。土壤过于干燥会造成大量落花;土壤湿度过大,在氮肥施用量较大和光照强度不足的条件下,植株容易徒长,节间伸长,也容易引起大量落花现象。人参果植株根系发达,吸收能力强,对土壤无特殊要求,但以选择土层深厚、疏松肥沃、保水保肥力强,以 pH 为 5.5～7 的微酸性沙壤土为宜。

[**繁殖技术**]　主要采用种子繁殖。露地种子育苗，一般选择在 3～5 月份进行较好。也可用茎扦插繁殖。

[**栽培管理**]　第一，忌温度过高或过低。气温高于 35℃ 或低于 8℃ 时，人参果不能正常生长；低于 0℃ 时整株会被冻死。

第二，忌在涝洼黏重地块栽培人参果植株。人参果植株怕涝。在雨季，特别是雨水过多年份的雨季，极易烂根，严重者会整株死亡。

第三，忌农药使用不当。人参果对乐果农药极为敏感，不宜使用其防治蚜虫、螨类，否则造成死株或绝产。

第四，忌不及时摘除侧芽。人参侧芽极易萌发，这不仅影响生长，还会造成生理落花，影响坐果。所以除选留好枝外，其余侧芽都应及时摘除。

第五，忌湿度过大。湿度过大易引发疫毒病，所以要注意给大棚通风换气，降低湿度多雨年份，要注意及时喷洒多菌灵、百菌清等防治。

第六，栽苗后应及时浇水，最好是稀薄的人粪尿水。水量不宜过大。隔 3～5 天后，幼苗的心叶颜色由老绿转为嫩绿时，再浇第二次水，水量应大，以充分保证蹲苗期的土壤湿度为宜。如有可能最好也施用稀人粪尿水。待土壤稍干不黏时，进行深中耕。也可以在浇定植水后进行第一次中耕。中耕后 7～8 天，再灌第三次水，然后深中耕。

第七，主要是适当控制地上部植株生长，使营养生长和生殖生长相平衡，以积累更多的养分，供给果实的发育和膨大，获得丰产。蹲苗时间长短，应根据栽植品种的特征特性、土壤湿度及外界环境条件的变化，与植株生长的状态，灵活掌握。中耕、除草和培土，是紧密联系着的田间管理。中耕不仅可以除去田间杂草，并且可以疏松土壤。在雨后或灌溉后，当土壤稍干时，要及时中耕除草，整个生长期需进行 3～4次。前期因根群小，可采用深中耕；中后期随着根群的不断扩展，中耕深度应由深渐浅。结合中耕适当培土，可以防止植株倒伏，促进不定根的生长。

第八，为了促进人参果苗定植后迅速生长，可结合浇定植水或缓苗水，进行第一次追肥。追施肥料的种类有人粪尿、硫酸铵和尿素等。追肥的数量约占全期追肥总量的 20%。蹲苗期结束时，植株上的果已开始迅速膨大，应结合浇水进行第二次追肥。这次是追肥的重点时期，追肥量要大，约占全期追肥量的 40%，追施肥料的种类有硫酸铵、尿素、碳酸铵、过磷酸钙和硫酸钾等，也可施用三元复合肥。要注意将氮肥和磷肥配合施用，以后视苗情进行第三次和第四次追肥。如果土壤的肥力不足，基肥的施用量又偏低，人参果苗生长迟缓，还可根据实际情况要进行第五次和第六次追肥。用人粪尿做追肥时，必须使其充分腐熟后，才可施用。初期追施宜稀薄些，后期可浓一些。追肥的方法可以是干施，也可以随水浇灌。

第九，人参果生长到一定高度时，如不支撑就容易倒伏。这样不方便田间管理，对植株的正常生长及植株外观也有极大的影响。因此当植株生长到一定高度时，应设立支架，并将主茎绑缚在支架上。同时，适当整枝与打杈，调整植株的营养生长和生殖生长的关系,使之趋于平衡。加强通风透光,防止植株徒长,减少养分的不必要损耗,以集中更多的光合产物供果实生长,从而增加单果重量和提高单位面积产量。

草 莓

[生活习性] 草莓性喜光。光照不足时,植株生长旺盛而开花少。喜潮湿,但怕水涝。喜富含有机质、通气良好的沙质壤土,忌重黏土、盐渍土或含有大量石灰质的土壤。

[繁殖技术] 多用匍匐茎分株繁殖,也可播种繁殖。挖起老株,选新茎上有丛生分枝、具有良好根系、并带3~4片叶的侧枝,分割后另行移栽。当匍匐茎上的小苗具有3~5片叶后,摘离母株,栽植到事先准备好的小盆或土壤中。栽植时,不要露根,但也不要太深,若埋没苗心,幼苗就易腐烂。以7月份以前分生、且离母株最近的节上形成的幼苗最好。播种繁殖在实际栽培中很少采用,多在品种选育时使用。

[栽培管理] 盆栽草莓移植一般以在9月下旬至10月中旬进行为宜。此时气温适宜,新株栽植上盆后还可以生长1~2个月。对老的植株则要松土并适当培土,并将部分垂于盆外的匍匐茎切下,选健壮的分栽上盆,对过密的株丛也可以分株。草莓喜肥沃、疏松的中性或微碱性土壤,可以用菜园土与泥炭或腐叶土与沙按3:1的比例混合,并掺少量骨粉或鸡粪作基肥,拌均匀后使用。栽好浇水后,将小苗往上提一提,以防植株下沉,埋没顶芽。新分株上盆的苗在缓苗1周后,应与母株一样,放于阳光充足的地方,稍适应环境后就可以施稀薄的液肥,每10天左右施1次。入冬后若气温低于5℃则应停止施肥,浇水要间干间湿。如果封闭阳台密封性好,阳光充足,温度可保持在10℃左右时,不妨薄肥不断,这样植株可保持良好的生机和观赏效果,并且还会提前开花结果。3月中旬以后草莓生长明显加快,此时要勤施肥、多浇水,但要做到湿润而不积水。晴天浇水1天1次,施肥1周1次,水肥足才能花多果大。草莓花序上后开的花,结的果较小或不能结果,因此在第一朵花开放前要做好疏蕾工作。草莓为自花授粉植物,栽培时应将不同品种混栽,进行异花授粉,提高坐果率。

彩 叶 草

[生活习性] 彩叶草属热带植物,喜欢高温、高湿的气候环境。耐暑热,不耐寒冷。气温在15℃以下时,生长停滞,遇长期5℃~6℃的低温条件,植株可受害冻死。在华南南部的正常年份,露地栽培可以正常越冬,进行多年生栽培。其余绝大部分地区,需要在室内越冬,或进行1~2年生栽培。同时,彩叶草喜光,耐半阴,强烈的阳光照射可抑制其生长;也不耐荫蔽,不宜长期放置在室内,应不时放置在阳台上让散射的阳光照射,防止叶片变绿。要求富含有机质、肥沃、排水良好的土壤,盆栽宜用壤土或腐殖土,稍耐水湿,忌干旱。

[繁殖技术] 彩叶草的繁殖可采用播种和扦插法。

(1)播种繁殖　彩叶草的种子一般在秋季成熟,采下晒干后,贮存到翌年春季播种。播种一年四季均可进行,但一般于3月份在温室中播种,当气温稳定在20℃左右时,也可露地播种。先将盛有细沙土的育苗盆放在水中浸透,将与细沙拌和均匀的种子,撒播在盆土面上,覆盖一层薄土,再用玻璃板或塑料薄膜覆盖,保持土壤湿润。在湿度为15℃的条件下,1周左右即可发芽出苗。苗期应注意保湿,每周施用稀薄的氮肥水1～2次。当真叶长出后,由于色彩差异较大,应选择色彩鲜艳的优良植株留苗,1个月左右即可移植至盆内或移入容器内培育供露地栽培用。

(2)扦插繁殖　扦插繁殖一般在春秋2季进行。彩叶草扦插极易成活,剪取茎或生长健壮的枝条上部6～8厘米,剪去部分叶片,插于室内经过消毒的沙床内,保持盆土湿润和一定的温度。生根期间切忌盆土过湿,以免烂根。在15℃的温度条件下,生根速度较快,1周左右可以发根,1个月左右可以出床定植于花盆或其他容器内。在彩叶草生长旺盛的夏季,也可以用顶芽或侧芽作为扦插材料,带叶插入湿沙床内。

[栽培管理]　当上盆种植彩叶草时,可用骨粉、过磷酸钙、草木灰或复合肥作基肥,生长期内,一般半个月左右施用1次稀薄的有机液体肥料。生长旺盛期应该少施氮肥,以防止叶片肥嫩,颜色变淡。施肥时不能将肥水喷洒在叶面上,以免灼伤叶片,施肥后应该喷洒清水洗叶。在高温炎热的夏季,必须控制施肥或停止施肥。彩叶草生长期间需要一定的光照,过阴容易造成叶片颜色变浅,植株生长细弱,因此,应当适当给予光照。水分管理上,要保持盆土湿润,特别是旱季要经常用清水喷洒叶面,增加空气湿度,防止因旱脱叶,同时冲去叶面所附着的尘土,保持叶片色彩鲜艳。幼苗期应该多次摘心,以促进侧枝的萌发,使植株丛生,矮壮,形美。开花后,可以保留下部分枝2～3节,将其余部分剪除,让其重新发新枝。夏季不能将彩叶草放置于室外,以避免烈日和暴雨。除留种地外,花序抽出时应即行摘去,以免降低观赏效果。

八　角　莲

[生活习性]　八角莲喜欢温暖湿润的环境,极耐阴,怕阳光直射,不耐干旱,有很强的耐寒性。对土壤要求不严,适生于肥沃疏松、排水良好、富含腐殖质的酸性土壤,也可在微酸性至中性的土壤中生长。空气相对湿度宜保持在70%～80%。病虫害较少。

[繁殖技术]　常用分株方法繁殖,于早春进行。将根状茎分切,然后穴植。应及时浇水,还要做好遮荫工作。也可进行根段繁殖。具体做法是将根切成长5～7厘米的小段,分段埋入土中,成活率一般在50%以上。分株3～4年后即可开花结果。如收集有种子,也可用播种育苗的方法繁殖。种苗较多时,也可用扦插的方法繁殖。

[栽培管理]　八角莲原是一种野生中药材和花卉,现在野生和人工栽培均有。地栽以林下、林缘、沟边等半阴湿润处生长良好,管理简单粗放。盆栽的管理也方便,盆土以菜园土为主,可加入少量河沙和饼肥。盆栽时,春、夏、秋季均需在荫棚内养护,也可在室内长期陈设。上盆宜在春季萌发前进行。要始终保持盆土湿润;每

年可追施液肥 2～3 次。每 2 年要翻盆换土 1 次。南方地区冬季可露地越冬,北方地区冬季要移入冷室内越冬。

天竺葵

[生活习性]　天竺葵性喜阳光和凉爽气候,光照不足时不开花。怕水湿而稍耐干燥,要求排水良好、富含腐殖质的土壤。生长适温为 10℃～25℃,耐寒性较差,但也不喜高温,冬季于温室内生长旺盛,夏季高温时呈半休眠状态,宜置荫棚中越夏。开花期长,盛花期在 4～6 月份。

[繁殖技术]　繁殖以扦插、播种为主,也可用组织培养。扦插繁殖通常采取嫩枝顶梢扦插。除夏季炎热不能扦插外,春、秋、冬季都可以进行,以 4～5 月份扦插为好。一般土温保持在 10℃～12℃,经 10～14 天即可发根,再经 10 天左右即可分栽上小盆。天竺葵扦插失败的原因主要是嫩枝柔软多汁,易自切口处侵入病菌,引起腐烂,再加之温度偏高,更易因腐烂而死亡。为了防止腐烂,除了选择适当的时期外,插条的选择也很重要;理想的插条是生长健壮,长约 10 厘米,由腋芽生出的侧枝。采条时最好自茎部掰下,如剪下的插穗,必须注意切口平滑,并在室内阴凉处放置 1 天,待切口干燥、茎叶稍萎凋后再扦插。一般早春扦插苗,冬季可开花,秋季 9～10 月份扦插苗翌年晚春开花。基质用粗糠灰、黄沙均可。插条留顶芽及 2 片叶,去花梗,插入 1/3～1/2,扦插后浇 1 次透水,置阴凉处 2～3 天,待叶已不萎时,可照射阳光。以后浇水不宜过多,保持土壤不过干即可。30～40 天可以生根。

培育新品种和重瓣不易结实的品种,用播种法繁殖。需人工授粉,早春开花时,在温室内进行杂交授粉,经 40～50 天种子成熟,采后即行播种或秋后播种。其管理方法与一般温室花卉相似,一般到翌年即可开花。

[栽培管理]　盆栽或地栽都可以。扦插成活苗先用 6～8 厘米口径的营养钵炼苗,待根长满后再换 13～16 厘米口径的营养钵定植,土壤可用泥炭、炭渣、红沙和锯末按 3:1:1:1.5 配植,加有机肥及磷肥少量作基肥。天竺葵须每年换 1 次盆,换盆多在 8 月中旬至 9 月上旬进行(立秋后)。换盆之前常行修剪,留基部 10 余厘米剪除,前后 1 周内不必浇水及施肥,以免剪口处腐烂。换盆时,倒出泥球后可适当除去较长的须根,适当剥去多余的芽。

(1)生长期管理(9 月份至翌年 5 月份)　天竺葵茎肉质耐旱,怕涝,平时浇水不宜过多,不需要每天浇水,一般应在叶稍下垂时再浇透水,浇水过多叶片容易变黄,植株徒长而且不易形成花蕾。雨季要注意排水,切不可使盆内积水。追肥每 10 天左右 1 次,施肥后要喷水,以免肥液残留叶面,一般冬季可以不施肥。天竺葵性喜阳光,在温室中应放在光线充足的地方,保持较大盆距,还要经常摘除黄叶、老叶及少量遮光的大叶。

(2)休眠期的管理(6～8 月份)　6～7 月份天气渐热,天竺葵逐渐叶黄脱落,7～8 月份为休眠阶段,既怕烈日,又怕高温和雨水,应放置在树阴下或荫棚中,并注意通风良好,使其安全过夏。休眠期不施肥、控制给水,若遇降雨过多或久雨天气,还要侧盆倒水,以免根部腐烂死亡。到天气转凉,恢复生机后,才可施肥浇水。每年要对天竺葵修剪 3 次。第一次在 3 月份进行,主要是疏枝,剪去过密、细弱和有病的枝条;第二次修剪在 5 月初开花之后进行,主要剪去开谢的花枝和过去的枝条。第三次修剪在立秋后进行,主要是整形,并与换盆结合。换盆时应去掉一部分根,并应在盆中加入有机肥作底肥。为了延长花期,冬季可提高温度,促其提前开花。如分期分批安排在室内温度较高地方,则可开花不绝。欲使夏秋前后开花(6~7 月份及 9~10 月份开花),则应注意遮荫、通风和降温。在生长期,如发现叶片发皱不舒展,新梢萎蔫枯黄,多因通风不良、植株衰弱而诱发致病,要注意通风。湿度太大,通风不良,叶部病害严重时,易引起腐烂病,可喷用 150~200 倍等量式波尔多液预防,或发病时喷 65% 代森锌可湿性粉剂 1 000 倍液。主要病害有花叶病、皱皮病、褪绿病、根腐病、枯萎病等,主要害虫有蚂蚁、毛虫、小羽蛾等。发现后要及时防治。

金 粟 兰

[生活习性]　金粟兰喜欢温暖、潮湿和通风的环境。喜阴,忌烈日,畏直射阳光。在长江流域及其以北地区均作温室花卉栽培。要求疏松肥沃、排水良好、富含腐殖质的酸性土壤。根部特怕水渍。如盆内积水除根系腐烂外,还会使茎叶干枯。

[繁殖技术]　金粟兰丛生性强,每年从根际处可萌发许多新的根蘖。因此,多年生老株可在脱盆后分株。分割时要尽量多带土团,分株多在花后翻盆时进行。扦插可在春秋 2 季进行,春季取 2 年生成熟枝扦插,秋季取当年生枝条扦插,每段插穗长 10~12 厘米,保留上部 2 片叶,将基部 1 节插入素沙土或泥炭土内,深 3~5 厘米,放在荫蔽处保湿、护养,20~30 天后即可生根。压条除过热或过冷天气外,全年均可进行,其方法参照一般的压条方法实施。

[栽培管理]　金粟兰的栽培管理较为简便。它属酸性土花卉,盆栽时宜用酸性的一般栽培土,可掺入 20% 左右的河泥或沙土,要求盆土的排水性能良好。盆底垫一些碎瓦片或小石子,有利于排水。它的根部细弱,所以浇水要适量。天气干燥时要加强防暑降温和通风工作,雨季要及时排除积水。金粟兰属阴性植物,夏季不能让阳光直射,需置于荫棚下或树阴地段,盆内温度不宜过高;它不耐寒,冬季需放入室内或温室中。生长期要及时施肥,做到薄肥勤施,使金粟兰不仅开花多而且香气浓。钵内栽培土不必每年都换,常 2~3 年翻盆 1 次。茎枝纤细而带蔓性,不能完全直立,盆上宜用竹圈或铁丝做栏,扶持其正常生长。若任其自然生长,容易徒长倒伏。从幼苗开始,就要多次摘心,促使多发分枝;老叶也要经常摘除,秋后还要剪除枯枝和病虫枝。

长 春 花

[生活习性]　长春花性强健,喜欢温暖干燥和阳光充足的环境。怕严寒,忌水湿,切勿栽于低洼积水之地。在阴处也能生长,但植株细长,分枝较少。对土壤要求

不严,在排水良好,富含腐殖质、通风透气的沙壤土或黏重土中,均能生长良好,不适宜在盐碱土中栽种。盆栽可少量浇水,地栽一般不需要浇水。少有病虫害发生。栽培管理比较容易。

[繁殖技术]

(1)种子繁殖　长春花的果实近似荚状,成熟转黑后会自行开裂,其种子也会自行脱落散失。因此,应在果实发黄接近成熟时采下,晾晒干后将种子收藏备用。种子发芽温度在12℃以上。南方地区在3～4月份露地播种育苗。属小粒种子,一般密播于花盆、沙盆或露地苗圃上。播前浇足水,播后覆盖稀薄的过筛细土。播后1周即发芽,发芽率为60%～80%。苗期可追施稀薄的氮素肥水。幼苗具6～7片真叶时,可移苗定植或上盆培育,定植最好在阴雨天进行,株距20厘米左右。应及时摘顶芽,促使发侧枝,播种苗约经80天后开花。也可将种子直播于经过细致整地的花坛或花径,发芽成苗后间苗、补苗,然后浇水施肥,让其自然生长成景。在适生环境条件下,可以天然下种更新,自然生长成片。

(2)扦插繁殖　气温较低的地区,因种子不饱满,多用扦插育苗的方式繁殖。插穗多用长8～10厘米的嫩枝,插入潮湿的沙床或露地。气温在20℃左右时,过8～12天就发根,60天后就能开花。

[栽培管理]　长春花的花色艳丽,花期长,是布置花坛和花径的好材料,适宜种植在向阳高燥处,土质要求疏松肥沃。为了促使分枝和花繁叶茂,定植后需要及时摘心及打顶2～3次。生长期间需注意浇水和追肥,雨后要及时排水,孕蕾期应增施磷肥。第一次开花后要及时除去残花、残梗,还要松土追肥,只要室外的养护合适,开花可延续到霜降至立冬。长春花为草本观赏药用植物,比较适宜于盆栽。盆土要用肥沃疏松、透水性好的土壤。还要保证给植株以充足的光照,在阳台上应把它放在向南向西的方位;长期处在阴暗处,会使叶片发黄。如盆土偏碱板结,透气性较差,除使植株生长不良,叶片发黄外,而且还不开花。冬季要移入室内,室温需保持在5℃以上。盆土以偏干为好。若室温保持和稳定在15℃～20℃,长春花会持续开花不断。一般为2年换1次盆。开春后可移至室外照常规方法养护管理。春季播种的长春花当年就可以采收,到9～10月份,割取地上部分,晒干即成有名的中药材,打捆包装贮存,放在干燥处,严防受潮发霉,然后销售。长春花以茎短、侧枝多、花苞多者为佳品。

紫鸭跖草

[生活习性]　紫鸭跖草喜欢温暖湿润的气候条件。它喜欢充足的阳光照射,但切忌强烈的阳光直射。也能耐半阴。其耐寒能力较差,一般情况下需保持在10℃左右。在疏松肥沃、排水良好的沙质壤土上,生长速度快,枝叶茂盛。

[繁殖技术]　紫鸭跖草的繁殖一般都采用扦插法或分株法。

(1)扦插繁殖　在紫鸭跖草的生长季节,剪取带顶芽的枝条扦插,每盆插3～5

苗,紫鸭跖草的匍匐茎节触地后即能生根,极易成活,成活后株形丰满。

（2）分株繁殖　对于过密的植株,也常用分株繁殖法。用利刀从植株的茎基部切取带根的部分植株体,移入需要种植的花盆或露地花坛中,并整枝摘心,一般每盆植3～5株,成活率也很高。

[栽培管理]　盆栽的紫鸭跖草,一般每年春季换1次盆。盆土用菜园土加少量河沙配成。幼苗期放置于有散射光的地方养护,成株期放置于半光处培养。放置于室内光线明亮的地方也能生长,若长期置于室内光线较暗处,容易导致枝叶徒长,叶片变薄而失去光泽,叶色也变浅。因此,在春秋2季,应将盆栽的紫鸭跖草悬挂于中午时分不会受到阳光直射的阳台或屋檐下,并经常喷雾状水增加空气湿度,同时保持盆内土壤湿润。在生长期内,盆栽或露地栽培的紫鸭跖草都应该适当施用一定量的肥料。一般每个月施用以氮为主的复合花肥1～2次,也可结合浇水施用稀薄的有机液体肥料,如腐熟的饼肥水等。夏季应放置于室内光线充足的地方,冬季悬挂在朝南的窗台前,可促进茎叶生长健壮,叶面光亮。冬季的生长速度慢,应当适当控制浇水次数和每次的浇水量,并移入温室内培养,或保持室温在10℃左右也可顺利越冬。当其枝条生长过长时,应在春季结合换盆摘心,促进其萌发分枝,使株形发育完整。对于其萌生的蘖芽应及时剪除,以利于新枝的生长,达到株形整齐。剪除的枝条可用作扦插繁殖材料。

冷　水　花

[生活习性]　冷水花在我国南北各地均有栽培,不耐寒,不耐旱,喜欢温暖湿润及半阴环境,有较强的耐阴性,怕阳光直射。生长适温为15℃～25℃。对土壤要求不严,能耐瘠薄,在酸性或微碱性土壤中均能生长,但以在含腐殖质较多、疏松、排水良好的培养土中生长最好。

[繁殖技术]　冷水花的繁殖可用扦插和分株法。这2种方法长年都可进行,但最好在早春或初秋结合换盆时进行。一般是剪取分枝顶端枝条作插穗,每段插穗长约10厘米,带2～3个芽,保留顶端2片叶,用刀片自基部一节的下方0.3～0.4厘米处削平,并把下部叶片也去掉,然后立即插入素沙床或盆钵中,经常保持一定的湿度,还要保持20℃左右的温度,并适当遮荫,15～20天后就会生根,1个月后就可以上盆或移入大田定植。由于它极易生根,也可采用水插法,水插2周后即可生根。分株法是将大株丛分割成几个小丛,每丛保留3～5株苗,多带须根上盆定植。然后放在阴凉处缓苗和养护,20～25天后就生根,以后即进行正常的栽培管理和养护工作。

[栽培管理]　盆栽冷水花,可用质地稍好的菜园土、腐叶土和沙土,并加一定的基肥,混合配制成盆土,用中型盆钵,最好用白盆,能更好地衬托出它的美丽斑纹。平时放在树阴下,更多是放置在室内通风而又有明亮散射光的地方,冬季放在朝南的阳台上,春、夏、秋3季放在半阴处。如放置地点长期见不到阳光,不仅容易引起节间变长,茎纤柔软,株形松散,而且叶片变薄,叶片色彩也会变淡,并失去光泽和应有

的观赏价值。每年春季换盆1次，换上较富养分的新土，同时修去多余的老根须。生长旺盛季节，每月应追施1次稀薄的液肥。施肥过多，容易引起植株徒长。浇水要间干间湿，切勿积水。入秋后要减少施肥和浇水，越冬期间要停止施肥，严格控制浇水。冬季室温不得低于5℃。

栽培冷水花要及时摘心，以促使发出较多侧枝，使株形矮壮美观而丰满。当幼苗长到10～12厘米时就摘心，促使腋芽萌发，抽出侧枝。但摘心也不能过早或次数过多，以免植株长势衰弱。冷水花的生长迅速旺盛，栽后2～3年将会生长过高的老枝干，在早春萌芽前，从基部重修剪，促使抽生新的枝叶，这才能经常保持紧凑的株形和光泽明亮的叶。如果任其自然发展，若不及时更新植株，就会使树干瘦长而枝叶散乱，最后失去观赏价值。出现枯黄和病虫枝时，也要及时剪去。冷水花对环境湿度的要求也较高，平时除要保持盆土湿润外，在气候干冷季节，要经常向叶面和植株周围的地面浇水，让它保持有较高湿度，使植株生长得娇嫩青翠，更富有观赏价值。

镜 面 草

[生活习性]　镜面草对土壤的要求不严，定植上盆或换盆时，适用排水通畅、腐殖质含量高的培养土或菜园土。喜欢温暖，生长适温为15℃～25℃。春秋2季气候温暖，镜面草生长旺盛。夏季高温干燥时，可放于家中阴凉处或置于荫棚下，其生长比较缓慢。越冬温度不得低于10℃，可放入中温温室中。不耐严寒，若遇到3℃～5℃的长期低温，植株容易受寒死亡。正常情况下花期为3～5月份。

[繁殖技术]　镜面草容易产生地中茎而形成新株，也可在茎基部萌发新枝。可利用利刀切断含3片叶以上的地中茎，直接上盆定植。因地中茎上常有须根，故极易成活。切取的无根新枝，可先在盆中扦插，待生根后再上盆定植。一年四季都可以繁殖。1株镜面草生长管理得好，1年可繁殖上百株新苗。小苗先上小盆，随着植株的生长，再逐级换上大盆，最后可定植于20～30厘米、50～70厘米或80～100厘米口径的盆中，一盆可定植多株。也可直接定植于花坛中，呈条状、正方形、圆形或十字形排列均可。作铺地植被，其景色也不错。

[栽培管理]　镜面草在我国温暖地区，可作园林布景露地栽培，其余绝大部分地区均只适宜盆栽。冬季要移入室内防寒越冬。既喜弱光，又耐短日照直射；既耐荫蔽，可长期在室内栽培，但光照又不能过分阴暗。地栽时喜欢含水力强、肥效持久的沙壤土或黏壤土均可。盆栽时用腐殖土、菜园土或塘泥，以干粪或富含磷钾的复合肥作基肥，盆土需要经常保持湿润。若植株表现缺肥时可视植株和花盆大小，酌情追施含氮、磷、钾的复合肥。镜面草的叶片较肥厚，日常浇水不宜过多过勤，严防积水。夏季高温干旱时，每天应向叶面喷水保湿，既可以清洗叶面，又可以避免因缺水而引起下部叶片脱落。但若给水过多，又容易导致叶片和叶柄腐烂。还要严防干热。对盆中的枯叶、烂叶要及时拣除，还要经常中耕松土，做到有草就除。

艳 山 姜

[**生活习性**] 艳山姜喜欢温暖湿润的气候,稍耐寒冷,但不耐严寒,忌霜冻,当气温降至0℃时,植株的地上部分会受冻死亡。耐高温湿热,但遇干风叶片会向内卷曲。由于原是自然生长在林间谷地及溪流旁,喜弱光,既较耐直射光,也稍耐荫蔽。喜欢肥沃、湿润、疏松的土壤,较耐水湿,不耐干旱。

[**繁殖技术**] 由于植株萌蘖较快,多用分株法繁殖。一般在春末夏初结合松蔸或换盆时进行,将大丛分割成数个小丛,每丛留苗3~5株,其中要有新萌发的嫩苗1~2株,带地下块茎和根一齐种植。为提高成活率,要剪去地上茎叶,只保留茎长的1/3左右,以减少水分蒸发。种植于露地或盆中均可。分株时还要浇足定根水,以后还应加强肥水的管理。

[**栽培管理**] 在长江以南地区大都是室外露地栽培,以点缀园林风景。地栽宜选用土层深厚的湿润土。华北及西北广大地区均是室内栽培,有利于防寒越冬。室内栽培需要阳光充足。如种在阴暗处,彩叶可褪色变绿,从而降低观赏价值。盆栽时,要用森林土或塘泥,施腐熟干粪再拌过磷酸钙作基肥。在生长旺盛期,地栽或盆栽的每月追施复合肥1次,或对叶面喷施液体肥,少施氮肥,以免叶片过于肥嫩。干旱季节要经常喷雾保湿,既清除叶面尘埃,同时又防止干旱引起卷叶枯叶。为不断提高观赏价值和改善通风条件,还应及时剪去枯叶和老茎。每年的早春,地栽的应进行1次松蔸和壅肥;盆栽的每2~3年要进行1次换盆、换土和松蔸工作。果实成熟后,要成串分批采收。果实成熟的标志是一串串果实大部分变成橙红色,并带有干枯的表现。

天 鹅 绒 竹 芋

[**生活习性**] 天鹅绒竹芋喜温暖、湿润和半阴环境。对空气湿度和光照十分敏感,在18℃的温度和70%左右的湿度条件下贮运。

[**繁殖技术**] 以分株繁殖为主。分株繁殖一般在春季气温20℃左右结合换盆进行。分株前一天浇1次透水,将植株从盆内取出,除去宿土,用利刀将植株的茎部成丛生状或簇生状的蘖株或地下茎形成的新株切开,分切后每丛至少要有4株以上,在切口上涂草木灰或硫磺粉,放阴凉处待切口干燥后再上盆种植。土壤应间干间湿,有利于根系生长。

[**栽培管理**] 天鹅绒竹芋栽培要求肥沃疏松、排水良好、微酸性的沙质土壤,忌土壤黏重板结、积水。可用肥沃的菜园土和泥炭土等配制。天鹅绒竹芋生长适温为18℃~27℃,气温高于35℃对生长不利,茎叶生长停止;长时间低于13℃会产生生理障碍或受冻死亡。生长季节应保证有充足的水分供应和70%~80%的空气相对湿度。土壤应间干间湿,干时以叶片出现卷曲之前为度。浇水一定要浇透,浇到盆底出水为止,保证根团完全湿润,并对土壤进行淋溶,冲走土壤中的有害物质。经常对

叶片喷水,以增加空气湿度和保持叶片的清洁。天鹅绒竹芋忌强光暴晒,短时间的阳光暴晒都有可能造成严重的日灼病,光线稍强就有可能出现卷曲变黄,影响生长。室外养护宜放置于树阴或遮光 70% 左右的荫棚下,室内摆放可稍远离窗口处,仅有弱光也可正常生长。室内摆放 1～2 个月后需移到室外养护 3 周左右。生长季节每 2 周追施 1 次尿素和磷酸二氢钾比例为 2：1 的稀薄液肥。施肥后立即用清水冲洗叶片,以免伤害叶片。每年春季气温回升后换盆,换盆时要换去 70% 左右的旧土,剪去枯老根后栽入新盆。从小盆逐步换到大盆。在换盆和新移栽后的养护期盆土宜保持间干间湿,干湿交替,以增加土壤的透气性,促进根系生长。主要病害有叶斑病和叶枯病。要摘除叶斑病病叶集中烧毁;增施基肥以增强植株的抗性;叶斑病发病初期,用 75% 百菌清可湿性粉剂 800 倍液,或 65% 甲基硫菌灵可湿性粉剂 600 倍液防治。及时摘除叶枯病病叶集中烧毁;增施基肥增强植株的抗性;在发病初期用 1：1：100 的波尔多液,或 65% 代森锌可湿性粉剂 500 倍液喷施防治。

大饰叶肖竹芋

[生活习性] 大饰叶肖竹芋喜温暖、高湿、半阴环境,极不耐寒冷和干燥。越冬温度在 10℃ 以上。栽培要求肥沃疏松、排水性好、富含有机质的中性土或酸性土。

[繁殖技术] 以分株繁殖为主。春季气温回升后,温度达 20℃ 左右时,结合换盆分株。将母株从盆内取出,把带根的子株分割开。分株时子株上要带 3 个以上的芽,切口要涂草木灰或硫磺粉消毒,晾干浆汁后栽种于消毒后的栽培土内。置于半荫蔽湿润的环境下养护,待其根系恢复正常后按常规的栽培管理方法进行。

[栽培管理] 大饰叶肖竹芋喜好温暖、湿润的环境,适宜生长温度为 16℃～28℃。最佳生长温度白天为 18℃～21℃,夜间为 16℃～18℃,气温低于 10℃ 和超过 35℃ 会造成生理障碍。安全越冬温度在 10℃ 以上。大饰叶肖竹芋忌阳光直射,室外养护一般在树阴或遮光 70%～80% 的荫棚下进行;室内摆放可放置在稍稍远离窗口处,但要阴凉通风,每天保证有 4 小时左右的弱光即可。要经常保持盆土湿润,但盆内不能积水,积水容易造成烂根。每天多次向叶片喷水增大空气湿度。浇水时一定要浇透,使根团完全湿润,要避免浇半截水。空气相对湿度应维持在 80% 左右,高湿度有利于叶片展开,特别是抽新叶更应注意空气湿度。叶尖和叶缘容易发生焦状卷曲,一旦发生便无法恢复。盆栽用土可采用泥炭土、河沙和腐熟的堆肥配制,比例一般为 3：2：1。上盆时盆底部要放碎瓦片等以利于排水,厚度约为盆高的 1/4。盆栽植株一般 1～2 年换 1 次盆,换盆在春季气温回升后进行,换盆时要换去 70% 左右的旧土,剪去枯老根后栽入新盆。生长季节每 2 周施以氮、磷、钾比例为 1：1：1,同时配以微量元素的薄肥。气温低于 15℃ 或高于 35℃ 不施肥。室内摆放 1～2 个月后,要移放到室外树阴或荫棚下进行恢复性养护一段时间。秋季施肥以磷钾肥为主,增加植株的抗性有利于越冬。大饰叶肖竹芋的主要病害有白绢病和叶斑病。为预防

白绢病的发生应注意排水,防止过分潮湿;增施有机肥和磷钾肥,提高植株的抗性。在盆栽土壤中应加入70%五氯硝基苯粉剂2~3克,对土壤消毒。在白绢病发病初期,用50%托布津可湿性粉剂600~1 000倍液,或0.5%硫酸铜溶液浇灌茎基,1周1次,连续3~4次。对叶斑病,发现病叶要及时清除,集中烧毁。发病初期,用75%百菌清可湿性粉剂500倍液,或50%克菌丹可湿性粉剂400倍液喷雾防治,每周1次,连续3~4次。

<h2 style="text-align:center">孔雀竹芋</h2>

[生活习性]　孔雀竹芋比较喜欢高温高湿的环境,耐半阴,但不耐寒,生长适温为18℃~25℃,越冬温度为5℃。超过35℃或长时间低于10℃,对其生长甚至生存不利,空气相对湿度要求为70%~80%,对土壤质地要求不严,但要求土壤pH值为微酸性,并且疏松、排水性良好为佳。

[繁殖方法]　孔雀竹芋用分株法繁殖,一般在春末夏初,气温在20℃左右时进行。因为气温太低,容易使根系受到伤害;而气温过高又会使植株的水分丧失加快,会影响成活率。分切下来的株丛要求至少有2~3个蘖芽和健壮根。分切后要栽植于阴凉处,7~10天后可逐渐见光,初期保持土壤湿润,估计有新根发出后,才对其充分浇水。

[栽培管理]　孔雀竹芋对温度要求较高,要注意生长季节的气温对其生长的影响和冬季气温对其越冬的影响。夏季要置于半阴条件下养护,光线不能过强,但也不能长时间处于阴暗条件下。生长季节要经常对土壤喷水和对植株喷雾,同时保持土壤温度和空气湿度,以降低周围环境的温度。其对肥料的需求量较大,可勤施肥,但不能过量施用氮肥,以免使叶片褪色,斑纹减退,或失去叶面的金属光泽。若要盆栽,一般用腐叶土、泥炭土、河沙等量混合后加少量的腐熟农家肥配制成的培养土,以满足其对土壤的要求。

孔雀竹芋一般少受病虫害的侵染,但若在通风不良、干燥的环境下养护,可能会发生介壳虫的为害,可用40%乐果乳油1 500倍液喷雾防治。

<h2 style="text-align:center">玉簪花</h2>

[生活习性]　玉簪花性喜温暖湿润而略有散射光的环境,具有较强的耐寒能力,在华北地区可以露地覆盖越冬,或放在低温温室内越冬。不耐高温酷热,畏强光直射。适宜在潮湿阴凉的地方生长。能耐适度干旱,但在生长季节如遇干旱或强烈的太阳照射,可使叶片变枯、变黄。对土壤要求不严格,但在湿润肥沃、排水良好的沙质壤土生长最好。

[繁殖技术]　玉簪花的繁殖除采用分株繁殖外,也可采用播种方法进行繁殖。

(1)分株繁殖　分株繁殖是玉簪花繁殖的主要方法,春秋2季均可进行,春季繁殖在4~5月份,秋季繁殖在10~11月份。由于春季玉簪花的茎芽肥大、明显,易于分割,可以每3~4个芽分切成1丛,在切口用草木灰或硫磺粉涂抹后栽植。一般情况下,3～5年可以分株1次。

(2)播种繁殖　玉簪花的种子非常细小,因此在温室条件下最好是随采随播。播种时,为使种子撒播均匀,可用2/3细沙或细干土混合均匀后再播于苗床,覆盖细土厚1～1.5厘米。9月份种子成熟后即可在室内盆播,在20℃的条件下约30天即发芽出苗。春季将小苗移栽至露地,培养2～3年才能开花。也可将种子采收晾干后,贮存于干燥、冷凉处,翌年3～4月份再播种。

[栽培管理]　玉簪花喜湿润的半阴环境,应该选择排水良好、富含腐殖质、肥沃的沙质壤土,同时不受阳光直射的荫蔽地块。否则会使叶片变为黄白色,严重时会发生叶片焦枯现象。定植时,株行距一般为30厘米×50厘米。栽培前施足基肥,在发芽期和开花前可施用氮肥及少量磷肥。展叶后每隔2周左右施腐熟液肥1次。开花前追施磷钾肥,而花期要停止施肥。盆栽营养土可用菜园土5份、腐叶土3份、肥土1份、粗沙1份混合均匀,并晾干、粉碎、过筛后装盆。在盆底要用渣肥作基肥,生长3年后换1次盆。花后不需结实的,可以剪去残花。在寒冷地区栽培的玉簪花,冬季应该覆盖薄膜或放在低温温室内越冬。夏季应当注意防止蜗牛和蛞蝓的为害。

蜘 蛛 抱 蛋

[生活习性]　蜘蛛抱蛋喜欢温暖阴湿的环境,常野生在阴山林下、溪边或岩石缝处,夏日怕烈日暴晒。较耐寒,在0℃时不至于受冻害。最适生长温度为15℃～20℃。由于气生根较多,因而要求土壤透气良好。怕积水,因此要求疏松肥沃、湿润、排水良好的沙质壤土。在西南及华南地区可露地栽培,长江下游及华北地区需要温室栽培。

[繁殖技术]　多采用分株繁殖,一年四季都可进行,一般结合春季换盆时进行,剪去部分老根,除去枯叶,以5～6株为一丛,株丛不宜过小,分开栽植即可。每丛最好有几个新芽。地栽的行穴距为40～50厘米,深8～14厘米,每穴栽苗3～5株,芽嘴要各向一方。栽苗不要过深,只要用土把气生根压紧即可。盖土后要把苗扶正,最后浇透定根水。盆栽时也要把每张叶片栽直栽正,使日后的株形端正、可观,栽种深度以地下茎在土面下2厘米左右为好。分栽后放置于阴凉避风处,并注意保持盆土湿润。1年后再逐年换入大盆中,一般2～3年换盆分苑1次。

[栽培管理]　蜘蛛抱蛋是重要的室内观叶类花卉。它的适应性很强,生命力旺盛,耐管理粗放,适宜于家庭栽种。盆栽时应使用加肥的混合培养土,最好加入1/3泥炭。盆株越茂密,其观赏价值就越高,因此不要年年分株换盆。通过追肥来补充营养。3～4月份追施清淡腐熟猪粪水,以后每月追肥1次,促使新叶发出,生长健壮翠绿。平时要扯草,如果有枯黄叶,要立即摘除。地栽的每年冬季要用渣肥壅在窝上。要加强通风和光照,以防介壳虫的发生,发现后要及时防治。

吊 兰

[生活习性]　吊兰性喜温暖湿润及半阴的环境。生长期间室温宜为20℃左右,冬季

温度应不低于5℃。最好选用疏松肥沃的沙质壤土。冬季宜多见阳光,以保持叶色鲜绿。

[繁殖技术]　繁殖十分简便,只需剪取匍匐茎上的新芽,连同气生根,直接栽植在花盆内即可。此法不受季节限制。也可采用分株法,于春季出房后,即3月份分离母株,另行栽植。

[栽培管理]　吊兰喜疏松肥沃的沙质壤土,保持土壤湿润,宜每半月施稀薄液肥1次,则自能繁茂。强光照射下,叶色易变白绿,夏季应放荫棚下培养,冬季进冷室或温室培养。要经常去除枯叶。每年春季出房前可换1次盆,换盆可与分株同时进行。

萱　　草

[生活习性]　萱草适应性强,生长强健,对环境要求不严,不论在何种土壤上均可以生长,但以深厚肥沃、排水良好的壤土为好。萱草喜阳光,但也耐阴;喜肥,也耐贫瘠。性耐寒,在北方地区可露地栽培。还耐干旱。每朵花一般开放1～2天,丛植时此谢彼开,可连续开花数十天。萱草多为庭院栽培,也可作盆栽花卉。它既是观赏花卉,又是经济作物,栽培十分广泛。

[繁殖技术]　萱草可采用分株和播种方法繁殖。一般以分株繁殖为主,春秋2季均可进行。春季分株的夏季就可开花,分株宜于早春未萌动时进行。先将老植株连根掘起,剪去过多的须根和枯根,按3～4个芽为一丛,分别栽种,株行距为40～50厘米。秋季在9月中下旬栽种。穴底宜放适量的堆肥或腐熟发酵的饼肥作基肥,种植时须根处与地表平齐即可,种植不要太深,覆土后立即浇足定根水。播种繁殖宜在采种后立即播种,到翌年春天才可发芽。春播的,种子在上年秋季需用沙藏方法处理,这样播下的种子发芽快而整齐。也可采用组织培养的方法繁殖。

[栽培管理]　萱草的栽培管理简单粗放。它耐寒力强,在北方地区可以露地越冬,而在南方地区越冬不受影响,栽培中是一经栽种,常数年不再移动,故在栽种前要深翻土地,并施入较多基肥,以保证以后生长发育良好。分株后的前一年,可不必追肥,只把除草和浇水工作做好即可。翌年,在开花前后要各施1～2次稀薄的饼肥水。在它的整个生长期间,只要做好浇水施肥工作,萱草的长势就茂盛,而且会花多色艳。花谢后要及时剪去残花葶,以减少养分消耗。萱草根系有逐年向地表上移的特性,因此在每年的秋冬之交时,要注意根际培土,培土厚约10厘米。还要结合培土进行中耕除草。每3～4年应分株更新1次,这样才能保持生长旺盛。萱草的主要病虫害有锈病、叶枯病、炭疽病、金龟子、蚜虫等,发现后要及时防治。

虎 眼 万 年 青

[生活习性]　繁殖虎眼万年青喜欢温暖、湿润、荫蔽的环境条件。怕寒冷,在温带地区冬季需要移入温室内越冬。耐半阴,在夏季忌强烈的阳光照射。虎眼万年青对土壤的要求不严,在各种土壤上均能生长。

[繁殖技术]　繁殖虎眼万年青可以采用分株繁殖和播种繁殖2种方法。

（1）分株繁殖 虎眼万年青的鳞茎周围会产生部分小的植株,可以在春季翻盆时进行分株,每株上保留一定数量的根系,将小植株移植到小盆内。注意遮荫和保持水分,植株很容易成活。

（2）播种繁殖 蒴果成熟后,及时采收。虎眼万年青种子可随采随播,也可以晾干后,用布袋贮存于阴凉通风处。播种前选择饱满、粒大、成熟度高、坚实、富有光泽的种子。先将种子放在35℃～40℃的温水中浸泡24～36小时。当种子充分地吸收水分后,可直接将它播种到盛有腐殖土、菜园土、沙土混合配制的营养土的盆钵内,并浇1次透水。以后注意保持土壤湿度和温度,种子即可发芽,长成幼苗。

[栽培管理] 虎眼万年青的植株生长健壮,很容易成活。平时应该注意保持土壤湿润,但是土内不能长期积水,要求土壤的排水性能良好。在其生长过程中,如果日光强烈,对植株的生长将产生严重的不利影响,因此,夏季应将虎眼万年青放置于荫棚内培养。温度过低的地区,植株不能正常越冬,必须将其转入低温温室内培养。施肥过程中,注意掌握勤施薄施的原则,可以半个月左右施用1次稀薄的液体肥料。冬季植株的生长量小,应该控制浇水和施肥。植株开花后,为减少体内的营养消耗,除留种株外,要及时去除花梗。

广东万年青

[生活习性] 广东万年青喜高温多湿环境,生长适温为15℃～27℃,冬季室温应保持13℃以上。耐阴,忌强光直射。空气相对湿度以70%～90%为宜。贮运过程中能耐30天黑暗。贮运温度为16℃～18℃,空气相对湿度为75%左右。在长江以南地区,可在室外庇荫处栽培,长江以北只能盆栽于室内或温室内越冬。

[繁殖技术] 常用扦插法和分株法繁殖。

（1）扦插繁殖 在春夏季气温回升后,剪取长10～15厘米的茎段作为插穗,顶端保留2片叶,晾干浆汁后,插入河沙基质中。插后保持25℃～30℃的温度和80%左右的空气相对湿度,3～4周可生根。广东万年青也可水插,将10～15厘米长的插穗直接插入盛有清水的玻璃瓶内,每天换1次水,在温度25℃条件下,约3周可生根。待其根系长至4厘米左右时可盆栽。广东万年青汁液有毒,在剪取插穗时,切勿使它溅落眼内或误入口中,以免中毒伤害。

（2）分株繁殖 在春季气温回升后,结合换盆进行分株繁殖,将母株从盆内取出,抖去部分旧营养土。用利刀将植株分割为若干小丛种植。切割时应顺着根系的走向,尽量少伤根。切口处涂上草木灰,晾干浆汁后上盆,浇透水。置于较荫蔽湿润的环境养护一段时间,养护期间浇水不能过多。待其根系恢复正常后按常规的栽培管理方法进行。

[栽培管理] 广东万年青的栽培土要求保水保肥性好、透气性良好、富含有机质的中性或微酸性土壤。盆栽用土可按泥炭土2份、草炭土1份、壤土2份、碎牛粪干1份的比例配制。广东万年青喜好高温高湿的环境,适宜的生长温度为22℃～

32℃。最适日温为 28℃～32℃,最适夜温为 22℃～25℃。低于 15℃ 或超过 35℃ 会造成生理障碍。盆土宜保持间干间湿,干湿交替。浇水一定要浇透,浇到盆底出水为止,保证根团完全湿润,并对土壤进行淋溶,冲走土壤中有害物质。生长季节要经常保持盆土湿润,但盆内不能有积水,盆内积水容易造成烂根。空气相对湿度为 70%～90% 较好,空气相对湿度在 25% 以下时植物生长不良。夏秋季节每天可向叶面喷水几次,以增加局部空气湿度,并保持叶面清洁,提高观赏效果。1～2 年换盆一次,在清明节前进行。换盆时,要换去 70% 左右的旧土,剪去枯老根,然后栽入新盆。换盆要从小盆逐步换到大盆。在换盆和新移栽后的养护期,盆土宜保持间干间湿,干湿交替,以增加土壤的透气性,促进根系生长。在生长期间,每半月应追施、氮、磷、钾肥比例为 3:1:2,同时配以微量元素的液肥。气温低于 15℃ 或高于 35℃ 时一般不施肥。主要病害有细菌性疫病和炭疽病。细菌性疫病发病初期可喷 0.5% 波尔多液或 200 毫克/升农用链霉素 1 000 倍液。炭疽病发病初期,可喷洒 50% 甲基硫菌灵可湿性粉剂 800 倍液加 75% 百菌清可湿性粉剂 800 倍液的混合药液;或 50% 多菌灵可湿性粉剂 800 倍液加 75% 百菌清可湿性粉剂 800 倍液的混合药液,或喷洒 0.5% 波尔多液。隔 10 天喷 1 次,连续喷 2～3 次。

花叶万年青

[**生活习性**] 花叶万年青喜高温高湿的半阴环境。不耐寒,忌干旱和烈日暴晒。能耐 14 天左右的黑暗,贮运宜在 15℃ 左右的温度和 90% 的空气相对湿度下进行。

[**繁殖技术**] 以扦插繁殖或分株繁殖为主。

(1)扦插繁殖 时间选择在 7～8 月份高温季节进行。扦插时,截成 2～3 节一段的插穗,剪去基部的叶片,保留上端的小叶和短的气生根,不能伤到叶痕。晾干浆汁后,直立插于栽培介质或素沙基质中。插后保持 25℃～30℃ 的温度和 80% 左右的空气相对湿度,遮光 50% 左右,并保持介质湿润,经过 1 个月左右可生根。

(2)分株繁殖 选择在春季气温回升后,结合换盆进行。从盆内取出母株,把茎基部的根茎分割成若干小丛种植。切割时应顺着根系的走向,尽量少伤根。在切口涂草木灰或硫磺粉消毒,晾干切口浆汁后栽植,浇透水并置于较荫蔽湿润的环境养护一段时间,养护期间浇水不能过多。约过 10 天其根系可恢复正常,以后按常规的栽培管理方法进行。

[**栽培管理**] 花叶万年青喜好高温的环境,最适生长温度为 22℃～32℃,长时间气温超过 35℃ 或低于 15℃ 会造成生理障碍。气温超过 35℃ 时,要进行降温处理。性喜高湿,空气相对湿度以 70%～90% 为好。空气相对湿度至少要保持在 40%～60% 较好,湿度在 25% 以下时,植株生长不良。盆土宜保持间干间湿,干湿交替,以利于根系生长。浇水一定要浇透,浇到盆底出水为止,保证根团完全湿润,并对土壤进行淋溶,冲走土壤中的有害物质。生长季节要经常保持盆土湿润。室内种

植者,在生长季节应早晚各浇水 1 次,春秋季节 2～3 天浇 1 次水,冬季可 5 天左右浇
1 次水。盆土要求保水保肥性强、透气性良好、富含有机质。营养土可采用泥炭土 5
份、红壤土 3 份和干牛粪干 2 份的比例配制。1～2 年在清明前换盆,换盆时换去
70％左右的旧土,剪去枯老根后栽入新盆。要从小盆逐步换到大盆。在换盆和新移
栽后的养护期盆土宜保持间干间湿、干湿交替,增加土壤的透气性,促进根系生长。
生长季节每月追肥 1 次,施肥比例氮磷钾为 3：1：2,同时配以微量元素的稀薄液肥。
气温低于 15℃或高于 35℃时不施肥。主要病害有疫病和细菌性叶斑病。患疫病的
病株、病叶和杂草,应随时去除,集中烧毁;加强通风降温,增施磷钾肥,以增加植株
对疫病的抵抗力。在疫病发病初期可用 75％百菌清可湿性粉剂 800 倍液和 1：1：
100 波尔多液轮流防治。及时剪去细菌性叶斑病病斑和病叶,集中烧毁;在细菌性叶
斑病发病初期用 77％氢氧化铜可湿性粉剂 500 倍液、72％农用硫酸链霉素粉剂
3 000 倍液交替防治,隔 7～10 天 1 次,连续防治 2～3 次。

花　烛

[生活习性]　花烛性喜高温多湿,生长适温为 18℃～28℃。花烛属气生根,具
短茎,每年每茎长 3～4 片新叶。花与叶轮流长出,即 1 片叶 1 枝花。

[繁殖技术]　常用分株和扦插方法繁殖。

(1)分株繁殖　在春季气温回升后,结合换盆进行分株繁殖。分株时,将开花后
成龄植株旁气生根的子株剪下。切割时应顺着根系的走向,尽量少伤根,分切下的
子株至少应有 3～4 片叶。单独分栽后放置在树阴或荫棚下养护,待生长正常后转入
正常的管理。子株培养 1 年可形成花枝。

(2)扦插繁殖　将较老的枝条剪下,每 1～2 节为一插条,去除叶片,将插条直立
插于沙床或盆内,温度控制在 25℃～30℃,空气相对湿度维持在 80％左右。几周后
长出新芽和根,成为独立植株。

[栽培管理]　花烛栽培要求保水保肥性好,富含有机质、透气性良好的中性至
微酸性土壤,可用泥炭土、河沙和菜园土按 2：1：2 的比例配制。1～2 年换 1 次盆,
换盆在春季气温回升后进行。换盆时换去 70％左右的旧土,剪去枯老根后栽入新
盆。在换盆和新移栽后的养护期,盆土宜保持间干间湿,干湿交替,以增加土壤的透
气性,促进根系生长。花烛虽为喜阴植物,但需要全日照量的 60％～80％。夏季室
外养护时,宜放置在树阴或荫棚下;室内摆放宜放置在近窗口处,以保证有足够的光
照。室内摆放 1～2 个月后,要移放到室外树阴或荫棚下进行恢复性养护。花烛适生
温度为 18℃～28℃,超过 35℃或低于 14℃时生长受阻,低于 10℃时会发生冻害甚至
死亡。要经常保持盆土湿润,但盆内不能有积水,积水易引起烂根。浇水时,要使整
个根团完全湿润,避免浇半截水。要经常在叶片及周围喷水,保持局部空气相对湿
度维持在 85％左右和叶片的清洁。花烛为喜钾植物,生长季节应每 2 周追 1 次氮、
磷、钾比例为 4：1：6 的薄肥。生长健全的植株,可连续开花 10 年以上。主要病害

有炭疽病和根腐病。及时摘除炭疽病病叶,集中烧毁;合理施肥,不偏施氮肥,增施磷、钾肥,使植株生长健壮,提高抗病力;在炭疽病发生初期,喷洒 50％多菌灵可湿性粉剂 800 倍液加 75％百菌清可湿性粉剂 800 倍液的混合药液,或用 1％波尔多液喷雾。每周 1 次,连续喷 2～3 次。根腐病开始发病时,可用 0.5％波尔多液、200 毫克/升农用链霉素、75％百菌清可湿性粉剂 800～1 000 倍液喷施防治。

海 芋

[生活习性] 海芋喜高温高湿及弱光环境,不耐寒,忌阳光直射。生长适温为 20℃～32℃,最低温度为 15℃～20℃。栽培要求保水性强、透气性良好、富含有机质的中性至微酸性土壤,不宜使用碱性土,土壤不宜过湿。

[繁殖技术] 主要以根茎扦插、分株和分球法繁殖。

(1)茎插法 扦插选择在春季气温回升后进行。插穗截剪成每段带 2～3 节,长 10 厘米左右,不要伤及叶痕,晾干浆汁后直接插于装有栽培土的盆内。土壤含水量控制在 50％～60％,过高会造成插穗腐烂。插后保持 25℃～27℃的温度和 70％～90％的空气相对湿度,放置在通风良好的半阴处,1 个月左右后可生根。

(2)分株法 春季气温回升后结合换盆进行。将母株从盆内取出,把块茎上长有 2 片叶以上的子株分割出来,在切口涂草木灰或硫磺粉消毒,晾干浆汁后栽种于消毒后的栽培土内。置于半荫蔽湿润的环境下养护,待其根系恢复正常后按常规的方法进行栽培管理。

(3)分球法 海芋的基部常分生出许多幼苗,在温度达到 20℃以上时,将其连同块茎一同挖出,用利刀将植株分割出来,在切口上涂草木灰或硫磺粉消毒,将块茎尖端向上,栽入消毒后的栽培土内,保持栽培土中等湿度,一般 3 周左右发出新芽。

[栽培管理] 海芋喜好高温高湿的环境,最适生长温度为 20℃～32℃。气温长时间低于 15℃和超过 35℃会造成生理障碍。夏季室外养护时,宜放置在树阴或遮光 50％的荫棚下;室内摆放宜放置在近窗户处,以保证有足够的光照。盆土宜保持间干间湿,干湿交替。浇水时一定要浇透,使根团完全湿润,要避免浇半截水,即浇水要浇到盆底出水为止。空气相对湿度在 70％以上为好,空气相对湿度在 25％以下时植物生长不良。盆栽用土可采用泥炭土、河沙和腐熟的堆肥配制,比例一般为 1∶1∶1。盆栽植株一般 1～2 年换 1 次盆,换盆一般在春季气温回升后进行。换盆时,换去 70％左右的旧土,剪去枯老根后栽入新盆。盆栽和换盆时要求在盆底用碎瓦片盖住盆底孔,以利于排水和防止营养土漏出。在换盆和新移栽后的养护期,盆土宜保持间干间湿,干湿交替,以增加土壤的透气性,促进根系生长。每 2 周追施 1 次氮磷钾比例为 1∶1∶1,同时配以微量元素的稀薄液肥。气温低于 15℃或高于 35℃时不施肥。室内摆放 1～2 个月后,要移放到室外树阴或荫棚下进行恢复性养护。主要病害有灰霉病和细菌性叶斑病。防治灰霉病后要及时清除病残体,集中烧毁;在初发病期,用 70％甲基硫菌灵可湿性粉剂 1 000 倍液,或 1∶1∶100 波尔多液,

喷施防治,每周用药 1 次,连施 2～3 次药。细菌性叶斑病的防治方法为及时剪去病叶,集中烧毁;发病初期用 77％氢氧化铜可湿性粉剂 500 倍液,或 72％农用硫酸链霉素可湿性粉剂 1 000 倍液,喷施防治,每周 1 次,连续防治 2～3 次。

绿 巨 人

[生活习性]　绿巨人喜欢高温多湿及半阴环境,忌阳光暴晒。喜湿怕旱,不耐寒,生长适温为 15℃～25℃,冬季室温不得低于 10℃。遇到 5℃的短期低温,不会受多大影响,在 30℃的气温下,只要有充足的水分,并不直接受烈日暴晒,也可以照常生长,在我国南方沿海地区,全年都可生长,只是到了冬季需要移入室内保温越冬。要求含有机质丰富、疏松肥沃、保水保肥力强的微酸性土壤。

[繁殖技术]　常用分株方法繁殖。分株宜于开花后进行。分株时,将整株从盆内托出,从株丛基部将根茎切开,使每丛至少有 3～5 片叶。然后将所分株另外栽植,栽后要浇透定根水,用塑料薄膜遮盖保湿,置于无阳光直射处养护。若栽于露天苗床,则需适当遮荫。以后加强水肥管理,约 3 个月后即可上盆移栽。按照此办法,1 年龄植株可繁殖10～13 株。除用分株法外,还可以用播种和组织培养法繁殖。

[栽培管理]　盆栽时可用腐叶土、泥炭土,再加少许河沙、珍珠岩等混合配制成培养土,另加少量骨粉、腐熟禽畜粪干或腐熟豆饼等作基肥,最好能增施草木灰等钾肥以助生长,使茎叶挺立青翠,不倒伏。由于绿巨人叶片硕大,根系发达,故宜选用深筒花盆栽培;它的吸水能力强,必须有充足的水分供给,稍一缺水就会出现萎蔫,如果缺水严重,一旦叶片枯焦,就难以恢复,所以养护时要特别注意有充足的水分供给,并保持空气的湿度。在夏秋的高温季节,还要常向叶面喷雾,以达降温保湿作用,并有利于保持叶片的清新油绿。它的吸肥能力也强,所需营养也多,一般每半个月要施 1 次稀薄的饼肥水。若长期放室内养护时最好施用复合肥,以促使植株生长健壮,叶色光亮。绿巨人对光照很敏感,喜半阴,怕日晒,摆放在散射光亮处即可正常生长。但若长期放在过于阴暗处,则不仅生长衰弱,而且不易形成花芽,开花不好,降低观赏效果,故应经常给予一些散射光,以保证其健康成长。为保持植株匀称,每隔半个月左右要转动 1 次花盆,以防植株长偏。绿巨人的萌蘖力强,宜在每年的早春时换 1 次盆,结合换盆,对过密植株可进行分株繁殖。

第三节　球根花卉

中国水仙

[生活习性]　中国水仙性喜温暖湿润气候,尤其是冬无严寒、夏无酷暑的地方,更适宜它生长。喜水,耐大肥,要求土壤疏松、富含有机质。但也适当耐干旱和瘠薄土壤,性喜阳光充足。水仙为秋植花卉,秋季生长,早春开花并贮藏营养,夏季休眠。

[繁殖技术]　水仙为三倍体,具不孕性,不能进行有性繁殖。通常采用分球法

进行无性繁殖。繁殖时将母球两侧分生的小鳞茎(俗称"脚芽")掰下作种球,另行栽植,从种球至形成能开花的大球需培养3年或更长的时间。

[栽培管理]　由于水仙的特殊生活习性,在栽培上有2类不同的栽培管理方法,即观赏栽培法和生产栽培法。

(1)观赏栽培法　选直径在5厘米以上、鳞茎饱满硕大的种球,剥去外面的干枯皮膜以及枯根,根据种球的实际情况进行适当的雕刻造型,放在特制的水仙盆中水养,每天换1次水,将鳞茎分泌的黏液冲洗干净,待叶丛长出后,用小石子把根系固定,放在室内培养。观赏培养多于10月下旬进行。水仙水培后10天左右生根发芽,再过10天左右开始抽生花葶,抽葶半个月即可开花。水仙花期很长,非常适宜元旦、春节期间观赏。

(2)生产栽培法　水仙在我国主要有上海和福建漳州两大产地。这两个产地有各自独特的自然环境,因此形成两种不同的栽培方法。

①旱地栽培法　在上海崇明,对水仙采用旱地栽培法。选背风向阳的地方在立秋后施足底肥,深耕耙平后做高垄,然后在垄上开沟。把脚芽栽在沟内,株距根据脚芽的大小掌握在6～12厘米之间,覆土厚3～4厘米。经常向两垄之间的沟内浇水,使土壤保持湿润。翌年3月份追施腐熟的有机肥1～2次,5月下旬至6月上旬叶片逐渐枯黄而进入休眠。6月下旬将鳞茎挖出,切掉须根并剪掉叶丛,放在阴凉通风的室内任其休眠,立秋以后再种,这样经过3年的连续培养,就可养成大球,形成花芽,供观赏栽培使用。

②浇水栽培法　在福建漳州,对水仙采用浇水栽培法。具体方法是:在8月份,对耕后的土地放水漫灌浸泡,1周以后将水排掉,然后反复耕耙,待田土变干后将土块打碎整平,为栽培脚芽做好准备。从外形端正、发育充实饱满的大球上,取下鳞茎盘上长出的脚芽作繁殖材料。脚芽取下后,浸入40℃的40%甲醛100倍液中浸泡5分钟,以达到消毒、促进脚芽萌发的目的。9月下旬至10月上旬在整平后的田面上做高40厘米、宽120厘米的高畦,并沿高畦的四周开挖浇水沟,沟宽40厘米、深30厘米。在畦面上按25～30厘米的行距开沟,将脚芽栽在沟内覆土,以刚覆盖脚芽为准,在沟面上施1薄层充分腐熟的人粪尿稀液,待肥液渗入沟土后,将水引入高畦四周的浇水沟内,让水逐渐渗入高畦,至畦面充分湿润为止。然后把沟内的水排掉。数日后再在畦面撒施一层饼肥,同时盖一层土,最后盖上一层稻草,稻草的两端垂到浇水沟内,目的是将沟内的浇水通过下垂的稻草吸到畦面上,这样既不会造成表土板结,又可以防止杂草生长。

新芽萌发以后经常保持沟内有水。翌年2月份再追施1次液肥,雨天可将沟水排出。一旦表土发干便立即浇水。小的脚芽培养到2～3年时,可能会有个别的鳞茎开花,因此应在开花前将花葶保留1/3剪掉,避免因消耗养分而影响鳞茎加大生长。芒种以后,叶片开始枯萎,这时可将鳞茎挖出,切掉须根,用胶泥把茎盘处两侧生出的新脚芽封住,防止它们脱离。胶泥晒干后,移到阴凉通风的库中贮藏。在贮藏过程中,要注意种球的通风透气,防止发热霉烂。生产上,常在种球堆中插几根中空竹竿作通气孔,来达到此目的。小的脚芽一般连续培养 4 年,每年反复栽种,至鳞茎长到 5 厘米以上后,即可形成花芽,作为商品种球出售,供观赏栽培使用。

晚 香 玉

[生活习性]　晚香玉喜欢温暖湿润和阳光充足的环境。好肥,耐湿,但忌积水。对土壤要求不严,而以肥沃疏松、排水良好的略带黏性土壤或沙质壤土为宜。怕寒冷,在热带和亚热带地区无休眠期,一年四季均可种植。其他大部分地区,到冬季因寒冷而停止生长,需要休眠,常作 1 年生栽培。在北方地区,地下块茎需贮藏在 8℃左右的室内越冬。

[繁殖技术]　晚香玉常用分球方法繁殖。在春季 3～4 月份分栽小球或子球,把大小球分开地栽,株行距为 30 厘米×40 厘米。栽时将小球稍栽深些,容易长成大球;大球则栽浅些,有利于长叶开花。覆土时,要使芽尖露出地面,以利于当年开花。地栽或盆栽,栽好后都要将土稍加压实。栽时若土壤比较潮湿,可暂时不浇水,等到出芽后,如地表出现干燥时再浇 1 次水。出叶后浇水不宜过多,以促使根系生长发育,以后转入正常的栽培管理。

[栽培管理]　晚香玉地栽,应选择向阳、排水良好或稍有遮荫的地方。地栽要先深翻整地,然后施入干粪或其他有机肥作基肥,并耕耙 1～2 次,使肥料和泥土混合均匀,再做成高畦栽植。若畦土太干,可先在土中浇水。盆栽也应先把盆土掏松研碎,并施入一些腐熟的粪肥或饼肥作基肥,然后进行栽种。每盆用种 3～7 个不等。当花茎抽出时,要施追肥,并给以充足的水分。随着气温的升高,应增加浇水次数,每隔半个月要追施 1 次液肥,使其生长迅速,开花旺盛。在炎热的夏季,必须保持土壤湿润。从 7 月份开始,即进入陆续开花不止的花期。自此就可以分期、分批地采收。秋季霜降后,植株停止生长,茎叶逐渐枯萎,此时可将球根挖出,并剪去上部茎叶和基部根须,放置室内通风处晾干,然后存放在温暖干燥处越冬。此时,室温保持在 14℃～18℃,不可使温度降至 10℃ 以下,否则对翌年开花不利。也不能让种球受潮受冻。也可在茎叶枯萎时留下 2 片叶,以便进入贮藏室时可以编成串,吊挂在室中越冬。在有高温温室的条件下,也可进行促成栽培。将球根在 10 月上旬挖回后晒干,10 月底栽入温室,保持25℃以上的高温,注意通风和追肥,春节前后即可开花以供应市场的需要。

仙 客 来

[生活习性]　仙客来生长喜欢半阴和凉爽的环境条件,最适生长温度为10℃～20℃。不耐高温,在 30℃ 以上时,植株停止生长进入休眠状态。35℃ 以上时容易发生植株腐烂和死亡。比较耐寒,能够经受 0℃ 的低温,但在 5℃ 以下,生长速度缓慢,叶片容易发生卷曲,花量减少,花色暗淡。因此,冬季在室内栽培的温度以 12℃～15℃ 最为理想。夏季应将其摆放在阴凉通风的地方,不能让强烈的阳光直接照射。

栽培仙客来要求排水性能良好、疏松肥沃、富含腐殖质、pH 为 6～7 的土壤。

[**繁殖技术**]　仙客来的繁殖以播种为主,其次是分球繁殖。由于播种繁殖简便,出苗率高,因而成为常用的方法。

(1)播种繁殖　仙客来留种应在第一批开花的植株上进行。选择花形优美、色彩艳丽、具有一定香味的健壮植株,每盆留 10 朵花左右,剪除多余的花蕾,以保证营养充分,促进种子饱满。开花后施用 1 次磷钾肥,春季应保证阳光照射充分,4～5月份后转入半荫蔽环境莳养,保证通风、降温。种子成熟期为 6 月中下旬,在蒴果尚未开裂时采收。放在阳光下晾晒至果皮开裂后,取出种子,贮藏于有河沙的花盆内,或用布袋贮藏于阴凉通风处。9～10 月份播种,种子发芽的适宜温度为 18℃～20℃。高温会延迟种子的萌发。播种前,用纱布包裹种子,放在 24℃ 的温水中浸泡 12～24小时,将种皮搓洗干净。用点播或条播法,以 1～2 厘米的间距将种子播种在浅花盆内,播种后覆土 0.5～0.7 厘米厚,然后放在暗处使其发芽。如果条件适宜,2 周可生根,4～6 周可生出 1 片子叶。一旦出现子叶,即应将其移至光照处,以利于幼苗生长。当达到 1～2 片真叶时,白天可以晒 4～5 小时,促进光合作用。当达到 2～3 片真叶时,可转移至 10～12 厘米的小盆中。4～5 片真叶时,可定植于中号浅盆中,经过 17～18 个月的营养生长期,达到 12～13 片真叶,就能开花。

(2)分球繁殖　一般很少采用切分球茎繁殖仙客来。这主要是由于在切分球茎的过程中,伤口容易感染,造成球茎腐烂,使分球工作失败。必须采用本法时,应在9～10 月份休眠球茎萌发新芽时进行,按芽丛数将块茎切开,使每一个切块都有芽和块茎,并在切口处用草木灰或硫磺涂抹消毒,放在阴凉处晾干,然后分别作新株栽培用。分球繁殖的另一种方法是削顶育芽法。在春季 4～5 月份选取壮实、肥大的优良品种球茎,将球顶削平,以 0.8～1 厘米的宽度划成放射状小格子,沿格子画线条,从球顶纵切,深达球的 1/3～1/2,然后将花盆置于荫蔽处栽植。切划好的仙客来球茎栽后,严格控制浇水,只保持盆土湿润。秋凉后,每个切块会长出小芽,此时,将切口加深切透。当芽长大后,将块茎倒出盆,去除泥土,彻底分开,每盆栽植一块使其生长为新株。一般情况下,分球繁殖的仙客来,叶片少,开花效果不理想,所以很少采用本法繁殖。

[**栽培管理**]　仙客来的栽培一般均采用盆栽法。当植株达到 4～5 片叶时,可以上盆定植,每盆植 1 株。盆栽土壤可用腐殖土 3 份、森林腐叶土 2 份、炉灰渣 2 份、沙土(沙质菜园土)2 份、腐熟的堆肥 1 份,适量加入过磷酸钙和杀虫剂配制,混合均匀后,最好堆沤几天。盆栽土壤配制完成后,应采用熏蒸高温消毒。栽培用盆钵应根据球根的大小,逐步增大,不宜直接用大盆定植小苗。定植时宜浅植。对大苗上盆、换盆时,应将球茎的 1/2～2/3 露出土面,避免球根在土壤中因为长期处于潮湿环境,而发生腐烂。5～6 月份老球茎开始落叶,7 月份进入休眠期,9 月中旬开始萌动时,进行第二次翻盆换土。

仙客来的浇水和施肥应该结合进行。切忌施用高浓度肥料,容易伤根。立秋后可以施用磷钾肥料,逐步加强阳光照射,温度控制在 15℃～18℃。当现蕾后,可以在花蕾和花梗上喷施 0.01％赤霉素,促进花梗伸展,加速开花。除翻盆换土时施用基肥外,一般还应每隔 10～15 天追肥 1 次,追肥要注意控制肥液的浓度。施肥前应注意松土。不可从植株顶部施入肥料,应从植株侧面放入盆土,施肥结束后,要洒水冲洗植株。

在生长季节,盆栽仙客来容易受蚜虫、红蜘蛛、卷叶虫、地老虎等为害,应注意防治。根际线虫可用克百威等农药进行消毒处理,每盆用量为 2～3 克(土壤重的 0.1％),拌入土壤中。主要病害有冠腐病、叶斑病、真菌萎缩病和炭疽病等,发病时喷洒 0.01％托布津水溶液,或 0.15％～0.2％福美甲胂、百菌清水溶液防治。

大 丽 花

[生活习性]　大丽花性喜阳光充足、干燥、凉爽的环境。既不耐寒,也怕高温高湿;既不耐干旱又忌积水;喜排水及保水性能好、含腐殖质较丰富的沙壤土。每日光照时间 6 小时以上为好,强光对开花不利。宜温和气候,生长期适温以 20℃～25℃为宜。

[繁殖技术]　大丽花可用多种方法繁殖。

(1)分根法　大丽花仅块根的根颈部有芽,故要求分割后的块根上必须带有芽的根颈。通常于每年 2～3 月份,将贮藏的块根取出催芽。选带有发芽点的块根排列于温床内,然后培土、浇水,白天室温保持在 18℃～20℃,夜间为 15℃～18℃,2 周可发芽。然后即可取出分割,使每一块根带 1～2 个芽。每个块根可分割 5～6 株。分割后在切口处涂抹草木灰以防腐烂,然后分栽。

(2)扦插法　在春、夏、秋 3 季均可进行。一般是春季截取块根上萌发的新梢扦插。截取时,新梢基部留一个节的腋芽继续生长。扦插后约 10 天可生根,当年秋季可开花。如为了多获取幼苗,还可继续截取新梢扦插,直到 6 月份。如管理得当,扦插新梢成活率可达 100％。夏季扦插因气温高,光照强,9～10 月份扦插因气温低,生根慢,成活率不如春季。

(3)播种法　宜用 8 月中旬至 9 月初所开花进行杂交,授粉时间以选择晴天上午 9～10 时为宜,授粉后套袋。种子成熟后晾干贮藏,播种方法与一般草花相同。

(4)块根嫁接　春季取无芽的块根作砧木,以大丽花的嫩梢作接穗,进行劈接。接后埋于土中,待愈合后抽枝发芽形成新植株。嫁接法由于用块根作砧木,养分足,苗壮,对开花有利,但此法在管理上较费工。

[栽培管理]　地栽大丽花应选择背风向阳、排水良好的高燥地块(或高畦)栽培。宜于秋季深翻,施足基肥,翌年春季晚霜后栽培,深度为根颈低于土面 5 厘米左右,株距视品种而异,一般 1 米左右,矮小种为 40～50 厘米。苗高 15 厘米即可打顶摘心,使植株矮壮。切花栽培应多促分枝,孕蕾时要抹去侧蕾,使顶蕾健壮。花谢后及时剪去残花,减少养分捎耗。生长期间每 10 天施追肥 1 次。大丽花的茎中空而脆,要及时设立支柱,以防风折。夏季植株处于半休眠状态,要防暑防晒防涝,不宜施肥。霜后剪去枯枝,留 10～15 厘米的根颈,并掘起块根,晾 1～2 天,沙藏于 5℃左右的冷室越冬。盆栽大丽花多选用扦插苗,以低矮的中小品种为好。栽培中除按一

般盆花养护外,应节制浇水,不干不浇,幼苗尤其不能浇水过多,以免徒长。幼苗至开花之间需换盆3～4次,不可等须根满盆再换盆,否则影响生长。最后定植,以选高脚盆为宜。大丽花在栽培过程中容易发生白粉病、花腐病、螟蛾和红蜘蛛等病虫害,发现后要及时防治。

菊　芋

[生活习性]　菊芋喜欢清凉而干燥的气候,适应性强,因此在我国南北各地皆可栽培。对土质要求不严,以疏松、排水良好的沙质壤土、黏壤土或壤土等最为适宜。菊芋生长旺盛,植株高大,不易为其他杂草所压迫,最适宜新开垦荒地或宅旁路边空隙地,或不适于种植他种蔬菜的瘠薄地等处种植,让其自由繁生,其杂草可以自然被抑制和消灭。

[繁殖技术]　菊芋用块茎繁殖。一般在3月份至4月上旬栽种,以穴植为主,行距为70～100厘米,株距为30～40厘米,按穴施基肥,种芋芽向上,覆土厚3～4厘米,栽植至萌芽一般历时15～30天。

[栽培管理]　出苗后要分别进行中耕、除草和培土2次,特别是收获以前1个月的最后一次培土必须充分。肥料充足时,可在每次中耕培土时结合追施人粪尿,也可用垃圾肥壅蔸培土。

菊芋的生长极其旺盛,为抑制其徒长,可于茎秆有70～100厘米高时摘心1次。如秋季要作观花植物,在夏秋季时对花枝要进行一些修剪整理,让其长得更加挺拔鲜艳;如只为了收获块茎,秋季有花蕾时宜全部摘除,以节省养分和集中生长块茎。10～11月份以后,茎叶枯死,即可开始掘取块茎。如系成片种植,每667米^{2}可收块茎3 000～5 000千克。收获时不免有块茎残留土中,残留的块茎,翌年能萌发为新的植株,不必再行栽种,即在同一块地进行连作。

风　信　子

[生活习性]　风信子喜欢冬季温暖湿润,夏季凉爽稍干燥的气候环境。要求阳光充足,但也耐半阴。喜肥。宜在排水良好、疏松肥沃的沙壤土中生长。在低温湿黏土中生长极差。性耐寒,在长江流域及以南地区能露地越冬。生长规律为秋季发根萌芽,早春抽叶开花,盛夏茎叶枯黄,鳞茎休眠,并分化花芽。由于气候条件关系,风信子在我国许多地方常退化,植株矮小,花朵变劣,鳞球萎缩,不易栽好,因而品种也不多。

[繁殖技术]　以分栽鳞茎繁殖为主。鳞茎可于6月中下旬叶黄后掘起,剪去上部叶片,放通风处晾干,贮藏于干燥冷凉处,到秋季9～10月份再行栽植。大球直接栽于花坛或花盆,翌年早春便可开花,小球需在圃地畦上再培养2～3年后才能开花。若想产生更多子球,可在休眠期将母球底部割伤成"十"字形,埋入沙土中2～3周,待伤口愈合后,取出栽于培养土中。夏末,母球的割伤部分生出许多小子球,秋季分栽

即可。如要培育新品种,也可用播种法繁殖。

[栽培管理] 栽培风信子可采用地栽、盆栽和水培等方法。

(1)地栽 宜选背风向阳、土质疏松肥沃、排水良好的地方。于9～10月份种植,种前要翻耕土地施足基肥,沟栽或畦栽均可,栽后覆土厚度约为种球直径的2倍。栽后要充分浇水。北方地区冬季还需盖草帘保温、保墒,这才有利于生根和开花。冬季及开花前还应追施1～2次稀薄饼肥水,花后施肥更有利于子球的生长。

(2)盆栽 盆土可用腐叶土、菜园土与河沙各1/3配制成的营养土。栽植深度以鳞茎的肩部与土面平齐为宜。栽植不能过深,鳞茎可稍露顶。室温保持在3℃～6℃,以促使不断发根。待花茎开始生长时,须将花盆移到温暖处,并逐渐增温至22℃左右。生长发育期间要放置在阳光充足的地方,还要经常保持盆土湿润。抽出花葶后,应每天向叶面喷水1～2次,以增大空气湿度。开花前后可各施1～2次腐熟的稀薄液肥。

(3)水培 在10～11月份,选大而充实的鳞茎,直立放在浅盆中,周围堆壅些小石子或彩色石子,注入少量清水,先放在冷凉阴暗处。最好用黑布或黑纸罩上盆面,促使其顺利发根,发根后将水盆逐渐移到有光的地方。水养期间应每隔2～3天换1次水,并在水中加少许木炭,除吸附水中杂质外,也可消毒防腐。在温度18℃左右的环境条件下,约经1个月即可开花。开花后的鳞茎可栽种在土壤中,待叶片枯死后再挖起贮藏。若采用一种特制的广口细颈玻璃瓶来水培风信子,既可观球、观叶、观花,还可观根,更会增添观赏情趣。

郁 金 香

[生活习性] 郁金香有性喜凉爽、湿润、向阳、避风的特性。鳞茎在冬季要接受适宜的低温处理,栽培地越冬的温度以3℃～5℃为宜。具有夏季休眠,秋冬生根并萌发新芽但不出土的特点。生长期要求的温度也较低。翌年1～2月份气温回升到5℃～8℃后,郁金香即开始发苗生长,伸展形成茎叶。生长开花期的适宜生长温度为13℃～20℃。气温缓慢回升,有利于植株的正常生长发育,并能促进小鳞茎的健壮充实。温度过低则生长缓慢,过高则会促使叶片徒长,引起花、叶的比例失调,影响花的质量。花芽分化是在夏季休眠期间进行,分化适温为20℃～25℃,最高不得超过28℃。郁金香最怕酷暑。夏季天气炎热,鳞茎容易腐烂。因此在炎热地区需要降温处理,让鳞茎休眠后能安全越夏。郁金香的耐寒性较强,在北方严寒地区,如有厚雪覆盖,鳞茎就可以露地越冬,冬季在-35℃温度条件下也能越冬。总的来说,郁金香喜欢阳光充足,冬季温暖润湿,夏季凉爽干燥的气候环境。适合在排水良好、质地疏松、富含腐殖质和磷钾肥的微酸性沙质壤土,切忌碱性土和积水地,也不能连作。

[繁殖技术] 郁金香通常以分植鳞茎育苗为主要繁殖方法。母球为1年生,每年要更新,花后茎叶干枯,其旁生出1个新球和数个小球,秋后分离新球和子球以栽种。母球鳞叶发生子球的多少,除因品种不同而异外,还与栽培条件有密切的关系。新

球与子球的膨大，常在开花后1个月的时间内完成。合格的鳞球，于10～11月份种植。种植前需深耕土壤，施腐熟的厩肥和磷钾肥作基肥。栽植时穴底可施草木灰，略覆盖薄土后植球。也可把土与草木灰拌混后再植球。鳞茎基部生根处周围的干皮质膜要去掉，以利于吸水和发根。栽植种球后，须立即覆土5～8厘米。以行距23～28厘米开沟，排球的株距以8～12厘米为宜；株行距和覆土厚薄等，视当地土壤、水分、气候条件以及品种等的不同而灵活决定。头年秋末种植的，至翌年春季即可开花。不合格的中小鳞球，需再培育1～2年，方可用作生产繁殖之用。鳞茎所附小子球，经过2～3年的再培育，也可育成合格的鳞茎。花谢后，除留种结籽的外，要立即剪去花茎，不让结实，以促进鳞茎的生长发育。进入夏季后，地面的茎、叶枯萎，鳞茎进入休眠期，要及时将鳞茎挖起，以防子球脱落。挖取时要特别仔细，不要损伤鳞茎表皮，以免患病而引起腐烂。挖出的鳞茎要清除泥土，放在阴凉通风处阴干。按鳞茎和子球大小的不同，分选分收，而后置于15℃～20℃的温暖处贮藏越夏，以供秋后作种或再培育之用。贮藏时一般要装入网袋内。

　　[栽培管理]　郁金香的栽培比较容易，地栽、盆栽均可。地栽前要深耕细碎土壤，并施足基肥，以腐熟的厩肥和磷钾肥作基肥。开沟深为8～12厘米，稍深一点有利于更新鳞茎的形成，同时也可部分防止倒伏。地栽通常在11月份进行。栽植后为保持有一定的湿度，在干燥地区，可覆盖一层稻草、松叶或塑料薄膜。冬季郁金香主要是发根，生长比较缓慢，需水量少，只要土壤略湿即可。翌年1～2月份是叶片、花茎和花生长的旺盛期，此时需水较多，要适当补充水分。总之，苗期浇水宜少，花蕾形成至开花期，可适当增加浇水量，花谢后又要减少浇水量，以利新鳞茎的膨大充实和小球的生长发育。生长期间还要追肥，第一次在嫩芽刚出土时，此次施腐熟的饼肥水；抽出花茎现蕾时再施1次。花谢后，要分期分批剪去残花，然后施1～2次磷肥，以便养分集中供给新鳞茎和子球的发育。郁金香的花与光照有密切的关系，无光时则闭合，弱光时半开放，光照充足时花瓣全开放。因此在开花期间应做好光照的调节工作。3～5月份还要分别中耕除草2～3次。5～6月份叶片枯黄后，可将鳞茎掘起，放在田间，连茎叶一并吹干，这有利于鳞茎的部分后熟作用。太阳过烈时，还需对球根覆盖，待茎叶绝大部分枯黄后要立即剪去，将球根收藏在阴凉通风处，干后要剥离子球，然后分类分级贮藏在通风凉爽的室内。郁金香的品种间容易杂交，最后使品种混杂，因此要进行隔离栽培。郁金香的鳞茎中含有淀粉，贮藏中易被老鼠啃咬，收藏时还要做好防鼠工作。

　　盆栽时可用菜园土3份，厩肥2份，沙土2份，混合后作盆土。盆钵口径为15～20厘米。每盆中种植1～3个种球。鳞球不能太小，否则不能开花。盆栽的施肥更要勤些，抽叶后每隔15～20天施1次。浓度不能过大，以15%左右为宜。如有条件，在开花前，可在叶面喷施1次0.2%磷酸二氢钾溶液，以促使花大色艳。也有用加温的方法，在室内盆栽，让其提早开花；具体栽植时间，可根据需要在何时开花的要求自由安排。开花后可连盆布置花坛或作盆花之用。盆栽的郁金香，只要叶片枯黄后,就不要浇水,可连盆一齐移在避雨处存放,到秋后再翻盆收种或新栽。

百　合

[**生活习性**]　百合能耐极度严寒。生长季节内,需要充足的阳光,半阴的环境对大多数百合较为适宜。尤其在幼苗期更加明显。百合在富含腐殖质、土质疏松、土层深厚的沙壤土上生长良好,植株健壮,开花数量多,质量好,花型大,色彩艳丽。有的种类在含少量砂砾或沙土的深厚泥炭或肥沃壤土的坡地上也能生长良好。重壤土和黏土,特别是重黏土,对百合的生长非常不利。大多数种类的百合对土壤的要求以微酸性土壤最适宜。部分种类在石灰性土壤上也能正常生长。

生长季节中,大多数种类的百合喜欢较凉爽潮润的气候环境,也有的能耐极干燥的环境条件。大多数种类的百合于秋季栽培,冬季需要低温休眠。采用鳞片繁殖时,鳞片经过冬季的低温休眠、低温春化作用和创伤激素、内源激素的作用,鳞片的内部组织极为活跃,到了春季,鳞片就能萌发新芽。夏季开花,不同品种的百合花期差异较大。

[**繁殖技术**]　百合的繁殖方法较多,常见的有以下方法:

(1)种子繁殖　是繁殖百合的最好方法,优点是能够获得大量的健壮无病植株,并可获得杂种新类型。由于百合种子为扁平状,且周围附着有薄膜状翅,容易随风传播,因此,蒴果成熟后应及时采收。百合种子可随采随播,也可以晾干后,用布袋贮存在阴凉通风处待播。播种前选择饱满、粒大、成熟度高、坚实、富有光泽的种子。先将种子在35℃~40℃的温水中,浸泡24~36小时,当种子充分地吸收水分后,用于播种。

百合苗床地土壤的配制,可用肥沃的壤土2份,粗沙1份、泥炭1份混合配成,每立方米中加入过磷酸盐1克混匀,也可直接用沙质土壤混合腐熟的堆肥作床土,播种时,再施入一定量的氮磷钾复混肥。苗床地应该选择在无强烈阳光照射的半荫蔽的地块中。

百合种子发芽有2种形式,一种是子叶出土,另一种是子叶留土。第一种方式需15~30天子叶顶端露出地表(经过浸泡的种子需要7~10天),后者留在土内的子叶在土壤中形成越冬的小鳞茎,到翌年的春季,才由小鳞茎内长出第一片地上部真叶。

播种时间选择在气温稳定在20℃~24℃的3~4月份,按照20厘米×20厘米的株行距点播,覆盖细土1~2厘米厚,发芽快的类型覆土宜浅些,发芽慢的种类覆土可略深些,一般经过6个月即可开花。有的类型百合的实生苗要在翌年才能开花。对于发芽慢的百合类型,大多属于子叶留土型,一般在种子成熟后的当年,秋季播种,至11月份可发出胚根,11月份至翌年2月份,在0℃~5℃条件下,经过3个月的低温阶段。之后随着气温的升高2~3周,可以长出第一片真叶。有的百合从发芽到开花大约需要3~4年。出苗后,应该加强苗床管理,及时间苗和定苗,搞好水肥管理,促进小苗健壮生长。

（2）播种珠芽　部分种类的百合花莛的叶腋间,能够长出一些小圆球状的小鳞茎,呈绿色或紫红色,称为珠芽。可以采集珠芽,用播种的方法进行无性繁殖。珠芽采集时间为花朵凋谢以后,花莛和叶片逐渐枯萎,珠芽成熟变为紫褐色时。本法繁殖的百合,只要管理方法得当,生长发育旺盛,秋季即可长成较大的鳞茎,翌年即可开花,并且花莛粗壮,花色艳丽。

（3）小鳞茎繁殖　小鳞茎的获得可以通过以下方法:

①"茎生子球"繁殖　是指采用植株地上茎基部和埋藏在土中的茎节上长出的小鳞茎繁殖。先适当深埋母鳞茎,当地上茎出现花蕾后,及时除蕾,可以促进茎生籽球的增多和膨大。据报道,在兰州采用地面覆土,保持高温、高湿的条件,也能促进较多籽球的产生。也可将开花后植株的地上茎切成小段,平埋于湿沙中,露出叶面,经过1个多月后,在叶腋处就能长出籽球。

②鳞片扦插繁殖　在秋季或春季,用健壮、肥大、无病的鳞片斜插在粗沙、泥炭颗粒或蛭石内,于15℃～20℃条件下,待1个多月后伤口处可产生带根的子球,分离后即可成为独立的植株体。对于鳞茎的成活和伤口籽球的形成,最好的扦插基质为0.2～0.5厘米的泥炭颗粒。子球的大小和数量,因百合的种类、鳞片的大小、健壮程度而异。多的1个鳞片可形成50～60个籽球,大的直径可达1厘米以上,小的只有0.2厘米。

③叶片扦插　部分种类的百合,如麝香百合,采用开花植株的茎生叶进行扦插,可以获得子鳞茎。将叶片自茎上拉下,扦插到适宜的介质中,温度保持在21℃左右,每天达16～17小时的光照,3～4周后,可产生愈伤组织和小鳞茎。45天以后,小鳞茎上会出现新根。春季通过扦插获得的小鳞茎,必须保证低温休眠过程的完成,应在4℃～5℃条件下保持12周,才能正常生长。

④组织培养　百合植株的各部位组织均能用于组织培养,而且成功率较高。大多数情况下,利用无病鳞片和花蕾作外植体,以MS培养基附加不同激素,pH为5,培养条件为光照强度1 000～2 000勒,光照时间为10～12小时,温度为22℃±2℃,5～7天后外植体上即出现球形小突起。15天后这种球形小突起变成肉眼可见的芽。1个月到1个半月后,芽逐渐变大,并转为绿色,最后形成小鳞茎,鳞茎基部可出现根系的分化。

[栽培管理]　百合可用于盆栽,也可进行无土栽培和地栽。大多为秋季栽培,冬季休眠,夏季开花。

（1）盆栽　当百合的花凋谢后,鳞茎经过30天左右的后熟期后,将其挖出,在通风阴凉干燥处,晾干水气。再放置于装有河沙的木箱中,贮藏于荫蔽通风处。10月份前后,当鳞茎出芽,并由白黄色变为白绿色时,休眠结束,开始萌动时,是百合盆栽的最好时期。

栽培百合的盆土可以如下配制:腐熟的堆肥2份、沙质菜园土2份、腐殖土3份、森林腐叶土(或泥炭)3份,每36升配制好的盆土中,加入蹄角粉60克、过磷酸钙60

克、硫酸钾30克,混合均匀,粉碎过筛,高温消毒。秋季移栽时,将花盆底孔盖好瓦片,填上粗颗粒土壤,再装入配制好的盆土,有茎根的鳞茎,应植于盆沿下12厘米左右。当芽长出后,及时增添盆土至鳞茎的4/5处。茎根长出后,每10天左右施用1次1∶16的腐熟的有机液体肥料,直至孕蕾开花。盆栽百合的浇水非常重要,水分过多容易腐烂,浇水量应随着植株的生长逐渐增加,花朵盛开时,给予足够的水量,花谢后减少水分供应量,并施用适量的磷钾肥。开过花的盆栽百合,应将鳞茎上部的盆土仔细取出,并将盆埋于阴凉通风的地方。翌年最好地栽,使之尽快恢复,1年后再盆栽。

(2)无土栽培 百合无土栽培,可用浮石、蛭石或粗沙砾作基质,将鳞茎栽植于基质中。为保证植株的正常生长,水分和营养液应由栽培容器的底部孔穴进入,营养液的配方一般为:清水225升、硫酸镁45克、磷酸铵15克、硝酸钾58克、硝酸钙80克、柠檬酸铁铵3.8克、硼酸3.5克、氯化锰2.5克。先用少量水将各种试剂充分溶解后,再混合在一起,加入足够量的水充分搅拌混匀,贮藏于非金属的容器中,置于黑暗处保存。由于无土栽培的营养液中,含有较多的养分,不需要另外施肥,可根据百合的生长时期,对营养液适当调整。

(3)地栽 应首先选择适宜种植百合的土壤,百合最忌连作。栽植鳞茎的最佳时期为秋季,南方地区可稍晚,北方宜早,不能在春季栽植。选择个头中等或较大、大小均匀、色泽纯净、表面无污点的鳞茎作种球,剪去肉质(底根)根。栽植深度约为鳞茎直径的3倍,有茎根的种类宜略深。在种植穴内应先施入腐熟的厩肥作基肥,并根据不同种类百合的生物学特性,适量施入磷钾肥、锯末、泥炭或腐叶土,再填入一层细土。种植鳞茎时,防止鳞茎与肥料直接接触。

百合所需要的氮、磷、钾养分的比例($N∶P_2O_5∶K_2O$)为5∶10∶1或5∶10∶5,通常是每平方米可施入这种比例的氮磷钾复合肥30克,可于春季施于土表,结合中耕混入土内。植株生长期内,每平方米追肥用量为硫酸铵15克,过磷酸钙45克,硫酸钾15克或草木灰120克。将这些肥料撒施于土表,然后耙入土内。

为防止植株倒伏,对高大的植株应支撑缚扎。在盛夏来临前,用腐叶土、泥炭或锯末、粗糠、松毛等覆盖;生长中期和现蕾前,施1~2次骨粉或草木灰,仔细耙入土内;对无覆盖的地块,在干热天气灌溉后,应该适当松土,防止土表板结。

百合的病害主要有百合灰霉病、百合脚腐病、百合鳞茎软腐病、百合青霉腐烂病、百合鳞茎腐烂病、百合花叶病、褐斑病、脱叶病等;主要虫害有金龟子幼虫、百合线虫和蚜虫等。发现病虫害后要及时防治。

唐菖蒲

[生活习性] 唐菖蒲喜欢温暖、湿润和阳光充足,怕炎热,较耐寒,最适生长温度为18℃~28℃,低于18℃植株就会受寒害,高于35℃时,生长会受到抑制,我国西南部是唐菖蒲的最适宜生长栽培地区。对土壤要求不严,适宜于疏松肥沃、排水良

好的沙壤土,不耐涝,喜肥。

[**繁殖技术**] 主要用球茎育苗和组培育苗,少数结实品种也可用种子育苗来繁殖。球茎繁殖是当前的主要方式。选用直径大于2厘米的大球作繁殖材料,每一植株开花后,可产生1个更替的种球及附着许多籽球。挖取种球的时间,一般是花茎剪下后30～40天,叶片呈现枯萎时,分批、分期拣出种球和籽球,放置在阴凉通风处贮藏休眠2～3个月,或晾干表皮后,放在5℃左右的低温处休眠2个月,然后就可以待到翌年种植。籽球需要再进行分级培育。一般直径大于1厘米、小于2厘米的为一级,这样的仔球,又需培养一个生长周期,下次即可作种球。直径小于1厘米、大于0.6厘米的为二级,这样的仔球培养一个生长周期后,部分可以作种球,另一部分需继续培养。直径小于0.5厘米的为三级,一般需要培育2个生长周期,方可作种球。组培育苗可以复壮提纯,消除病毒。若要大规模生产唐菖蒲,则常要采用组培法。播种育苗主要用于培育新品种。

[**栽培管理**] 地栽唐菖蒲,宜选用土层深厚、肥沃、向阳和排水良好的地方。种前要深翻土壤,每667米² 施腐熟的人粪尿30～40担。开厢种植,厢宽1～1.2米,然后按种球大小分别栽种,大球的行距为40～50厘米,株距为20～30厘米;中球稍密些。栽种深度为球茎高度的2～3倍,过浅容易倒伏,过深产仔球少。栽后要浇1次透水。为延长花期,从3月份至8月份可每隔15天左右栽种1批。秋冬如种在大棚温室内,就能保证全年都有鲜花供应。按生育期长短的不同,唐菖蒲可分为早花种、中花种和晚花种3类。早花种从栽种到开花需50～70天,这一类的发芽和球茎生长,所需的温度较低,故能在早春时栽种,能提早开花。中花种需70～90天开花,这一类的叶多而宽大,花多而美,所结仔球也多,但球茎生长成熟都较慢,适于在国庆节前后供大批切花之用。因此,在分批栽种时还要考虑各类型品种的生长和开花期等多种原因,使鲜花能全年均衡上市。生育期间的肥水管理,是使植株开好花、长好球的关键。进入生长盛期不能缺水,尤其是在抽葶开花时期。此时还要追施液肥1～2次,以促进孕蕾和花后球茎的生长发育。水肥充足,能使叶片葱绿,花朵丰富。此花在高温地区的生长反而会不好。花序上的第一朵和第二朵花初开时,可全序剪下做切花。为保证有足够叶片制造养分供地下球茎生长发育,原株必须留有3～4片叶。

小 苍 兰

[**生活习性**] 小苍兰喜欢凉爽、湿润和阳光充足的气候条件,不耐寒冷和高温暑热。适宜的生长温度白天为18℃～20℃,夜间为14℃～16℃。在肥沃、富含有机质、保水力强、排水良好、土层疏松的沙质土壤上生长旺盛。小苍兰在入夏以前开始枯萎,进入休眠,秋凉后重新种植。

[**繁殖技术**] 小苍兰的繁殖可采用分球繁殖、组织培养和种子繁殖。

(1)分球繁殖 栽种的老球在花芽形成后逐渐萎缩,由新生的球根所代替,1个老球每年可产生5～6个新籽球。小的籽球需要培养1～2年后才能开花。直径1厘米的籽球,翌年就可开花。球茎出土后,经过冷暖交替处理,可以促进发芽生长和开花。具体做法是将夏季收获的籽球摊放于30℃左右的温暖地方2～3个月,再置于约15℃的低温处放置2～3周。小籽球的分栽在秋季进行,经过处理的籽球发芽快速整齐。分批处理,分批种植,可以保持多季开花。分球繁殖是生产中最常用的方法,但是其繁殖系数较低。

(2)组织培养　组培繁殖的繁殖系数高,适宜于大批量的生产。方法是选择幼嫩花蕾作组培材料,按照操作要求,灭菌后切片,采用MS＋萘乙酸＋糖浆＋琼脂的培养基,接种后置于30℃～35℃,光照强度为1 500勒的条件下,约15天即可产生愈伤组织,35～45天会产生不定芽,然后移入上述配方加苄基腺嘌呤的培养基内,15天左右产生不定根,形成独立植株后,出瓶植入容器内培育,早期在弱光下经常喷雾保温,以后可逐渐增强光照并转入常规管理。组织培养苗一般需要培育2年,才能用于生产。

(3)种子繁殖　小苍兰的种子寿命短,6月份采收后,7～8月份即应播种。翌年球茎尚小,需要再培养1年,才能作为切花用种球。播种时可播入冷床使其直接在床内越冬生长。也可以盆播,在入冬前移入低温温室,出苗后要有充足的阳光并加强通风。

[栽培管理]　小苍兰属秋植球根类草本花卉,每年可于9月下旬至10月上旬栽种。长江以南地区是冬季生产切花,大多种植于冷床或不加温的低温温室中。北方地区需栽种于花盆中,每个15～18厘米口径的瓦盆栽种大的球茎5～7个。盆土可用沙土、腐叶土、菜园土按1∶4∶5的比例混合配制,再加适量腐熟的饼肥作基肥。霜降前移入中温温室,初期保持10℃左右的温度,以后逐渐提高到15℃。刚刚栽种球茎时,水分需要量不多,一般1周浇1次水,以后随着植株生长的加快,应该逐渐增加浇水次数。植株出现3～4片叶时,进入花芽分化期,每隔10天左右施1次肥,宜用腐熟的稀饼肥水或促进花芽分化的花肥,并缩短光照时间(一般每天10小时光照),可促进花芽分化。开花以后,应减少浇水次数,但不能过干,让球茎继续生长。出现花莛后,应设立支柱并用细绳绑好,防止倒伏。作为切花时,可从花莛基部剪切。盆栽的小苍兰,如不需要结实,当花凋谢时也应及时剪除花莛,让营养集中供应给籽球茎生长。5～6月份叶片变黄后,可将球茎从盆内倒出,晾干后,用塑料网袋按照大小分别贮藏于阴凉通风处。

鸢　尾

[生活习性]　鸢尾属植物中的大多数种的耐寒性都比较强,冬季地上部分的茎叶先后枯死,以地下根状茎或鳞茎越冬。按对水分的要求,又分为2类:一类是陆生型鸢尾,如鸢尾、西班牙鸢尾等,它们喜欢排水良好,不耐水渍,如遇高温多湿环境,容易引起烂根。对土壤要求不严,在微酸性或微碱性壤土、砂质土、黏土中都能生长。喜欢日光充足,但也稍耐阴。好凉爽,忌炎热。秋冬生长,早春开花,

夏季休眠。另一类是原生长在沼泽地带的鸢尾,如花菖蒲、燕子花等,它们喜欢水湿的环境。

[**繁殖技术**] 主要采用分株、分球和播种等方法繁殖。分株可于春秋 2 季和开花后进行,一般是 2～4 年分株另栽 1 次。分株时,每个仔株需要 2～3 个芽,根茎粗壮的种类,分割后切口宜蘸草木灰或放置稍干后再种。鸢尾和德国鸢尾宜用分株法繁殖,西班牙鸢尾、英国鸢尾等宜用分球法繁殖,2～3 年分球 1 次。挖出的鳞球,按大小分级,放冷凉处干燥贮藏。10～11 月份按鳞球大小分别栽种,栽种深浅要合适。播种繁殖容易发生变异,一般只在培育新品种时使用。种子采收后要随采随播,不能干藏。目前还有采用腋芽、鳞片、底盘、花茎等器官进行组织培养的,这是加速繁殖的新途径,有的科研和生产单位早已推广使用。

[**栽培管理**] 不同种类的鸢尾,其生态习性不同,因而栽培管理方法也不一样:一是鸢尾、德国鸢尾等,为陆生根状茎鸢尾,适应性很强,对土壤要求不严,喜欢阳光,在排水良好的土壤中生长良好。栽前要充分翻耕土壤,施入腐熟厩肥和少量草木灰、骨粉等作基肥。栽植不宜过深,根茎顶部以与地面相平为适度,栽后根茎要用土压紧。栽后浇 1 次透水。以后一般以土壤偏干为宜,土壤含水量过多,则容易发生病害。萌芽生长至开花前,应追施 1～2 次腐熟的稀薄饼肥或复合化肥。植株枯黄后要及时消除地面枯叶。二是西班牙鸢尾和英国鸢尾,为鳞茎类鸢尾,喜欢排水良好、冷凉而富含腐殖质的壤土,还要求有充足的阳光。栽植地点应选在背风向阳地段,10～11 月份栽种。栽种前要施足基肥,以磷、钾肥为主。大鳞茎的种植株行距为 10 厘米×20 厘米,栽植深度为 8～12 厘米,栽后翌年即可开花。中小鳞茎的栽种株行距为 5～6 厘米,栽植深度为 3～5 厘米,栽后需要培养 2 年才能开花,栽后也要浇 1 次透水。寒冷地区冬季需要覆盖保护。翌年开花后,母鳞茎由于养分耗尽,只留下纤维状的残体,须根也死亡。与此同时,新生鳞茎进入积累养分阶段,此时要加强肥水管理,以保证新鳞茎能不断充实肥大。6 月份以后植株进入休眠期,待地上叶片枯萎后,要及时挖出鳞茎,放在通风凉爽处分级贮藏,以备秋冬种植时使用。剪切花时,应尽量少剪叶片,使鳞茎能继续生长。常见的病害有鸢尾锈病、鸢尾叶斑病等,应及时防治。

魔 芋

[**生活习性**] 魔芋适应性强,性喜温暖、阴湿、不积水的环境,是怕晒、怕干旱、怕涝、怕瘠薄的块茎类作物。对土壤要求不严,最适在疏松肥沃、排水良好、土层深厚、富含有机质的酸性或中性的沙壤土中生活,在富含腐殖质并堆有生活垃圾的墙角地等处生长反而茂盛。南方地区能露地越冬,在山坡向阳地方也可生长,只是叶柄细矮,块茎较小。个别地方也将它盆栽作观赏用,生长期的适温为 20℃～30℃,要求全年无霜期在 240 天以上。

[**繁殖技术**] 魔芋通常是营养株,只长叶不开花,而开花株只抽花序不长叶。

用种子繁殖需栽培3~5年才能开花、结实和采收,大田栽培较少。一般采用无性繁殖,用根状茎、中小块茎、大块茎切块或削顶芽作种。以根状茎作种,种源丰富,繁殖系数高,比较经济。生产中一般用中小块茎作种,主要利用顶芽,顶芽发芽势强,并且无伤口,播后不易烂种。新块茎一般只长到100~150克,多作繁殖育苗材料。切块时,每块应带2个正芽。如削顶芽作种,可将下部块茎作商品,既可节约用种,也能增加收入。切块方法是纵切,每块必须要有侧芽,切口必须经过消毒处理。种芽应选体形完整无损,芽眼饱满,无病虫害的块茎。

[栽培管理] 魔芋的栽种有冬种和春种2种。冬种在11~12月份收挖魔芋时进行,采用边挖边种、挖大留小的方式,适合气候温和,霜冻轻微的低山平坝地区采用。春播在3~4月份,只要气温回升到15℃时即可播种。生产中以春种最为普遍。播种前对种芋要晒1~2天。一般采用穴播,也有用开沟播种的,株行距为50厘米×40厘米。每次放1个种芋,种芋的顶芽要倾斜,以免积水或积肥造成腐烂。覆盖细土厚为4~6厘米,然后再盖一层草以利保湿保温。魔芋怕强光直射,适当遮荫可促进正常生长发育和提高产量。大田栽培时,可用与玉米等高秆作物进行间种或套作。中耕除草宜浅,以免伤根和芋块。传统的做法是不用锄头而用手和竹签松土除草,进入生长后期可适度培土。视土壤肥力和苗情,结合中耕除草,一般要追肥1~2次。天气干旱时要及时浇水,多雨季节或大雨后,要立即清沟排水。主要病虫害有白绢病、软腐病、红蜘蛛、甘薯天蛾、斜纹夜蛾等,发现后要及时防治。一般在枯苗后20~30天采收为宜。

马 蹄 莲

[生活习性] 马蹄莲喜欢温暖、潮湿的半阴环境气候条件,切忌烈日暴晒。耐寒性较差,尤其忌霜冻。生长的适宜温度为18℃~25℃,最低温度要求在10℃以上,在北方地区需要进入低温温室越冬。如果进入中温温室可继续生长并开花。种植马蹄莲的环境要求通风。喜疏松肥沃、富含有机质的砂质壤土或中壤土,并保持较高的含水量。不耐干旱和盐碱,在干燥的空气环境中生长不良。

[繁殖技术] 马蹄莲的种子较少,繁殖方法一般采用分株法。分株时间一年四季均可,但以春季分株效果最好,宜在开花以后进行。将根茎周围萌发的小株分割以后,重新种植。分株后的新株,栽培后应在荫棚下培养,早期注意经常浇水,保持土壤湿度,即可长成新的植株。分株时,对母株应该保留2~3个苗,不可过分分割。如果小株没有带根系,可先插入素沙中荫蔽保湿培养,20天左右可长出新根。根大的新株当年就可以开花,根小的需要经过1年的培养,翌年才能开花。

[栽培管理] 除大面积生产切花处,一般均盆栽。盆栽宜选用口径30厘米左右的深筒盆。培养土可用河沙、腐叶土、菜园土按1∶2∶2的比例并加入少量骨粉混合均匀配制。上盆时间为8月上旬至9月上旬,栽植以后浇透水,放置于半阴处。马蹄莲从出芽后就不能缺水,应经常保持盆土湿润。平日浇水时要注意不让水滴流入叶

心内,其叶心忌水湿。当新生叶片长到 10 厘米左右时施用追肥,春季每半个月施 1 次稀薄的饼肥水,促进植株生长,秋季 10 天左右施 1 次以磷钾肥为主的液体肥料,有利于促进冬春季节开花。施肥时千万不能让肥水流入叶柄和心叶内,否则容易引起黄叶和腐烂。同时,花期应该停止追肥和喷水。夏季伏天要防暑降温。

生长期间如果叶片过多,生长过旺,应该注意将外部老叶及时剪除,以利于花茎抽出和通风透光。在北方地区,10 月中旬移入温室或室内,白天室温应保持在 15℃ 以上,夜晚不低于 10℃,并保持土壤湿润,结合浇水,每 7～10 天施 1 次以磷钾肥为主的稀薄肥料,浇水的水温应与室温接近。经过精心培养,在春季前后也可开出艳丽的花。为害马蹄莲的害虫,主要有介壳虫,病害主要有煤污病,都应及时防治。

朱 顶 红

[生活习性]　朱顶红喜欢温暖、湿润及半阳环境。夏季宜凉爽,切忌高温。生长适温为 18℃～25℃;冬季休眠期要求冷凉干燥,适宜温度为 5℃～10℃。喜阳光,但光线不宜过强。喜湿润,但怕涝,生育期间要求较高的空气湿度。要求富含有机质而又排水良好的沙质壤土。生长期间需要肥料多,为促使鳞茎肥大,还要经常追肥;秋末要减施氮肥,多施磷钾肥。

[繁殖技术]　常用以下方法繁殖:

(1)分球繁殖　一般在当年 3～4 月份进行。将母球周围的小鳞茎取下繁殖。在分取小鳞茎时切勿损伤小鳞茎的根。栽植时需将小鳞茎的顶部露出地面。分取的小鳞茎一般经过 2 年的地栽才能形成开花的种球。

(2)播种繁殖　朱顶红容易结实,花期人工授粉,更易获得较多种子。种子成熟采收后应立即播种。若温度在 15℃～20℃,播后 8～12 天就能发芽,发芽率高;苗期可移栽 1 次,但小苗必须具 2 片真叶才能进行,翌年春即可上盆。地栽或盆栽 2～3 年后就能开花。

(3)扦插繁殖　扦插时先将一个大的母球,纵切成 8～16 块,或更多一些,每块基部需带有部分鳞茎盘,晾至萎蔫再加少许木炭使之呈碱性,然后将每块插穗插入湿润的沙土中。扦插繁殖通常是在 7～8 月份的高温期进行,温度控制在 27℃～30℃,经 5～7 周后,鳞片间便可发生 1～2 个小球,并在下部生根。一个母球经过这样处理,就可繁殖近百个籽球。经过分离栽培后,就可以成苗。

(4)组织培养　用 MS 或 White 培养基,用花梗或子房作外植体材料,经组织培养,在切口处可产生愈伤组织,1 个月后可产生不定根,3～4 个月后就形成不定芽。用带萼片的花梗和带茎的鳞片作外植体材料,也可产生不定根和子球茎。

在上述方法中,以分球繁殖为主。

[栽培管理]　朱顶红可露地栽培,也可盆栽和无土栽培。

(1)露地栽培　在 3～4 月份进行。栽培地要地势高燥和排水良好,为预防涝害,也可做成高畦深沟,株行距为 20 厘米×30 厘米,沟深约 20 厘米。先在沟中填入 10

厘米厚疏松肥沃的腐殖土。要使用较大的鳞球，按叶的东西伸展方向排球，这样叶片受光均匀，然后再覆盖薄土，使球的顶部稍露出土面为宜，不宜深栽。栽浅些地温高，肉质根发育良好，根系生长旺盛，5～6月份便可开花。栽后要立即用塑料薄膜覆盖，以利提高地温，加快发根。在生长期间要不断地增施肥料。采做切花的，要在花蕾含苞待放时，连花梗基部一齐拔出。采花之后要不断供应水肥。在秋末冬初要停止浇水施肥，使其逐步进入休眠期。冬季地上部分枯死，剪除枯叶后，覆土即能越冬。对不开花的小球，在霜冻期间应采用覆盖物防寒。挖球要选晴天，在土干时挖起，除去泥土，剪去叶片，略加干燥后贮藏。

（2）盆栽　要选用在田间生长3年，直径在3厘米以上的大球作种球，1个盆钵只种1个球的，盆可小些；一个盆中种3～5个球的，盆口直径必须是25～30厘米。盆土要用排水良好、富含腐殖质的培养土，并加一些骨粉和过磷酸钙作基肥。种前先剥下种球边的籽球，将种球浅栽，使球的顶部露出土面。上盆后浇透水1次。待发出新叶后再浇水。以后每20～30天追施液肥1次。只要肥水管理得当，当年5～6月份就可开花。秋季叶片增厚老熟时，可停止施肥，要控制浇水，剪去叶片，连盆一齐贮藏在温暖处，越冬室温应保持在50℃以上，使之休眠。待翌年2～3月间，萌芽将要出现时，翻盆或更换新土。主要病虫害为病毒病和红蜘蛛，要及时防治。

文 殊 兰

[生活习性]　文殊兰喜欢温暖、湿润、光照充足、肥沃沙质壤土的环境，略耐阴，不耐烈日暴晒，耐盐碱土，不耐水涝和寒冷。生长适温为15℃～20℃。冬季鳞茎休眠期，适宜的贮藏温度为8℃左右，冬季需在不低于5℃的室内越冬。

[繁殖技术]　文殊兰主要用分株和播种的方法繁殖。

（1）分株繁殖　一般在早春结合翻盆进行。将母株周围的生根芽瓣下来，稍晾1～2天，另行上盆重新栽种，每盆1棵，不宜栽得太浅或太深，上盆后定根水要浇透，放在半阴少光处养护，度过缓苗期后正常管理，2～3年分株1次。

（2）播种繁殖　秋季当种子成熟后要随采随播。种子较大，常用浅盆点播，覆土厚度为种子直径的2倍，播后浇透水，保持培养土的湿润，1个月左右便可发芽出土，发芽适温为18℃～24℃。当长出3～4片真叶时，便可上盆栽种。

[栽培管理]　文殊兰在生长期间需要大肥、大水，特别在开花前后以及开花期更需充足的肥水。春季以施氮肥为主的薄肥，抽葶孕蕾期以施磷钾肥为主的液肥，秋季施腐熟的饼肥，每隔2～3周可施肥1次。在生长季节，本着见干见湿的原则浇水，冬季要控制浇水。文殊兰在夏季怕烈日暴晒，因此到夏季后，应将盆栽植株移到荫棚内或阳台的背面；如是地栽的也要适当地搭棚遮荫，并经常向地面洒水，以创造凉爽湿润的小环境。北方地区在10月份以后要将植株搬到室内，温度保持在8℃～10℃即可安全越冬。文殊兰每年在长新叶时，要脱去外层的老叶，因此要随时将老叶黄叶剪掉。文殊兰易受介壳虫和煤烟病的危害，发现后要及时防治。

花 毛 茛

[生活习性]　花毛茛性喜凉爽及半阴环境,忌炎热,较耐寒,在我国长江流域可以露地越冬。要求腐殖质多、肥沃、排水良好的沙质或略黏质土壤,pH 以中性或微碱性为宜。

[繁殖技术]　以分球繁殖为主,9～10 月份将块根自根颈部位顺自然分离状况掰开,另行栽培。也可播种繁殖,通常秋播。因种子在高温下(超过 20℃)不发芽或发芽缓慢,故需人工低温催芽,将种子浸湿后置于 7℃～10℃下,经 20 天便可发芽,翌年便可开花。

[栽培管理]　花毛茛无论地栽或盆栽,均应选通风良好及半阴环境。秋季块根栽植前最好进行消毒,即可用 40% 甲醛或 1 000 倍液的乌斯普龙液冲洗。地栽定植距离约 10 厘米,覆土厚约 3 厘米。初期不宜浇水过多,以免腐烂。待春季生长旺盛时期应经常浇水,保持湿润。开花期宜稍干。花前可追施 1～2 次液肥。花后天气渐炎热,地上部分也慢慢枯黄,从而进入休眠。此时可将块根掘起晾干,放置于通风干燥处,以免块根腐烂。

为使其提早开花,可保持日温为 15℃～20℃,夜温为 5℃～8℃。冬季寒冷地区,常在温室进行促成栽培,供切花或盆栽。盆栽时为使植株低矮,可在发蕾期喷洒 B_9 的 300 倍液。

如果浇水过多,土壤排水不良,则易发生白绢病和灰霉病。白绢病的症状是在株丛地上部分的基部产生白色丝状霉,使表皮腐烂,水分无法上升,导致枝叶枯萎死亡。其最好的预防方法是土壤消毒。在通风不良的环境中易产生灰霉菌,使株丛上产生暗绿色水浸状病斑,继而腐烂,应及时拔除灰霉病病株。

美 人 蕉

[生活习性]　美人蕉喜欢温暖炎热的气候环境,要求阳光充足,怕强风,风大容易倒伏。不耐寒冷,遇霜冻地上部的茎叶容易枯萎,保留地下块茎越冬。在长江以南地区,美人蕉可以露地越冬。在长江以北地区,应将其地下块茎挖出,放置于窖内越冬,翌年再重新种植。贮存块茎时,应防止水涝和窖内潮湿,避免块茎腐烂。美人蕉对土壤的适应性较强,对土壤的选择性不强,生长于肥沃疏松、土层深厚、湿润,富含有机质的土壤中,长势良好,花大色艳。

[繁殖技术]　美人蕉的繁殖,大多采用无性繁殖技术,即分株繁殖法。繁殖时间的选择,长江流域地区一般在 3～4 月份,北方地区选择在 5 月上中旬进行。分株前,应将整株挖出,除去附着在根系上的土壤,保留部分根系,一般按照每块根茎上保留 2～3 个蘖芽的原则,用锋利的刀片将整株切割分开,在切割处用草木灰或硫磺粉涂抹,防止切口被病害感染。然后将分株置于阴凉通风处,当切口处稍微干燥后,即可用于栽培。

[栽培管理]　美人蕉既可以盆栽,也可以地栽。

(1)盆栽　盆栽美人蕉的时间选择,长江流域一般在 3～4 月份,北方地区在 5 月份定植。可选用中号花盆,盆土用腐叶土 4 份、腐殖土 3 份、沙质菜园土 2 份、厩肥或腐熟的牛粪 1 份,加入适量的磷、钾肥混合配制。在盆底孔眼上垫石块或瓦片,以利于水分渗透,而又不漏出盆土。垫一层干杂肥后,再填充营养土。最后将带 2～3 个根茎蘖芽的苗株,植于盆中心,覆土压实,浇 1 次透水,放置于温暖、阳光充足的地方,每 2～3 天浇 1 次水。当新叶长出后,即可正常管理。

(2)地栽　地栽美人蕉可选择土壤肥沃、土层较深、质地疏松、透气排水性能良好、地势较高的场地,施入腐熟发酵后的厩肥或牛粪,然后深翻土地,使肥土相融。种植时应挖大坑,施入堆沤好的土杂肥,回填肥沃的沙质土。再将分好的株苗,植于坑内,一般栽深为 8～10 厘米,不宜过深,以免影响蘖芽的萌发和生长。种植好以后,浇 1 次透水,待小苗萌发时,再浇 1 次水,即可成活。

第四节　草质藤本花卉

鸡蛋果

[生活习性]　鸡蛋果喜欢温暖湿润、阳光充足、土壤肥沃、排水良好、夏有荫蔽的环境。常以卷须攀缘他物向上生长,在富含腐殖质的沙壤土种植较好。不耐寒冷,气温低于 10℃时,对其生长不利。忌积水。花期为 4～8 月份,果实于 7～9 月份先后成熟。

[繁殖技术]　常用播种、扦插、分株、压条等方法繁殖。果实成熟后分批摘下,先搓洗果瓤,然后取出种子,放在通风阴凉处晾干,装入布袋或用干沙贮藏,留待翌年春播之用。翌年春季,气温达到 20℃左右时就可以播种,可直接把种子播入早已准备好的大土穴中,也可用营养袋育苗。扦插宜在春末进行,先取越冬的茎蔓,每段带 2～3 个节,长 5～7 厘米,将 1 个芽插入湿润的苗床中,遮荫并喷雾保湿,1 个月左右就可发根,最后移到地圃中培育。生产中常用此法繁殖。见根部有幼芽时,把幼苗取下分栽即可成活。盆栽与分株结合换盆时进行。压条在春、夏、秋 3 季均可进行,将近地面嫩蔓的叶芽处压入土中,经常保持土壤湿润,20～30 天后即可发根,剪下即为新的植株。为减少移栽,一般用容器压条,新株剪下后带容器一齐种植。生产中常用扦插和压条的方法繁殖。

[栽培管理]　鸡蛋果喜欢肥沃湿润、排水良好的沙壤土,黏重土、干瘦地、积水地均不适宜。种植时要施足基肥,并以厩肥、垃圾等有机肥为主,用肥以中等为宜。春、夏季应每月追肥 1 次。开春后结合施肥,每年培土壅蔸 1 次。冬暖地区可露地棚架栽培;冬冷地区以盆栽为主,可用圈形支架。要移入室内越冬,越冬温度应在 5℃以上。入秋后,要控制水肥。入冬后将嫩藤剪去,保留老藤蔓以利越冬和翌年发芽。生长季节虽喜欢阳光,但开花藤蔓切莫覆盖过密,因此要作适当疏剪。

爬 山 虎

[**生活习性**]　爬山虎耐阴性极强,常攀附于背阴岩石、树干和墙面上,不怕烈日照晒。具有较强的耐寒能力。在我国除亚寒带地区外,在绝大部分地方都能露地越冬。对土壤要求不严,在碱性或酸性土中都能生长。能耐瘠薄,但不耐干旱。抗风能力强。爬山虎的花期在 5～7 月份,炎热地区要提早开花,冷凉地区的花期要推迟。果实在 9～10 月份分批先后成熟。

[**繁殖技术**]　爬山虎可以用扦插和压条进行繁殖。枝条入土后很容易生根。扦插在春天或雨季进行,每段插枝长 10～15 厘米,斜插入土要深,有 2～3 个节埋入土内。压条在早春时进行,也要压 2～3 个节在土中。苗期除要荫蔽养护外,还要保持土壤湿润。成苗后,当年秋天或翌年春天就可以移栽定植。还可用种子繁殖。果实成熟后及时采种,经捣烂漂洗去果肉,风干即得净种。在当地适播期前 1～2 个月,用冷水浸种 2～3 小时,捞出后混湿沙 2～3 倍,贮藏于室内。在南方地区可平畦条播,播种前先浇足底水,每平方米用种子 10～15 克,覆土 1～1.5 厘米厚,发芽率为88%～98%,每平方米可产苗 300～400 株,当年幼苗可长到 40～50 厘米,翌年春季移栽。也可用嫁接与分根法繁殖。

[**栽培管理**]　爬山虎的栽培管理既简单又粗放。早春萌芽前,用裸根沿建筑物的四周或高墙下栽种,株距 1 米左右。初期干旱时要经常浇水,保持土壤湿润,每年追肥 1～2 次,使其尽快沿墙壁或高坎吸附而上。为使它能按人们的需要生长,生长季节还可人为地做些牵引修剪工作。2～3 年后,就可以逐渐将数层高楼的壁面布满,以后就可以任其自然生长。生长过密处还可以疏去一些老藤或多余的枝蔓,冬季要剪除枯枝和病残叶片。病虫害较少。

有时由于墙面过于光滑,爬山虎新梢只在墙脚或墙角下乱窜而不爬墙,用以下方法可以解决爬山虎不爬墙的问题。

(1)拉丝法　用细铁丝从墙顶垂直拉到墙底,两端固定,每列间距 1.2～1.6 米。爬山虎新梢沿铁丝往上攀爬,然后吸附墙面向两旁延伸。此法见效快,爬出的墙面纹理分明,均匀美观。

(2)钉条法　用木条或细竹竿垂直钉在墙上,间距为 1.5～2 米,爬山虎的新梢沿木条向上攀爬,然后再向两旁延伸。此法适合低矮的墙面,而且平整紧实。

(3)粘附法　把新梢或新梢上的叶柄,理好粘贴于墙面上,或在新梢上选几片叶子,在叶背涂满胶水,把新梢沿墙面拉直,然后把叶片粘在墙上。由此牵引整条藤蔓贴近墙面。以后新梢上长出的吸盘就会逐渐吸附在墙面上。此法简单易行,但成景较慢。

旱 金 莲

[**生活习性**]　旱金莲喜欢温暖湿润的气候条件,在阳光充足或疏荫下均能生长

开花。要求排水良好和肥沃的土壤,不耐严寒和酷暑,生长适温为 18℃～24℃,忌高温,怕水涝。花期较长,除盛夏外,四季均可开花。在南方地区,冬季可露地生长越冬,而北方地区必须在中温室内才能开花和越冬。

[繁殖技术]　旱金莲的繁殖方法有以下几种:

(1)播种繁殖　它的种子大,萌发力强,成苗快。人工播种,北方地区在早春,南方地区在秋初。春播时可将种子用 35℃～40℃ 的温水浸泡 1 天,播种后保持 18℃～20℃ 的温度,点播、条播均可,株距 3～4 厘米。也可密播于木箱沙床内,只要水分适中,播后 10～15 天即可出苗,有 3～5 片真叶后移入盆内,播种苗经过 140～150 天后就能开花结果,供观赏。旱金莲能自播繁殖,在栽种过的地方可以得到大量花苗。也可直接在露地花坛中播种。

(2)扦插繁殖　全年均可扦插,但以在 4～6 月份进行为好。选取嫩茎作插穗,截成 15～20 厘米长的小段,其上有 3～5 个芽,除去下部叶片。插后要遮荫保湿,2～3 周后节部即能生根,扦插苗约经 2 个月后就能开花。

(3)分株繁殖　具体做法是夏季开花后,将进入休眠期的旱金莲放置于阴暗湿润处,不做细致管理。到 10 月份,许多老茎已陆续发出新苗,从中选取带有根的新株,另行种植,进行一般的管理,南方地区到春节前后即可开花。

[栽培管理]　旱金莲的栽培比较容易。盆栽时,要求阳光充足和通风凉爽的气候环境,培养土宜选用腐叶土 4 份、菜园土 4 份、堆肥土 1 份,沙土 1 份,混和配制而成。生育期间如肥水管理不当,常会出现节长叶黄、茎细叶小或枝叶繁茂花朵稀少的不良现象。一般定植时施少量基肥,每月施 1 次稀薄肥水,可促使开花茂盛。盛夏炎热时停止施肥。由于枝条内部多浆,在整个生育阶段要给以充足的水分,并保持较高的相对湿度。在北方地区盆栽,冬季需移入室内或温室越冬,最低温度不能低于 8℃～10℃。旱金莲除矮性品种外,因茎系蔓性,盆栽或露地种植时都必须用细竹竿设立支架,人工牵引绑扎,使枝条攀缘其上,以利美观和正常生长。雨天要注意排水防涝。一般盆栽 2～3 年的植株需要及时更新。由于旱金莲的花和叶的趋光性都比较强,栽培过程中需要经常转换花盆方位,让其正常生长。此花易受蚜虫和白粉虱的为害,需要经常用人工或喷药防治。成熟的果实会自然脱落,应在果皮发白而尚未变干时就及时采收,然后晒干贮藏。不必脱粒。

文　竹

[生活习性]　文竹不耐寒,耐干旱能力较差,适宜于温暖湿润的半阴环境,夏季强烈的日光照射对文竹极为不利。栽培文竹的土壤要求排水性能良好,在土体疏松肥沃的沙性土壤上生长最好。

[繁殖技术]　文竹可采用播种和分株繁殖。

(1)播种繁殖　这是最常用的一种方法,繁殖数量大,经济效益较高。留种文竹应选择株形和云片形态好、健壮的植株,最好是温室栽培。文竹从营养生长转化为生殖生长需要4～5年,为保证多开花、多结果,在5～6月份花芽分化以前,再施用磷钾肥2～3次,促进花芽分化。在花蕾形成以前,用0.01％硼酸或硼砂水溶液叶面喷施。6月下旬可见针尖状花蕾。8～9月份开花时应控制水分,切忌施肥,采用昆虫或人工授粉,可提高结实率,到12月份至翌年2月份种子逐渐成熟,当果实颜色变为紫褐色时就可以采摘。

采集的种子应先搓洗,除去浆果外层的果皮,晾干后放在纸袋内保存。播种时间一般选择在4月中旬。播种前先用30℃～35℃的温水浸种24～36小时,将果实的干皮泡软,搓洗干净。为促进种子发芽,也可采用0.01％赤霉素水溶液再浸泡24小时。

苗床可用木箱、塑料箱、长形竹筐或土陶盆,营养土可用腐叶土3份、细土2份、沙质菜园土2份、河沙2份、腐殖土或厩肥1份,加入适量磷、钾肥,充分混合均匀而配制成。苗床底部可垫一层马粪,再填营养土。播种前,先将苗床浇透水,按2厘米×2厘米的株行距点播。播种后,覆盖一层厚2毫米左右的细沙或草木灰。将苗床移至温暖处,保持25℃左右的温度,每次浇水时应注意不能将种子冲出土面。管理上要注意保持床土湿润。20～30天后,种子开始萌发,30～40天左右长出新芽,70天后可用0.05％磷酸二氢钾喷施或浇灌,以补充磷、钾营养。秋季可以移植到小花盆,供室内观赏。

(2)分株繁殖　一般在春季3～4月份翻盆时一并进行,也可在秋季8～9月份分株。分株前一天浇1次透水,第二天当盆土吸水充足松软后,将整株取出,抖除泥土,用刀片沿自然裂缝切开根茎,保持每块块茎有3～4根茎秆。若枝秆长,变态叶片多,可以剪除部分枝叶和死亡的老根,再将分株苗在泥浆中浸一下,最后上盆种植。只要加强管理,也容易成活。在分株时,也有直接在盆内用小刀,从盆土表面在丛状生长的植株中心,将根茎切成几个小块,一直切至盆底,保持原盆植株和土壤,正常养护。直至4月中旬再将文竹取出分株。这样效果也非常理想,成活率可以达到100％。

[栽培管理]　文竹可以盆栽,也可以在温室内地栽。盆土可用沙质土壤和腐叶土各一半混合配制,也可以采用中壤土、腐叶土、厩肥各1/3混合配制。文竹的盆栽与其他草花基本相同。在春季或秋季小苗长至5厘米左右时,移入盆内栽培,根据需要,每盆可合并栽植3～5株小苗。装盆时,盆底应垫放一层碎石子,保证盆底不积水。春季应翻盆,并将盆移至室外阴凉通风处。3～4天浇1次透水,浇水不宜太勤,水分不宜太多,否则,容易造成枝叶徒长。夏季可以视情况每天浇水1次,保持土壤湿润即可,防止盆底积水,产生烂根的现象。冬季应将盆栽文竹移至室内,北方可移入温室,注意保暖,浇水次数应当减少,冬季5℃～10℃的温度就可以保证其正常越冬。

文竹的施肥非常简单,一般在春季施1～3次腐熟的有机液体肥料,浓度为1∶10或1∶12左右,分别在9～11月份各施用1次即可。如果平时出现变态叶片稀疏变黄,可能是施肥不足,或土壤碱化所致,可以增施1次矾肥水,或采用浑水浇灌。

需采收种子的文竹,最好在温室内地栽。地栽文竹由于营养充足,生长速度快,枝条长,应搭架,以便枝条攀附。栽培地应该选择向阳的地块,以利于开花结果。

天 门 冬

[生活习性]　天门冬性喜温暖湿润,不耐寒,喜阳光,耐半阴,但忌阳光直射;不耐干旱,也不耐涝,但在疏松肥沃、排水良好的沙壤土中生长良好。

[繁殖技术]　天门冬常用播种和分株方法繁殖。

(1)播种繁殖　在3~4月份按4厘米×4厘米的株行距,将种子播于整理好的苗床内,覆土厚度为种子直径的1倍,播后保持土壤湿润。经25~30天后就能出苗,苗高10~15厘米时就可以移栽。也可于早春2~3月份,在温室内将种子点播于浅花盆中,播后覆土0.5厘米厚。然后将播种盆放在浅水内,待水渗入至盆面湿润为止。以后经常保持盆土湿润,1个多月后就会发芽出苗。

(2)分株繁殖　一年四季都可以分株,但在3~4月份进行最好。分株的母株应选择3年生以上的大株。具体做法是将植株从盆中倒出,抖掉部分宿土,均匀地分成2~3丛或3~4丛,然后分株栽植于盆内,同时浇足定根水。以后经常保持盆土湿润。

[栽培管理]　地栽天门冬应选择半阴处,以垄栽为好。垄宽50厘米,高20厘米,沟宽40~50厘米。在垄上栽种2行,交叉列植,株距30~40厘米,垄长任意,也可自行设定。盆栽的冬季放在室内,夏季移到室外,注意防涝与防暴晒,终年可供切叶,惟产量较低。盆栽用土与育苗用的基质相似,以体积计算,腐叶土占50%,菜园土占20%、沙占20%、腐熟厩肥占10%,另外,还可适量加一些磷酸钙、硝酸钾、硫酸亚铁等肥料。每隔3~4年,可在4~5月份结合分株换1次盆。换盆时要把老根去掉一些,如用普通培养土,一般可不施肥。天门冬喜欢阳光,若阳光不足,叶状枝易发黄。夏季要多加遮光,一般遮光30%~50%。越冬温度最好保持在10℃~15℃,10月中下旬后入棚或移入室内,4月上中旬出棚,此时要修剪枯枝,以保持树冠美丽。天门冬不喜欢大水,否则易烂根。夏季可每天浇1次水,冬季每3~4天浇1次水,或盆土见干后再适当浇水,以保持盆土湿润为原则。盆土若过于干旱,易造成枝叶黄萎,甚至落脱。5~8月份为旺盛生长期,这段时间应适当追肥,每25~30天追肥1次,以氮、钾肥为主。如缺少营养、长期未换盆、块根盘结拥挤、使用未腐熟的有机肥、强光直射、光线不足、浇水太多等,都会造成天门冬的茎叶发黄。种子在11~12月份成熟,应及时采收,并随采随播。也可洗净种皮后晒干,贮藏于低温与干燥处备用。

天门冬的叶片、小枝和茎上常见的病害有炭疽病、枝枯病、叶斑病和褐斑病等。发病后要及时清除病枝、落叶及病株,以减少侵染菌源,其次是增施磷、钾肥,以提高植株的抗病能力。发病初期也可以喷洒47%春雷氧化铜可湿性粉剂700倍液。为害天门冬的主要害虫是介壳虫,可喷洒80%敌敌畏乳油1 000~1 500倍液防治。孵化期可喷施40%乐果乳油或50%久效磷水溶剂1 000~1 200倍液,每隔10~12天1次,连续喷3次。

蓬 莱 松

[生活习性]　蓬莱松喜欢温暖湿润的环境,不耐低温,也怕高温。生长适温为20℃～25℃,冬季室温不得低于10℃,如低于5℃则易受冻。夏季高温超过35℃时,生长会停止,叶状茎会发黄。对光照反应比较敏感,既怕强光暴晒,同时又不能长期摆放在室内,若遇强光或阴天,针状叶都会出现枯黄或脱落。对土壤要求不严,在多种土壤中都能正常生长,但以疏松肥沃、排水良好的腐叶土最为合适。

[繁殖技术]　蓬莱松常用播种和分株方法繁殖。

(1)播种繁殖　蓬莱松的种子寿命短,采种后应立即播种,或经过沙藏越冬后再播种。它的种子较大,种皮坚硬,应先用清水浸种 1 天后再播种,经过浸泡的种子发芽又快又整齐。一般在 4 月上中旬以室内盆播为主,采用点播,每盆播种 3～5 粒,覆土不宜过厚,为种子直径的 2～3 倍。室温保持在 20℃～25℃,播后 15～20 天就会分批发芽出土。苗高 5～7 厘米时可以移栽到其他的小盆内,先放半阴处。待移栽成活后,再逐渐移出让太阳照射。

(2)分株繁殖　栽种 3 年以上、长有 10 个左右直立的茎时,就可以分株。分株在春季换盆时进行。先将母株从大盆中挖出,抖去部分宿土,找到根系稀少的地方,立即切开株丛,把一大丛分成 3～4 丛,每丛有 2～3 株直立茎和 5 条以上的肉质根即可。切割时要尽量少伤茎皮和根系。上盆或地栽时,株丛上的残枝、伤根要剪除,根系要理顺,先分层填土分层压实,然后浇足定根水。植株周围要壅成馒头状,以免积水而烂根。

[栽培管理]　春、夏、秋 3 季为生长旺盛期,此时需要有充足的水分,但盆钵内或地栽的定植穴中不能积水。其根系为肉质根,浇水过多,容易烂根落叶。每隔 30～40 天施肥 1 次,要多施氮、钾肥。入冬后要停止追肥。秋后气温下降,要逐渐减少浇水,以免叶状茎徒长,弯曲下垂,影响姿态。盆栽 2～3 年后一般在春季换盆;地栽 2～3 年后,也要按时分株。换盆和分株时要剪除密株和长枝,以利于通风透光。生长期间还要随时剪除枯黄枝叶,使株形更加优美。在整个生长期间,还要做好松土、培土和除草工作。整个生长期间易受介壳虫和粉虱为害,主要在针状叶上发生。发生后,除用人工捕捉杀虫外,也可用 40%乐果乳油 1 000～1 200 倍液喷杀。

牵 牛 花

[生活习性]　牵牛花性喜温暖、向阳环境,不耐霜冻。抗性强,耐干旱、耐贫瘠。直播或尽早移植。于短日照下形成花蕾。花朵通常只在清晨开放,某些种类和品种的花朵可开放较久。

[繁殖技术]　以播种繁殖为主。

(1)播种时期　播种适期在长江流域为 4 月初。北方地区需提前在温室内盆播,成苗后定植露地。

（2）发芽情况　发芽需要 1～2 周，适温为 25℃，出苗率为 57%，生活力可保持 4～5 年。

（3）播前准备　播种最好先予浸种。5 月上中旬播种，7 月下旬开花；即使 8 月份播种，因正值短日照下，9 月份也可开花，但植株纤细而花少，结实不良。

［栽培管理］

（1）盆栽植株的肥水管理　盆栽多用名贵的观赏品种。为整形促使矮化可用直径 20～25 厘米的盆栽植，每盆 1 株。当主蔓具 7～8 片真叶时，留 5～6 叶摘心，并追肥。再出腋芽后，全株留壮芽 3 个，其余均除去。这样每盆着花 10 余朵。如再出腋芽，应随时摘除。约经 3 周时间可开花。其间每周可追肥 1 次，用量渐减，至花前 4～5 天停施。

（2）露地栽培植株的肥水管理　地栽甚易，栽植时设架，使其爬蔓架上。种子成熟期不一，应随时注意采收。应适时施肥、浇水，雨季应及时排涝，氮肥不宜太多，以免茎叶过于茂盛。花前 1 周要停止施肥。

龟背竹

［生活习性］　龟背竹喜温暖、潮湿的环境。忌阳光直射，忌干旱。耐阴，不耐寒。对土壤要求不严，宜栽培于富含腐殖质、保水性强的微酸性土壤上。

［繁殖技术］　常用压条和扦插方法繁殖。

（1）压条繁殖　在 5～8 月份进行，经过 3 个月左右可切离母株，成为新的植株。

（2）扦插繁殖　在 4～5 月份进行。从茎节先端剪取插条，每段带 2～3 个茎节，去除气生根，带叶或去叶插于沙床中，保持一定的温度及湿度。待生根后上盆。还可在春秋季将龟背竹的侧枝整枝劈下，带部分气生根，直接栽植于木桶或水缸，成活率高，成型迅速。

［栽培管理］　养好龟背竹的关键是浇水要充足，施肥要恰当。龟背竹叶片大，水分蒸腾快，因此浇水要掌握宁湿勿干的原则。生长期间需经常使盆土保持湿润状态，但不能积水。与此同时，还要经常往叶面上喷水。在干燥季节和夏天除浇水应充足外，每天还要喷水 3～5 次，保持空气湿润，叶色才能翠绿可爱。龟背竹根系发达，吸收力强，因此除上盆时选用腐叶土 6 份、菜园土和河沙各 2 份混合配制的培养土，并加入少量骨粉、腐熟豆饼渣等有机肥作基肥，生长期需每隔 10～15 天施 1 次以氮肥为主的薄肥或复合化肥。生长旺盛期（5～9 月份）要加施 1～2 次根外追肥，用 0.1% 尿素与 0.2% 磷酸二氢钾对成的水溶液，喷洒在叶面上。喷洒时注意叶背也要喷到，这样就可使茎叶肥大，叶色碧绿而有光泽。龟背竹生长较快，每年春季要换 1 次盆。换盆时，要剪除枯枝并注意增施基肥和添加新的培养土以补充营养。若此时气生根太多太长，则可适当剪掉或缠绕在植株周围。生长适温为 20℃～25℃，气温降至 5℃ 即停止生长，并进入休眠期。北方地区约于 10 月上旬移入室内，放在中午不受阳光直晒的地方。室温不能低于 12℃，并防止冷风直接吹袭，不然叶片易枯黄脱落。冬季盆土宜偏干，过湿易烂根枯叶。此时需要每隔 5～7 天用温水喷洗 1 次叶

面,每隔半个月左右用细湿布擦拭叶片 1 次,以利保持叶片清新光亮。龟背竹具有明显的趋光性,从幼苗期开始,应定期转动花盆,防止偏冠,保持株型美观。此外,对于大型植株还要注意及时设支架并进行绑扎,防止倒伏,影响观瞻。龟背竹长期放在室内不通风的环境中培养,叶上易发生介壳虫,所以要注意经常开窗通风。发现有介壳虫为害时,应及时用小竹片刮除,虫口数量多的需喷药防治。

合 果 芋

[生活习性]　合果芋适应性强,喜温暖湿润气候。属喜阳植物,明亮光照对叶片生长有利,叶大色艳;光照过暗时,叶片变小。生长适温为 15～25℃,在 15℃ 以下时生长减慢,冬季温度低于 10℃,叶片会出现枯黄脱落;夏季的遮光率为 40%～60%,冬季不遮光。以肥沃的微酸性土壤为最好,要求水分高和空气湿度大。

[繁殖技术]　合果芋常用扦插繁殖,也可剪取带有气生根的枝条直接盆栽,还可应用组培法大量繁殖。扦插常在 5～10 月份进行,气温在 15℃ 以上时,插穗以切取茎顶端部 2～3 节或茎中段 2～3 节,均可保留基部,插入床土中,可继续萌发新枝。床土以河沙、蛭石或苔藓为宜,插后 10～15 天可生根。

[栽培管理]　合果芋栽培容易,盆栽基质以疏松肥沃、排水良好的腐叶土或草炭土最合适,春季至初夏需充足阳光,盛夏以半阴为好。如室内过阴,会造成茎节徒长,叶色不鲜艳,失去特有的光彩。夏季高温期,除每天清晨浇水以外,叶面还需喷水数次。5～9 月份茎叶生长期,每半月施肥 1 次。室外栽培,因怕强风吹刮,茎蔓不宜留得太长。冬季室内养护,切忌盆土过湿,否则遇低温高湿,会引起根部腐烂死亡或叶片黄化脱落,影响观赏效果。合果芋夏秋季茎叶生长迅速,盆栽观赏需及时摘心整形,增加分枝,达到茎叶满盆。吊盆栽培,茎蔓下垂,如生长过长过密,也需疏剪整齐,以保持株态优美。成年植株在春季换盆时可重剪,让其重新萌发新枝更新。

合果芋一般很少有虫害。若遇干燥气候,可能会有红蜘蛛为害,可用 80% 敌敌畏乳油 800～1 000 倍液喷施。如土壤过于潮湿,会导致根腐病,可用多菌灵、百净清等药 1 000～1 200 倍液喷施,或对水成 500 倍液直接灌根防治。

红 苞 喜 林 芋

[生活习性]　红苞喜林芋喜好高温、高湿的环境,最适生长温度为 22℃～32℃。长时间低于 15℃ 和超过 35℃ 会造成生理障碍。适宜空气相对湿度为 70%～90%,低于 25% 则生长不良。红苞喜林芋耐阴,在庇荫的条件下,有散射光或灯光也能正常生长。

[繁殖技术]　繁殖红苞喜林芋主要以扦插为主。扦插在气温 20℃ 左右时进行。从生长健壮的植株上剪取生长良好、茎粗、气生根多、具 2～3 个节、长 12 厘米左右的一段插穗,茎尖或老茎都行,插入基质河沙或栽培土壤中。气生根在基质中很容易转为吸收根。扦插之后一直保持空气相对湿度在 70% 以上和一定的土壤温度,大约

15 天即可成活。

[栽培管理]　盆栽用栽培土壤要求保水保肥、富含有机质、透气良好的中性或微酸性土壤,可采用泥炭土、河沙及腐熟的堆肥混合而成,比例为 5∶3∶2。盆土宜保持间干间湿,干湿交替,浇水一定要浇透,浇到盆底出水为止,保证根团完全湿润,并对土壤进行淋溶,冲走土壤中的有害物质。生长季节经常保持盆土湿润,盆内不能有积水,有积水易引起烂根。盆栽植株一般 1～2 年换 1 次盆,换盆在春季气温回升后进行。换盆时换去 70％左右的旧土,剪去枯老根后栽入新盆。在换盆和新移栽后的养护期,盆土宜保持间干间湿,干湿交替,增加土壤的透气性,促进根系生长。盆栽和换盆时,要用碎瓦片盖住盆底孔,以利于排水和防止营养土漏出。虽为喜阴植物,但需要全日照量的 60％～80％。夏季室外养护时,宜放置在树阴或荫棚下,室内摆放宜放置在近窗口处,以保证有足够的光照。室内摆放 1～2 个月后,要移放到室外树阴或荫棚下进行恢复性养护。生长季每 2 周追一次氮磷钾比例为 3∶1∶2的薄肥,同时配以微量元素 0.2％混合液,入秋后可浇施 1 次 0.2％磷酸二氢钾溶液,然后停止一切促进生长的措施,以提高红苞喜林芋的抗寒性。气温低于 15℃或高于35℃时,一般不施肥。秋季以施磷、钾肥为主。主要病虫害有细菌性软腐病和蚜虫。及时剪除细菌性软腐病病叶,集中烧毁,用波尔多液消毒;在细菌性软腐病发病初期,可喷 0.5％波尔多液,或 200 毫克/升农用链霉素 1 000 倍液防治。蚜虫的虫体小、繁殖快,1 年可繁殖多代。主要在新芽和叶片上吸取汁液。常造成植株叶片变形、皱缩和卷曲,诱发煤烟病、茎腐病和白粉病等。在 3～4 月份蚜虫的虫卵孵化时,用40％乐果乳油、20％氰戊菊酯乳油 2 000～3 000 倍液等喷杀,每周喷洒 1 次,连续3～4 次。

绿帝王喜林芋

[生活习性]　绿帝王喜林芋喜好高温、高湿的环境,最适生长温度为 22℃～30℃。越冬温度在 8℃以上。适宜空气相对湿度为 70％～90％,低于 25％其生长不良。绿帝王喜林芋耐阴,在庇荫的条件下,有散射光或灯光也能正常生长。

[繁殖技术]　绿帝王喜林芋以扦插繁殖为主。扦插在气温 20℃左右时进行,从生长健壮的植株上剪取生长良好、粗壮、气生根多的枝条,剪成长 12 厘米左右并带2～3 个节为一段的插穗,茎尖或老茎都可以用来扦插。剪切时不能伤及气生根。插入河沙或栽培基质中。扦插后一直保持空气相对湿度在 70％以上和一定的土壤湿度,大约 1 个月左右可生根成活。

[栽培管理]　盆栽用栽培土壤要求保水保肥性好、富含有机质、透气性良好的中性或微酸性土壤,可采用泥炭土、河沙及腐熟的堆肥混合而成,比例为 5∶3∶2。盆土维持间干间湿,干湿交替,有利于植株的生长。浇水一定要浇透,浇到盆底出水为止,保证根团完全湿润,并对土壤进行淋溶,冲走土壤中有害物质。生长季节要提供充足的水分,但盆内不能有积水,积水易引起烂根。盆栽植株一般 1～2 年换 1 次

盆。换盆在春季气温回升后进行。换盆时换去 70％左右的旧土,剪去枯老根后栽入新盆。在换盆和新移栽后的养护期,盆土宜保持间干间湿,干湿交替,以增加土壤的透气性,促进根系生长。新上盆和换盆时,要求用碎瓦片盖住盆底孔,以利于排水和防止营养土漏出。绿帝王喜林芋虽为喜阴植物,但需要全日照量的 60％～80％。夏季室外养护时,宜放置在树阴或荫棚下,室内摆放宜放置在近窗口处,以保证有足够的光照。室内摆放 1～2 个月后,要移放到室外树阴或荫棚下进行恢复性养护。生长季节每 2 周追 1 次氮、磷、钾比例为 3∶1∶2 的稀薄液肥,同时配以 0.2％微量元素混合液。入秋后,浇施 1 次 0.2％磷酸二氢钾溶液后,停止一切促进生长的措施,以提高绿帝王喜林芋的抗寒性。绿帝王喜林芋的主要虫害有象鼻虫、蜗牛和蚜虫等。可用 40％乐果乳油 1 000 倍液,或 2.5％氯氰菊酯乳油 3 000 倍液喷雾防治。主要病害有灰霉病、立枯病、叶斑病。可用 1∶1∶100 波尔多液,或 50％多菌灵可湿性粉剂 500 倍液,或 70％甲基硫菌灵 800 倍液,喷洒防治。

绿　萝

[生活习性]　绿萝性喜温暖多湿及半阴环境,不耐寒冷,对土壤要求不严,但以疏松肥沃、排水良好的沙质壤土为好。

[繁殖技术]　主要以扦插繁殖为主。扦插在气温为 22℃～30℃时进行。剪取 15～30 厘米长的枝条作插穗,每穗保留 2～3 个节芽,剪去下部叶片,用盆栽营养土进行盆插。经常保持湿润,在半阴条件下约 20 天可发根。也可水插,将插穗直接插入盛有清水的玻璃瓶内,每天换 1 次水,在气温 25℃左右的条件下,20～30 天可生根。

[栽培管理]　绿萝喜好高温、高湿的环境,生长适温为 22℃～30℃,适宜空气相对湿度为 80％,空气相对湿度在 25％以下时植株生长不良。长时间气温低于 10℃或高于 35℃,会造成生理障碍。生长季节要经常保持盆土湿润,切忌盆土干燥,但盆内不能积水,盆土积水易引起烂根。浇水时一定要浇透,避免浇半截水,即浇水要浇到盆底出水为止。要经常向叶面上喷水,提高局部空间的空气湿度,同时洗去叶面上的尘土,提高植株的观赏性。栽培土要求保水保肥性好、透气性良好、富含有机质的中性至微酸性土壤。盆栽培养土可用泥炭土、菜园土、粗沙各 1/3 混匀配制。绿萝生长较快,生长旺季需每 2～3 周浇施 1 次氮、磷、钾比例为 3∶1∶2,同时配以微量元素的稀薄液肥。气温低于 15℃或高于 35℃时,一般不施肥。秋季以施磷、钾肥为主。每隔 2 年左右换 1 次盆。换盆一般在春季气温回升后进行。换盆时,换去 70％左右的旧土,剪去枯老根后栽入新盆。主要病虫害有细菌性叶斑病和红蜘蛛。及时剪去细菌性叶斑病病叶,集中烧毁;在细菌性叶斑病发生初期,用 77％氢氧化铜可湿性粉剂 500 倍液,或 72％农用硫酸链霉素可湿性粉剂 1 000 倍液喷洒防治,每周 1 次,连续防治 2～3 次。红蜘蛛虫体小,红褐色或橙黄色。繁殖快,1 年可发生数代。保持环境通风,使环境湿度在 40％以上,经常向叶片喷水,能控制红蜘蛛的繁衍。少量发生时可摘除感染严重的叶片,用水冲洗叶片;在红蜘蛛的若虫期用 40％乐果乳

油 1 000 倍液,或 20％溴氰菊酯乳油 4 000 倍液喷洒防治,每隔 5～7 天喷 1 次,连续 2～3 次。红蜘蛛极易产生抗药性应交替使用防治药物。

第五节　水生花卉

荷　花

[生活习性]　荷花对光照的要求较高,在全日照条件下生长发育较好,开花早。生长在半阴条件下,发育缓慢,开花期推迟。荷花是喜肥植物,喜生长在肥沃、有机质多的微酸性壤土和沙土中,花用莲多施鸡粪(磷、钾肥),藕用莲宜多用氮肥。土壤酸度过大或土壤过于疏松,都不利于荷花的生长和发育。莲子寿命特长,可达数千年之久。

[繁殖技术]　繁殖荷花一般采用分栽地下茎的方法。在每年 4～5 月份,取 2～3 节生长粗壮的藕作为种藕,种藕顶端带芽,尾部带节,栽于施足底肥的塘泥浅层。栽种时顶芽稍向上翘,栽植深度约为种藕直径的 2～3 倍。有时为培育新品种,也采用种子进行实生繁殖。一般在 5 月份播种,播种时先将莲子凹进的一端剪破,注意不要伤及莲心,置于 25℃～30℃的温水中浸泡 24 小时再播种,约 1 周后就可发芽,长出 1～2 片小叶后移栽。实生苗一般 2～3 年开花。

[栽培管理]　荷花的栽培可分为池塘栽培、缸栽、盆栽 3 种。

(1)池塘栽培　先放干塘水,施入基肥拌匀,将种藕平栽于淤泥浅层,栽植距离 1 米左右。栽后不加水,1 周后待种藕与塘底稀泥紧密接触后再逐步加水。生长早期水位宜浅不宜深,以 15 厘米左右为宜。夏季生长旺盛期水位为 30～60 厘米,不能少于 12 厘米。生长后期长藕时,要求浅水,水深以 5 厘米为宜。若基肥充足可不施追肥。池塘栽培多见于水面绿化和藕用荷花的栽培。

(2)缸栽　采用底部无排水孔、直径 60～80 厘米,高 80～100 厘米的缸栽植荷花,缸内放大半缸塘泥,施加豆饼肥、腐熟人粪尿或猪粪作基肥,加水少量充分搅拌成稀泥状。一般每缸栽 1～2 枝种藕,稍贴近缸边,栽后 1 周内不加水,任其日晒,待土表干裂时,可加水再晒,以促进发芽。随着浮叶立叶的生长逐渐加水,最后可放水,使水面和缸面相平。缸栽荷花因水分蒸发快,夏季要注意加水,保持水面正常的高度。栽后 1 个月左右可追肥 1 次。立叶抽出后再追施 1～2 次稀薄人粪尿。缸内如有水苔和杂草,应随时除出。缸栽荷花在我国传统园林庭园中是一种常见的造景手法。

(3)盆栽　用于栽植荷花播种苗或小花种碗莲。栽植播种苗时应将发芽的芽子横放在盆内稀泥中,先不浇水,1 周后再逐渐加水。直至抽叶开花。在生长期内追施速效性肥料 3～4 次,则荷花长势较好。待开花后,可将盆栽荷花移到室内观赏,花期结束后,再移到室外管理。

睡　莲

[生活习性]　睡莲性喜阳光充足、通风良好、水质清洁的静水环境,栽培于含腐

殖质丰富的沙质壤土。每年春季萌芽生长,夏秋季开花,花后果实成熟,果实开裂散出的种子先漂浮于水面上,后沉入水中。冬季茎叶枯萎,耐寒类的根状茎可在不冻结的水中越冬,而不耐寒的种类则要求冬季的水温以 18℃～20℃为宜。在生长期内一般水深 10～60 厘米均可正常生长。睡莲总体耐寒性较强,在我国绝大部分地区能安全越冬,只有东北等地冬季需要稍加保护。

[繁殖技术]　睡莲一般采用分株繁殖,也可用播种法进行实生繁殖。分株繁殖时,耐寒类在 2～4 月份,不耐寒类在 5～6 月份水温较高时进行。首先将地下茎挖出,用刀切成数段,每段带 1～2 个饱满芽,栽植于塘泥中。播种繁殖适宜于 3～4 月份进行,睡莲种子的种皮较薄,容易干燥丧失活力,因此播种应随采随播,或采后贮藏于水中。播种一般在盆中进行,盆土距盆口 4 厘米,播后将盆放入水中或放水至盆口,温度以 25℃～30℃为宜。耐寒类睡莲约半个月发芽,发芽时间较长,生长好的植株当年可开花,一般是翌年开花。

[栽培管理]　睡莲有 2 种栽培方式:一种是直接栽于大型水面的塘底种植槽内,另一种是在小型水面的情况下,先将睡莲种于盆或缸中,再将盆、缸放入池中。不论用那种方式,均需施足底肥,然后放浅水,待气温升高后,随芽的萌动、叶的生长而逐步升高水位。在整个生长期内,水位一般不超过 40 厘米。在睡莲的生长期内,要施追肥 1 次,方法是放干池水,将肥料和塘泥拌匀,均匀投入池中。在此期间,要注意随时消除残叶残花。睡莲经 2～3 年栽培后,视生长情况和需要,重新挖出分栽 1 次,否则睡莲的根茎拥挤,叶片重叠,影响生长和开花。盆栽的睡莲在生长期要给予充足的光照,不能长期放置遮荫处,冬季要移入室内或深水底部越冬。

菱

[生活习性]　菱的适应性强,喜欢温暖及充足阳光。池塘、河畔等处的静水中都可种植,无论深水、浅水都可以生长。不适在流动水域生长。由于具长茎,更宜深水栽培。不耐霜冻。生长初期适温为 15℃～20℃。旺盛生长期是菱盘大量形成,直至开花结果,其生长适温为 20℃～30℃,夜温在 15℃以上时就生长良好。夏季日照太强,水温若超过 35℃时,菱能开花但多不结果。从种子发芽到第一批果实成熟需要 180 天左右。冬季能耐严寒。在北方地区,植株沉入水底,在冰下越冬。

[繁殖技术]　主要用播种方法繁殖。播种又分撒播和条播。撒播是在水深 1～2 米的水塘或湖塘中,将已发芽的菱种均匀地撒在水中,播种简单。此法用种量大,不便于管理。条播是根据池塘地形,划分若干纵行,两端插立竹竿或树枝作标志,顺线条条播。一般早熟品种的株行距为 2～3 米,播种量大;中晚熟品种的株行距为 3～4 米,播种量小。播种量和密度要根据不同品种和土质肥水条件的不同而定,土壤肥沃播种稀;土壤贫瘠播种密。也可用育苗移栽或分茎等方法繁殖。

[栽培管理]　深水池塘要育苗移栽。育苗地点应选在水位较浅、排灌方便、土质肥沃、背风向阳的池塘。播种前控制水深在 1 米以内。5 月中下旬至 6 月上中旬

菱苗已见分盘,叶片较嫩并未变硬时,及时移栽。起苗时两手轮流逐渐往上提,直至见根为止,不要拉断菱苗的茎,每5～10株为1束,整齐地码放在船中或竹篮内,当天起的苗要当天移栽完。栽植密度为穴距1米左右,如水位较浅每穴栽5～7株,水位较深时,每穴栽8～10株。直播菱塘在菱苗出水移栽后,需立即扎建菱垄,以防风浪冲击或杂草漂入菱群。还要及时清除池塘中的有害杂草,防止杂草与菱株争肥。菱塘一般不施肥,如池塘水瘦或菱株长势较弱时,可酌情向菱塘中泼施一些腐熟的人畜粪尿有机肥。植株初开花期,也可向叶面喷施0.1％～0.2％磷酸二氢钾溶液,每10～15天喷施1次,连续2～3次,有利于开花坐果。菱的主要病害是菱瘟,能造成菱叶腐烂。发病时,用50％托布津可湿性粉剂800～1 000倍液,从始花期开始,每7～10天喷1次,连续2～3次,可以收到良好的效果。主要害虫是菱叶甲,成虫、幼虫都啃食叶肉,造成叶片枯黄直至死亡。防治方法是消灭池塘杂草。使成虫无越冬场所,也可用90％敌百虫晶体800～1 000倍液喷洒防治。

石　菖　蒲

[生活习性]　石菖蒲喜欢温暖湿润的气候环境。具有一定的耐寒性,生长适温为18℃～23℃,温度低于15℃时,生长缓慢,温度在10℃以下时停止生长。冬季在南方地区可室外自然越冬,在北方地区需要保护才能越冬。适应性强,生长健壮,对水质要求不严。性喜强光,阴湿环境也生长良好。

[繁殖技术]　以无性繁殖为主,常用分株方法繁殖。一般在春季3～4月份,将地栽或盆栽的石菖蒲连根掘起,并去掉部分泥土,用快刀或利剪切割老株基部周围的新株,或分成若干小株,并保护好嫩叶和新生根,然后栽种。为了培育新品种,石菖蒲也可以用种子进行有性繁殖。

[栽培管理]　用盆栽和地栽都可以。盆栽时选择适宜的中型盆钵,装入肥土,中间挖穴,植入新分出的根茎植株,生长点微露土面,栽后保持土壤湿润。露地栽培时,要选池边或沟边湿地,按株行距10厘米×15厘米丛植。如在水池中人工造景,喜欢沙质土壤,若施少量肥料,生长更加迅速良好。如沉水栽培,栽培床的基质选用直径2～5毫米的粗沙粒或小石子,水体pH值保持在6～7,置于强光下,水温保持在15℃～21℃,其生长也不错。栽培管理可以粗放,但在整个生长期中地面和盆土都应保持湿润,平时应搞好除草和施肥。初期施氮肥,开花前追施磷、钾肥。施时既可把肥料溶于水中浇灌,也可以叶面喷施,越冬前要清除枯枝残叶。在北方地区冬季要将唐菖蒲移入温室内越冬,室温保持在5℃左右。每2～3年地下根茎要分栽1次,有条件的地方可换栽野生种类。

旱　伞　草

[生活习性]　旱伞草喜欢温暖湿润、通风良好的环境。对土壤要求不严,适合沼泽地的黏性土壤,耐阴,不耐寒。生长适温为15℃～30℃,冬季适温为7℃～12℃,

越冬温度不宜低于 5℃,盛夏要稍遮荫。冬季室内盆栽的需要有充足的阳光。这种多年生植物,发苗迅速,较易老化,地栽最佳观赏时段为 4～5 年,盆栽的一般是 2～3 年,因此要定期分株和更新。

[**繁殖技术**]　栽培旱伞草常用播种、扦插和分株等方法繁殖。

(1)播种繁殖　一般在春季 3～4 个月份进行。室温达 20℃左右时,将种子轻轻撒入浅盆,稍压土,覆薄土,浸水后盖上玻璃,10 天左右后将会陆续发芽。苗高 5～8 厘米时,可将其移入小盆内定植。

(2)扦插繁殖　常在 4～5 月份未开花前进行。剪取健壮顶生的茎节,留茎 3～4 厘米长,对伞状苞片略加修剪,将茎部插入沙床中,叶上略盖 1 层沙。扦插后保持插床湿润,12～15 天后开始生根,接着会从总苞片上生长出许多小苗,然后分栽定植。也可用水插法扦插,此法的成活率较高。

(3)分株繁殖　宜在 3～4 月份换盆时进行,把母株从盆中挖出,将大丛旱伞草的根群用利刀小心纵切,分成数小丛,使每丛有 5～8 苗根茎,分别上盆栽植。除此而外,也可用组织培养的方法育苗繁殖。

[**栽培管理**]　地栽宜选用富含腐殖质的沙质壤土。盆栽可使用由腐叶土、河泥、菜园土所配制成的混合基质,它们的比例按体积大小计算,具体比例为 0.5：1.5：2。地栽旱伞草的种苗多在春季定植,应选择地势平坦,避开风口的滨水之地,穴的大小为 30 厘米×30 厘米。如土质不佳,除适当客土外,也可在穴中施用适量的磷矿粉作基肥,种植距离根据需要自行设定,每穴放入成形小苗 1 丛。先将株苗扶正,然后覆土压实并浇足定根水。盆栽旱伞草多在春季定植,最好提早 3～5 天给小苗追肥 1 次。选用无排水孔的中型花盆作为容器,先垫好盆土,也可施入适量基肥,然后放入 1 丛种苗,先扶正,然后填土、压实、浇水,填土后至少要留出 5～6 厘米的沿口。刚上盆的植株要适当庇荫。旱伞草生长迅速,栽培比较容易。生长期间每 2～3 周可以追施 1 次腐熟并稀释后的饼肥水,还要经常保持盆土潮湿。夏季要避免日光直晒。要经常修剪枯枝败叶,力求茎秆坚挺有力,叶片翠绿宜人。在北方地区,冬季要将旱伞草移入不低于 5℃的室内越冬。盆栽 2～3 年后,土壤板结,根系盘根错节,生长势下降,株态逐渐欠佳,此时应重新分株更新。从实际栽培中得知,野外地栽的不易患病,亦很少受到有害动物的侵袭。室内盆栽的常有叶枯病和红蜘蛛危害,叶枯病可用 50%托布津可湿性粉剂 1 000 倍液喷洒防治。红蜘蛛则用 40%乐果乳油 1 200～1 500 倍液喷洒防治。

第六节　地被植物花卉

麦　冬

[**生活习性**]　麦冬抗性强,既可生长在阳光下,更喜在阴湿处生长。在阴湿处生长时,叶面有光泽,观赏价值更高。麦冬喜肥沃土壤,但也能耐瘠薄的土壤。

[繁殖技术] 用分株或播种方法繁殖。

[栽培管理] 分株繁殖,4月上旬将母株挖起,切去块根即可分植。也可播种育苗。10月份果熟后,随采随播,50天左右出苗,出苗率为80%左右。1~2年后,即可用作地被植物。播种苗长势好,苗整齐。移植后早期施肥,可加快生长,提早覆盖地面。

红 花 葱 兰

[生活习性] 红花葱兰喜欢阳光充足,温暖湿润的环境,亦耐半阴和潮湿。有一定的耐寒性,在−10℃温度下也不会冻坏。其耐寒性不及葱兰。适宜排水良好、富含腐殖质的沙壤土。长江流域及以南地区,一般是露地栽培,少数为盆栽,长江以北地区大多数是盆栽。

[繁殖技术] 红花葱兰多不结实。成年鳞茎的分生能力较强,成熟的鳞茎可从基盘上分生出十多个小鳞茎。采用分球方法繁殖,一般在秋季老叶枯萎后或春季新叶萌发前掘起老株,将小鳞茎连同须根分开栽种,每穴种2~3个,栽种深度以鳞茎顶端与土面平齐或稍露土为限。一次分球后可隔2~3年再分球或换盆换土。

[栽培管理] 地栽时,株行距以10~15厘米为宜,也可按自己的设计灵活决定。盆栽时,每盆可栽植种球2~3个,盆栽的老株四季均可分栽。平时应保持土壤湿润。生长期每月要追施1次肥水,每次花后也要增施1次复合肥,以促进下一批花的形成和生长。一批花凋谢后,应停止浇水50~60天,然后再恢复供水施肥,如此干湿相间,很快就会迎来下一批花的开放,使其开花不断。只要管理得当,1年可开花3~4批。盆栽植株生育期要有充足的阳光和肥水,花盆应放在阳光充足和温暖背风处。夏季光照强烈时,若能移到半阴处,则生长更佳。盆栽2~3年后应将鳞茎取出,地栽培养1~2年,以促进鳞茎复壮。

白 三 叶 草

[生活习性] 白三叶草喜欢温暖、向阳的环境条件。对土壤的适应性较强,从沙质壤土到重壤土,甚至在黏土中都能正常生长,pH值为5.5~7.5的土壤都能适应,但要求土壤的排水性良好。对盐碱土不适应。抗逆能力较强,具有较强的耐寒性、耐旱性、耐霜冻能力和耐热能力。同时,作为地被覆盖植物,具有较强的耐践踏能力。

[繁殖技术] 白三叶草的繁殖一般都采用播种繁殖技术,也可扦插繁殖和铺植植生带繁殖。

(1)播种繁殖 先将需要种植白三叶草的地块耕翻、耙细、整平,在耕作的过程中,将腐殖土、堆肥等与表层土壤混合均匀,并撒施一定量的磷、钾肥。播种时间可以选择在春季3月中下旬,也可选择在秋季9月份至10月中旬。播种方法可以采取撒播或条播。每667米^{2}的播种量约为0.5千克。春季播种后,当年生长的速度较慢,到夏季抗热、抗旱能力较差。长江以南地区大多选择在秋季播种。播种时应该先将种子用 0.05％～0.1％钼酸铵溶液浸种 12 小时左右,再将种子与干的细土混合均匀后播种,播后在种子表面盖一层细土,并浇 1 次透水。如果种植白三叶草的土壤贫瘠,可选用相应的根瘤菌剂或用种植过白三叶草的土壤拌种,以促进根瘤的形成和植株的正常生长。气温低的地区,在春季播种后可覆盖地膜,促进种子萌发。以后经常浇水保持土壤湿润。

(2)扦插繁殖　先用腐叶土、河沙、菜园土做好扦插床,扦插一般选择在春季进行。选择生长茂盛的白三叶草植株,将匍匐茎切成小段,扦插于床土之中压实,浇 1 次透水,保持土壤湿润。为提高扦插苗的成活率,应搭建遮荫棚,适当遮荫。当植株萌发新叶以后,逐渐增加光照时间,最后全部揭去遮荫棚。

三叶草的繁殖还可采用先进的植草技术,制成白三叶草植生带,直接铺植到整好的土地上,不用覆盖土壤,保持土壤湿润,几天后就能出苗。

[栽培管理]　在种植白三叶草的过程中,出苗后要加强管理,清除杂草,在茎叶生长旺盛期,遇涝必须排水,遇旱应及时浇水,防止叶片变黄和焦枯。如果夏季前经过刈割,则要加强浇水,使植株保持绿色。危害白三叶草的主要病害有菌核病、病毒病等,主要虫害有叶蝉、象鼻虫、蛴螬等,发现后要及时防治。

红花酢浆草

[生活习性]　红花酢浆草宜在富含腐殖质、排水良好的沙质土中生长。喜荫蔽、湿润的环境,耐阴性强。在盛夏期间生长缓慢或进入休眠期。

[繁殖技术]　多采用分株繁殖,分株一般在早春结合换盆时进行,也可用播种繁殖。果实成熟后自动裂开,种子细小,要及时采摘。播种一般在早春 3～4 月份进行,在 25℃～30℃的温度条件下,7～10 天就能发芽,当年秋季即可开花。

[栽培管理]　红花酢浆草虽较耐阴,但在缺阳光的阴暗处生长缓慢。若能让它多接受散射光照,则生长、分蘖较快,开花也较多。盆栽红花酢浆草除夏季放在半阳处外,其他时间都应给以充足光照,还要给以充足的水分,保持土壤湿润。由于此花不耐酷暑,在 7～9 月份盛暑时期内,会进入休眠期状态,出现开花减少,枝叶发黄的现象,这时就应注意遮阳降温;若处理适当,不仅可以避免明显休眠,而且还能不断开花。秋末气温转低后,应及时将花盆移入室内,保证室温不低于 5℃,其叶片仍然可以保持常绿。

马 蹄 金

[生活习性]　马蹄金喜欢光照充足及温暖湿润的气候,平坝、丘陵和较高地区都可栽种。对土壤要求不严,能耐瘠薄,在粗沙土或石谷子土也能生长,但以在表土肥沃,半阴湿而排水良好的夹沙土栽培较好。在肥沃土壤上叶片较大,色彩亮绿。马蹄金有一定耐寒性,在我国秦岭一带,冬季 −10℃时,叶片会变成褐色,部分会枯

死,但翌年春季又会返青;夏季气温高达40℃左右时也能正常生长。耐旱性较强,哪怕萎蔫后,只要浇水就能很快恢复,在湿润土壤中生长特别迅速。

[繁殖技术]　马蹄金可用播种繁殖,但生产中主要用匍匐茎分株繁殖。在春夏或初秋,将2年生以上草皮用小铲铲起,连土分成小蔸。每蔸撕成4～5厘米的小块,贴于整理好的地面上,蔸距20～30厘米,稍覆土按压,然后浇1次透水,2～3个月就能铺满地面。

[栽培管理]　栽后要注意浇水,使土壤保持湿润。开始发新叶时,要松土除草。并施人畜粪水。当苗生长旺盛,并匍匐满地时不便中耕松土,只能除草。每年早春或每次收获后,除浅耕除草外,还要施入人畜粪水。为充分利用土地,每年夏天或秋冬可在地边种些蔬菜,如专门作药材种植,还可在厢边间种一些玉米等高秆作物,以增加经济收入。马蹄金可随时采鲜草做药。如要成批收获,可在栽后9～10个月收获1次,以后每年的5月份或9月份各收获1次,每次只收一部分,均匀地留一部分,收时用小铲撬出植株或用手扯起,除去泥沙,拣尽杂质,晒干即成一味常用中草药。

扁竹叶花

[生活习性]　扁竹叶花既耐阴湿,也耐干旱,既耐寒冷,也耐酷暑。对土壤要求不严,但以湿润肥沃、通风透气的沙质土和壤土中生长为最好,在黏土或重黏土中也能正常地生长。适应性很强,繁殖发展较快。

[繁殖技术]　主要用分株法繁殖,春、夏、秋季均可进行。在生长季节,母株周围会长出很多的根状匍匐茎小植株,用利刀将根状茎切断,待伤口晾干后,可将小植株栽植于庭院内的路旁或盆钵中,保持土壤潮湿,极易成活。

[栽培管理]　扁竹叶花的栽培管理极为方便简单,只要在肥沃湿润的条件下,有较弱的光照,它就能生长良好。盆栽的,可在每年开花后,将老株除掉,保留新株,保持湿润,就可生长良好。冬季可控制浇水,放在较干燥和通风透气的环境条件下,即可安全越冬。开春后,适当浇水,保持湿润的土壤条件,植株就会抽出花茎,于2～4月份陆续开放。

第七节　蕨类植物花卉

肾　蕨

[生活习性]　肾蕨喜欢温暖、潮湿、凉爽的气候环境条件,最适生长温度为20℃～22℃,耐寒能力稍强,能够耐短期1℃～2℃的低温,不耐严寒,忌冰雪。喜弱光,耐荫蔽,可以长期放置于室内栽培。忌干风烈日和阳光直射,直射光下叶片枯黄,不适宜栽培。忌全阴,在过分荫蔽的条件下,羽叶常常脱落。栽培肾蕨要求富含有机质、疏松的沙质壤土或中壤。

[繁殖技术]　肾蕨的繁殖可用分株繁殖和孢子繁殖。

(1)分株繁殖 肾蕨的萌生能力很强,野生的肾蕨多成丛生状态生长,人工栽培1～2年后,也能够萌发成丛生状态。一般情况下都采用分株繁殖法。一年四季均可进行,但是在春季末或夏季初,结合换盆分株最好。脱盆后将连在一起的横生地下茎分割成多个小段,每个小段保留至少5片叶,并且有球状块根,带根和块根分别种植于花盆内,放置在阴凉处,晴天每天浇1次水,直到有并生叶片萌发时,可减少浇水量,1年后又能生长满全盆。

(2)孢子繁殖 采用孢子繁殖法,首先要准备土壤,将森林腐叶土、泥炭、河沙或面沙按照1∶1∶1的比例混合均匀,经过高温消毒装盆。装土前在盆内先垫一层2厘米左右的消毒粗沙作为排水层,再填培养土。用牛皮纸将欲取孢子的植株叶片套住,当孢子成熟后同叶片一起剪下,此时孢子散落在纸袋内,打开纸袋将孢子收集在一起。肾蕨的孢子繁殖应于春季在温室中进行。将孢子均匀地撒播在盆土表面,不需要盖土,只需要盖上玻璃。通过花盆底部给水,让水分从盆底浸润整个土体,保持土壤湿润。放置于温室内荫蔽处,保持15℃～20℃的室温。过1个月左右孢子可以萌发,当原叶体长出后分栽。分栽时将盆土划成多个小块,每块上有原叶体数枚。然后将带有原叶体的小块分别植入小盆内或营养钵内,保持土壤湿润。2～3个月后,原叶体上将长出孢子体的真叶,当长出4片叶以后,将幼株移入3号筒形盆内。

[栽培管理] 肾蕨的栽培大多用盆栽的办法。培养土仍然用加有泥炭的森林腐叶土,以创造良好的保水能力和排水性能。夏季放置于遮荫的荫棚内养护,始终保持盆土湿润,每天向棚内喷水以增加空气湿度,15～20天施用1次稀薄的液体肥料。冬季移入中温温室内越冬,在室内放置时最低温度不能低于5℃,保持15℃以上的温度,则仍然能够正常生长。

波斯顿蕨

[生活习性] 波斯顿蕨喜欢高温、湿润的半阴环境气候条件,喜欢通风,忌酷热和阳光直射。生长适温为15℃～25℃,冬季在10℃以上温度条件下能安全越冬。在蕨类植物中,波斯顿蕨是耐旱能力稍强的种类。受到强烈的阳光照射,叶色容易变黄,叶片边缘焦枯。不耐荫蔽,放置于光线阴暗处,经过几周后叶片会逐渐脱落。波斯顿蕨对水分要求严格,不能过湿,也不能过干,必须保持土壤处于稍湿润的状态。种植波斯顿蕨的土壤需要土体疏松,排水良好,富含有机质的沙土、砂质壤土或中壤土。

[繁殖技术] 繁殖波斯顿蕨大多采用分株繁殖。在5～6月份结合翻盆换土,将生长茂盛的母株匍匐枝上长出的小株,分割成小段,移入小盆内种植,并搭棚遮荫,保持土壤湿润,经过一段时间后即可发出新叶。

[栽培管理] 种植波斯顿蕨的盆土宜选用森林腐叶土、河沙土和菜园土混合成的培养土。盆土于每年春季更换。有条件的地方用水苔作培养基,植株生长更好。一般放置在温室或室内有明亮散射光处培养,不能受强光直射,但也不能放在阴暗处培养。北方地区盆栽的波斯顿蕨,应于10月中旬左右移入温室或室内,保持温度

在 8℃以上。

虽然波斯顿蕨的耐旱能力相对较强，但仍需充足的水分，且不宜过湿或过干，要保持盆土经常湿润。夏季每天要浇水 1～2 次，并经常向叶面喷水，同时要在花盆周围地面上铺一层细沙，喷一些水，以保持空气湿度。冬季室温低，植株生长速度慢，应减少浇水量，保持土壤稍湿润即可。生长过程中对肥料的需要量不多，生长期每 4 周施 1 次稀薄腐熟饼肥水即可，不宜使用速效化肥。施肥时切勿将肥水喷洒到叶面上，若不慎将叶片沾污，应立即用清水冲洗干净，以免灼伤叶片。

在波斯顿蕨生长期间，若发现老的叶片枯黄，应该及时将其剪除，以保持株形美观。

铁 线 蕨

[**生活习性**]　铁线蕨喜欢温暖而湿润和半阴的环境气候条件，为石灰性土壤的指示植物之一，多生长于阴湿的斜坡山地和岩壁上。不耐寒，耐半阴，怕强烈的阳光直射，特别怕风吹，否则叶片会立即焦枯。生长适温为 13℃～18℃。冬季气温不低于 10℃，才能保持叶片鲜绿。铁线蕨生长要求疏松肥沃、含石灰质、有机质丰富的沙壤土或中壤土。

[**繁殖技术**]　可以采取分株繁殖和孢子繁殖，但以分株繁殖为主，多在 4 月份结合翻盆换土分株，具体方法与肾蕨相同。孢子繁殖方法也与肾蕨相同，只是温室保持的温度应该在 22℃左右。

[**栽培管理**]　大多采用盆栽方式种植。盆土选用腐殖土或腐叶土加入一定量的河沙。5 月中旬待风季过后移至荫棚内养护，应该让铁线蕨能够照射一些早晨的阳光，并注意保持周围空气湿度。生长期内要充分浇水保持土壤湿度。浇水时不要让水喷洒在叶片上，否则容易使叶片失去光泽。对长势比较差的植株，一般情况下 15～20 天施用 1 次稀浓度的液体肥料。在北方地区种植时，10 月上旬应将它移入中温温室，室内养护的温度不能低于 10℃。如果是长期摆放在观赏温室内，春、夏、秋 3 季必须适当遮荫。

桫 椤

[**生活习性**]　桫椤喜欢温暖、湿润的气候环境，耐荫蔽，怕烈日。耐寒性不强。四川省洪雅县桃源乡大由坝的海拔是 850 米左右，冬季被霜雪打后，桫椤的羽叶全部枯死，但根茎仍能安全越冬，到翌年春天又重发新叶。

[**繁殖技术**]　常采用分株法繁殖，一般多从野外挖掘带回后种植。成熟的孢子也可在林下自行繁殖。

[**栽培管理**]　冬末春初，在野外分株时不能伤害主茎和根，要适当带上土团，可成行种植，或单株穴植于庭园适当地方，成行种植时株距为 5～6 米，种植穴的大小、深浅依土团大小而定，穴底适当放些腐熟的有机肥作基肥，填土后要分层踩实松土，

使土与根系紧密接触。定根水一定要浇透，以后要适当浇水，保持湿润状态即可。对土壤要求不严，适合栽植于肥沃疏松、潮湿的土壤中。盆栽时，应选用小的植株。主干在 1 米以上时，栽植后要用竹竿或木棍支撑，以防止被大风吹歪吹倒或人、畜碰倒。定植时可适当剪去一些叶片，以减少蒸发，更有利于成活。冬季需要做好防寒工作。在纬度和海拔高的地方，冬季还需搭棚保护。盆栽者冬季要移入室内或暖棚内越冬，翌年 3 月份以后再出室。生长不良、干枯、折断、有病虫的羽叶，要酌情剪去，以保持良好的干形和树冠。

第八节　仙人掌及多肉花卉

仙 人 掌

[生活习性]　仙人掌为沙地植物，甚耐干旱，喜欢阳光充足，能耐烈日，不耐荫蔽。冬季要求冷凉干燥，能耐 −10℃ 低温，是仙人掌类最耐寒的植物。我国长江以南地区，仙人掌均可在露地栽培越冬。在北方地区宜盆栽，放在室内防寒越冬。对土壤要求不严，在排水良好的沙土或沙壤土中皆可生长，既耐干旱，也耐水湿。最怕积水成涝。不喜大肥大水。

[繁殖技术]　常用扦插和播种的方法繁殖仙人掌。

(1)扦插繁殖　在花卉栽培中，常用扦插方法繁殖，一年四季都可进行，但多选在生长旺盛的夏季。此时气温高，仙人掌的分枝较多，易于取材和生根。宜选生长充实的一片仙人掌茎节，切后放阴凉处，阴干 2～3 天，待切口汁液流干或在切口处涂草木灰后插入盆中，或横放在沙中，或栽植于土壤穴中，保持沙土湿润。插后不可浇大水，否则肉质茎会腐烂。除要稍荫蔽外，还要通风，20～25 天后即可生根，生根后即可移入盆内栽培，也可移入庭院及公园内进行露地栽培，种后即可成景。

(2)播种繁殖　在原产地能自播繁殖。仙人掌种子的成熟，需要一个高温和干燥的环境。播种多在春季 3～4 月份进行，播种前要进行催芽处理。具体做法是将仙人掌种子混沙，置于半通风处阴干，保持 40%～50% 的持水量，温度控制在 15℃～20℃ 的条件下，6～8 天后将种子选出，播于粗沙或菜园土内，在 20℃～25℃ 的温度下，保持半干状态，7 天左右即可发芽。浆果秋季成熟后，采后除去果皮果肉即可供播种。种子忌日晒，宜随采随播。实生小苗生长缓慢，要注意通风，耐心细致地进行护养管理，防止腐烂，即能获得成苗植株。

[栽培管理]　盆栽宜用沙壤土或塘泥掺沙，施加少量腐熟堆肥，盆底需铺碎瓦片以利排水。地栽也要适当掺沙，并施入畜粪或垃圾肥作基肥，种植宜稍浅，少浇水。盆栽的夏天可放到阳台上或室外阳光充足处。生长期可追施腐熟液肥 2～3 次，秋凉后要节制浇水，越冬温度为 5℃～8℃。冬季要保持盆土干燥。种后任其自然生长，为有利于生长，每 2 年要翻盆换土 1 次，多在春季进行。要防止介壳虫的为害，多用小刷刷除，或用 40% 乐果喷雾。腐烂病大多是因土壤过湿造成，因此应控制浇水，

以间干间湿为原则。对 3 年生以上植株，要设立支柱绑扎固定，以防倒伏。

仙 人 球

[生活习性]　仙人球喜欢阳光和温暖的环境，冬季要求 3℃～5℃ 的冷凉气候，盆土干燥，也可耐 0℃ 左右的寒冷。能耐干旱，怕雨淋和水涝，还能耐瘠薄。夏季喜欢比较湿润的气候。要求排水良好、疏松透气、肥力中等、富含石灰质的沙壤土和腐殖土。

[繁殖技术]　仙人球的繁殖比较容易，常用以下方法：

（1）分球扦插繁殖　可在 4～9 月份进行。从母株上切取籽球，晾 2～3 天，或在切口处蘸草木灰，再插入盆中或湿沙盘内，可不浇水，稍喷雾供水即可。分割籽球时不要用手掰，最好用小刀或剪子自小球基部切取，以防抽出髓心。许多籽球在母株上就已生根，扦插后放在 20℃ 左右的室内养护。如在室外栽植则要适当遮荫，1 个月后即可形成新景。

（2）嫁接繁殖　一般在生长旺盛的 5～7 月份进行，嫁接部分愈合快，成活率高，用草球、三棱柱、柱形、藤状的仙人掌类作砧木。砧木的直径应大于接穗。采集接穗时不能用手硬掰，否则会把籽球中心的髓部抽出而报废。先用小刀将砧木顶部一刀削平，再将接穗下部一刀削平，然后将籽球心对准砧木中心髓部，使其紧密贴住，再用绳子连同花盆一起绑扎固定，然后放在室内通风或室外遮荫处养护。用嫁接法培养的植株，砧木上常会长出籽球或倒枝，应尽早把它们剪除。

（3）播种繁殖　仙人球的自花授粉能力差，要进行人工授粉才能结实。种子寿命为 1～2 年，需在高温下才能萌芽，因此应在 6～7 月份播种。播种前对种子要用温水浸种 2～3 天，盆土或沙床要以疏松壤土为主，播种深度以见不到种子为准，种子之间要保持 2～3 厘米的粒距，用盆底法给水，其上盖以白纸或玻璃，让幼苗能充分见光，切勿追肥。幼苗生长缓慢，寒冷地区冬季要移入 15℃ 以上的室内越冬。从实生苗中可选出一些有观赏价值的变异类型。

[栽培管理]　仙人球有两大特性，一是耐干旱，其皮具有蜡质，可防止水分蒸发；二是耐贫瘠，一般土壤上都能生长，如在肥沃疏松、排水良好的沙质土壤中，将会生长更好。还喜欢阳光充足，温暖湿润的环境，日温 30℃～40℃，夜温 15℃～25℃ 最有利于生长。因其体为肉质，故怕严寒，气温低于 0℃ 时容易冻坏死亡。温度越低，越要保持盆土干燥。冬季休眠期应节制浇水，在高温梅雨季节也要适当节制浇水。夏天，当气温持续超过 38℃ 时，仙人球会被迫进入"夏休眠"，此时更应节制浇水，并把仙人球移到荫蔽处。要避免阳光直接照射，以免发生日灼。同时还要防止暴雨淋打，以免引起霉烂。换盆最好在春季进行，要适当剪去一些老根，晾 3～4 天后再栽，栽植不要太深，以球体根茎处与土面相平为宜。用盆不要过大，盆底要有较大的排水孔。新栽的仙人球，每天仅喷水雾 2～3 次即可。仙人球的锥刺锐利扎人，换盆时手中可垫上厚的报纸，或用竹制夹子夹球。生长旺盛季节，可追施腐熟的稀薄饼肥

水,每20～30天1次。栽培过程中如光照不足,过度荫蔽或肥水太多都可导致不开花,应该加以防止。

叶仙人掌

[生活习性]　叶仙人掌性强健,生长迅速,喜欢温暖、潮湿的气候,不耐寒,冬季严寒天气需在室内保温越冬,如果温度低于4℃～5℃时,则叶片脱落,植株进入休眠,甚至枯萎。抗旱力强,不怕阳光暴晒,但也耐阴,切忌渍水。对土壤要求不严,适宜生长在富含腐殖质、疏松的沙质壤土或森林土中,在黏重土及贫瘠土上生长不良。

[繁殖技术]　用扦插法繁殖。在有高温温室的条件下,一年四季都可以枝插,一般情况下可于春季或初夏进行。老茎和嫩茎都可作繁殖材料,将枝条剪成10～12厘米长的小段作插穗,带叶或不带叶均可。因茎内含水量较多,插穗截后可晾干1～2日,或在截口面涂草木灰后再扦插,能防止水分过多,引起下部腐烂,尤其是嫩茎更应注意。入土深度为3～5厘米,入土部分必须有节,否则不能生根。在已扦插的沙床、盆钵或苗畦等处,要防止雨淋,保持沙土湿润,并要适当遮荫。在上述养护条件下,插穗后1个月左右即可发根,2～3个月后即可移出定植,或留在花盆内继续培育。

[栽培管理]　南方露地栽培养护时,雨天切勿积水,可适当壅蔸,不必追肥。夏季要适当遮荫。在北方地区只能盆栽,入冬后要移入中温温室越冬,室温应保持在12℃以上,不必年年翻盆换土。此种植物喜欢光照充足的环境,家庭栽培时应将花盆放在朝南的阳台上,让其充分接受阳光。用于嫁接艺花的,种植时宜用肥效持久的塘泥或腐殖土作培养土,施腐熟的禽畜粪作基肥。为防止烂根,切忌施用油脂类肥料。开花期每20～30天可追施复合肥1次。在生长旺盛及开花期,植株上应经常喷雾,保持湿润,但土壤又不宜过湿,做到上湿下干即可。2年生以上植株,最好要绑扎一定的支架。整形时保留10厘米左右的一段主干,让侧枝从主干上生出,并把侧枝均匀地引到支架上固定,形成自己需要的造型。

令箭荷花

[生活习性]　令箭荷花喜欢高温高湿的气候环境。耐寒力较低,冬季需要有充足的阳光。虽耐半阴,但切忌荫蔽。冬季环境温度应保持在10℃左右;夏季要求通风和轻度的干燥,日光不可直射,温度控制在25℃左右。对土壤要求不严,一般要求疏松肥沃、排水良好的腐叶土。抗旱性较强,干燥多风的春季和炎热的夏季,必须适当地遮荫。怕雨水浇淋。5～6月份和9～10月份是其生长旺盛期,应抓住这2个有利时期留芽。

[繁殖技术]　常用扦插、嫁接、分株和播种等方法繁殖令箭荷花。

(1)扦插繁殖　在温室内一年四季都可进行,但以开春后的3～5月份为好。可用半年生嫩茎或2年生老茎作繁殖材料,但以1年生以内的嫩茎成活后的形态较好,也可用植株整形修剪下来的枝条作插穗。一般是每片完整的叶状茎为一插穗,也可剪成 8~10 厘米长的小段作插穗,插穗要健壮和无病虫害。把插穗放在阴凉通风处 2~3 天,使其断口干燥、不易腐烂生病,然后插入潮湿的沙质壤土中,插入深度为 2~3 厘米。扦插后放在半阴处,温度保持在 15℃~25℃,2~3 天后喷 1 次水,10 天后在插穗上覆盖一张白纸,将其移至阳光处,再经过 20 天左右就能生根,生根后 10~15 天,可移到腐叶土中上盆培养。如选用的是孕蕾的枝条做插穗,成活当年即可开花,但以后的生长缓慢,故一般应选用隔年的老枝条作插穗。

(2)嫁接繁殖 一般选用仙人掌或仙人球类植物作砧木,在砧木顶端不同部位开 2~3 个裂口,将令箭荷花扁平茎削成 6~8 厘米长的楔形接穗,然后插入砧木裂口内,一直插到切口终点,使接穗削面不外露。最后用塑料薄膜绑扎好,放在荫蔽处养护,不能暴晒和雨淋。接后 10~15 天,伤口愈合后便可除去绑扎物,进行一般的正常管理。嫁接好的令箭荷花,每生长 1 个茎节就剪去上半部,留下 8~10 厘米的茎节,这样会促使其经常孕蕾开花。丛生的老株也可用分株方法繁殖。

(3)播种繁殖 一般用于改良品种。实生苗的茎节为柱形。

[栽培管理] 盆栽令箭荷花宜用塘泥或腐殖土,掺加少量细沙作基质,并用腐熟的禽畜肥作基肥。令箭荷花喜肥,在它的生长旺盛季节,每 20~30 天需追施 1 次有机液肥或复合肥,秋季需追施腐熟的液肥。春季是花蕾生长季节,不宜过多地浇水和施肥,以免引起落蕾。但没有足够的养分,不易开花或少开花。夏季是生长旺季,盆土应保持湿润,浇水以间干间湿为原则,不可积水,以免烂根。叶茎喜欢湿润,花期尤为显著,夏秋 2 季需经常喷雾保湿。北方地区在 4 月底将令箭荷花移出温室,先在荫棚下养护 10~15 天,以后再逐步移到阳光下。盛夏要适当遮荫。立秋以后要充分见光,否则不易开花。冬季要移入中温室越冬。每 2~3 年要翻盆换土 1 次。令箭荷花的茎枝柔软,生长过程中要不断进行整形,把过密的分枝剪下作繁殖材料,勿使茎枝堆积一处。还要用竹竿或铁条设架予以支撑。1 个口径 25~30 厘米的花盆内,保留 20~25 个茎片比较合理。

蟹 爪 兰

[生活习性] 蟹爪兰性喜荫蔽、温暖、潮湿的环境条件。盆栽用土要求排水良好、通风透气的沙壤土,以富含腐殖质、微带酸性的壤土最为适宜。蟹爪兰属短日照植物,每天日照 8~10 小时。缩短日照时数,会促使它提前开花;如延长日照时数,则会推迟开花。

[繁殖技术] 蟹爪兰的繁殖非常容易。既可以扦插也可以嫁接。

(1)扦插繁殖 扦插容易生根。就引种而言,这是一种快而好的繁殖方法。剪取健壮丰满的变态茎 3~5 节,直接扦插于准备好的盆钵中,经 20~30 天可生根,四季均可扦插。

(2)嫁接繁殖 人们为了培育伞状悬垂株形和多层次、多花色的植株,提高观赏价值,常常采用嫁接的方法繁殖。

①砧木苗的培育 嫁接用的砧木可用叶仙人树、三棱箭、片状仙人掌、仙人球、昙花杆等。而最好的砧木是叶仙人树。用叶仙人树作砧木,亲和力最强,成活率最高,既耐旱,又耐涝,适应性最强。剪取叶仙人树一枝,直接插入准备好的花盆内,用砂壤土或腐殖土作基质均可。一般嫁接2层或3层的长度,应为30～50厘米。一年四季均可进行扦插。扦插后保持盆内湿度,经20～30天即可生根成活,待砧木成活并长至手拇指粗后(越粗越好),将砧木上的刺和不必要的枝条剪掉,即可作砧木进行嫁接。

②嫁接方法 取生长充实健壮的蟹爪兰3～5节作接穗,下部两面用利刀削成鸭嘴状,不要粘脏物和灰尘,晾干待用。再在砧木主干适当部位,相对各切一楔形裂口,第一层切口的高度离盆面至少20厘米。第二层可在35～40厘米处,第三层可在50厘米处。也可以在定向培育的侧枝上嫁接。切口一定要深达木质部,然后将接穗插入楔形裂口中,必须插到木质部,随后用细塑料薄膜条捆扎好。捆扎时要用力适度,不能让接穗滑出或变形。也可用木夹子将其夹住,加以固定即可。可根据自己的设计造型,依次进行多层次和多种颜色以及不同花期品种的蟹爪兰,嫁接在一株砧木上。成活后,形成一棵有不同花期和多种花色的蟹爪兰植株。这种花期长、花色多样、花色鲜艳夺目、奇特秀雅、层次分明的蟹爪兰,具有极高的立体感和观赏价值。

③嫁接后的管理 嫁接后的植株,应放在阴凉处,接口处切勿沾水,浇水时要特别注意,防止影响成活。经过1周或半个月时间,接穗仍然碧绿硬挺,则表明已嫁接成活。成活后的植株即可进行正常的栽培管理。

[栽培管理] 扦插的蟹爪兰,宜用排水透气、肥沃疏松、微带酸性的沙质壤土、腐殖质土作基质。干湿要得当,过湿会烂根,甚至会使变态茎腐烂。用砧木嫁接过的蟹爪兰,既能耐旱,也能耐涝。在一般情况下,1周左右浇1次水即可。一般用自来水或经过发酵后的淘米水、洗奶锅或奶瓶的水都行。

蟹爪兰在现蕾开花期间,每隔7～10天要结合浇水追1次肥,以含磷、钾较多的稀薄液肥为主。也可用300倍的磷酸二氢钾稀释液,作根外追肥,以保证有足够的养分,促使花蕾正常发育,保证花大色艳,变态茎碧绿。盆土过干或过湿都会导致花蕾脱落。

蟹爪兰在整个生长期中,最怕红蜘蛛为害。如发现植株的变态茎节间处有像棉花团似的白毛,即为红蜘蛛,可用牙刷刷掉,也可用洗衣粉对水刷洗。严重的可用80%敌敌畏乳油1 000～1 500倍液喷杀,也可用高效复合类杀虫剂对水喷杀。

蟹爪兰花谢后,有一短时的休眠期,叶形变态茎显得有点凋萎,这是正常现象。经10～15天之后,又会变得硬挺碧绿,恢复正常的生长状态。

昙 花

[生活习性] 昙花性喜温暖湿润及多雾半阴环境。较能耐旱,不耐寒,怕强光

直晒,忌积水。要求排水良好而又疏松肥沃的土壤。生长最适温度为 13℃～20℃,越冬温度需 10℃左右。除华南个别地区可露地在树阴下种植外,其他地区均需盆栽,作室内花卉培养。

　　[繁殖技术]　播种、扦插均可。一般多采用扦插。此法简便易行,又可提前开花。扦插时,在春季剪取 2 年生健壮叶状变态茎 10～15 厘米长作插条,放阴凉处1～2 天,待切口稍干后插入素沙盆中。扦插深度为插条的1/3。插后保持土壤湿润,室温保持20℃左右,20～30 天可生根。根长 3～5 厘米便可上盆,当年或翌年便可开花。播种苗则需 4～5 年才能开花。

　　[栽培管理]　在生长旺盛季节要充分浇水,保持盆土完全湿润。早晚还应喷水,以增加空气湿度。夏季避免阵雨冲淋,以免浸泡烂根。冬季休眠期要严格控制浇水、严寒时要停止浇水。昙花花期较长,6～10 月份可开花 4～5 次,必须供给较多养分。生长期每半月追施 1 次腐熟清肥,有花芽时每 2 周施骨粉或过磷酸钙 1 次。花芽开放停止施肥。花后有一段短暂休眠,应减水停肥。昙花植茎柔弱,需及时设立支柱。秋冬长出的细弱茎要及时剪除。每隔一年换 1 次盆,于春季进行。换盆时剪除部分老朽根,去掉部分老土,添加新的培养土,使盆土疏松肥沃,有利于生长开花。

　　为改变晚间开花的习性,可在花蕾长到 10 厘米左右时,每天上午 7 时将昙花搬入暗室,或用遮光罩罩住整个植株,下午 19 时搬出暗室或取下遮光罩,使其接受自然阳光,天黑后用100～200 瓦电灯照明,7～10 天后昙花就能在上午 7～9 时开放,并可开至下午 16～17 时。经过光暗颠倒的方法处理后,就可以在白天供家人或园林游人观赏。

长 寿 花

　　[生活习性]　长寿花喜欢冬暖夏凉又通风的环境,畏酷暑和严寒。生长适温为15℃～25℃,高于 30℃生长迟缓,低于 10℃生长停滞,0℃以下易受冻害。具有喜干润、阳光充足、怕水渍、能耐半阳等生长特性。适宜在排水良好、疏松肥沃的沙质土壤中生活。

　　[繁殖技术]　可采用播种、扦插方法繁殖,还可利用不定芽等繁殖。长寿花开花后难以结实,故常不用播种的方法繁殖。如用人工授粉后得到的种子,在 20℃的温度条件下,播种后 12～15 天即可发芽生根。一般多用扦插法来繁殖,主要在春秋季节进行。选择发育充实的茎枝,留 3～5 个叶节。旋即插入盛有素沙、沙质土或锯末的盆内或木箱内,15～20 天后即生根,方法简便,成活率高。也可取整张叶片,平铺在湿润的介质上,生根后即可分开栽培。还可取 1 段嫩茎,先阴干,然后插入发芽介质中,也能成苗。还可用不定芽繁殖,植株叶片缺刻处着生的不定芽,可在母根上生根,长叶,到一定大小的时候即会自行脱落,如落到适宜的土壤介质中,它就能长大成苗。

　　[栽培管理]　长寿花的营养管理,主要是根据其生态习性和生长特点,使土壤、水肥、光照和温度等都能满足它的需要,为其生长发育创造必要的条件。盆栽基质

可用沙质菜园土 3 份、山泥土 3 份，草皮土 3 份，堆肥 1 份充分拌和，堆积腐熟而成，整细过筛后便可使用。栽种时幼苗要带土团。要种植于花盆中央，浇水不宜过多。生长期间，要经常施腐熟的液体人、畜粪肥，或施复合肥加尿素，或过磷酸钙加尿素，每 20～30 天追施 1 次。还要适时松土除草。炎热夏季，光照强度大，易使叶片发黄，中午前后要适当遮荫。北方地区在寒露前后要移入室内越冬。生长旺盛初期要及时摘心，促使多分枝。长寿花具有向光性，生长期间要经常调换花盆的方向，使植株受光均匀。花谢之后要及时把残花和破碎枝叶剪去。每年春季花谢之后换盆，换盆时要添加新的培养土。长寿花是短日照植物，若采取遮光处理，夏季也开花。若通风不良，植株易受吹绵蚧侵袭，平时要加强管理，发现害虫为害后要及时防治。

莲 花 掌

[生活习性]　莲花掌的生命力极强，喜欢温暖、光照充足、通风良好、空气夏潮冬干的环境。耐半阳，在荫蔽的环境条件下，一般不长新叶。对土壤要求不严，但喜欢排水良好的沙质壤土。能耐干旱，但生长旺盛期需要有充足的水分。切忌积水。不耐寒。冬季室温最好保持在 10℃以上。

[繁殖技术]　可用扦插和分株方法繁殖。一年四季都可扦插，但以秋季为好。可随时剪取带有顶部叶丛的分枝或叶片，稍加晾干，然后插入含沙的培养土中。如系盆栽，每盆插入 1 株，深浅均可，只要盆土湿润不积水，7～10 天即可生根。分株在翻盆时进行，选取母株侧边的萌蘖枝，分开栽种即可。

[栽培管理]　盆栽莲花掌有两种整形方式，一是将它栽入较小的花盆，每盆只保留 1 个莲花状叶丛。发生侧枝后立即剪掉，使养分集中。二是一开始就将植株栽入较大的花盆内，侧枝全部保留，把中央的大叶丛剪掉，在一盆内可长成大小基本相等的数朵仍至十多朵“莲花”。对突出生长的侧枝要及时剪掉，使保留的叶丛在盆内分布均匀。2 年以上植株已老化，形态已欠佳，应把老株淘汰，用扦插更新。盆土可用腐叶土、泥炭和沙均匀混合而成的培养土，或用菜园地的壤土。盆中要拌入适量的有机肥和骨粉等作基肥。花盆适宜用浅盆，盆底要多垫瓦片或小石块，以利排水。每 2 年换 1 次盆，在春季进行。换盆后要遮荫 7～10 天，然后再移到阳光下养护。夏季可放室外屋檐下不受雨淋，但光线又充沛的地方养护。生长期间浇水要做到见干见湿，并要经常用清水喷洒叶面，以提高空气湿度，保持叶面光洁清爽，提高观赏价值。勿使盆土积水，以免引起烂根或落叶。每 2～3 周要施薄饼肥水 1 次，施后要洒水，以促进植株健壮生长。北方地区，在降霜前要将盆栽莲花掌移入室内向阳处越冬，室温应保持在 10℃以上。

玉 树

[生活习性]　玉树喜温暖干燥、阳光充足、通风透气的良好环境。适应性强，耐干旱，不耐严寒，生长适温为 10℃～18℃，越冬温度不得低于 7℃，适宜在疏松的壤土

中栽培,忌土壤过湿。对施肥要求不严格。能耐半阴,在室内散射光的条件下也能生长良好。因而栽培管理极为容易。

[**繁殖技术**]　玉树的繁殖很容易,其嫩枝或叶片均可扦插成活。四季均可进行。但以春秋2季为最好。插前将采集的嫩枝或叶片放在阴凉处晾1～2天,待断口乳汁干后,插于准备好的盆土中即可。插后只要保持盆土湿润,经20～30天即可生根成新株。

[**栽培管理**]　玉树栽培管理极为容易。在一般的沙壤土中就可栽培莳养。土壤不能过湿,要保持通风透气。温度过高而通风不良,会导致叶片脱落。夏季高温时,应放置在室外阳台上或屋檐下通风处莳养。入秋后要节制浇水。冬季可放到室内或阳台上,一般都能正常越冬。南方各地可露地自然栽培,让其自然生长。

翡翠景天

[**生活习性**]　翡翠景天既喜欢生长在低山阴湿处或石缝中,又特别喜欢阳光充足的光照条件。性耐旱,耐湿,不耐严寒。生长适温为15℃～20℃,冬季需维持在5℃～10℃的气温。过于干旱,肉质叶变得细长而显得无光泽或变成白色。光照条件不好影响开花或不开花。适宜透风、透气的良好环境,喜疏松肥沃、排水良好的沙壤土栽植。

[**繁殖技术**]　主要用扦插法繁殖,可在春秋季节取茎枝或叶直接扦插,土壤可用沙质土,或腐叶土加1/3的沙作盆土。扦插后,将盆放在阴凉处,保持盆土内的一定湿度,1个月左右后即可生根成活。也可用分株法繁殖,多在早春进行。

[**栽培管理**]　翡翠景天栽培极容易,耐管理粗放。只要保持阳光充足、温暖湿润的土壤环境条件,配合适当的淡薄肥水,即可正常生长。一般用口径15～20厘米的塑料花盆,盛装菜园土或腐叶土,内栽5～6株。将其悬吊在凉台上,冬天控制浇水,保持5℃以上的温度即可越冬。夏天可适当多浇水,并适当追施复合肥,就可以保持茎叶光亮碧绿,茎叶下垂成串,十分秀雅。在栽培中,很难看到病虫危害。但要特别注意的是,植株的肉质无柄叶极脆,很容易脱落,在栽培管理中,要尽量避免碰撞,以免影响观赏价值。成年植株的茎叶下垂,宜用吊盆栽植。

翡翠珠

[**生活习性**]　翡翠珠喜欢温暖的环境条件,耐干旱,怕高温潮湿,生长适温为15℃～23℃,高温的夏季为休眠期,宜在排水畅通的沙壤土中生长。盆栽时适宜放在窗口附近,既有明亮的光照,又能避免阳光直射。

[**繁殖技术**]　常用扦插法繁殖,一般在春秋2季进行。扦插时,剪取带叶的茎枝作插穗,每段长4～7厘米,晾1～2天后再斜插于盛沙壤土的盆中。插后要浇水保湿。并将盆钵移到通风良好的半阴处,盆土保持半干燥状态。在14℃～21℃的温暖条件下,15～20天即可生根。高温多湿的夏季,扦插最容易烂根死亡。

[栽培管理] 盆栽翡翠珠,以富含腐殖质的壤土为好,也可选用菜园土加 1/4 的河沙或细煤渣配成的培养土。每年春季换 1 次盆。花盆要放在室内光线明亮处或庭院阳光充足处,每天有 4 小时左右的光照即能正常生长。生长期间浇水不能太多,平时每 3～5 天浇 1 次水,若空气潮湿则可不浇或少浇。高湿季节,尤应控制浇水量,否则肉质叶会脱落。冬季应严格控制浇水。翡翠珠需肥不多,每年生长旺盛季节,特别是在开花前,追施 2～3 次稀薄的液肥即可。冬季室温应保持在 8℃～12℃。当茎叶伸展过长时,要进行修剪,剪下的茎叶可作插穗使用。盆栽翡翠珠茎叶生长过长,或扦插苗长出 3～5 节后要进行摘心,促使萌发侧枝,使株形更加丰满。翡翠珠莳养 1～2 年后,常出现下部叶片脱落现象,此时应换盆或分株。

芦 荟

[生活习性] 芦荟性喜光、温暖湿润的环境,但也比较耐干旱。不耐严寒和积雪。在生长期需要潮湿,在休眠期则宜干,一般在通风透气、排水良好的腐殖土及沙壤土中生长较好。既耐肥,也较耐瘠薄。适应性较强。

[繁殖技术] 芦荟的繁殖非常容易,主要用分株法和扦插法繁殖。芦荟生长到 2～3 年后,母株周围会密生很多细芽或幼株,待其长根后,切离母株即可直接上盆,极易成活。也可以于春季将母株顶部剪取长 10～15 厘米,去除基部两侧叶,放置 1～2 天后,扦插入培养土中,4～5 天后浇水,经过 25～30 天后可生根上盆。扦插法很少使用,只有对芦荟进行矮壮处理,防止芦荟长大后头重脚轻,造成倒伏,才采用剪取母茎扦插并繁殖新株。

[栽培管理] 尽管芦荟品种繁多,形态特征各异,用途很广泛,但在栽培管理上却是大同小异。作为盆栽观赏之用的芦荟,不需要大水大肥;只需要排水良好、通风透气的肥沃砂质土壤或菜园土就可以。芦荟比较耐盐碱,但不耐寒,不耐阴,冬季要少浇水,置于阳台内或向阳处莳养,使它充分见光。全年追肥 4～5 次即可。土壤要保持半干半湿状态。

大面积种植芦荟,主要是获取优质高产芦荟,提供食用、药用、美容、美发等原料。在栽培管理上,需要大水大肥,保持足够的养分,促使叶肉宽厚,使其优质高产。在生长期中,全年可施肥 7～8 次,以农家肥、油枯、复合肥为主,结合浇水施入即可。冬天要防寒,气温低于 0℃ 或叶面长时间有积雪,会造成冻寒,故应加强防护措施。

十 二 卷

[生活习性] 十二卷性喜温暖,耐半阴,耐旱;不耐湿,不耐严寒。生长适温为 16℃～18℃,越冬温度在 10℃ 以上。在节制浇水,保持较干燥的情况下,也可耐 5℃ 的低温。要求在排水、透气、通风良好的环境条件中生长。对土壤的选择不严,一般沙壤土或菜园土均可栽植。对施肥的要求极低。它的根系很浅,只要保持适度的土壤温度即可。夏季有一段休眠期,要适当减少水分。植株小巧秀丽,能长期在室内

散射光条件下生长。

[繁殖技术]　该类肉质植物主要为分株繁殖。在早春结合换土换盆进行。将母株侧旁分生的小植株予以剥离,另行栽植即可。分株很容易生根成活。也可播种繁殖。

[栽培管理]　十二卷的适应性很强,极易栽培管理。栽植时只要用壤土和粗沙各半,适当加入少量的骨粉和培养土即可。不耐潮湿,只要保持盆土半干半湿,给予较多的光照,即可生长良好。每年春季施肥1～2次,秋季再追施1～2次。施肥宜淡勿浓。夏季要适当遮荫,冬季要保暖。不能过于干燥,否则,叶片缩小变薄,甚至变为紫红色,影响观赏价值。此类植物较少有病虫害。

麒 麟 花

[生活习性]　麒麟花喜温暖湿润和阳光充足的气候环境,不耐严寒。但耐高温,越是阳光充足的地方,苞片颜色越鲜艳,若阳光不足,则开花不良或不开花。在我国长江流域以北的地区,均以盆栽越冬,适宜放在通风透气和光照条件较好的阳台或窗台上。在我国南方各地,麒麟花可作露地栽培。

[繁殖技术]　大多采用扦插法繁殖,在整个生长期都可进行,而最好是春秋2季。夏季高温,湿度大,扦插后容易腐烂,成活率低。扦插时,宜取充实、成熟的茎段作插穗,8～15厘米长1段即可,也可用成熟的枝条和茎扦插。剪取的茎段或枝条茎,应放入阴凉处晾1～2天,或插入草木灰中,待剪口处的白色乳汁干后,再扦插。扦插的基质以洗净的素沙、黄沙、珍珠岩或拌有砻糠灰的干土均可。扦插深度以3～4厘米为宜,株行距离为5～6厘米,插后应浇透水,以后保持正常湿度,经1个月左右即能生根。40～50天后,插穗仍然硬挺碧绿,表示已经生根成活,经2个月左右就可移栽上盆。

[栽培管理]　盆栽用土以沙质壤土为宜,以3份沙和1份腐叶土配制成的栽培营养土为最好,老株换盆均可适用。

每盆栽植的株数,视花盆的大小而定,盆大的可栽植3～4株,盆小的可栽1～2株。栽植后浇足水,以后视盆土干湿而定,不能过湿。一般1周浇1次水。夏季高温可用喷雾器每天在叶片上洒水1～2次。秋季要减少肥水的浇灌。冬天可10～15天浇1次。麒麟花对施肥的要求不严,但为了促使茎壮叶茂,花大色艳,还是应在每月内至少要施1次肥,肥液不能过浓。

麒麟花的花着生于茎枝叶芽的顶端,若不修剪,主茎越长越长,分枝不多,开花就少。为促使多分枝、多开花,故应在每年6～7月份将过长的或不整齐的弱茎剪短,剪后一般能在剪口处发出1～2个新芽,并在新枝顶端再开花。如需绑扎造型的植株,也可不修剪或少修剪。要注意保护株型。冬天要注意防寒,并保持有足够的阳光照射,才能保持花期不断。幼苗需每年换1次盆,大株可2～3年换1次盆。

入夏后,容易遭受红蜘蛛为害,可用乐果乳油1 500倍液或敌敌畏乳油1 000倍液喷雾防治。

太阳花

[生活习性]　太阳花喜温暖、阳光充足而干燥的环境,在阴暗潮湿之处生长不良。极耐瘠薄,一般土壤都能适应,而以排水良好的沙质土最适宜。能自播繁衍。见阳光花开,早、晚、阴开闭合,故有太阳花、午时花之名。

[繁殖技术]　用播种或扦插方法繁殖。春、夏、秋季均可播种。当气温在20℃以上时种子萌发,播种后10天左右发芽。覆土宜薄,不盖土也能生长。幼苗分栽,株行距为5厘米×6厘米。需要施液肥数次。在15℃以上条件下20余天即可开花。扦插繁殖常用于重瓣品种。在夏季将剪下的枝梢作插穗,萎蔫的茎也可利用,插活后即出现花蕾。移栽植株无须带土,生长期不必经常浇水。果实成熟即开裂,种子易散落,需要及时采收。

[栽培管理]　直播的在苗高5厘米时,要进行间苗、补苗、中耕、除草及追肥工作,遇干旱要及时浇水,雨季要按时排除田间积水。

龙舌兰

[生活习性]　龙舌兰新生植株一般要生长十多年或数十年老熟后,才能抽茎开花,花后果熟,植株枯萎死亡,一生只开1次花。龙舌兰性强健,喜阳光,不耐阴。性喜温暖,畏寒,越冬温度不得低于5℃。耐干旱,忌积水。对土壤要求不严,喜欢疏松肥沃、排水良好的沙质壤土或腐殖土,在酸性土壤中生长较好,在贫瘠的土壤中也能正常生长。要求通风良好,在阴湿的环境条件下叶面容易发生褐斑病。在我国华南和西南地区能露地越冬。

[繁殖技术]　栽培龙舌兰均采用分株方法繁殖。一般在春季2～4月份,将植株从栽培土中连根掘起,用快刀将老株根际处的萌蘖苗带根切下,另行栽植即成,很容易成活。萌蘖苗无根或根系较少时,可先扦插于素沙土中,等生根较多后再上盆定植。也可在春季换盆或移栽时,切取带4～6个芽的1段根培植于土中。龙舌兰叶插不易生根,采收种子也较困难,因此,扦插和播种繁殖这两种方法常不采用。用幼苗栽植开花较慢,需经多年后才能开花。北方地区栽培龙舌兰也不容易开花。

[栽培管理]　龙舌兰在我国的热带和亚热带地区可露地栽培,其余地区均作盆栽养护。盆栽培养土可用腐叶土、沙壤土等量混合而成。若加少量骨粉,则可使植株生长更快,更旺盛。此种植物的管理比较粗放、简便。冬季需在低温温室中越冬,室温不得低于3℃,并放在阳光充足和通风良好处,翌年清明节前后移出室外。生长季节要保持盆土湿润,旺长季节应适时适量追肥,以使叶色浓绿,但不可大肥大水地进行浇灌。浇水施肥时,不能把水肥洒在叶片上或叶丛中,以免引发褐斑病。花叶品种在盛夏季节应适当遮荫,或将花盆移至半阴处养护一段时间,以防花叶退化。植株新叶长出后,下部老叶逐步枯黄,应及时剪除,以利生长和观赏。每2～3年应翻

盆换土 1 次。

虎 尾 兰

[**生活习性**] 虎尾兰具有较强的耐阴性,怕夏季强烈的日光暴晒,值得注意的是长期陈设在室内光线不足处的盆栽虎尾兰,如果突然移至阳光下,叶片会发生灼伤,因此,应该逐渐让其适应。具有一定的抗寒能力,冬季室温只要不低于 4℃,一般不会出现受冻的情况。栽培的最适温度为 20℃～30℃。虎尾兰的耐旱能力较强,但是长期干旱,叶片会发生萎缩卷曲。对土壤的要求不是非常严格,在排水良好、疏松肥沃的沙质土壤上生长良好。在黏重的土壤上也能生长,但切忌土内积水。

[**繁殖技术**] 虎尾兰的繁殖方法可采用分株繁殖或叶插繁殖。

(1)分株繁殖 此方法操作简单,能够保持植株的优良性状,是最常用的一种繁殖方法。由于虎尾兰的根茎粗壮发达,易向外伸出匍匐茎,使用锋利的刀将新伸出的根茎稍带部分根系一起割下,当切口晾干后栽入花盆中,将土压实并浇透水。经过 2～3 年的时间,根茎和叶片就能满盆。也可以结合换盆,将植株从盆内倒出,用利刀将根茎割断,然后分别上盆栽植。

(2)叶插繁殖 叶片扦插繁殖一般在春秋 2 季进行。将叶片剪成数段,每段长 5～8 厘米,晾晒 1～2 天,待伤口干后插入沙中,深度为 3 厘米左右,将沙土压实,浇足水分,放置在半阴处养护,极易成活。首先从土内的伤口部分长出根系,然后长出地下茎,由地下茎的生长点部分再长出新的小叶丛。由于金边虎尾兰采用叶插繁殖时,常常会出现金边消失的情况,因此,一般都采用分株繁殖。

[**栽培管理**] 由于虎尾兰的叶丛均直立生长,因此使用的花盆口径不宜过大,以较深的筒形盆为好,可以使其株形紧凑。虎尾兰较喜欢阳光,只是阳光太强烈时,其叶片会变暗或发白。一般夏季放置于阴处或半阴处养护。可在室内长期陈设,不用轮换。盆土应该保持湿润,生长期可适当施用一些有机液体肥料,切忌将肥喷洒在叶面上,以免灼伤叶面。冬季应将盆移入室内,室温不能低于 5℃,否则容易受冻害导致植株腐烂死亡。冬季休眠期应该控制水分,可保持盆土稍干。当叶丛挤满全盆后再换土翻盆。叶丛越多,其观赏价值越高。平时要注意防治象鼻虫的为害。

草本花卉汉名索引

草本花卉拉丁学名索引

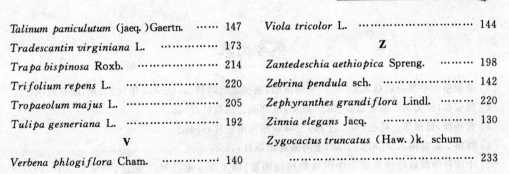

参考文献

[1] 李德裕. 平泉山居草木记[M]. 河南洛阳,唐朝武宗时期(841—846 年)的宰相,颇有政绩。

[2] 陈俊愉,汪菊渊. 园艺概要[M]. 成都:成都园艺出版社,1943.

[3] 黄岳渊,黄德邻. 花经[M]. 上海:上海新纪元出版社,1949.

[4] 陈植. 观赏树木学[M]. 上海:上海永祥出版社,1955.

[5] 中国科学院植物研究所. 中国高等植物图鉴(第 1 至 5 卷)[M]. 北京:科学出版社,1972—1980.

[6] 关克俭,诚静容. 拉汉种子植物名称(第二版)[M]. 北京:科学出版社,1974.

[7] 关克俭,陆定安. 英拉汉植物名称[M]. 北京:科学出版社,1979.

[8] 邓承康. 种花[M]. 成都:四川人民出版社,1980.

[9] 北京市园林局. 北京花卉[M]. 北京:北京出版社,1980.

[10] 冯德培,谈家桢,王鸣岐,等. 简明生物学词典[M]. 上海:上海辞书出版社,1983.

[11] 北京市园林局. 城市绿化手册[M]. 北京:北京出版社,1983.

[12] 姬君兆,黄玲燕. 花卉栽培学讲义[M]. 北京:中国林业出版社,1985.

[13] 张守约,赖达蓉. 仙人掌与多浆花卉[M]. 成都:四川科学技术出版社,1986.

[14] 马国瑞. 巧施花卉肥料[M]. 北京:农业出版社,1989.

[15] 上海市园林学校. 园林花卉学[M]. 北京:中国林业出版社,1989.

[16] 北京林业大学园林系花卉教研组. 花卉学[M]. 北京:中国林业出版社,1990.

[17] 陈俊愉,程绪珂. 中国花经[M]. 上海:上海文化出版社,1990.

[18] 陈有民. 园林树木学[M]. 北京:中国林业出版社,1990.

[19] 柯联方. 药用庭院花卉[M]. 长沙:湖南科学技术出版社,1991.

[20] 陈俊愉,刘师汉. 园林花卉(增订本)[M]. 上海:上海科学技术出版社,1994.

[21] 龙雅宜. 切花生产技术[M]. 北京:金盾出版社,1994.

[22] 赵心之. 世界名叶鉴赏栽培[M]. 贵阳:贵州科学技术出版社,1994.

[23] 孟庆武,刘师汉. 花卉盆景实用大全[M]. 北京:中国青年出版社,1995.

[24] 南京林业学校. 园林树木学[M]. 北京:中国林业出版社,1995.

[25] 周寿荣. 草坪地被与人类环境[M]. 成都:四川科学技术出版社,1996.

[26] 冯天哲,周华. 养花大全[M]. 北京:中国农业出版社,1996.

[27] 金波. 世界国花大观[M]. 北京:中国农业大学出版社,1996.

[28] 金波,东惠茹,金培红. 中国名花[M]. 北京:中国农业大学出版社,1997.

[29] 王宏志. 中国南方花卉[M]. 北京:金盾出版社,1998.

[30] 崔洪霞. 木本花卉栽培与养护[M]. 北京:金盾出版社,1999.

[31] 王意成. 观叶植物 100 种[M]. 北京:中国农业出版社,1999.

[32] 王玉华. 藤本花卉[M]. 北京:金盾出版社,1999.

[33] 邹秀文,邢全,黄国振. 水生花卉[M]. 北京:金盾出版社,1999.

[34] 陈由庚,蔡幼华. 杜鹃花[M]. 福州:福建科学技术出版社,1999.

[35] 叶朝武. 家庭园艺[M]. 海口:南方出版社,2000.

[36] 赵兰勇．商品花卉生产与经营[M]．北京：中国林业出版社，2000．

[37] 徐民生，方成．新编养花问答 1000 例(第三版)[M]．北京：中国林业出版社，2001．

[38] 曹登才，钱又宇．新编家庭养花 1000 个怎么办？[M]．上海：上海科学技术文献出版社，2001．

[39] 赵兰勇，孟繁胜．花卉繁殖与栽培技术[M]．北京：中国林业出版社，2001．

[40] 冯天哲，于述，周华．新编养花大全(第三版)[M]．北京：中国农业出版社，2002．

[41] 蒋永明，翁智林．园林绿化树种手册[M]．上海：上海科学技术出版社，2002．

[42] 王明启．家庭养花百宝箱[M]．沈阳：辽宁科学技术出版社，2002．

[43] 陈健，管其宽．人参果栽培与利用[M]．北京：金盾出版社，2002．

[44] 冯天哲．新编礼仪花卉[M]．北京：金盾出版社，2002．

[45] 王春梅．实用家庭养花手册[M]．吉林：延边人民出版社，2002．

[46] 李光海．投资花卉业之我见[J]．中国花卉盆景，2002(7)：36-37．

[47] 陈华，秦魁杰．园林苗圃与花圃[M]．北京：中国林业出版社，2002．

[48] 董银卯，诸淑琴．芦荟保健与美容[M]．上海：上海科学普及出版社，2002．

[49] 蒋青海．家庭养花大全(第二版)[M]．南京：江苏科学技术出版社，2003．

[50] 何小弟．园林树种选择与应用实例[M]．北京：中国农业出版社，2003．

[51] 张秀春．新奇花卉栽培技巧 300 问[M]．南京：江苏科学技术出版社，2003．

[52] 王敏．商品花木养护与营销[M]．北京：中国农业出版社，2003．

[53] 蒋青海．养花要领 500 答[M]．南京：江苏科学技术出版社，2003．

[54] 林新洲．花之源花之道[M]．北京：中国国际广播出版社，2003．

[55] 唐岑．吉祥植物[M]．南宁：广西科学技术出版社，2003．

[56] 唐岑．懒人植物[M]．南宁：广西科学技术出版社，2003．

[57] 李祖清．花卉园艺手册[M]．成都：四川科学技术出版社，2003．

[58] 罗言云，李淑芬．养花完全手册[M]．成都：四川科学技术出版社，2003．

[59] 包满珠，义鸣放．花卉学[M]．北京：中国农业出版社，2003．

[60] 刘方农，刘联仁．兰花的形态生长和繁殖[J]．生物学通报，2003(10)：51-53．

[61] 林有润，曾宋君，余志满．室内观赏棕榈[M]．北京：中国林业出版社，2004．

[62] 池凌靖，李立．常绿木本观叶植物[M]．北京：中国林业出版社，2004．

[63] 曾宋君，余志满，柯萧霞．常见观叶花卉——天南星科植物[M]．北京：中国林业出版社，2004．

[64] 胡一民．观叶植物栽培完全手册[M]．合肥：安徽科学技术出版社，2004．

[65] 曾宋君，余志满．竹芋蝎尾蕉[M]．北京：中国林业出版社，2004．

[66] 贾娣．现代花卉使用技术全书[M]．北京：中国农业出版社，2004．

[67] 吴诗华，何云核，黄成林．养花实用手册(木本花卉)[M]．合肥：合肥科学技术出版社，2004．

[68] 宋兴荣．观花植物手册[M]．成都：四川科学技术出版社，2005．

[69] 秦帆．观叶植物手册[M]．成都：四川科学技术出版社，2006．

[70] 孙妖良，卢志足，陈英华编著．园林花木病虫害及其防治[M]．长沙：湖南科学技术出版社，1986．

[71] 徐明慧主编．园林植物病虫害防治[M]．北京：中国林业出版社，1993．

[72] 刘联仁著．石榴害虫防治[M]．成都：四川民族出版社，1993

[73] 刘联仁著．果树害虫防治[M]．北京：气象出版社，1994．

[74] 邱强，李贵宝，员连国，等撰摄．花卉病虫原色图谱[M]．北京：中国建材工业出版社，1999．

[75] 吕佩珂,苏慧兰,段半锁,等撰摄[M].中国花卉病虫原色图鉴[M].北京:蓝天出版社,2001.

[76] 郭志纲,张伟.球根类[M].北京:中国林业出版社,2001.

[77] 芦建国编.花卉学[M].南京:东南大学出版社,2004.

[78] 彭世逞,刘方农,刘联仁.昙花的开花过程[J].生物学通报,2005(2):2.

[79] 刘方农,刘联仁.郁金香结构小析[J].中国花卉盆景,2005(5):5.

[80] 刘方农,彭世逞,刘联仁.西昌春剑[J].中国花卉盆景,2005(8):12-13.

[81] 彭世逞,刘方农,刘联仁.魔芋[J].中国花卉盆景,2006(10):22-23.

[82] 刘方农,彭世逞,刘联仁.桫椤的种植[J].科学种养,2006(3):20.

[83] 韦三立著.花卉产品采收保鲜[M].北京:中国农业出版社,2004.

[84] 吴亚芹,赵东升,陈秀莉主编.花卉栽培生产技术[M].北京:化学工业出版社,2006.

[85] 刘联仁,彭世逞,刘方农.花卉应用指南[M].北京:中国农业出版社,2007.

[86] 刘方农,彭世逞,刘联仁.芳香植物鉴赏与栽培[M].上海:上海科学技术文献出版社,2007.

[87] 张宝棣编著.图说草本花卉栽培与养护[M].北京:金盾出版社,2007.

[88] 董保华,龙雅宜编著.园林绿化植物的选择与栽培[M].北京:中国建筑工业出版社,2007.

[89] 唐亮主编.园林花卉学(第二版)[M].北京:中国建筑工业出版社,2008.

[90] 费砚良,刘青林,葛红主编.中国作物及其野生植物(花卉卷)[M].北京:中国农业出版社,2008.

[91] 西安地图出版社编制.当代中国知识地图册[M].西安:西安地图出版社,2009.

[92] 彭世逞,刘联仁主编.家庭环保花卉大全[M].上海:上海科学技术文献出版社,2009.

[93] 刘方农,彭世逞,刘联仁.毛地黄一族[J].中国花卉盆景,2010(3):11-14.